JavaScript
程式設計與應用

學習JavaScript的第一本入門書：
適用於客戶端網頁、伺服器端ASP及單機WSH

張智星　著

國立清華大學出版社
中華民國九十七年一月

當我1997年開始在清華大學開授「Web程式設計、技術與應用」時，就決定要寫一本教科書，時光荏苒，經過了十年，終於達成目標了！

回顧這十年來，Web程式設計與應用是日新月異，從剛開始的HTML、Mosaic、Netscape、Perl、CGI，發展到現在的 IE、DHTML、CSS、XML、AJAX、JavaScript Framework、Web2.0等等，對全球經濟、文化、科技所造成的影響，可說是前所未見，遠遠超過上一次工業革命。這本書的內容，完全反應這十年來的變化與演進，最後落於 JavaScript 為一統天下之語言，主要是在於 JavaScript 可以同時用於用戶端網頁、伺服器端 ASP、及單機 WSH 等三個不同環境的程式設計需求，同時，這也是市面上第一本書，能夠同時照顧到這三方面的程式設計需求。

這本書除了涵蓋JavaScript的基本面外，也囊括了JavaScript的新方向與新趨勢，包含DOM、AJAX、通用表示法、與資料庫整合、JavaScript Framework、Web Crawler 等題材，讓您能夠應用最新的技術來進行Web程式設計的實作。

我使用本書的內容在清華大學資訊系授課已超過十年，每年選課人數約140人，故本書內容能夠完全反應學生的學習需求。此外，每章都有習題（含選擇題、簡答題及程式題等），完全針對學生在學習本書內容可能發生的疑惑而設計，因此本書可說是「Web程式設計」的完美教科書。

由於Web技術演變快速，因此本書若有修訂或補充，都會放在本人的網站：

http://www.cs.nthu.edu.tw/~jang

尤其是後續補充的範例程式、投影片、作業與習題等，將可讓各位老師在教授本課程時得心應手、事半功倍。

出一本好書，是要花費無數的心血與人力。感謝這十年來修過「Web程式設計、技術與應用」的同學（應該有超過千人了吧），你們提供各種回饋意見與良性壓力，讓我能夠不斷修訂教材與習題、不斷嘗試新的教學方式，同時也讓我僥倖拿了清華的傑出教學獎。同時，我也要感謝清華大學出版社的出版、校長的鼎力推薦、宇馨的校稿與協調，以及盈滋的細心排版。當然，還有很多人都促成了這本書的產生，不管是直接或間接的、痛苦的或歡欣的，我都謝謝你們！

作者張智星

張智星

2007年11月 於清華大學

推薦序

張智星老師在清華大學資訊系所開授的「Web程式設計、技術與應用」已經十餘年了，這門課是「傳媒學程」、「電子商務學程」及「生物資訊學程」的共同指定選修課程，每年都吸引上百人選修。如今欣聞張老師將此課程的教材編纂成書，並委託清華大學出版社出版，對眾多學習Web程式設計的學生與程式設計師而言，不啻是一大福祉。

張老師是一位寫書能手，他在1997年發表的原文書「Neuro-Fuzzy and Soft Computing」（Prentice Hall出版，共同作者為孫春在教授與水谷英二教授），至今被引用次數超過一千六百多次，是清華大學被引用次數最多的研究出版品。此外，張老師也使用中文發表了「MATLAB程式設計與應用」、「MATLAB程式設計—入門篇」等，都是學習MATLAB不可或缺的聖經。如今這本「JavaScript程式設計與應用」，更是累積了張老師十多年的教學經驗與教材精華的結晶，加上張老師本身深厚的實作經驗，以及幽默的筆觸及有趣的範例，必能引導讀者快速進入JavaScript的世界，一窺Web程式設計殿堂的奧妙和精深！

國立清華大學校長

陳文村

2007年11月

Contents

目錄

Contents

Contents

第一篇

JavaScript 程式設計與應用：用户端

第一章　基本介紹

第二章　程式控制結構

第三章　基本資料型態

第四章　進階資料型態

第五章　自訂函數

第六章　文件物件模型

第七章　表單

第八章　事件

第九章　小餅乾

第十章　通用表示法

第十一章　資料保護

第一章

JavaScript 基本介紹

本章重點

本章介紹 JavaScript 的背景及特性，並說明 JavaScript 的執行方式及基本範例。

1-1　背景及特色

JavaScript 早期是由 Netscape Communications 公司所開發的一種解譯式程式語言，專門用在網頁中，並在用戶端的電腦執行，以提高網頁的互動性為主要目標。早期的瀏覽器，例如 Netscape，也只有支援 JavaScript 為主要的客戶端網頁程式語言。而近期的瀏覽器，例如 IE，通常可以支援兩種程式語言，包含 JavaScript 和 VBScript，但是 JavaScript 還是網頁內訂預設的客戶端程式語言。因此只有 JavaScript 能同時適用於 Netscape 和 IE 瀏覽器，而 VBScript 只能適用於 IE 瀏覽器。

JavaScript 開始是內嵌於網頁的程式語言，但由於其易學易用，又很接近於一般的 C 和 C++ 語言，所以受到很大歡迎。微軟有鑑於此，又將此語言擴充到其他平台，如 IIS（Internet Information Server，微軟的網頁伺服器）的 ASP（Active Server Pages）和單機可執行的 WSH（Window Scripting Hosts）。因此，JavaScript 可發揮的平台可以說是越來越多，可以列舉如下：

- 用戶端：預設的網頁程式語言，可用於IE或Netscape瀏覽器。
- 伺服器：適用於微軟 IIS 網頁伺服器的 ASP 語言環境，可在網頁送到客戶端之前，進行各種處理，或和資料庫進行資料存取。
- 單機版：適用於微軟的視窗作業系統，包含 Windows 98/ME/2000/XP 等，可用於取代原先功能不強的 DOS 批次檔（Batch Files），特別適用於處理日常性或重複型的工作，例如網頁的抓取或帳號的建立，等等。

由於篇幅有限，本篇教材對於 JavaScript 的介紹，僅限於在用戶端網頁的應用，至於在伺服器端及在單機方面的使用，可參考本書的另外兩篇。因此以下的介紹，均只限於內嵌於用戶端網頁的程式設計與應用。

基本上來說，只要是 Netscape 2.0 以上，或是 Explorer 3.0 以上，都可以支援 JavaScript，但是這兩種瀏覽器支援的程度並不完全相同。事實上 IE 所支援的版本是 JScript，這是微軟本身所發展出來的 JavaScript 版本，和 Netscape 的 JavaScript 雖有小異之處，但其特性及語法仍大致相同，因此在本書中，我們暫時可將 JavaScript 與 JScript 視為同一種語言。無論是 JavaScript 或是 JScript，都滿足 ECMA（European Computer Manufacturer's Association，歐洲電腦製造商協會）所提出來的標準，滿足此標準的語言稱為 ECMAScript，當初 Netscape 和微軟也都有參與此語言的制訂。

提示：

>> 有關於 ECMA 所制訂的各項電腦相關標準，讀者可以參考 ECMA 的標準規範網頁："http://www.ecma-international.org/publications/standards/stnindex.htm"，其中也包含了對於 ECMAScript 的規範文件。

JavaScript 在網頁程式設計的主要功能可列舉如下：

- 提高網頁互動性及趣味性，例如以 JavaScript 所發展出來的各種遊戲。
- 執行在用戶端的計算及驗證，以減少伺服器端的計算及網路流量，例如表單驗證（Form Validation）。
- Cache功能，可將未用到的圖檔（或其他檔案）預先抓回，以增加使用者的便利。

JavaScript 語言可以產生各種不同的物件，以及與物件相關的方法與性質，因此此語言可以說是「物件基礎」（Object-based）的程式語言，但並不是「物件導向」（Object-oriented），因為它在物件方面的功能並沒有像 C++ 那麼完全。此外，JavaScript 屬於底稿式語言（Scripting Language），相關的特性可以列表說明如下：

- JavaScript 的程式碼是內嵌於 HTML 原始碼之中，並由瀏覽器的 JavaScript 解譯器（Interpreter）來執行程式碼，最後將結果呈現於瀏覽器。換句話說，JavaScript 的程式碼是由瀏覽器來執行，所以在用戶端絕對看得到 JavaScript 的原始碼，較難加以保護。
- 由於安全性的考量，除了讀寫 Cookies（請參見此篇教材後面的介紹）之外，JavaScript 並無法讀取用戶端的檔案或硬碟。
- 使用變數時，不需要宣告變數型態，JavaScript 會自動決定。
- 對於不同的資料型態（如字串與數值），JavaScript 可以根據不同情況，自動進行資料型態的合理轉換。

其他和 JavaScript 功能相近的用戶端程式語言，可列舉如下：

- VBScript：由微軟發展出的程式語言
- JScript：由微軟發展的 JavaScript 版本
- PerlScript：以 Perl 概念所發展出的程式語言（一般較少用到，因為考慮到用戶端必須先安裝 Perl 解譯器，才能執行）

當 Netscape 在發展 JavaSript 時，Sun Microsystems 公司也正在發展客戶端的程式語言 Java。原先 JavaScript 本名叫做 LiveScript，後來Sun Microsystems 公司研發的 Java 程式語言似乎有一飛沖天之勢，Netscape 乃順天應人，順勢將 LiveScript 改名為 JavaScript。常常有人把 JavaScript 和 Java 混為一談，事實上這兩者除了名字相近外，並無其他關係。以下是一個 JavaScript 和 Java Applets的比較表，列出兩者相同和相異之處。（如果你是初學者，看不懂此表，也沒有關係，因為這並不影響對後續教材的學習。）

整理：

JavaScript	Java Applets
由客戶端的 JavaScript 解譯器（Intepreter）進行逐列解譯後執行。	由伺服器取得編譯後（Compiled）的 Bytecode，然後在客戶端由 Java Virtual Machine 執行。
物件基礎（Object-based）的語言，繼承（Inheritance）關係必須經由特殊方式才能達成，性質及方法可以動態地加到一個物件。	物件導向（Object-oriented）的語言，物件可分為類別（Classes）及實例（Instances），繼承關係來自於物件的階層性。類別及實例都無法具有動態產生的性質及方法。
程式碼內嵌於 HTML 網頁之中。	以特殊標籤來將 Java Applets 加入網頁之中。
所有變數不需要事先宣告資料型態，即可逕行指定變數值。	所有變數都必須事先宣告資料型態。
在執行程式碼時，才會檢查所到的物件是否存在。	在編譯程式碼時，即會檢查所用的物件是否存在。
無法讀寫客戶端的硬碟（Cookies 除外）。	無法讀寫客戶端的硬碟。

1-2 基本JavaScript：循序執行

基本而言，我們可有兩種方式來使用 JavaScript 於網頁之中：

1. 循序執行（Sequential Execution）：瀏覽器讀入網頁後，即載入並執行 JavaScript 程式碼，最後將結果直接呈現在瀏覽器上。
2. 事件驅動（Event Driven）：瀏覽器讀入網頁後，即載入 JavaScript 程式碼，但必須等到使用者點選連結或影像，或是啟動其他滑鼠事件（例如當滑鼠離開某個影像），才能觸發 JavaScript 的執行。

本節將先介紹「循序執行」的 JavaScript 程式碼，並以最簡單的範例來帶領讀者進入 JavaScript 的世界。至於「事件驅動」的 JavaScript 程式碼設計，將會在下一節說明。

若要在 HTML 原始碼中加入 JavaScript 的程式碼，只要使用使用 <script> 標籤即可，其基本格式如下：

```
<script language=javascript>
        JavaScript 程式碼...
</script>
```

在上述基本格式中，標籤中的大小寫並無任何影響（因此「script」可寫成「SCRIPT」，「language」可寫成「LANGUAGE」。）。此外，在 Netscape 和 IE 中，JavaScript/JScript 即是 <script> 標籤的預設語言，因此「language=javascript」或「language=jscript」也可以完全省略。（若你使用的語言是 VBScript 或 PerlScript，則一定要加上 language=VBScript 或 language=PerlScript。）

提示：

- 雖然 HTML 內的 JavaScript 標籤是可以不分大小寫，但是標籤內部的 JavaScript 程式碼本身會區分大小寫，這是要特別注意的地方!

首先我們來看一個循序執行的簡單範例，此範例會在網頁上印出「Hello World!」，如下（hello01.htm）：

http://neural.cs.nthu.edu.tw/jang/books/javascript/example/hello01.htm - Microsoft Internet Explorer

檔案(F) 編輯(E) 檢視(V) 我的最愛(A) 工具(T) 說明(H)

利用 JavaScript 來印出 "Hello World!"

Hello World!

完成 網際網路

上述範例的原始檔如下：

範例1-1（hello01.htm）：

```
<html>
<head>
<meta HTTP-EQUIV="Content-Type" CONTENT="text/html;
    charset=big5">
</head>

<body>
<h2 align=center>利用 JavaScript 來印出 "Hello World!"</h2>
<hr>

<script language="javascript">
    str = "Hello World!";
    document.write(str);
</script>

<hr>
</body>
</html>
```

其中 str 是一個字串變數，其值為 "Hello World!"，document 則是一個物件，代表程式碼所在的文件，write 則是 document 的一個方法，可將一個字串印出於瀏覽器，因此 document.write(str) 的作用就是將 "Hello World!" 顯示在瀏覽器之上。

提示：

▸▸ 為了節省篇幅，後續我們在顯示原始碼時，只會顯示重要部分，而不再顯示全部原始碼。

我們在前一小節提過，JavaScript 是一個以物件為基礎的語言，因此幾乎所有的變數在 JavaScript 中都是一個物件，一個物件通常有一些性質（Property）和方法（Methods），而與物件相關的函數通常就被定義成物件的方法（或是功能）。舉例來說，我們可以把一個微波爐看成一個物件，那麼微波爐的顏色（Color）就是一個性質，容量（Volume）又是另一種性質，而我們可以把「加熱」（Heat）看成微波爐的一個方法（或是函數）它的輸入參數有兩個，第一個參數是放進微波爐的物品，第二個參數則是加熱的秒數。因此對於一個容量為八公升的白色微波爐 A，A.color 就是 white，A.volume 就是 8，而 A.heat("冷水", 30) 傳回值可能是 "溫水"（冷水加熱 30 秒變成溫水），而 A.heat("冷水", 300) 傳回值可能是 "沸水"（冷水加熱 300 秒變成沸水）。因此在上述範例中，document 就是一個 JavaScript 的物件，代表此網頁所在的文件，而 write() 就是一個方法，可以將輸入的字串寫到文件內。

document 物件還有一個與列印相關的方法：writeln()，它和 write() 的最大差別在於 writeln() 在列印完畢後會換列，但 write() 不會。例如如果連續呼叫 document.write("Good") 和 document.write("Bye!")，在網頁會呈現連在一起的 "GoodBye!"，但是如果連續呼叫 document.writeln("Good") 和 document.writeln("Bye!")，則在網頁會呈現中間有空格的 "Good Bye!"，這是因為 "Good" 和 "Bye!" 事實上是寫在不同的兩列上，在網頁排版後所呈現的效果，就會形成由空格分開的兩個英文字。範例如下（writeln01.htm）：

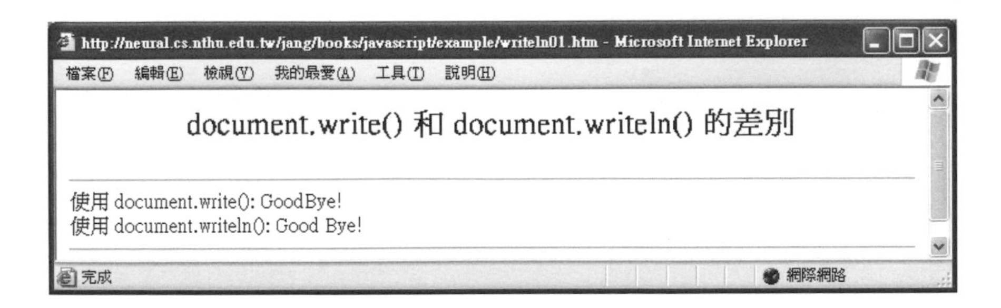

上述範例的原始檔如下：

範例1-2（writeln01.htm）：

```
...
使用 document.write():
<script>document.write("Good"); document.write("Bye!");</script>
<br>
使用 document.writeln():
<script>document.writeln("Good"); document.writeln("Bye!");</script>
...
```

由上述範例也可以看出，JavaScript 是自由格式（Free Format）的，每一列程式碼可以塞下好幾個敘述，只要每一個敘述都有加上一個分號來表示敘述的結尾。

若要呈現 JavaScript 印出的原始效果，而不希望看到網頁排版之後的效果，可以 <pre> 和 </pre> 將 JavaScript 的程式碼前後包夾，例如（writeln02.htm）：

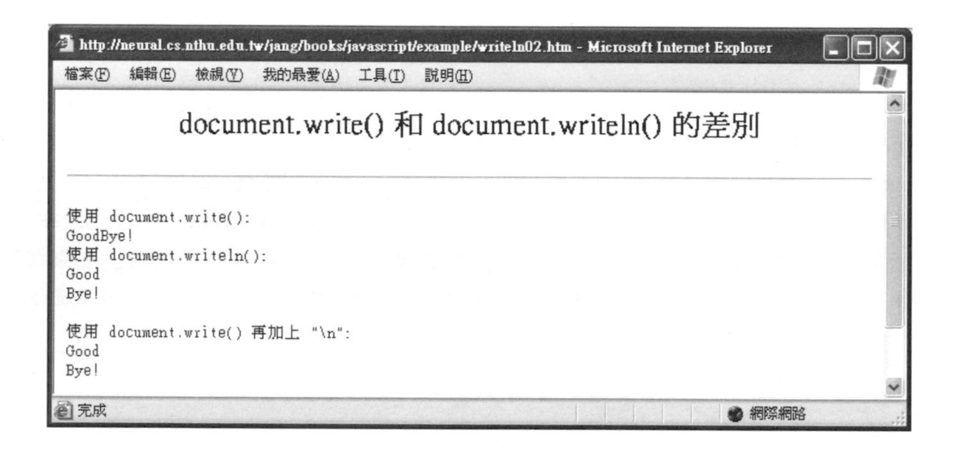

上述範例的原始檔如下：

範例1-3（writeln02.htm）：

```
...
<pre>
使用 document.write():
<script>document.write("Good"); document.write("Bye!");</script>
使用 document.writeln():
```

```
<script>document.writeln("Good"); document.writeln("Bye!");</script>
使用 document.write() 再加上 "\n":
<script>document.write("Good\n"); document.write("Bye!\n");</script>
</pre>
...
```

由上述程式碼也可以看出：document.write("...\n") 和 document.writeln("...") 得到的效果是一樣的，其中 "\n" 代表換列符號，類似的符號可以整理如下：

整理：

特殊字元	說 明
\n	換列符號（New Line）
\t	定位符號（Tab）
\r	歸位符號（Carriage Return）：將游標移到目前列的第一個位置，印出的文字將會蓋過之前的文字
\\	插入一個反斜線（\）
\"	插入一個雙引號（"）

提示：

▸ 使用<pre> 和 </pre> 來包夾 JavaScript 的程式碼，可以得到未經瀏覽器排版前、JavaScript 的輸出結果，對於 JavaScript 程式的偵錯來說，這是一個很好的方法。

下面這個例子，會在瀏覽器呈現 5 個由小變大的 "Hello World!"（hello02.htm）：

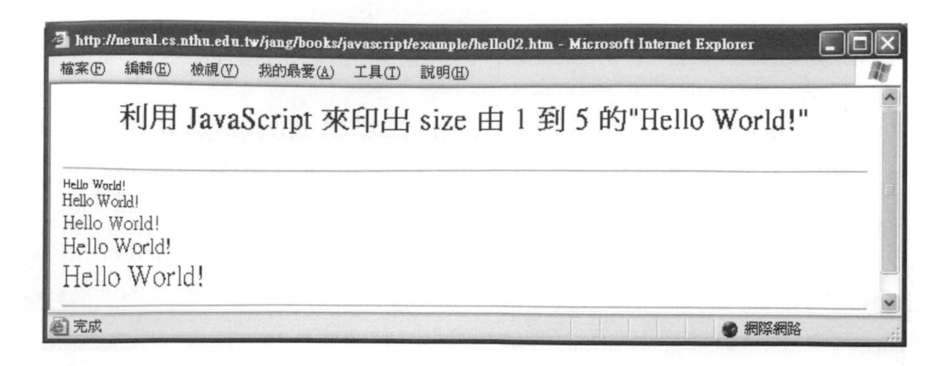

上述範例的原始檔如下：

範例1-4（hello02.htm）：

```
...
<script>
// 由 for 迴圈來產生 5 個由小變大的 "Hello World!"
for (i=1; i<=5; i++)
    document.writeln("<font size=" + i + ">Hello World!</font><br>");
</script>
...
```

在上例中，我們利用 JavaScript 的 for 迴圈來逐次更改字串的大小，因此瀏覽器上會顯示 5 個由小變大的 "Hello World!"。（有關於 for 迴圈，我們會在下一章仔細說明。）由以上範例我們可注意到下列事項：

- 字串的並排是由「+」來達成。
- JavaScript 有兩種加入註解的方法：
  - 單行註解（如上例），此種註解方式和 C++ 相同，例如

```
//單列程式碼註解
```

  - 多行註解，此種註解方式和 C 相同，例如：

```
/* 多列程式碼註解
   第二列註解 ... */
```

我們前面提到，若要得到未經瀏覽器排版前的 JavaScript 輸出結果，可以使用 <pre> 和 </pre>，但是對於含有 HTML 標籤的文字資料，我們就必須改用 <xmp> 和 </xmp>，例如，若要印出前一個範例未經瀏覽器排版前的結果，可見下列範例（helloXmp01.htm）：

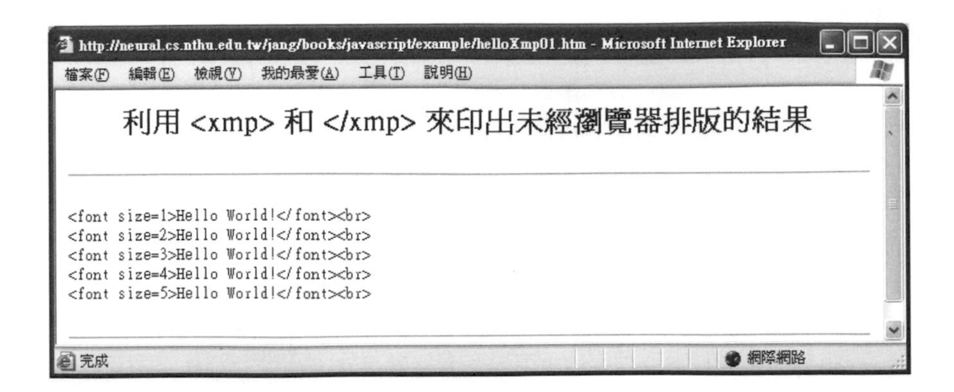

上述範例的原始檔如下：

範例1-5（helloXmp01.htm）：

```
...
<script>
// 由 for 迴圈來產生 5 個由小變大的 "Hello World!"
document.write('<xmp>');
for (i=1; i<=5; i++)
    document.writeln("<font size=" + i + ">Hello World!</font><br>");
document.write('</xmp>');
</script>
...
```

換句話說，我們可以使用 <pre> 和 <xmp> 來觀察經由 JavaScript 或瀏覽器解譯之後的資料，詳細流程可見此圖「HTML/JavaScript解譯及排版流程流程」。

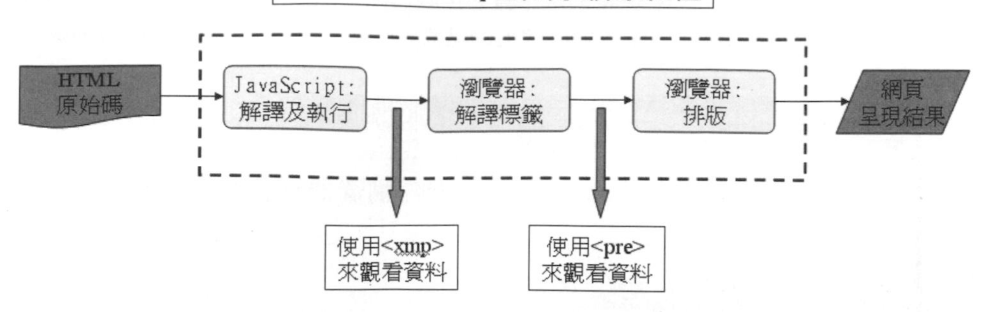

在過去 Web 瀏覽器群雄並起的時代，並不是每一種瀏覽器都能夠支援 JavaScript，因此我們就要想一種辦法來適時地隱藏 JavaScript 的程式碼，以避免不認得 JavaScript 的瀏覽器將 JavaScript 的原始碼呈現在網頁上。其方法就是混合使用 HTML 及 JavaScript 的註解，例如：

```
<script language=javascript>
<!--
        JavaScript 程式碼...
//-->
</script>
```

但現在兩大瀏覽器都支援 JavaScript，所以使用這種「隱藏程式碼」的 JavaScript 的程式已經越來越少了。以本節第一個 "Hello World!" 的例子，若使用「隱藏程式碼」的方式來撰寫，得到的網頁呈現效果完全相同，其原始檔案如下（hello03.htm）：

範例1-6（ hello03.htm ）：

```
...
<script language="javascript">
<!-- 如果瀏覽器無法辨識 JavaScript 程式, 則從下行開始隱藏
    str = "Hello World!";
    document.write(str);
// 隱藏至上行為止 -->
</script>
<hr>
```

```
<!--#include file="foot.inc"-->
```

1-3 基本JavaScript：事件驅動

另一種啟動 JavaScript 的方法，則是靠事件驅動，換言之，當瀏覽器讀入網頁後，即載入 JavaScript 程式碼，但必須等到使用者點選連結或啟動其他滑鼠事件，才能觸發 JavaScript 的執行。為方便和使用者進行互動，JavaScript 提供了三個內建的對話視窗：

- 警告視窗（Alert Window）
- 確認視窗（Confirm Window）
- 輸入視窗（Prompt Window）

本節將利用此三種內建的對話視窗來說明 JavaScript 如何以「事件驅動」的方式來執行。

提示：

» 所謂「滑鼠事件」（Mouse events），指的是能由瀏覽器偵測到的滑鼠動作，例如點選某一個連結、將游標移到一的影像上、游標的移動等。

舉例來說，我們也可以將 JavaScript 直接寫入網頁的連結（Links）之中，因此當使用者點選此連結，瀏覽器則執行相關的 JavaScript 程式。例如，我們可以定義某個特殊連結如下（alert01.htm）：

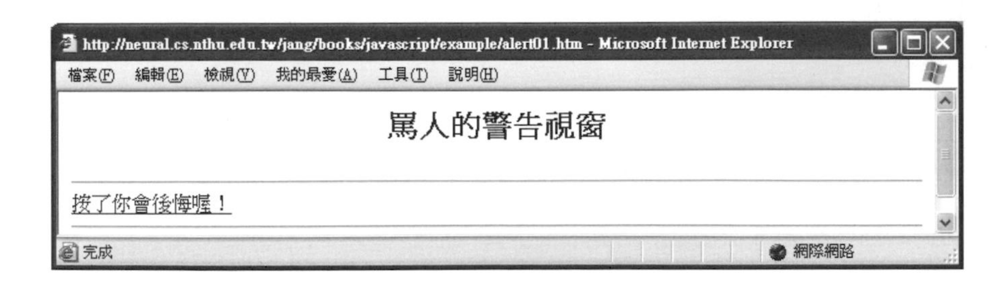

當你按下上述連結，就會出現一個罵人的警告視窗，外觀如下：

你只能按「確定」按鈕以關閉此警告視窗。原網頁程式碼如下：

範例1-7（alert01.htm）：

```
...
<A href="javascript:alert('!@#$%^&amp;*!')">按了你會後悔喔！</A>
...
```

在上述範例中，我們是把 JavaScript 的程式碼直接寫在 href 的連結位置，直接呼叫 alert() 函數來產生警告視窗並顯示罵人訊息。這個範例顯示幾個重點：

- 若要讓使用指點選連結來執行 JavaScript 的程式碼，則連結的格式必須是：

```
<a href="javascript:[程式碼]">被連結文字</a>
```

- JavaScript 的程式碼內的字串（例如上例中的 '!@#$%^&*!'），可用單引號來界定，以避免和「href=」之後的雙引號造成混淆。

我們也可以先執行一些簡單的運算，再將結果呈現在警告視窗，例如（alert02.htm）：

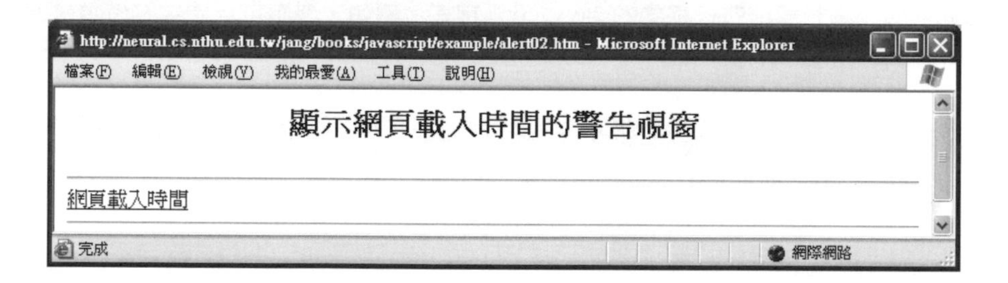

上述範例的原始檔如下：

範例1-8（alert02.htm）：

```
...
<script>
today = new Date();                    // 產生日期物件
```

```
hour = today.getHours();                    // 取得時數
minute = today.getMinutes();        // 取得分數
second = today.getSeconds();                // 取得秒數
string = "網頁載入時間是"+hour+"點"+minute+"分"+second+"秒";   // 串接
</script>
<a href="javascript:alert(string)">網頁載入時間</a>
...
```

在上例中，我們先產生字串 string，當連結被按下去時，再將字串送至警告視窗。（有關於日期物件和各種時間的用法，會在後面詳述。）

若要執行的程式碼太多，不方便放至連結之中，或是同一段程式碼要反覆使用，此時我們就可以定義另外一個函數，並在連結中執行此函數，例如（alert03.htm）：

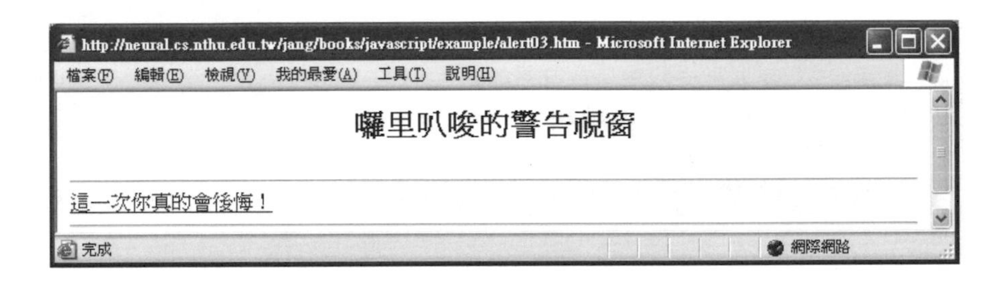

上述範例的原始檔如下：

範例1-9（alert03.htm）：

```
...
<SCRIPT>
function talk() {
      alert("不是叫你不要按嗎？");
      alert("為什麼你又按了呢？");
      alert('如果每個小孩都像你一樣不聽話，');
      alert('那麼所有大人不就都抓狂了？！');
      alert('為了懲罰你，你必須再按 20 次 Enter 鍵！');
      for (i=0; i<20; i++)
       alert('第 ' + (i+1) + ' 次！');
```

```
    alert('以後要當乖小孩了！');
}
</SCRIPT>
<A href="javascript:talk()">這一次你真的會後悔！</A>
...
```

請注意在上例中，字串的並排是由「+」來達成，而數學的加法也是由「+」來達成，JavaScript 遇到「+」時，會先判斷左右兩個運算子是否全是數值，若是，則進行加法。若有一個運算子是字串，則執行字串的並排運算。（當然，在執行並排運算時，會將數值形態的運算元先轉換成字串。）

此外，由上述範例可以看出，JavaScript 可以用雙引號（"）或單引號（'）來定義字串的開始和結束。

在上述範例中，若改用無窮迴圈，那麼，使用者可能會真的很後悔按下此連結，因為唯一跳出的方法，就是以非常手段停止瀏覽器的執行。（在 Windows 95/98/ME/NT/2000/XP 上，可同時按 Ctrl、Alt、Del 三鍵來達成。例如（alert05.htm）：

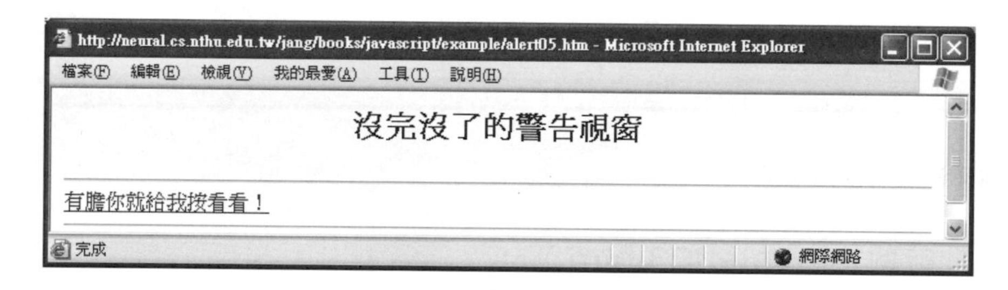

上述範例的原始檔如下：

範例1-10（alert05.htm）：

```
...
<script>
function talk() {
    alert('你要按一千次才能脫身...');
    for (i=0; i<1000; i++)
     alert('第 ' + (i+1) + ' 次！');
```

```
    alert('哈哈！你被我騙了...你還要按 100 次才能走人...');
    for (i=0; i<100; i++)
     alert('第 ' + (i+1) + ' 次！');
    alert('你真的按完了耶，太崇拜了！（不過你時間也太多了吧？^_^）');
}
</script>
<a href="javascript:talk()">有膽你就給我按看看！</a>
...
```

警告視窗的功能只是在警告或是傳達訊息，使用者也只能按「確定」否則無法繼續。另一個具有「二選一」功能的內建視窗，是確認視窗，範例如下（confirm01.htm）：

http://neural.cs.nthu.edu.tw/jang/books/javascript/example/confirm01.htm - Microsoft Internet Explorer
檔案(F) 編輯(E) 檢視(V) 我的最愛(A) 工具(T) 說明(H)

使用確認視窗來確認連結動作

清大首頁
交大首頁
台大首頁

完成 網際網路

在上述範例中，若使用者按下「清大首頁」的連結後，會產生下列確認視窗：

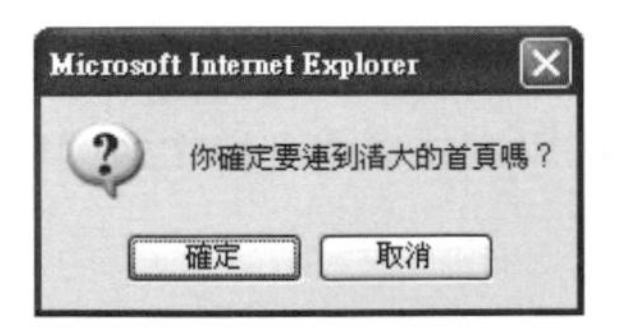

此時若按下「確定」按鈕，網頁會連到清華大學首頁。若按下「取消」按鈕，則網頁維持不便。此範例的原始檔如下：

 範例1-11（confirm01.htm）：

```
...
<script>
function link2nthu() {
```

```
    answer = confirm("你確定要連到清大的首頁嗎？");
    if (answer)
     location.href="http://www.nthu.edu.tw";
}
</script>

<!-- 第一種方法：以函數來完成此項工作 -->
<a href="javascript:link2nthu()">清大首頁</a><br>

<!-- 第二種方法：將程式碼寫在連結內。若回傳值為真，則連至新位置 -->
<a href="javascript:if (confirm('你確定要連到交大的首頁嗎？'))
    location.href='http://www.nctu.edu.tw'">交大首頁</a><br>

<!-- 第三種方法：使用 onClick 來完成此項工作。若 onClick 的值為偽，則連
    結無作用 -->
<a href="http://www.ntu.edu.tw" onClick="return(confirm('你確定要連到台
    大的首頁嗎？'))">台大首頁</a>
...
```

在上述範例中，我們使用了三種不同的方法來將確認視窗用於連結之中，相關說明都已經寫在程式碼的註解裡面，請詳細閱讀，以比較他們的相同和相異之處。（location.href 代表瀏覽器的網址，改變其值，就可以連到不同的網址。）其中比較需要說明的是第三種方法，我們使用了 onClick 的屬性，其值是一段 JavaScript 的程式碼，只有當此程式碼回傳的值是 true 時，對此連結的點選才會連到指定的網址，否則就完全沒有作用。

提示：

▸ onClick 所指定的字串格式必須是「return(程式碼)」，換句話說，JavaScript 的程式碼必須放在「return()」的括弧內。

提示視窗可以讓使用者輸入一列字串，也是取得使用者輸入的最簡單方式。下面是提示視窗的範例（prompt01.htm）：

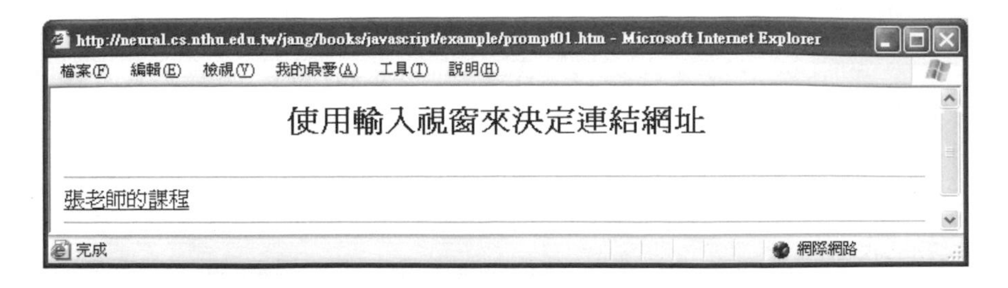

當使用者按下「張老師的課程」時，會產生如下的提示視窗：

使用者可以輸入相關的課程代碼，按「確定」後，網頁就會連結到相關課程首頁。此範例的原始檔如下：

範例1-12（prompt01.htm）：

```
...
<script>
function link2course() {
    course = prompt("請輸入課程編號：(cs3431, cs3331, cs3334, cs5652,
    or isa5571)", "cs3431");
    if
    ((course=="cs3431")||(course=="cs3331")||(course=="cs3334")||(cou
    rse=="cs5652")||(course=="isa5571"))
     location.href="http://neural.cs.nthu.edu.tw/jang/courses/" + course;
}
</script>

<a href="javascript:link2course()">張老師的課程</a>
...
```

在上述範例中，我們使用 if 敘述來判斷使用者輸入的字串是否等於 "cs3431" 或 "cs3331" 或 "cs3334" 或 "cs5652" 或 "isa5571"，若不是，則不發生任何事。若是，則造出相關網址，並將網頁連結到此網址。（"||" 代表邏輯運算的「或」，而 "&&" 則代表邏輯運算的「且」，這部分會在後面章節詳述。）

提示：

- 事實上，alert()、confirm() 和 prompt() 都是 window 物件的方法，所以要呼叫這些方法，完整的寫法應該是 window.alert()、window.confirm() 和 window.prompt()，但是因為他們太常被用到，所以也可以省略 window 此物件，直接呼叫這些函數。

「事件驅動」的執行方式，是 JavaScript 在網頁中最常被使用的方式。下一節將介紹與表單相關的「事件驅動」執行方式。

1-4　基本表單

表單（Forms）是 HTML 的一個重要標籤。一般的 HTML 標籤，只是為了用來呈現網頁的資訊，以便使用者在客戶端瀏覽。表單不只是有呈現資訊的功能，更重要的是，它包含了數種表單元素（Form Elements），可以讓使用者進行資料填寫或選取的功能，並將使用者所填寫的資料送到伺服器端，進行必要的處理。因此我們可以說，表單就是客戶端和伺服器進行資訊溝通的第一個門面。

表單將使用者輸入的資料送到伺服器後，伺服器端必須有相對的程式來對資料進行處理（例如送入資料庫或進行統計分析）。由於本章仍屬於 HTML 範疇，因此我們只會介紹表單在 HTML 中的原始碼，及其在網頁中所呈現的外觀。有關在伺服器端、處理表單資料的處理程式，在此並不介紹，讀者若有興趣，可自行參考有關 ASP、CGI 及 Perl 等章節。

所謂「百聞不如一見」，讓我們先看看一個表單的簡單範例（form01.htm）：

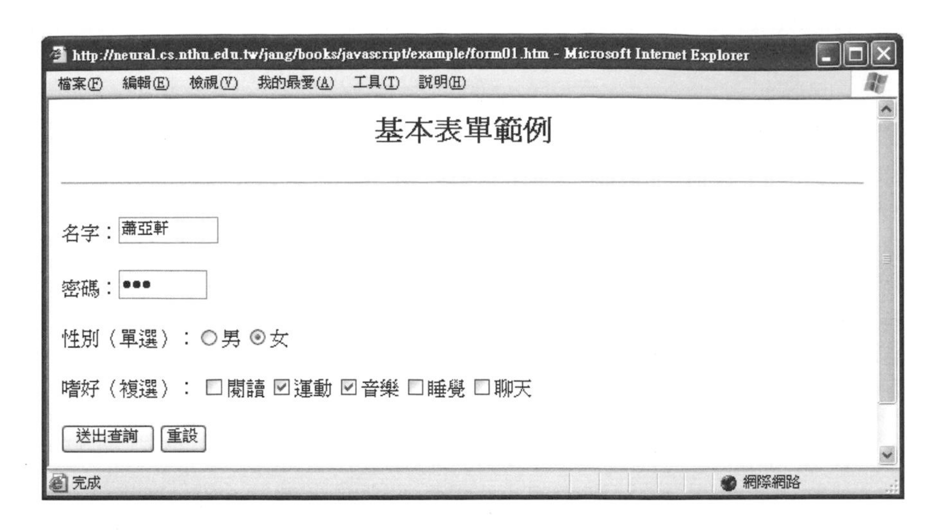

上述範例的完整原始檔案如下：

範例1-13（form01.htm）：

```
...
<form action="mailto:test@cs.nthu.edu.tw" encType=text/plain
    method=post>
    <p>名字：<input name="myname" size=10 maxlength=20 value="蕭
    亞軒">
    <p>密碼：<input name="passwd" type=password size=8 maxlength=8
    value=xyz>
    <p>性別（單選）：<input name="sex" type=radio value="男">男
     <input name="sex" type=radio value="女" checked>女
    <p>嗜好（複選）：
     <input name="f1" type=checkbox value="book">閱讀
     <input name="f2" type=checkbox value="sport" checked>運動
     <input name="f3" type=checkbox value="music" checked>音樂
     <input name="f4" type=checkbox value="sleep">睡覺
     <input name="f5" type=checkbox value="talk">聊天<P>
    <p><input type="submit"> <input type="reset">
</form>
```

```
...
```

由上述的範例可看出，表單是由 form 標籤所形成，可包含數個選項，action 代表處理表單資訊的程式，method 則代表表單資訊的傳送方法。在上例中，action 是設定成一個電子郵件帳號，因此當使用者按下「送出表單」時，所有在表單輸入的資料，會被送到此電子郵件帳號 test@cs.nthu.edu.tw，所收到電郵的主旨是「從 Microsoft Internet Explorer 公佈表格。」，電郵的的內容是：

```
myname=蕭亞軒
passwd=xyz
sex=女
f2=sport
f3=music
```

（上例中的郵件帳號 test@cs.nthu.edu.tw 是亂寫的，因此如果你直接將表單送出，最後可能會遭到退件。）有關於 method 選項，在此不細談，讀者可先參考有關 ASP 或 CGI 的章節。

在表單內部，還有許多表單元素（Form Elements），或稱表單控制項（Form Controls），以便讓使用者輸入資料。以上例而言，這些表單元素的標籤都是 input，並根據 type 的不同，而有不同的功能。這些表單元素有些各式各項的屬性（Attributes）以及其相關的性質（Properties），我們可以使用 JavaScript 來改變這些性質，就可以建立較為有趣且有用的互動式網頁。

我們先來看一個單列文字輸入的範例，在此範例中，你只要按下「送到狀態列」，JavaScript 就會把你填入的文字送到狀態列（formText2ststus01.htm）：

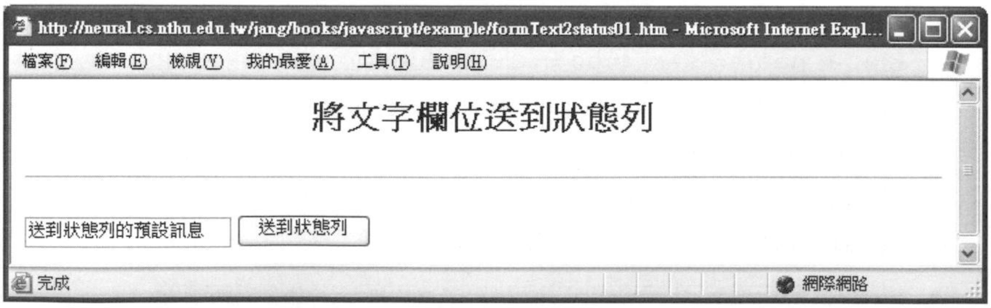

http://neural.cs.nthu.edu.tw/jang/books/javascript/example/formText2status01.htm - Microsoft Internet Expl...
檔案(F) 編輯(E) 檢視(V) 我的最愛(A) 工具(T) 說明(H)
將文字欄位送到狀態列
送到狀態列的預設訊息 送到狀態列
完成 網際網路

上述範例的原始檔如下：

範例1-14（formTextZstatus01.htm）：

```
...
<form name=theForm>
    <input type=text name="theString" value="送到狀態列的預設訊息">
    <input type=button value="送到狀態列"
    onClick="window.status=document.theForm.theString.value">
</form>
...
```

在上述範例中，當我們按下「送到狀態列」的按鈕時，瀏覽器會去執行定義於 onClick 的字串，此字串是一串 JavaScript 的敘述，其功能可分成兩段來說明：

1. 抓出文字欄位內的文字：其中 document 是此文件，theForm 是我們定義的表單名稱，theString 也是我們定義的文字欄位名稱，而 value 則是文字欄位內建的一個性質名稱，因此 document.theForm.theString.value 就是指文字欄位中的文字。
2. 將此文字送到狀態列：直接設定 window.status 即可。

提示：

▸▸ 在嘗試上述範例時，你必須先顯示瀏覽器的狀態列，可經由「檢視/狀態列」來開啟或關閉瀏覽器的狀態列。

網頁內如果有多個表單，我們可以分別使用「document.forms[n]」來表示，其中 n = 0, 1, 2 等等。但一般來說，一個網頁通常只有一個表單，因此若不定義此表單的名稱，我們也可以直接使用 document.forms[0] 來代表此表單。

事實上，在上述的範例中，我們可以使用文字輸入欄位的另一個屬性 onChange，來判斷文字欄位內的文字是否遭到修改，若有，才將此段文字送到狀態列，請見下列範例（formText2ststus02.htm）：

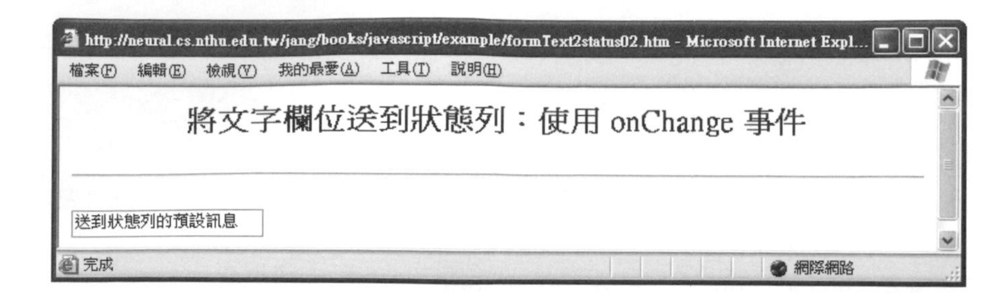

上述範例的原始檔如下：

範例1-15（formText2status02.htm）：

```
...
<form>
    <input type=text value="送到狀態列的預設訊息"
    onChange="window.status=this.value">
</form>
...
```

在上述範例中，只要我們改變文字欄位中的預設文字，同時將焦點（Focus）移出此文字欄位時（只要使用滑鼠點選一下網頁其它地方），定義於 onChange 的 JavaScript 程式碼即會被呼叫來更新瀏覽器的狀態列。和前一個範例比較，我們可以發現此範例更為簡潔：

1. 文字轉換的動作定義於文字欄位的 onChange 屬性，所以可以省卻按鈕的使用。（但是 onChange 事件只有在滑鼠的焦點由文字欄位消失時，才會起作用。）
2. 我們使用 this 來代表「目前的控制項」，因此不必定義文字欄位和表單的名稱，網頁更為簡潔。

提示：

> ▸ 在上述範例中，如果希望在文字欄位填入文字時，狀態列能夠立即改變，可將 onChange 改成 onKeyUp 即可。請同學們試試看！

使用 this 來代表「目前的控制項」，是一個常被用到的技巧。另外，我們也可以使用 this.form 來代表「目前的控制項所在的表單」，因此可以省略了定義表單的步驟，例如（formTextMasterSlave01.htm）：

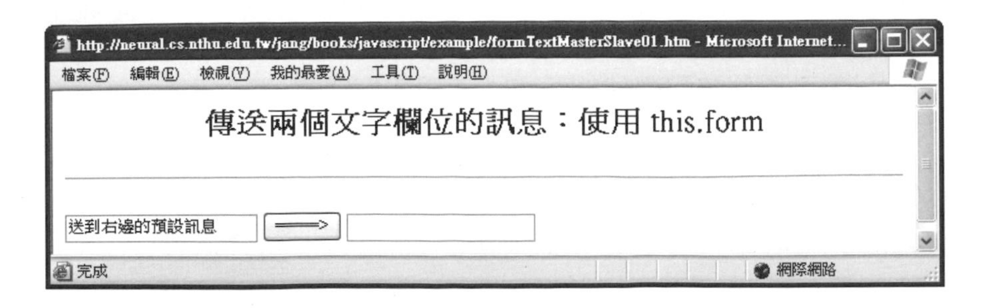

上述範例的原始檔如下：

範例1-16（formTextMasterSlave01.htm）：

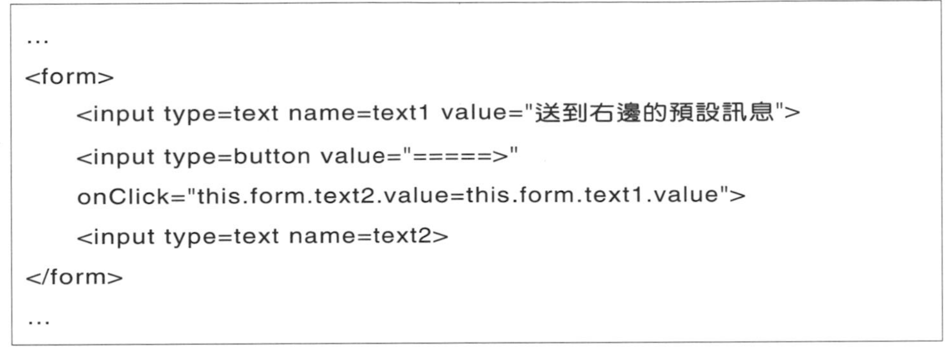

```
...
<form>
    <input type=text name=text1 value="送到右邊的預設訊息">
    <input type=button value="=====>"
    onClick="this.form.text2.value=this.form.text1.value">
    <input type=text name=text2>
</form>
...
```

在上述範例中，當我們點選「====>」的按鈕，就會將左邊的文字傳到右邊，其中 this.form 就是代表按鈕所在的表單。

提示：

- 一般而言，以「a.b」的方式來指到一個物件，例如 form1.input1 等，是由大（表單）到小（控制項）的方式，但唯一的例外，就是 this.form，這是由小（控制項）到大（表單）的方式。

我們也可以使用類似的方式來傳送核記方塊的資料，例如（formTextCheckboxSlave01.htm）：

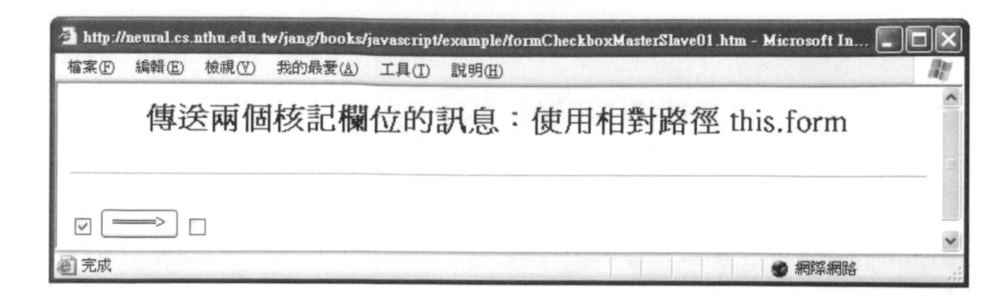

上述範例的原始檔如下：

範例1-17（formTextCheckboxSlave01.htm）：

```
...
<form>
    <input type=checkbox name=box1 checked>
    <input type=button value="=====>"
    onClick="this.form.box2.checked=this.form.box1.checked">
    <input type=checkbox name=box2>
</form>
...
```

在上述範例中，每次你修改第一個核記方塊並移除焦點時，我們就用警告視窗來顯示其性質 checked 的值，true 代表勾選，false 代表不勾選。接著我們可以按下「====>」的按鈕，即可將相關的勾選資訊從左邊傳到右邊。

如果不是用 this.form 來達到上述效果，程式碼就會比較繁雜，如下所示：

範例1-18（formTextCheckboxSlave02.htm）：

```
...
<form name=myForm>
    <input type=checkbox name=box1 checked>
    <input type=button value="=====>"
    onClick="document.myForm.box2.checked=document.myForm.box1
    .checked">
    <input type=checkbox name=box2>
```

```
</form>
...
```

由上述範例可以看出，使用 this.form 就類似於使用相對路徑，有時候會比使用絕對路徑來的方便與簡潔。

除了收音機按鈕和核記方塊之外，我們也可以使用下拉式選單（Pull-down Menus）來讓使用者進行選項的勾選，所用的標籤是 select。若要進行單選，範例如下（formSelectSingle01.htm）：

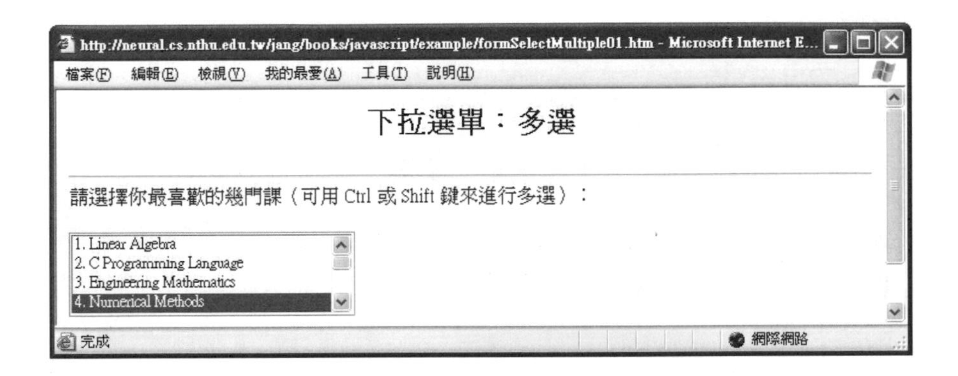

上述範例的原始檔如下：

範例1-19（formSelectSingle01.htm）：

```
...
請選一個你最喜歡的課程：
<form>
<select name=courseList size=4 onChange="alert('你選的課程是
      「'+this.options[this.selectedIndex].text+'」')">
    <option> 1. Linear Algebra
    <option> 2. C Programming Language
    <option> 3. Engineering Mathematics
    <option> 4. Numerical Methods
    <option> 5. Introduction to Artificial Intelligence
    <option selected> 6. Web Programming
```

```
    <option> 7. Artificial Neural Networks
    <option> 8. Fuzzy Sets Theory and Applications
    <option> 9. Audio Signal Processing and Recognition
    <option> 10. Special Topics on MATLAB
</select>
</form>
...
```

若要進行複選，所用的標籤還是 select，只是需要加入 multiple 的屬性，範例如下（formSelectMultiple01.htm）：

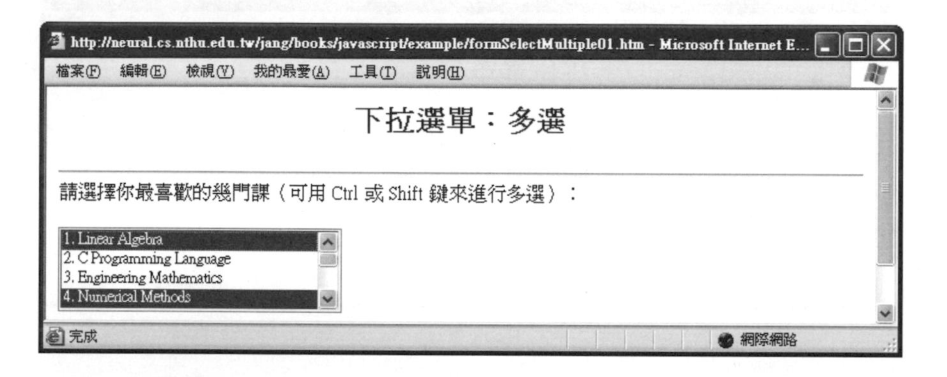

上述範例的原始檔如下：

範例1-20（formSelectMultiple01.htm）：

```
...
<script>
function listSummary(form) {
    var result = "";
    for (var i=0; i<form.courseList.length; i++)
     if (form.courseList.options[i].selected)
          result = result + form.courseList.options[i].text + "\n";
    alert("你最喜歡的幾門課是：\n" + result);
}
</script>
```

```
請選擇你最喜歡的幾門課（可用 Ctrl 或 Shift 鍵來進行多選）：
<form>
<select name=courseList size=4 multiple
    onChange="listSummary(this.form)">
    <option> 1. Linear Algebra
    <option> 2. C Programming Language
    <option> 3. Engineering Mathematics
    <option selected> 4. Numerical Methods
    <option> 5. Introduction to Artificial Intelligence
    <option selected> 6. Web Programming
    <option> 7. Artificial Neural Networks
    <option> 8. Fuzzy Sets Theory and Applications
    <option> 9. Audio Signal Processing and Recognition
    <option> 10. Special Topics on MATLAB
</select>
</form>
...
```

在上述範例中的 listSummary() 函式中，我們在 result 變數之前加上了 var，這代表 result 是一個局部變數（Local Variable），換句話說，這個變數只有在 listSummary() 函式中存在，也只有在這個函式中，我們能夠存取這個變數，一旦不在此函式內，此變數就完全不存在。一般而言，如果沒有在函式內的變數加上 var 的宣告，那麼這個變數就預設成全域變數（Global Variable），你可以在函式以外的任何地方存取此變數。

提示：

➤ 一般我們建議在函式內的變數都盡量設定成局部變數，以減少函式呼叫後可能產生的非預期副作用。

若要輸入大量文字資料，就必須使用 textarea 標籤，範例如下（formTextarea01.htm）：

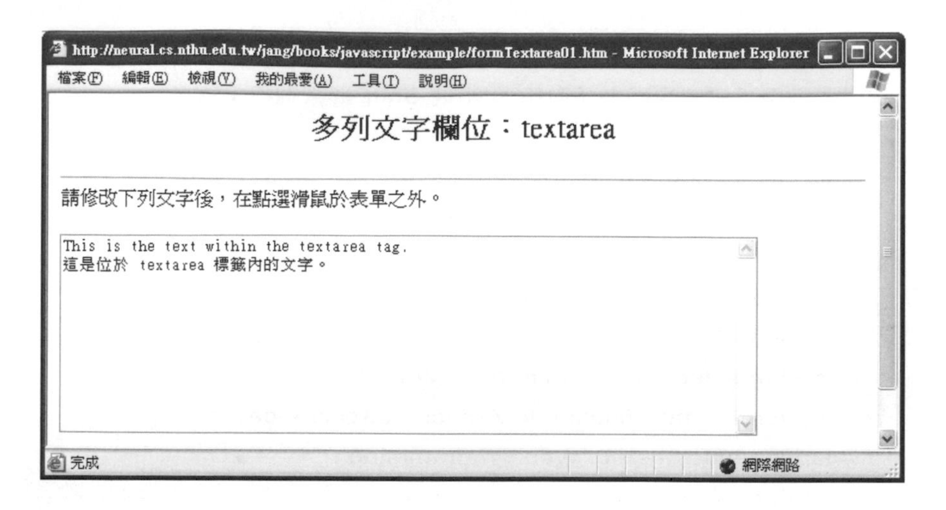

上述範例的原始檔如下：

範例1-21（formTextarea01.htm）：

```
...
請修改下列文字後，再點選滑鼠於表單之外。
<form>
<textarea name=courseList cols=80 rows=10 onChange="alert('更改後的
    文字：\n'+this.value)">
This is the text within the textarea tag.
這是位於 textarea 標籤內的文字。
</textarea>
</form>
...
```

最後還有兩個常用的控制項，就是 submit 和 reset，其功能如下：

- submit：送出表單至伺服器進行處理
- reset：將表單的所有控制項恢復成預設值

這些相關細節，我們還會在後面詳細說明。

1-5 JavaScript和VBScript的比較

經過了前面幾個小節的介紹，想必讀者們已經對 JavaScript 有一個基本的概念了。VBScript 是另一種常用在用戶端的網頁程式語言，常用 VBScript 的程式設計者，會常把 VBScript 的程式語言特性套用到 JavaScript，因而造成錯誤。因此本節將比較 JavaScript 和 VBScript 差異，請見下面列表說明：

- JavaScript 程式碼會分辨大小寫，VBScript 程式碼則不分大小寫。一般高階程式碼（如 C/C++ 等），都會分辨大小寫，因此 VBScript 不區分大小寫，是一個嚴重的缺失。
- 一般而言，JavaScript 的每一列敘述後面必須加上分號，VBScript 程式碼則不需要。更明確地說，JavaScript 可用換行來取代分號。當然如果要將數個 JavaScript 的敘述寫在同一列，就需要在每一個敘述的尾巴加上分號。
- JavaScript 是自由格式（Free Format），因此可以把多個敘述放在同一列，或是把同一列敘述拆放在兩列。但是 VBScript 則不是自由格式，因此通常是每個敘述放在一列。
- JavaScript 的語法接近 C 或 C++ 程式語言，VBScript 則接近於 Basic 程式語言。
- JavaScript 適用的瀏覽器包含於 IE、Firefox、Opera、Netscape 等，但是 VBScript 則只能用在 IE 瀏覽器。
- JavaScript 和 VBScript 兩者都適用於 ASP（Active Server Pages）和 WSH（Window Scripting Hosts）。

1-6 習 題

選擇題

1. <xmp> 和 <pre> 標籤有何不同？

   (1) <xmp> 有自動換行， <pre> 沒有。

   (2) <xmp> 能忽略段落中的標籤，<pre> 不會。

   (3) <xmp> 能選擇字型，<pre> 不行。

   (4) <xmp> 能支援 XML，<pre> 沒有。

2. 在 HTML 中的標籤 <button> 加入下列何者事件，可讓使用者在按下網頁中的按鈕時，啟動JavaScript的程式？

   (1) onHighlight

(2) onPush

(3) onPress

(4) onClick

3.下列何者可以只用 JavaScript 來達成？

(1) 錄進使用者的聲音

(2) 寫出一線上迷宮網頁

(3) 將使用者端的檔案上傳

(4) 連結資料庫

4.JavaScript函式最好放在 HTML 文件的什麼地方?

(1) HTML 文件的開始部份

(2) HTML 文件的結束部份

(3) HTML 文件中的任何地方

(4) HTML 文件的中心

5.有關 JavaScript 程式碼中的的註解（Comments），下列說明何者有誤？

(1) 可用 "//" 來加入單列註解

(2) 可用 "/*" 和 "*/" 來加入多列註解

(3) 可以自訂其他字元，來宣告註解的開始和結束

(4) 和 C 及 C++ 的註解方式一致

6.下列何者語言或環境不可以在用戶端執行？

(1) VBScript

(2) PerlScript

(3) JavaScript

(4) CGI

7.哪一種 JavaScript 內建的對話視窗，可以讓使用者填入一段字串？

(1) 警告視窗（Alert Window）

(2) 確認視窗（Confirm Window）

(3) 輸入視窗（Prompt Window）

(4) JavaScript 不提供此類對話視窗

8.JavaScript 無法做到以下那些功能?

(1) 顯示對話方塊

(2) 檢核使用者在表單的輸入字串

(3) 檢查檔案內容

(4) 在網頁產生動態訊息

9.JavaScript 和 Java Applet 的共通點為何？

(1) 都是 Netscape 公司發展出來

(2) 都是以 bytecode 的形式送到用戶端

(3) 都是在用戶端執行

(4) 在用戶端都看得到原始程式碼

10. JavaScript 可否對用戶端硬碟進行讀寫動作？

(1) 完全不行

(2) 完全可以

(3) 可以，但只限於cookies

(4) 只能讀，不能寫

簡答題

1. 下列的 JavaScript 程式碼，可以由 for 迴圈來產生 2 個由小變大的 "Hello World!":

```
<script>
 for ( i=1 ; i<=2 ; i++)
     document.writeln("<font size=" + i + ">Hello World!</font>");
 </script>
```

a. 請寫出來在「JavaScript 執行後、瀏覽器解譯前」的結果。

b. 請你在上述程式碼加入兩列敘述，使得你能在網頁上直接看到「JavaScript 執行後、瀏覽器解譯前」的結果？

程式題

請使用本章所學到的 JavaScript 程式技巧來完成下列作業：

1. (*)**顯示JavaScript所產生的資料：** 下列範例可以產生小於100的質數列表：

範例（frimeNumber.htm）：

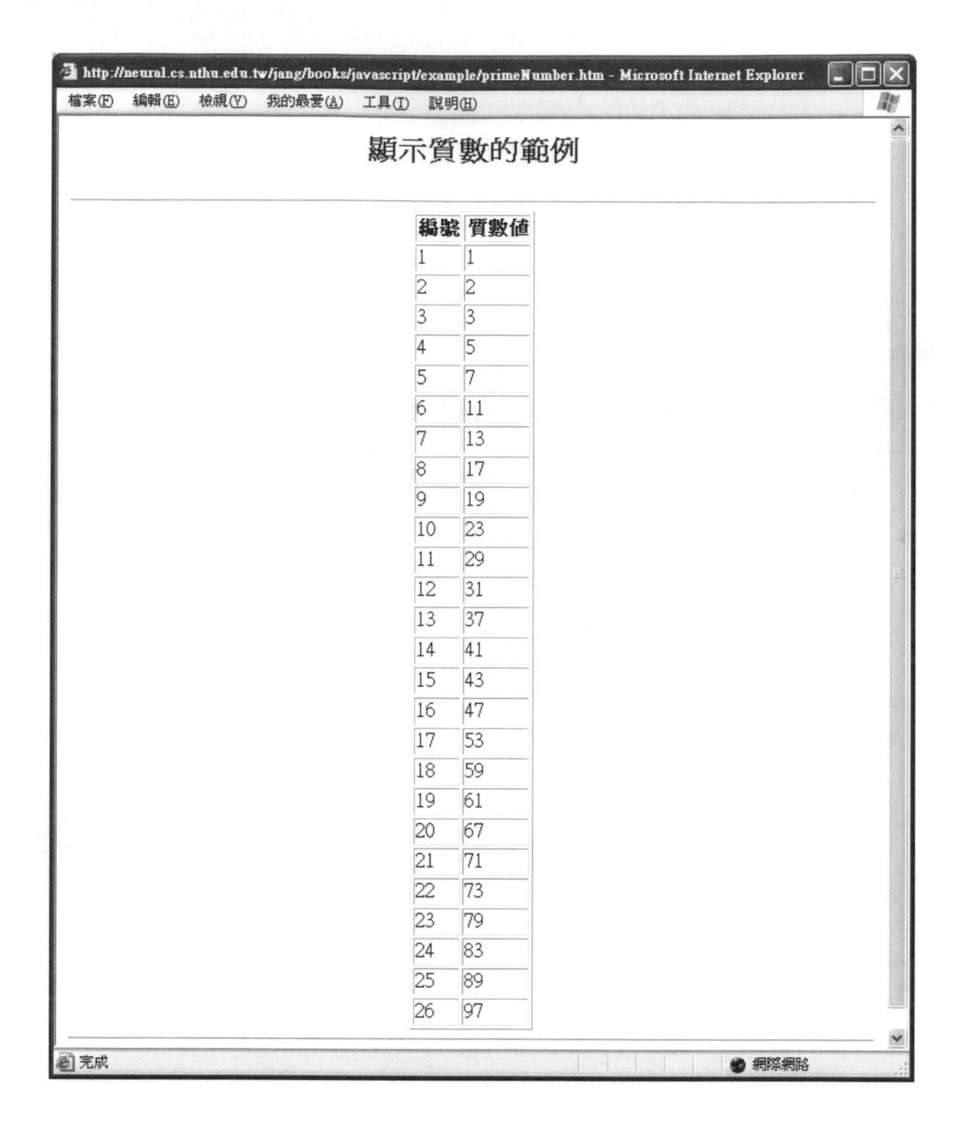

編號	質數值
1	1
2	2
3	3
4	5
5	7
6	11
7	13
8	17
9	19
10	23
11	29
12	31
13	37
14	41
15	43
16	47
17	53
18	59
19	61
20	67
21	71
22	73
23	79
24	83
25	89
26	97

上述範例的原始檔如下：

範例1-22（frimeNumber.htm）：

```
...
<script>
n=100;
count=1;
```

```
document.writeln("<center>");
document.writeln("<table border=1>");
document.writeln("<tr><th>編號<th>質數值");
for (i=1; i<=n; i++){
    maxDivisor=Math.sqrt(i);
    isPrime=1;
    for (j=2; j<=maxDivisor; j++)
     if (i%j==0){
          isPrime=0;
          break;
     }
    if (isPrime)
     document.writeln("<tr><td>"+(count++)+"<td>"+i);
}
document.writeln("</table>");
document.writeln("</center>");
</script>
...
```

你可以不需要瞭解此程式碼的功能。請改寫此範例為 primeNumberSource.htm，使其在網頁呈現 JavaScript 所產生的原始資料（未經由瀏覽器解譯之資料）。為什麼我們無法使用 <pre> 和 </pre> 來達到所要之功能？

2.(*) **計算除以七的餘數：** 請寫一個網頁 check7remainder.htm，包含一個連結「計算除以七的餘數」，具有下列功能：

- 當你按下此連結時，會跳出一個提示視窗，要求你輸入一個正整數。
- 按下確定後，會再跳出一個警告視窗，告訴你輸入的數字除以七之後，所得餘數的值。（提示：JavaScript 求餘數的運算子是「%」，例如「8 % 7」得到的值是 1。）

3.(*) **兩數相加：** 請寫一個網頁 add2number.htm，包含一個連結「兩數相加」，具有下列功能：

- 當你按下此連結時，會連續跳出兩個輸入視窗，分別要求你輸入兩個數目（可以含有小數點）。
- 此程式會將兩個數字相加，顯示在一個警告視窗。

4.(*) **圓的周長和面積：** 請寫一個網頁 circleArea.htm，包含一個連結「圓的周長和面積」，具有下列功能：

- 當你按下此連結時，會跳出一個提示視窗，要求你輸入一個正數，做為一個圓的半徑。
- 此程式會算出此圓的周長和面積，顯示在一個警告視窗。

（提示：你可以使用 Math.PI 來代表圓周率，會比 3.1415926 來的精準。）

第二章

程式控制結構

本章重點

本章介紹 JavaScript 的程式控制結構，以便控制程式的執行流程。我們將針對「條件敘述」與「迴圈敘述」這兩大程式控制結構來進行說明。

2-1 條件敘述

在條件敘述中，最常見的就是 if 敘述，其一般格式如下：

```
If (condition) {
	...
}
```

在上述格式中，若 condition 的值是 true 或非零，則執行大刮號中的程式碼；反之，則不執行。若要在判斷條件不成立時，能夠執行另一段程式碼，則可用 if-else 敘述：

```
If (condition) {
	statement 1
} else {
	statement 2
}
```

在上述格式中，若 condition 的值是 true 或非零，則執行 statement 1；反之，則執行 statement 2。如果在條件成立（或不成立）時，只需執行一個敘述，那就可以省略對應的大括號。例如（ifElse01.htm）：

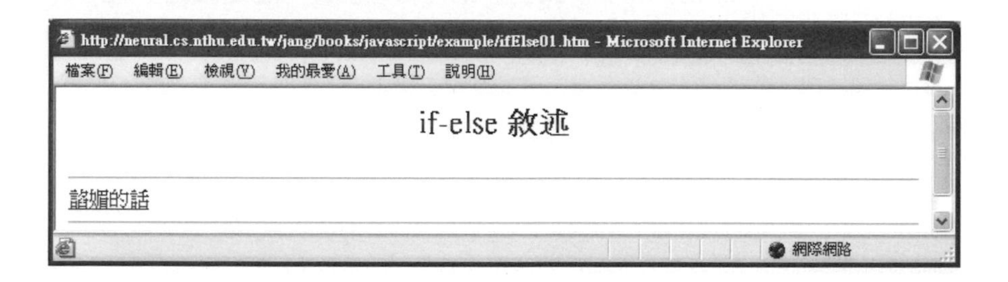

上述範例可根據使用者輸入的年齡，而回應兩種不同諂媚的話，完整原始檔案如下：

範例2-1（ifElse01.htm）：

```
...
<script>
```

```
function flatter() {
    a = prompt("請輸入您的年齡：", 30);
    if (a<30)
     alert("您只有 "+a+ " 歲，真是青年才俊啊！");
    else
     alert("您年過 30，想必是事業有成了！");
}
</script>
<a href="javascript:flatter()">諂媚的話</>
...
```

若要進行多種條件的比對，則可以反覆使用 if-else 敘述，但是這樣會造成程式碼的雜亂，另一個比較好的方法，則是使用 switch 敘述，例如若要判斷今天是星期幾，並印出相關的訊息，可見下列範例（switch01.htm）：

上述範例的完整原始檔案如下：

範例2-2（switch01.htm）：

```
...
<script>
today = new Date();      // 取得「今天」的物件
day = today.getDay();    // 取得今天是星期幾
switch (day) {
    case 0:
        document.write("<p>今天是星期天耶，可以睡到 12 點嘍！");
        break;
```

```
        case 1:
                document.write("<p>今天是星期一...GDIM (God damned it's
        Monday)...");
                break;
        case 2:
        case 3:
                document.write("<p>今天是星期二或三，離週末還很遠呢！繼續工
        作中...");
                break;
        case 4:
                document.write("<p>今天是星期四...星期五為什麼還沒到？");
                break;
        case 5:
                document.write("<p>今天是星期五喔，TGIF (Thank God it's
        Friday) !");
                break;
        case 6:
                document.write("<p>今天星期六喔，誰要跟我去血拼？");
                break;
        default:
                document.write("<p>Error!");
}
</script>
...
```

在上面的範例中，day 的值是從 0 到 6，分別代表星期日、星期一、星期二、...、星期六，因此我們可以使用 day 的值，來印出不同的訊息。需要注意的是，switch 會依序比對每一個 case 指令的條件，並在條件滿足後，執行相關的敘述。若需要在符合某個特定條件後就不再比對，此時就要在相關敘述最後面加上 break 敘述。此外，default 之後的敘述，只會在所有條件均不符合時，才會被執行。如果不加上 break，則系統會在符合某一個特定條件後，就執行符合下列其他條件的敘述，產生很奇怪的結果。下列範例和上一個範例完全相同，唯一差別是沒有 break，如下（switch02.htm）：

上述範例的完整原始檔案如下：

範例2-3（switch02.htm）：

```
...
<script>
today = new Date();        // 取得「今天」的物件
day = today.getDay();      // 取得今天是星期幾
switch (day) {
    case 0:
        document.write("<p>今天是星期天耶，可以睡到 12 點嘍！");
    case 1:
        document.write("<p>今天是星期一...GDIM (God damned it's
    Monday)...");
    case 2:
    case 3:
        document.write("<p>今天是星期二或三，離週末還很遠呢！繼續工
    作中...");
    case 4:
        document.write("<p>今天是星期四...星期五為什麼還沒到？");
    case 5:
        document.write("<p>今天是星期五喔，TGIF (Thank God it's
    Friday) !");
    case 6:
        document.write("<p>今天星期六喔，誰要跟我去血拼？");
```

```
    default:
        document.write("<p>Error!");
}
</script>
...
```

提示：

- 以上 switch 的行為，和 C/C++ 中的 switch 是完全相同的。

若是判斷條件較複雜，我們也可以使用「且」、「或」、「否定」等方式來產生複合條件，請見下表：

整理：

說明	符號
且	&&
或	||
否定	!

例如，若要判斷是否「a 大於零，或 b 和 c 均不小於零」，可用下列程式碼：

```
If ((a>0) || (~(b<0) && ~(c<0))) {
    ...
}
```

JScript 也支援隱含的條件形式，稱為條件運算子。首先我們必須將要測試的條件後面加上一個問號，同時也指定兩個選項，第一個用在條件成立時，另一個則用在條件不成立時，這兩個選項之間必須以一個冒號分隔開來，例如，下列範例可以印出現在時間是「上午」還是「下午」（implicitlf01.htm）：

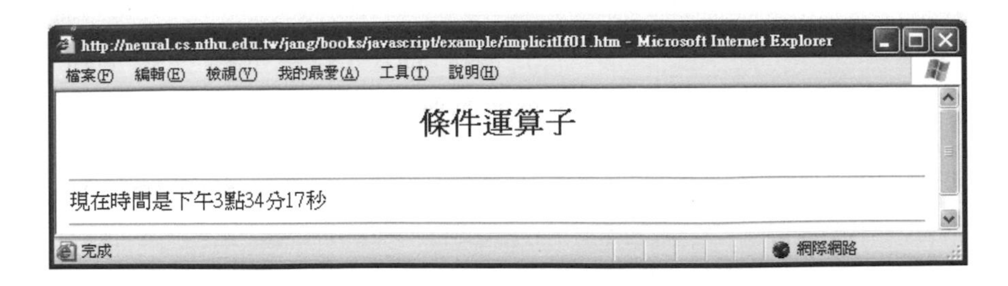

上述範例的完整原始檔案如下：

範例2-4（implicitIf01.htm）：

```
...
<script>
today = new Date();                    // 取得「今天」的物件
hour = today.getHours();               // 取得時數
minute = today.getMinutes();// 取得分數
second = today.getSeconds();       // 取得秒數
prepand = (hour>=12)? "下午":"上午";  // 利用條件運算子來決定是「上午」
    或「下午」
hour = (hour>=12)? hour-12:hour;        // 利用條件運算子來改成 12 小時制
document.write("現在時間是"+prepand+hour+"點"+minute+"分
    "+second+"秒");
</script>
...
```

在條件敘述中，JavaScript 如何判斷一個運算式是 true （真）或 false （偽）呢？其根據的原則如下：

1. 當運算結果是一個數值時，若此數值等於 0，則是 false，否則就是 true。
2. 當運算結果是一個字串時，若此字串等於空字串（""），則是 false，否則就是 true。

以下這些範例讓讀者自行參考及推想：

整理：

條件敘述	判定結果
0	false
5	true
-3	true
“”	false
“0”	true
“00”	true
“0.0”	true

下列範例印出上述判斷條件的結果（testlf.thm）：

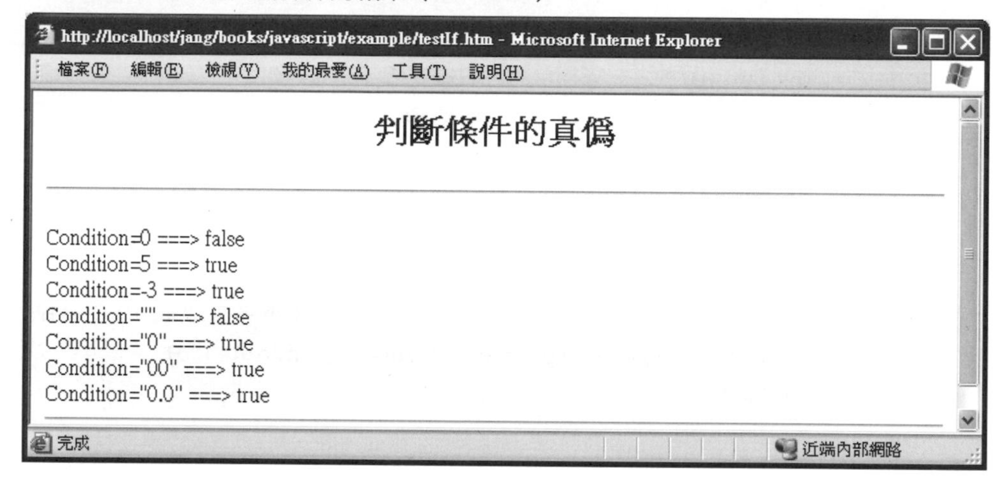

上述範例的完整原始檔案如下：

範例2-5（testlf.htm）：

```
...
<script>
condition=0;
document.write("<br>Condition=0 ===> "+(condition?true:false));
condition=5;
document.write("<br>Condition=5 ===> "+(condition?true:false));
condition=-3;
```

```
document.write("<br>Condition=-3 ===> "+(condition?true:false));
condition="";
document.write("<br>Condition=\"\" ===> "+(condition?true:false));
condition="0";
document.write("<br>Condition=\"0\" ===> "+(condition?true:false));
condition="00";
document.write("<br>Condition=\"00\" ===> "+(condition?true:false));
condition="0.0";
document.write("<br>Condition=\"0.0\" ===> "+(condition?true:false));
</script>
...
```

2-2 迴圈敘述

本節說明 JavaScript 的是迴圈敘述（Loop Statement），這些敘述可以讓電腦反覆地執行某一段程式碼。

首先說明的是 for 迴圈敘述，其格式和 C 語言的 for 迴圈很類似，基本格式如下：

```
for ([指定一個計數變數的初值];[測試式];[更新計數變數的動作]) {
        迴圈內部敘述
}
```

for 敘述會指定一個計數變數的初值、一個條件式，以及一個會更新計數變數的動作。在每一次要執行迴圈之前，都會判斷條件式的值。如果條件式為真，迴圈裡的程式碼就會執行；反之，如果沒有通過，就不會執行，並直接跳到迴圈之後的第一行程式碼。在執行迴圈之後，就會進行更新這個計數變數的動作，然後再開始下一個迭代。下列範例使用 for 迴圈來印出 5 個依次變大的「Hello world！」（forLoop01.htm）：

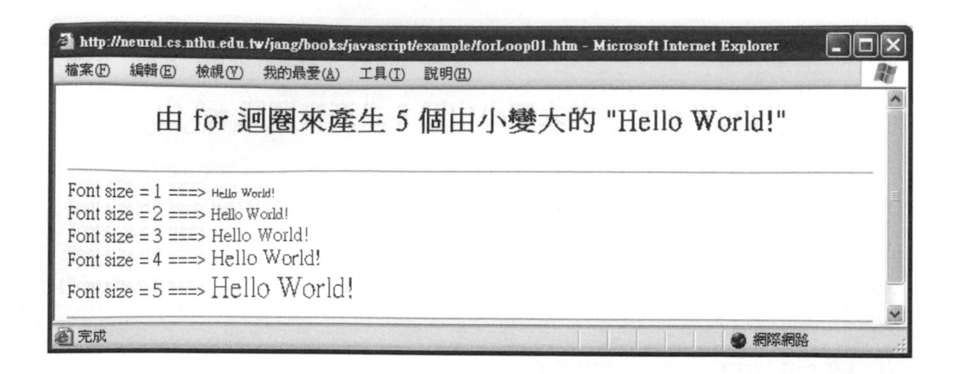

上述範例的完整原始檔案如下：

範例2-6（forLoop01.htm）：

```
...
<script>
// 由 for 迴圈來產生 5 個由小變大的  "Hello World!"
for (i=1; i<=5; i++) {
     document.write("Font size = " + i + " ===> ");
     document.write("<font color=green size=" + i + ">Hello
     World!</font><br>");
}
</script>
...
```

JScript 提供另一種特殊類型的 for 迴圈，稱為 for-in 迴圈，可用於處理一個物件的所有屬性。在 for-in 迴圈中的計數變數是一個字串，而不是一個數字，此字串變數在每次迴圈代表一個特定的屬性名稱，因此我們可以使用此類迴圈，窮舉出一個物件的所有性質。舉例來說，每個網頁都有一個 document 物件來代表此網頁，因此在下列範例中，我們使用 for-in 迴圈來列舉 document 物件的所有性質（forlnLoop01.htm）：

在上述範例中，可以看出 document 有很多性質，例如 document.fileCreatedDate 代表網頁檔案的產生日期，document.bgColor 代表網頁的背景顏色等。上述範例的完整原始檔案如下：

範例2-7（forInLoop01.htm）：

```
...
<script>
// 列舉 document 物件中的所有屬性
for (prop in document)
    document.write("<br>document." + prop + " = " + document[prop]);
</script>
...
```

由上述程式碼也可以看出，我們可以使用 document.xyz 或 document["xyz"] 來存取屬性 xyz，得到的結果是相同的。

當然，我們也可以先建立一個物件，指定它的屬性和屬性值後，再用 for-in 迴圈將所有的屬性值列印出來，如下（forInLoop02.htm）：

上述範例的完整原始檔案如下：

範例2-8（forInLoop02.htm）：

```
...
<script>
// 建立具有一些屬性的物件。
student = new Object();
student.name = "Timmy";
student.age = "25";
student.phone = "575-1114";

// 列舉物件中的所有屬性
for (prop in student)
   document.write("<br>student." + prop + " = " + student[prop]);

</script>
...
```

在上述範例中，prop 變數會被分別指定成字串 "name"、"age"、"phone"，代表此物件的性質名稱，然後再經由 student[prop] 取得不同性質所對應的值。

另一個常用到的迴圈敘述是 while 迴圈，其用法類似 for 迴圈，基本格式為：

```
While (條件式) {
        迴圈內部敘述
}
```

只要條件式為真，while 迴圈的內部敘述就會反覆一再被執行。在下列範例中，我們利用 while 迴圈來反覆印出隨機變數值，直到所遇到的隨機變數值大於 0.8 才停止（whileLoop01.htm）：

上述範例的完整原始檔案如下：

範例2-9（whileLoop01.htm）：

```
...
<script>
x=Math.random(); // 產生一個介於 0 和 1 之間的亂數
while (x<=0.8) {
     document.write("<br>"+x);
     x=Math.random();
}
document.write("<br>"+x);
</script>
```

```
...
```

另外還有一個和 while 功能類似的迴圈指令，稱為 do-while 迴圈，其基本格式如下：

```
do {
        迴圈內部敘述
} while (條件式);
```

while 迴圈是先判斷條件式，再決定是否執行迴圈內部敘述；而 do-while 迴圈是先執行迴圈內部敘述後，再判斷條件式，決定是否繼續執行迴圈，因此 do-while 迴圈至少會執行一次迴圈內部的程式碼。例如我們利用 do-while 迴圈來反覆上一個範例，程式碼會更簡化一些（whileLoop02.htm）：

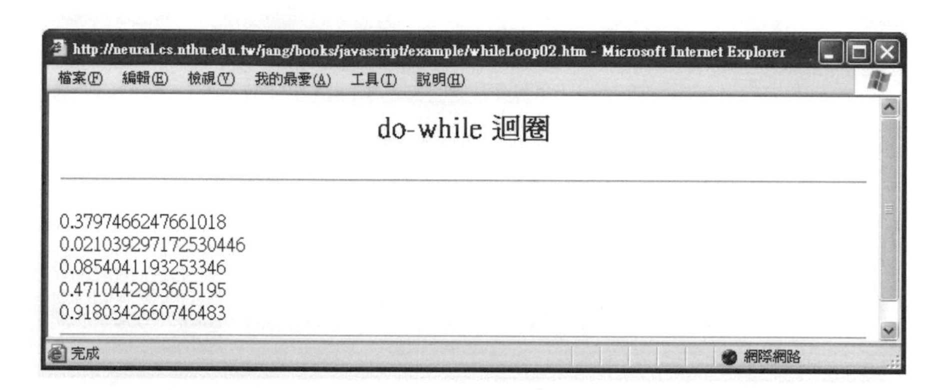

上述範例的完整原始檔案如下：

範例2-10（whileLoop02.htm）：

```
...
<script>
do {
    x=Math.random();   // 產生一個介於 0 和 1 之間的亂數
    document.write("<br>"+x);
} while (x<=0.8);
</script>
...
```

若要從迴圈中即刻跳出，可用 break 敘述，例如在前述印出亂數的範例中，我們可以改寫如下：

範例2-11（whileLoop03.htm）：

```
...
<script>
while (1) {
	x=Math.random();   // 產生一個介於 0 和 1 之間的亂數
	document.write("<br>"+x);
	if (x>0.8)
	 break;
}
</script>
...
```

在另一種情況下，我們可能需要結束此次迴圈的執行，並立刻跳至下一個迴圈的開始位置來執行，此功能可由 continue 來達成。例如，在處理 100 個亂數時，若我們只想印出數值大於 0.95 的亂數，可由下列程式碼達成：

範例2-12（whileLoop04.htm）：

```
...
<script>
for (i=0; i<100; i++) {
	a=Math.random();   // 產生一個介於 0 和 1 之間的亂數
	if (a<=0.95)
	 continue;
	document.write("<br>"+a);
}
</script>
...
```

2-3 習題

選擇題

1. 下列是 Javascript 某一個邏輯變數的值，何者為 true？
   (1) -1+1
   (2) “”
   (3) 0
   (4) “00”
2. 下列是 Javascript 某一個邏輯變數的值，哪一個結果與其他三個不同？
   (1) “”
   (2) 0
   (3) “00”
   (4) 1-1
3. 下列的 Javascript 敘述，哪一個意義與其他三個不同？
   (1) if (a>=12) a = a - 12;
   (2) if (~(a<12)) a = a - 12;
   (3) a = (a>=12)? a - 12 : a;
   (4) a = (a<=12)? a : a - 12;
4. 有一 JavaScript 程式碼片段如下：

```
<script>
      for(a=0;;a++);
</script>
```

   請問上面的迴圈會跑幾次?
   (1) 1
   (2) 2
   (3) 0
   (4) 無窮迴圈
5. 有一 JavaScript 程式碼片段如下：

```
<script>
   j=10;
   while(j)
     j>>=1;
</script>
```

   請問上面的迴圈共跑了幾次?
   (1) 3

(2) 4

(3) 5

(4) 0

6. 有一 JavaScript 程式碼片段如下：

```
<script>
    a=3;
    b=0;
    while(--a)
        ++b;
</script>
```

請問上述程式碼執行後，b 的值為何？

(1) 0

(2) 1

(3) 2

(4) 3

7. 有一 JavaScript 程式碼片段如下：

```
<script>
    a=1;
    b=2;
    c=3;
    if(a++==2 && b--==1)
        c=0;
</script>
```

請問上述程式碼執行後，a, b, c 的值各為何？

(1) a = 2, b = 2, c = 0

(2) a = 1, b = 2, c = 0

(3) a = 2, b = 1, c = 0

(4) a = 2, b = 1, c = 3

8. 有一 JavaScript 程式碼片段如下：

```
<script>
    abc=1;
    switch(abc){
            case 0: abc=3;
            case 1: abc--;
            case 2: abc+=2;
    }
</script>
```

請問上述程式碼執行後，abc 的值為何？

(1) 0

(2) 1

(3) 2

(4) 3

程式題

請使用本章所學到的 JavaScript 程式技巧來完成下列作業：

1. (*) **檢查整數：** 請寫一個網頁 checkInt.htm，包含一個連結「檢查整數」，具有下列功能：
   - 當你按下此連結時，會跳出一個提示視窗，要求你輸入一個正整數。
   - 按下確定後，會再跳出一個警告視窗，告訴你輸入的數字是否真的是正整數。

   （提示：可用 JavaScript 的函數 parseInt()，其功能為吃一個字串，傳回一個轉換出來的整數。）

2. (*) **檢查奇數或偶數：** 請寫一個網頁 checkOddEven.htm，包含一個連結「檢查奇數或偶數」，具有下列功能：
   - 當你按下此連結時，會跳出一個提示視窗，要求你輸入一個正整數。
   - 按下確定後，會再跳出一個警告視窗，告訴你輸入的數字是奇數還是偶數，或根本不是一個有效的數值。

   （提示：可用 JavaScript 的函數 parseInt()，其功能為吃一個字串，傳回一個轉換出來的整數。）

3. (*) **體重檢查：** 請寫一個網頁 checkWeight.htm，包含一個連結「體重檢查」，具有下列功能：
   - 當你按下此連結時，會連續跳出兩個輸入視窗，分別要求你輸入身高（公分和體重（公斤）。
   - 此程式會先計算標準體重（身高減掉 110），再比較標準體重和實際體重，根據情況回傳下列三類訊息之一於一個警告視窗：
     - 您的標準體重是 xx，實際體重是 yy，您已經超重 zz 公斤了！
     - 您的標準體重是 xx，實際體重是 yy，您可以再增胖 zz 公斤喔！
     - 您的標準體重是 xx，實際體重是 yy，您真是標準魔鬼身材啊！

4. (*) **產生數值列表：** 請寫一個網頁 mathTable.htm，利用 JavaScript 產生下列的數值列表：

x	X^2	X^3	X^4
1	1	1	1

2	4	8	16
3	9	27	81
4	16	64	256
5	25	125	625
6	36	216	1296
7	49	343	2401
8	64	512	4096
9	81	729	6561
10	100	1000	10000

5.(*) **產生九九乘法表：** 請寫一個網頁 math9x9Table.htm，利用 JavaScript 的迴圈控制來產生九九乘法表。

6.(*) **產生費氏數列列表：**請寫一個網頁 fibonacciTable.htm，利用 JavaScript 的迴圈控制來產生費氏數列 f(n)，其遞迴關係式如下：

$$f(n+2) = f(n+1) + f(n), n>=0$$

其中 f(0)=1, f(1)=1。產生的列表可列出 f(0) 到 f(30) 的值，範例如下：

n	f(n)
0	1
1	1
2	2
3	3
4	5
5	8
…	…

7.(**) **列出表單和表單控制項的所有性質：** 以下是一個簡單的表單：

名字：蕭亞軒

請寫一個網頁 listFormProp.htm，除了包含此表單外，同時使用 for-in loop，在表單下方列出下列性質：

- 此表單的所有性質。

- 此表單之控制項 myname（文字欄位）的所有性質。

（提示：如果一個文件只有包含一個表單，那麼此表單物件可用 document.forms[0] 來表示。）

第三章

基本資料型態

本章重點

本章說明 JavaScript 常用的資料型態，以及與這些資料型態相關的函式及範例。

3-1 資料型態簡介

JavaScript 的資料型態（Data Type）可分成三類，說明如下：

- 基本資料型態
  - 字串
  - 數字
  - 布林
  - 函數
- 組合資料型態
  - 內建物件：日期、陣列、Math、Number等
  - 自訂物件
- 特殊資料型態
  - null
  - undefined

對於不同資料型態的變數，我們可用 typeof() 函數來傳回其資料型態，請見下列範例（typeof01.htm）：

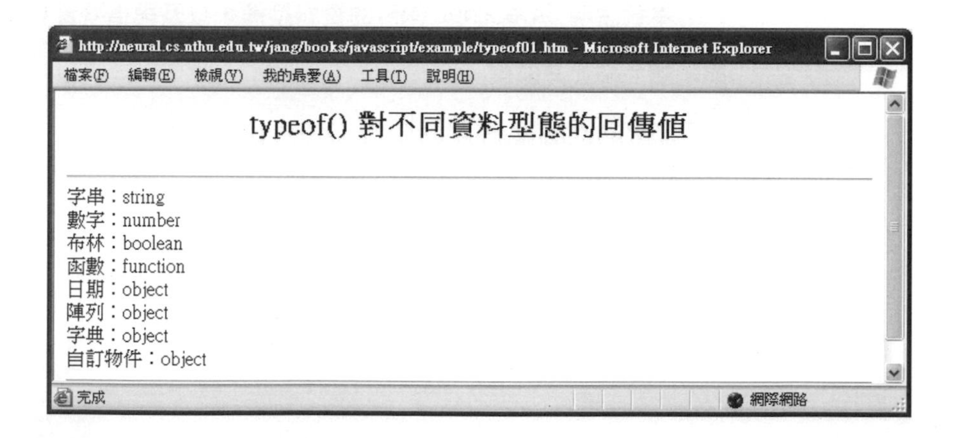

此範例的完整原始檔案如下：

範例3-1（typeof01.htm）：

```
...
<script>
x = "This is a string";
document.write("字串：" + typeof(x)+"<br>");
x = 100;
document.write("數字：" + typeof(x)+"<br>");
x = 10==10;
document.write("布林：" + typeof(x)+"<br>");
function square(n){
    return(n*n);
}
document.write("函數：" + typeof(square)+"<br>");
x = new Date();
document.write("日期：" + typeof(x)+"<br>");
x = ["Mon", "Tue", "Wed"];
document.write("陣列：" + typeof(x)+"<br>");
x = {"Mon":"Game", "Tue":"Sports", "Wed":"Karaoke"};
document.write("字典：" + typeof(x)+"<br>");
student = new Object();
student.name = "Timmy";
student.age = "25";
student.phone = "575-1114";
document.write("自訂物件：" + typeof(student)+"<br>");
</script>
...
```

有關 JavaScript 的基本資料型態及組合資料型態，會在本章下列各節說明。以下將說明 JavaScript 的特殊資料型態，包含 null 及 undefined。

「undefined」是一種特殊的資料型態，專門用來判斷下列兩種情況：

1. 不存在的變數：未宣告，且未指定值的變數。
2. 未初始化的變數：已宣告，但未指定值的變數。

說明如下：

- JavaScript 的變數如果未經過宣告，就無任何值存在，所以無法取用，但此類變數可以經由 typeof() 傳回 "undefined" 字串。
- JavaScript 的變數如果只經過宣告，但尚未初始化，它的預設值也是 undefined（非字串！）。此類變數亦可經由 typeof() 傳回 "undefined" 字串。

請見下列範例（undefined01.htm）：

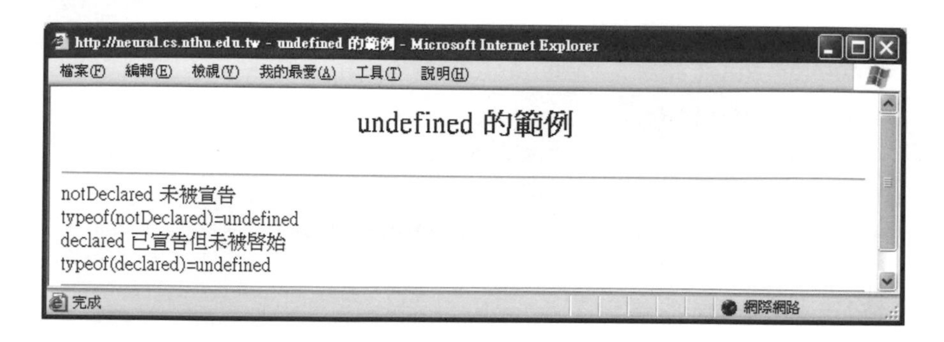

此範例的完整原始檔案如下：

範例3-2（undefined01.htm）：

```
...
<script>
// notDeclare 變數未經過宣告，所以無值
// 此時 typeof(notDeclared) 會傳回 "undefined" 字串
if (typeof(notDeclared) == "undefined")
    document.write("notDeclared 未被宣告<br>");
document.write("typeof(notDeclared)="+typeof(notDeclared)+"<br>");

// declare 變數只經過宣告，但尚未初始化，它的值是 undefined（非字串！）
// 此時 typeof(declared) 仍會傳回 "undefined" 字串
var declared;
if (declared==undefined)
    document.write("declared 已宣告但未被啟始<br>");
document.write("typeof(declared)="+typeof(declared)+"<br>");
</script>
```

```
...
```

「null」是另一種特殊的資料型態，下面有一個範例，可用來檢查 null 的各種性質和用法（null01.htm）：

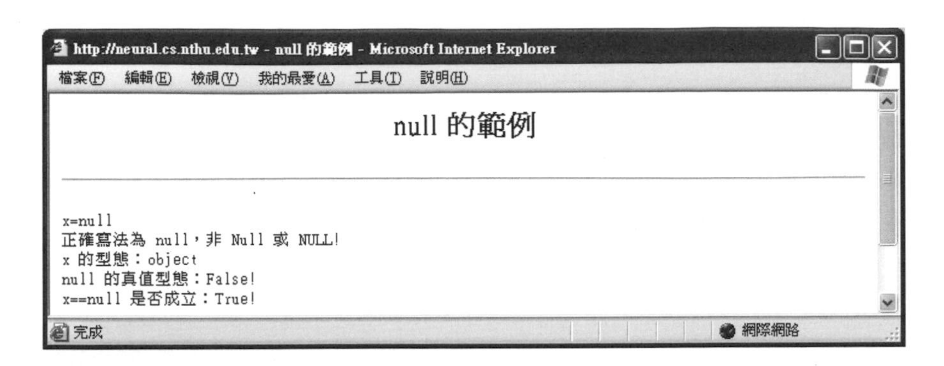

此範例的完整原始檔案如下：

範例3-3（null01.htm）：

```
...
<pre>
<script>
x=null;
//x=Null;
//x=NULL;
//上面兩列會讓程式無法繼續執行，JavaScript 會自動中斷，故可以證明為錯
    誤寫法
document.writeln("x=null");
document.writeln("正確寫法為 null，非 Null 或 NULL!");
document.writeln("x 的型態："+typeof(x));
document.write("null 的真值型態：");          //在 if 判斷中為 false
(x)?document.writeln("True!"):document.writeln("False!");
document.write("x==null 是否成立：");        //可以直接使用==
(x==null)?document.writeln("True!"):document.writeln("False!");
</script>
```

```
</pre>
…
```

3-2 數字

為保留最高的精確度，JavaScript 內部把所有的數值均表示成雙倍精準（Double Precision）浮點數，因此在 JavaScript 中的數值變數，無論看起來是整數或浮點數，其內部儲存和運算方式都是以雙倍精準的浮點數來進行。

提示：

» 在 PC 上，一般浮點數都是佔用 4 bytes，但雙倍精準浮點數會佔用 8 bytes，以提升數值運算的精確度。我們一般常用的科學計算軟體 MATLAB，它的預設數值型態也是雙倍精準浮點數。）

JavaScript 的整數大部分是以十進位來表示，但若有需要，也可以使用不同的基底（Base）來表示，例如 8（八進位）和 16（十六進位），說明如下：

- 八進位的數字以 0 開頭，只包含數字 0 到 7。（但是如果有一個數字的開頭是 0，但卻也包含數字 8 或 9，或包含小數點，那麼它就會被認定成是一個十進位數字。）
- JavaScript 的變數如果只經過宣告，但尚未初始化，它的預設值也是 undefined（非字串！）。此類變數亦可經由 typeof() 傳回 "undefined" 字串。

提示：

» 八進位和十進位的數字可以是負數，但是不能有小數部分，而且也不能以科學記號法（指數）來表示。

浮點數可用小數點來表示，或用科學記號法來表示。若用科學記號法，大寫或小寫的 "e" 都可以表示「10的次方」。JavaScript 使用八進位 IEEE 754 浮點標準的數值表示法來表示數字，您可以寫出大到像 1.7976931348623157x10308，和小到像 5.00x10-324 的數字。

以下是一些 JavaScript 數字的範例。

整理：

數字	說明	十進位表示法
.0001, 0.0001, 1e-4, 1.0e-4	4 個浮點數，值皆相等。	0.0001
3.45e2	一個浮點數。	345
42	一個整數。	42
0378	一個整數。雖然看起來像八進位數字（以 0 開頭），8 不是正確的數字，所以這個數字是十進位數字。	378
0377	一個八進位整數。注意它雖然只比上面的數字小 1，它真正的值卻截然不同。	255
0.0001	一個浮點數字。即使以 0 開頭，它卻不是八進位數字，因為它有一個小數點。	0.0001
00.0001	這是一個錯誤。開頭的兩個 0 顯示它是個八進位數，可是八進位數字是不能有小數點的。	（造成編譯器錯誤）
0xff	十六進位的整數。	255
0x37CF	十六進位的整數。	14287
0x3e7	十六進位的整數。注意 "e" 並不是指數。	999
0x3.45e2	這是一個錯誤。十六進位數字不能有小數部分。	（造成編譯器錯誤）

此外，JavaScript 還有一些特殊數值如下：

- NaN（Not a Number，非數字）：用不正確的資料（例如字串或未定義的變數）來執行數學運算時，或是執行無意義的數學運算（例如 0/0），就會產生這個數值
- 正的無限大（Infinity）：當正數大到無法顯示在 JavaScript 中時，就會使用這個數值
- 負的無限大（-Infinity）：當負數大到無法顯示在 JavaScript 中時，就會使用這個數值

請見下列範例：（number01.htm）：

上述範例的原始檔如下：

範例3-4（number01.htm）：

```
...
<script>
document.write("0/0 = " + (0/0) + "<br>");
document.write("Math.pow(-1, 0.5) = " + Math.pow(-1, 0.5) + "<br>");
document.write("Math.pow(-1, 0.327) = " + Math.pow(-1, 0.327) + "<br>");
document.write("Math.log(0) = " + Math.log(0) + "<br>");
document.write("Math.pow(0, 0) = " + Math.pow(0, 0) + "<br>");
document.write("1/0 = " + (1/0) + "<br>");
document.write("-1/0 = " + (-1/0) + "<br>");
</script>
...
```

提示：

- 為什麼「Math.pow(0, 0) = 1」？理論上應該是 NaN，但不知 JavaScript 為何產生 1，這可能是 JavaScript 內部的一個 bug。

Number 是一個內訂的物件，我們可以使用 Number 的相關屬性來代表與數字相關的常數，列表如下：

整理：

常數表示法	說 明
Number.MIN_VALUE	傳回能在 JScript 中表示最接近零的數字。大約等於 5.00E-324。
Number.MAX_VALUE	傳回能在 JScript 中表示的最大值。大約等於 1.79E+308。
Number.NEGATIVE_INFINITY	傳回一個能在 JScript 中表示、且比最大負數 (-Number.MAX_VALUE) 還要小的值。
Number.POSITIVE_INFINITY	傳回能在 JScript 中表示且大於最大數 (Number.MAX_VALUE) 的值。
Number.NaN	一個特殊值，可指出算術運算式的傳回值不是一個數字。

此外，還有一些與數字相關的內建函式，列表說明如下：

整理：

函數格式	說 明
parseInt (numString,[radix])	傳回一個從字串 numString 轉換而來的整數，其中 radix 是介於 2 和 36 之間的值，用來指出包含在 numString 中的數字基底（Base）。如果未提供，則字首為 0x 的字串會視為十六進位的數字，而字首為 0 的字串則會視為八進位的數字。其他所有的字串則會視為十進位的數字。
parseFloat (numString)	傳回一個從字串 numString 轉換而來的浮點數。
isNaN(number)	如果 number 值為 NaN，則 isNaN 函式會傳回 true，否則會傳回 false。通常使用此函式來測試 parseInt 和 parseFloat 方法的傳回值。
x.toString([radix])	將數值 x 轉成特定基底 radix 的字串。
x.toFixed(n)	將數值 x 轉成小數點以下 n 位有效數字的小數點表示法。

x.toExponential(n)	將數值 x 轉成小數點以下 n 位有效數字的科學記號表示法。
x.toPrecision(n)	將數值 x 轉成共具有 n 位有效數字。

我們可以使用 toString() 的方法來顯示基底的轉換結果，例如（number03.htm）：

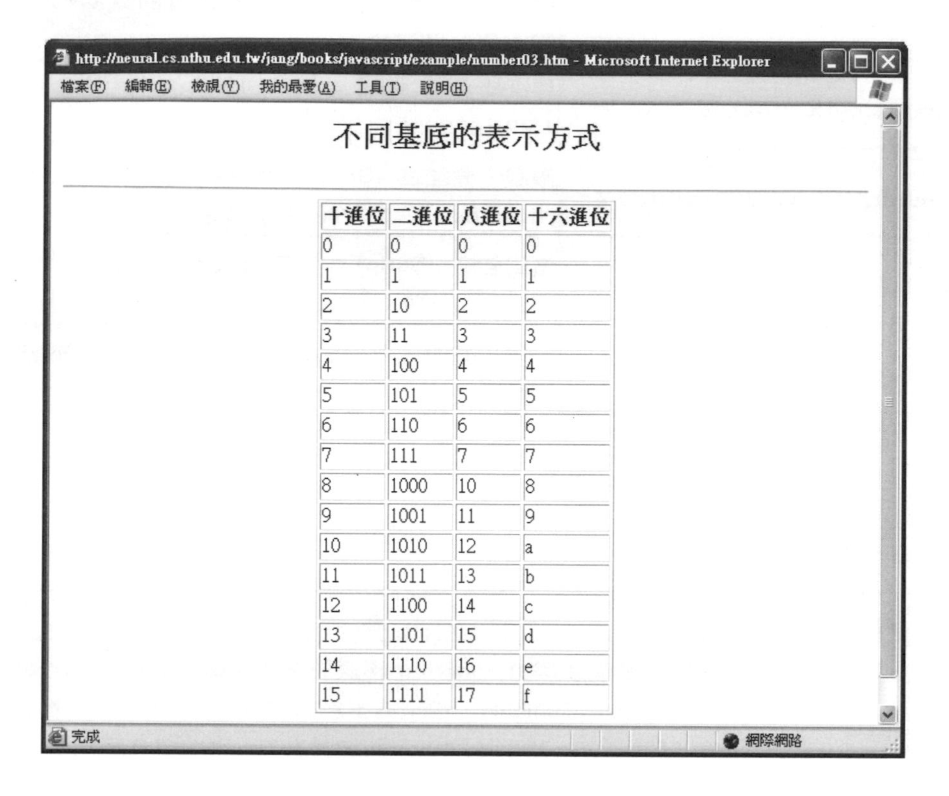

不同基底的表示方式

十進位	二進位	八進位	十六進位
0	0	0	0
1	1	1	1
2	10	2	2
3	11	3	3
4	100	4	4
5	101	5	5
6	110	6	6
7	111	7	7
8	1000	10	8
9	1001	11	9
10	1010	12	a
11	1011	13	b
12	1100	14	c
13	1101	15	d
14	1110	16	e
15	1111	17	f

上述範例的原始檔如下：

範例3-5（number03.htm）：

```
...
<table border=1 align=center>
<tr><th>十進位<th>二進位<th>八進位<th>十六進位
<script>
for (x=0; x<16; x++){
    document.writeln("<tr>");
```

```
    document.writeln("<td>"+x.toString());
    document.writeln("<td>"+x.toString(2));
    document.writeln("<td>"+x.toString(8));
    document.writeln("<td>"+x.toString(16));
}
</script>
</table>
...
```

此外，我們可以使用下列範例，來對各種與數字物件相關的常數和函式進行簡單測試（number02.htm）：

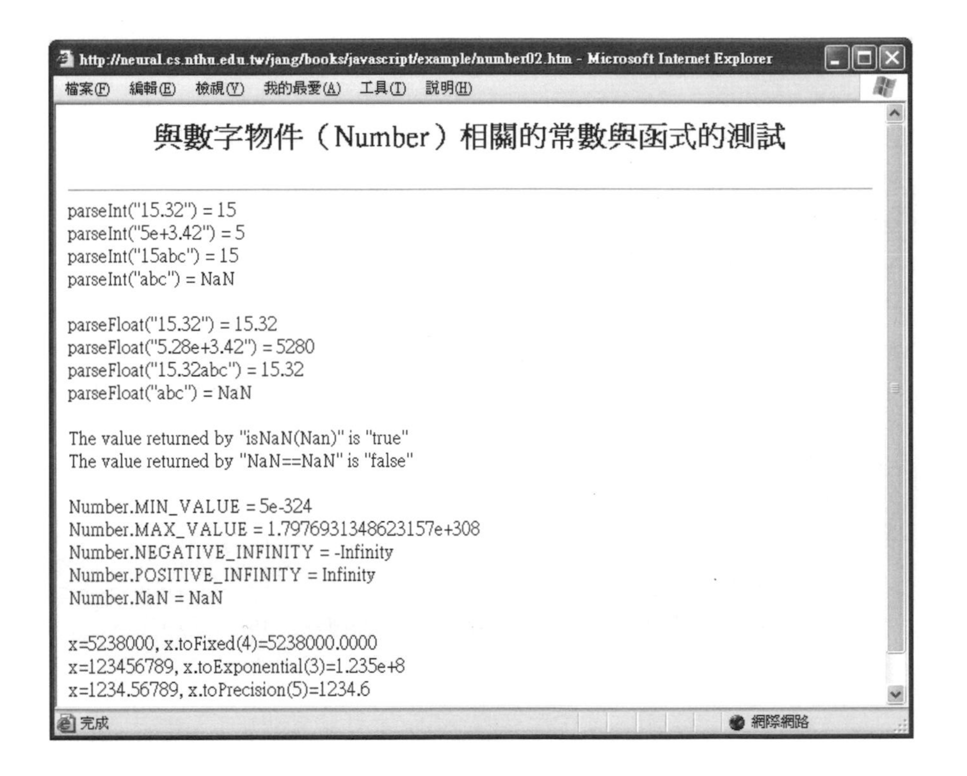

上述範例的原始檔如下：

範例3-6（number02.htm）：

```
...
<script>
x = "15.32";
document.writeln("parseInt(\""+x+"\") = " + parseInt(x) + "<br>");
x = "5e+3.42";
document.writeln("parseInt(\""+x+"\") = " + parseInt(x) + "<br>");
x = "15abc";
document.writeln("parseInt(\""+x+"\") = " + parseInt(x) + "<br>");
x = "abc";
document.writeln("parseInt(\""+x+"\") = " + parseInt(x) + "<br>");
</script>
<p>
<script>
x = "15.32";
document.writeln("parseFloat(\""+x+"\") = " + parseFloat(x) + "<br>");
x = "5.28e+3.42";
document.writeln("parseFloat(\""+x+"\") = " + parseFloat(x) + "<br>");
x = "15.32abc";
document.writeln("parseFloat(\""+x+"\") = " + parseFloat(x) + "<br>");
x = "abc";
document.writeln("parseFloat(\""+x+"\") = " + parseFloat(x) + "<br>");
</script>
<p>
<script>
document.writeln("The value returned by \"isNaN(Nan)\" is \"" +
    isNaN(NaN) + "\"<br>");
document.writeln("The value returned by \"NaN==NaN\" is \"" +
    (NaN==NaN) + "\"<br>");
</script>
<p>
<script>
document.writeln("Number.MIN_VALUE = " + Number.MIN_VALUE +
    "<br>");
```

```
document.writeln("Number.MAX_VALUE = " + Number.MAX_VALUE +
    "<br>");
document.writeln("Number.NEGATIVE_INFINITY = " +
    Number.NEGATIVE_INFINITY + "<br>");
document.writeln("Number.POSITIVE_INFINITY = " +
    Number.POSITIVE_INFINITY + "<br>");
document.writeln("Number.NaN = " + Number.NaN + "<br>");
</script>
<p>
<script>
x=5.238e+6;
document.writeln("x=" + x + ", x.toFixed(4)="+x.toFixed(4)+"<br>");
x=123456789;
document.writeln("x=" + x + ",
    x.toExponential(3)="+x.toExponential(3)+"<br>");
x=1234.56789;
document.writeln("x=" + x + ",
    x.toPrecision(5)="+x.toPrecision(5)+"<br>");
</script>
...
```

3-3 字串

JavaScript 的字串資料型態可以用來表示一列文字內容。我們只要把文字括在相符的單括號或雙括號裡，就可以形成一個字串。雙括號可以包含在括在單括號的字串裡，而單括號也可以包含在括在雙括號的字串裡。下列是字串的範例：

```
"This is a string"
'This is a string quoted by single quotes'
"This is a string with 'single' quotes"
'This is a string with "double" quotes'
"This another string with \"double\" quotes"
```

請注意在上述範例中的最後一個字串包含了雙引號，為了避掉雙引號的原來用途（標示字串的開始和結束），我們要在雙引號前加上反斜線（\）。

JavaScript 的字串物件具備了許多方法，這些方法可對字串本身進行各種修改或計算，所造成的效果可列出如下（string01.htm）：

上述範例的完整原始檔案如下：

範例3-7（string01.htm）：

```
…
<script>
myStr = "Tang Poem: 多情卻似總無情，唯覺尊前笑不成。";
document.write("原字串：myStr = " + myStr + "<br>");
document.write("字串長度：myStr.length = " + myStr.length + "<br>");
```

```
document.write("增大字型：myStr.big() = " + myStr.big() + "<br>");
document.write("減小字型：myStr.small() = " + myStr.small() + "<br>");
document.write("閃爍字串：myStr.blink() = " + myStr.blink() + "<br>");
document.write("變黑體：myStr.bold() = " + myStr.bold() + "<br>");
document.write("變斜體：myStr.italics() = " + myStr.italics() + "<br>");
document.write("變等寬字體：myStr.fixed() = " + myStr.fixed() + "<br>");
document.write("槓掉字串：myStr.strike() = " + myStr.strike() + "<br>");
document.write("變下標：myStr.sub() = " + myStr.sub() + "<br>");
document.write("變上標：myStr.sup() = " + myStr.sup() + "<br>");
document.write("設定顏色：myStr.fontcolor(\"salmon\") = " +
    myStr.fontcolor("salmon") + "<br>");
document.write("設定字型大小：myStr.fontsize(5) = " +
    myStr.fontsize(5) + "<br>");
document.write("換成大寫字母：myStr.toUpperCase() = " +
    myStr.toUpperCase() + "<br>");
document.write("換成小寫字母：myStr.toLowerCase() = " +
    myStr.toLowerCase() + "<br>");
document.write("字串並排：myStr.concat(\"新加的\") = " + myStr.concat("
    新加的") + "<br>");
document.write("抽出字元：myStr.charAt(13) = " + myStr.charAt(13) +
    "<br>");
document.write("抽出 Unicode 字元：myStr.charCodeAt(13) = " +
    myStr.charCodeAt(13) + "<br>");
document.write("抽出子字串:myStr.substr(13, 5) = " + myStr.substr(13, 5)
    + "<br>");
document.write("抽出子字串：myStr.substring(13, 15) = " +
    myStr.substring(13, 15) + "<br>");
document.write("尋找子字串：myStr.indexOf(\"情\") = " + myStr.indexOf("
    情") + "<br>");
document.write("尋找子字串：myStr.lastIndexOf(\"情\") = " +
    myStr.lastIndexOf("情") + "<br>");
</script>
...
```

要注意的是，在執行物件的方法時，輸入引數可有可無，但括號一定要有，此要求和 JavaScript 的函數是一致的。字串物件常用的方法可以列表說明如下：

整理：

物件	性質和方法	說明	等效的 HTML 標籤
String	length	傳回字串的長度	
	big()	增大字串的字型	<big>...</big>
	small()	減小字串的字型	<small>...</small>
	blink()	閃爍字串（此方法只適用於 Netscape 瀏覽器，不適用於 IE 瀏覽器）	<blink>...</blink>
	bold()	變黑體	<b>...</b>
	italics()	變斜體	<i>...</i>
	fixed()	變等寬字體	<tt>...</tt>
	strike()	槓掉字串	<strike>...</strike>
	sub()	變下標	_{...}
	sup()	變上標	^{...}
	fontcolor()	設定字串的顏色	<font color=...>...</font>
	fontsize()	設定字串的字型大小	<font size=...>...</font>
	toUpperCase()	換成大寫字母	
	toLowerCase()	換成小寫字母	
	concat()	字串並排（等效於使用加號）	
	charAt(n)	抽出第 n 個字元（n=0 代表第一個字元）	
	charCodeAt(n)	抽出第 n 個字元（n=0 代表第一個字元），並轉換成 Unicode	
	substr(m, n)	傳回一個字串，從位置 m 開始，且長度為 n	
	substring(m, n)	傳回一個字串，從位置 m 開始，	

		結束於位置 n-1	
	indexOf(str)	尋找子字串 str 在原字串的第一次出現位置	
	lastIndexOf(str)	尋找子字串 str 在原字串的最後一次出現位置	

提示：

- 請特別注意 substr(m, n) 和 substring(m, n) 在功能上的差異。如果 text = "我願是千萬條江河"，則
  - text.substr(3,5)會傳回 "千萬條江河"（第 3 個字元開始，取 5 個字元）
  - text.substring(3,5)會傳回 "千萬"（第 3 個字元開始，第 4 個字元結束）

在上表中，有關於字串的比對，只提到了 indexOf() 和 lastIndexOf() 兩個方法，事實上 JavaScript 對於字串的比對和代換有許多強大的功能，例如 search、match、replace 等函數，這些功能統稱「通用表示法」，將會在其後章節仔細介紹。

有時候我們也可以將字串看成是 JavaScript 中的指令來執行之，這時候所用到的相關指令是 eval()，此指令特別適用於「使用迴圈創造變數」，請見下列範例（eval01.htm）：

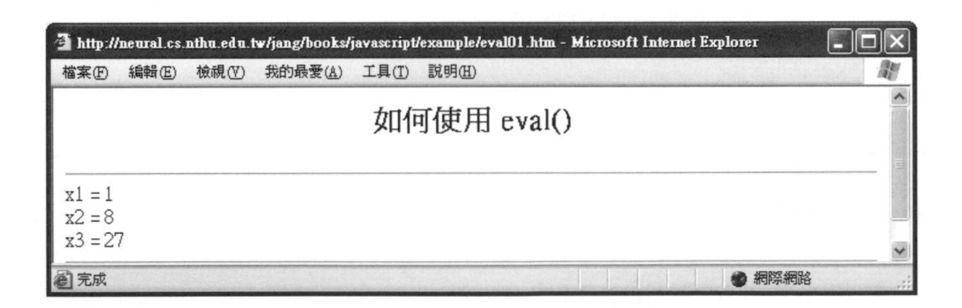

上述範例的完整原始檔案如下：

範例3-8（eval01.htm）：

```
...
<script>
for (i=1; i<=3; i++){
```

```
    command = "x" + i + "=" + i*i*i;
    eval(command);
}
document.write("x1 = " + x1 + "<br>");
document.write("x2 = " + x2 + "<br>");
document.write("x3 = " + x3 + "<br>");
</script>
...
```

在上述範例中，我們把 JavaScript 要執行的命令收集在字串變數 command，然後再用 eval 指令來 "執行" 這個字串，就可以創造出三個變數 x1、x2 和 x3。

JavaScript 還有一些內建或使用者自創的物件，對於這些物件，我們可以使用 toString() 來轉換成字串表示，例如（toString01.htm）：

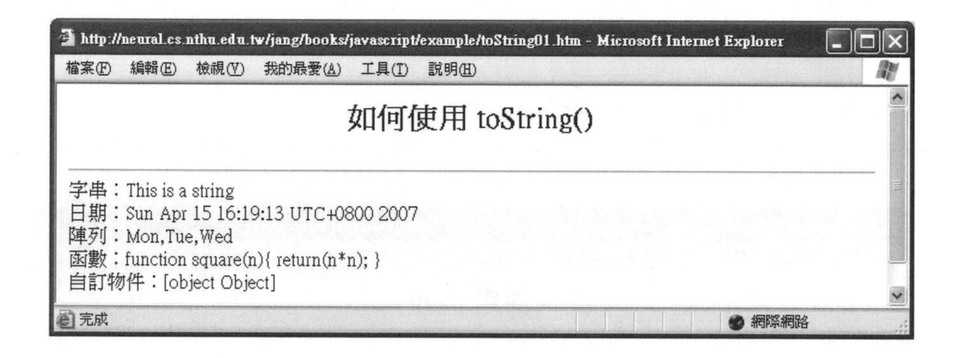

上述範例的完整原始檔案如下：

範例3-9（toString01.htm）：

```
...
<script>
x = "This is a string";
document.write("字串：" + x.toString()+"<br>");
x = new Date();
document.write("日期：" + x.toString()+"<br>");
x = ["Mon", "Tue", "Wed"];
```

```
document.write("陣列：" + x.toString()+"<br>");
function square(n){
    return(n*n);
}
document.write("函數：" + square.toString()+"<br>");
student = new Object();
student.name = "Timmy";
student.age = "25";
student.phone = "575-1114";
document.write("自訂物件：" + student.toString()+"<br>");
</script>
...
```

由上例可以看出，toString() 的行為視物件型態而定，可列表說明如下：

整理：

物件	toString()的結果
Array（陣列）	將 Array 的元素轉換為字串，形成以逗號串連起來的結果，此結果與 Array.toString() 和 Array.join() 得到的結果相同
Boolean（布林）	如果布林值為 True，會傳回 "true"；否則會傳回 "false"
Date（日期）	傳回顯示日期的文字形式
Error（錯誤）	傳回包含錯誤訊息的字串
Function（函數）	傳回函數的定義
Number（數字）	傳回數字的文字表示法
String（字串）	傳回 String 物件的值
自訂物件	傳回 "[object Object]"

此外，若要將字串轉成數值，可用 parseInt() 或是 parseFloat() 這兩個函數，說明如下：

- parseInt() 可將字串轉整數。（若轉換不成功，則傳回 NaN。）
- parseFloat() 可將字串轉浮點數。（若轉換不成功，則傳回 NaN。）

相關範例可見前一小節的說明。

3-4 布林

JavaScript 中的布林（Boolean）資料型態的值只有兩種：true 和 false，而相關的布林變數多半是由比較運算子所產生，這些比較運算子包含「>」（大於）、「<」（小於）、「==」（等於）、「!=」（不等於），例如（boolean01.htm）：

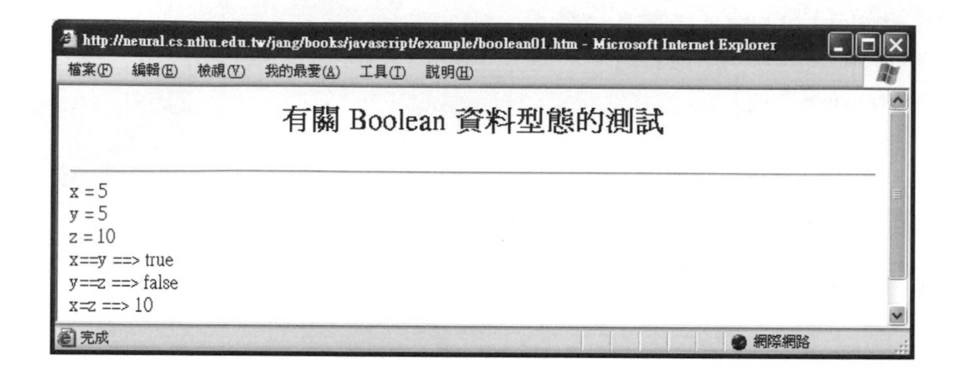

上述範例的原始檔如下：

範例3-10（boolean01.htm）：

```
…
<script>
x = 5;
y = 5;
z = 10;
document.write(" x = " + x + "<br>");
document.write(" y = " + y + "<br>");
document.write(" z = " + z + "<br>");
document.write("x==y ==> " + (x==y) + "<br>");        // 印出 true
document.write("y==z ==> " + (y==z) + "<br>");        // 印出 false
document.write("x=z ==> " + (x=z) + "<br>");          // 印出 10
</script>
```

```
...
```

在上述範例中，(x==y) 和 (y==z) 都會測試兩個數目是否相等，因此會回傳布林常數 true 和 false，但是 (x=z) 是一個指派敘述，因此回傳的值就是被指派的值。

3-5 日期物件

日期物件是另一類 JavaScript 的內建物件，我們可用 new Date() 來產生一個日期物件，並用各種方法來取出此物件的相關資訊，如日期、時數、秒數等。例如（date01.htm）：

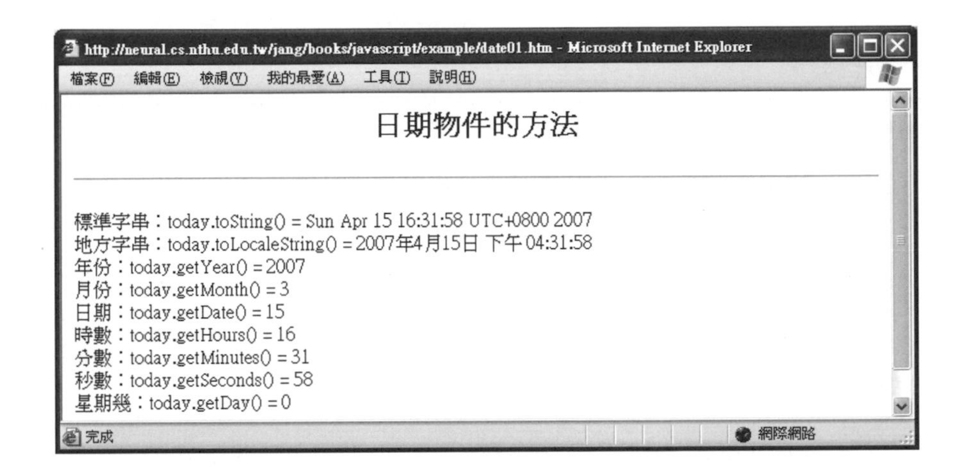

上述範例的完整原始檔案如下：：

範例3-11（date01.htm）：

```
...
<script>
today = new Date();
document.write("<br>標準字串：today.toString() = "+today.toString());
document.write("<br>地方字串：today.toLocaleString() =
    "+today.toLocaleString());
document.write("<br>年份：today.getYear() = "+today.getYear());
```

```
document.write("<br>月份：today.getMonth() = "+today.getMonth());
document.write("<br>日期：today.getDate() = "+today.getDate());
document.write("<br>時數：today.getHours() = "+today.getHours());
document.write("<br>分數：today.getMinutes() = "+today.getMinutes());
document.write("<br>秒數：today.getSeconds() = "+today.getSeconds());
document.write("<br>星期幾：today.getDay() = "+today.getDay());
</script>
...
```

在上例中，new Date() 即會產生包含現在日期的一個日期物件，常用的方法可以列表說明如下：

整理：

物件	方法	說 明
Date	toString()	以標準字串來表示日期物件
	toLocaleString()	以地方字串（依作業系統而有所不同）來表示日期物件
	getYear()	取得年份
	getMonth()	取得月份（需注意：0 代表一月，因此例如若是八月，結果就是 7）
	getDate()	取得日期
	getHours()	取得時數
	getMinutes()	取得分鐘數
	getSeconds()	取得秒數
	getDay()	取得星期數（例如若是星期四，結果就是 4）

事實上有關日期物件的方法相當多，在下列範例中，我們使用 eval() 來簡化程式，並對這些方法進行較完整的列表（date02.htm）：

上述範例的完整原始檔案如下：

範例3-12（date02.htm）：

```
...
<script>
today = new Date();              // 建立 Date 物件
// 列出與 Date 物件的一些方法
method =["getDate", "getDay", "getFullYear", "getHours",
     "getMilliseconds", "getMinutes", "getMonth", "getSeconds",
     "getTime", "getTimezoneOffset", "getUTCDate", "getUTCDay",
     "getUTCFullYear", "getUTCHours", "getUTCMilliseconds",
```

```
    "getUTCMinutes", "getUTCMonth", "getUTCSeconds", "getVarDate",
    "getYear", "toGMTString", "toLocaleString", "toUTCString",
    "toString", "valueOf"];

// 列出執行這些方法後得到的結果
for (i=0; i<method.length; i++)
    document.writeln("<br> today." + method[i] + "() = " +
    eval("today."+method[i]+"();"));
</script>
...
```

在上述方法中，最常用到的就是 getTime()，此方法可以傳回來某個時間物件與 1970 年 1 月 1 日零時的時間差距，單位是 1/1000 秒。例如，我們可以使用這個方法，來寫出一個簡易的馬錶程式，如下（dateGetTime01.htm）：

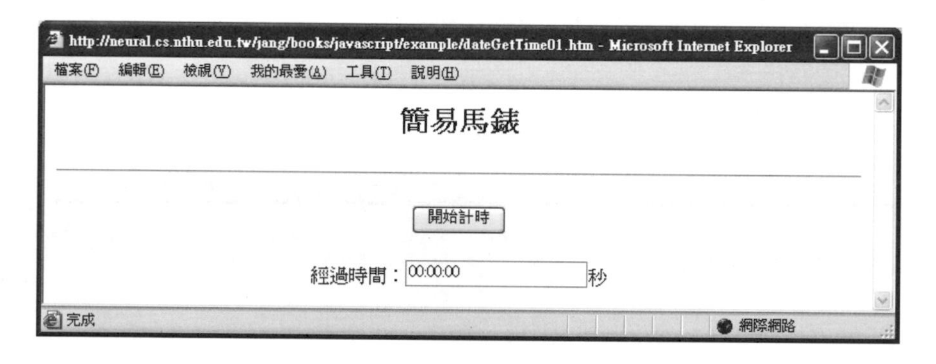

當你按下「開始計時」後，程式碼內部立即開始計時，直到你按下「停時計時」時，就會在文字欄位顯示經過時間。上述範例的完整原始檔案如下：：

範例3-13（dateGetTime01.htm）：

```
...
<script>
function go(form){
    switch(form.myButton.value){
     case "開始計時":
```

```
        date1=new Date();                       // 取得目前時間
        form.timeDisplay.value="計時中..."; // 設定時間顯示為 計時中...
        form.myButton.value="停止計時"; // 將按鈕文字改為「停止計時」
        break;
    case "停止計時":
        date2=new Date();                       // 取得目前時間
        timeDiff=(date2.getTime()-date1.getTime())/1000;     // 時間差
    距，以秒為單位
        form.timeDisplay.value=timeDiff;        // 設定時間顯示
        form.myButton.value="歸零";             // 將按鈕文字改為「歸零」
        break;
    case "歸零":
        form.timeDisplay.value="00:00:00";      // 設定時間顯示
        form.myButton.value="開始計時"; // 將按鈕文字改為「開始計時」
        break;
    default:
        alert("Error!");
        break;
    }
}
</script>
<center>
<form>
<input type="button" name="myButton" value="開始計時" width=10
    onClick="go(this.form)">
<p>
經過時間：<input type=text name="timeDisplay" value="00:00:00">秒
</form>
</center>
...
```

在上述範例中，我們使用按鈕中的文字來代表系統狀態，在不同的狀態下，按下按鈕會有不同的反應，說明如下：

- 當按鈕文字是「開始計時」時，按下按鈕後，我們記錄目前時間（date1），設定時間顯示為「計時中...」，並將按鈕文字改為「停止計時」。
- 當按鈕文字是「停止計時」時，按下按鈕後，我們記錄目前時間（date2），並算出時間差距（timeDiff）並顯示在時間欄位內，同時將按鈕文字改為「歸零」。
- 當按鈕文字是「歸零」時，按下按鈕後，我時間欄位改為 00:00:00，同時將按鈕文字改為「開始計時」，以便進行下一次的計時工作。

上述流程，可用圖形顯示如下：

「簡易馬錶」程式流程

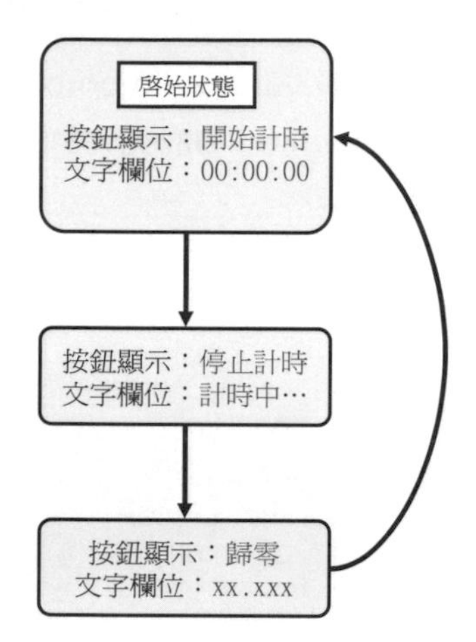

提示：

> 當然，你也可以設計在計時過程中，文字欄位不斷顯示目前計時結果，但這種密集的即時顯示會比較消耗 CPU 的計算時間。欲達到此功能，必須使用 setTimeOut() 函數，將會在後面詳述。

我們也可以產生一個日期物件後，再對此物件進行修改（例如改變秒數或月份）或格式轉換，相關的方法很多，包含 setDate、setFullYear、setHours、setMilliseconds、setMinutes、setMonth、setSeconds、setTime、setUTCDate、setUTCFullYear、setUTCHours、setUTCMilliseconds、setUTCMinutes、setUTCMonth、setUTCSeconds、setYear 等，在此不再贅述。

3-6 數字物件

數學物件是一個內建的物件，你不必再去創造它，只要直接使用就可以了。例如，如果你要使用數學常數，就可以用 Math.PI 來表示，或是要計算三角函數中的正弦函數，就可以使用 Math.sin()。下列範例使用了常用的數學常數和三角函數（math01.htm）：

上述範例的完整原始檔案如下：

範例3-14（math01.htm）：

```
...
<font face=symbol>p</font> =
    <script>document.writeln(Math.PI);</script><br>
e = <script>document.writeln(Math.E);</script><br>
sin(30<sup>o</sup>) =
    <script>document.writeln(Math.sin(Math.PI/6));</script><br>
cos(30<sup>o</sup>) =
    <script>document.writeln(Math.cos(Math.PI/6));</script><br>
sin<sup>2</sup>(30<sup>o</sup>)+cos<sup>2</sup>(30<sup>o</sup>
    ) =
<script>
document.writeln(Math.pow(Math.cos(Math.PI/6),2)+Math.pow(Math.sin(
    Math.PI/6),2));
```

```
</script><br>
sin<sup>2</sup>(60<sup>o</sup>)+cos<sup>2</sup>(60<sup>o</sup>
    ) =
<script>
with (Math){   // 使用 Math 物件的另一種方法
    document.writeln(pow(cos(PI/3),2)+pow(sin(PI/3),2));
}
</script>
...
```

如果你用了很多數學函式，反覆加上 Math 也是一件累人的事，因此在上述範例中，你可以使用 with 指令，其格式如下：

```
with(Math) {
        可直接使用各種數學函數，而不必再加上 Math
}
```

只要放在 with(Math) 大括弧中的數學函數，都可以不再引用 Math，例如指數函數可以直接寫成 pow()，而不必寫成 Math.pow()。

下表列出數學物件常用的性質與方法：

整理：

物件	方法	說 明
	abs(x)	取一個數 x 的絕對值
	ceil(x)	傳回大於輸入值 x 的最小整數
	floor(x)	傳回一個比輸入值 x 小的最大整數
	log(x)	計算以 e (2.71828) 為底的自然對數值
	exp(x)	傳回以 e (2.71828) 為底的冪次方值
	pow(a, n)	計算任意 a 的 n 次方
	max(a, b)	傳回兩個數 a, b 中較大的數
	min(a, b)	傳回兩個數 a, b 中較小的數

Math	sqrt(x)	求出一個數 x 的平方根
	round(x)	四捨五入至整數
	random()	隨機產生一個介於 0~1 的數值
	sin(x)	正弦函數
	cos(x)	餘弦函數
	tan(x)	正切函數
	asin(x)	反正弦函數
	acos(x)	反餘弦函數
	atan(x)	反正切函數

一般而言，JavaScript 並不是以數學運算見長的程式語言，而在網頁的互動與呈現上，也不需要太複雜的數學運算，因此以上 JavaScript 所提供的數學函數應該已經可以滿足一般應用的需求。

提示：

▸ 如果你的工作或研究牽涉到許多數學運算，那就應該使用 MATLAB 來完成，比較省時省力！

3-7　影像物件

數學物件也是一個內建的物件，但我們必須指定影像的網址，才能產生一個影像物件。在以下的範例中，我們先產生一個影像物件，再指定其網址，最後將此影像物件的所有性質印出來，範例如下（imageProp01.htm）：

上述範例的完整原始檔案如下：

範例3-15（imageProp01.htm）：

```
...
<script>
myImage = new Image();
myImage.src = "image/19980425/0001.jpg";
// 列舉陣列中的所有屬性
for (prop in myImage)
    document.write("<br>myImage." + prop + " = " + myImage[prop]);
```

```
</script>
...
```

（在嘗試上述範例時，請先確認 myImage.src 是指到一個有效的影像檔案路徑。）在上述範例中，可以看出，比較常用的性質如下：

- href：影像的網址。
- src：影像的網址。
- fileSize：檔案大小。
- width：影像的寬度，以像素為單位。
- height：影像的高度，以像素為單位。
- nameProp：影像檔案名稱。
- mimeType：影像類別
- document：影像所在的文件。

特別要說明的是，一旦指定網址，影像物件就會把各種相關資訊從網址抓回來，因此若可以事先指定多個影像物件的網址，就可以達到快取的功能。（這方面的說明與範例，請見下一章有關於陣列物件的說明。）

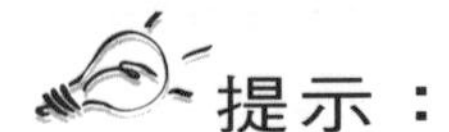

提示：

▸▸ 據筆者所知，JavaScript 目前並沒有相關的 audio 物件，可以達到快取的功能。若有讀者知道如何對 audio 物件進行快取，麻煩來信告知，謝謝。

此外，在上述範例中，你會看到影像圖檔的呈現，那是因為 myImage.outerHTML 就是顯示此影像的標籤，所以你會看到此影像。一般而言，對於一個由 HTML 的標籤所形成的物件 obj 而言，obj.outerHTML 是包含前後標籤的 HTML 原始文字，而 obj.innerHTML 則是不包含前後標籤的 HTML 原始文字。例如，如果我們使用 obj 代表下列標籤所對應的物件：

```
<a target=_blank href="myHome.htm">linked text</a>
```

則

- obj.outerHTML = <a target=_blank href="myHome.htm">linked text</a>
- obj.innerHTML = linked text

另外，我們當然也可以直接抓取網頁中的影像標籤，來列出其性質，範例（imageProp02.htm）如下：

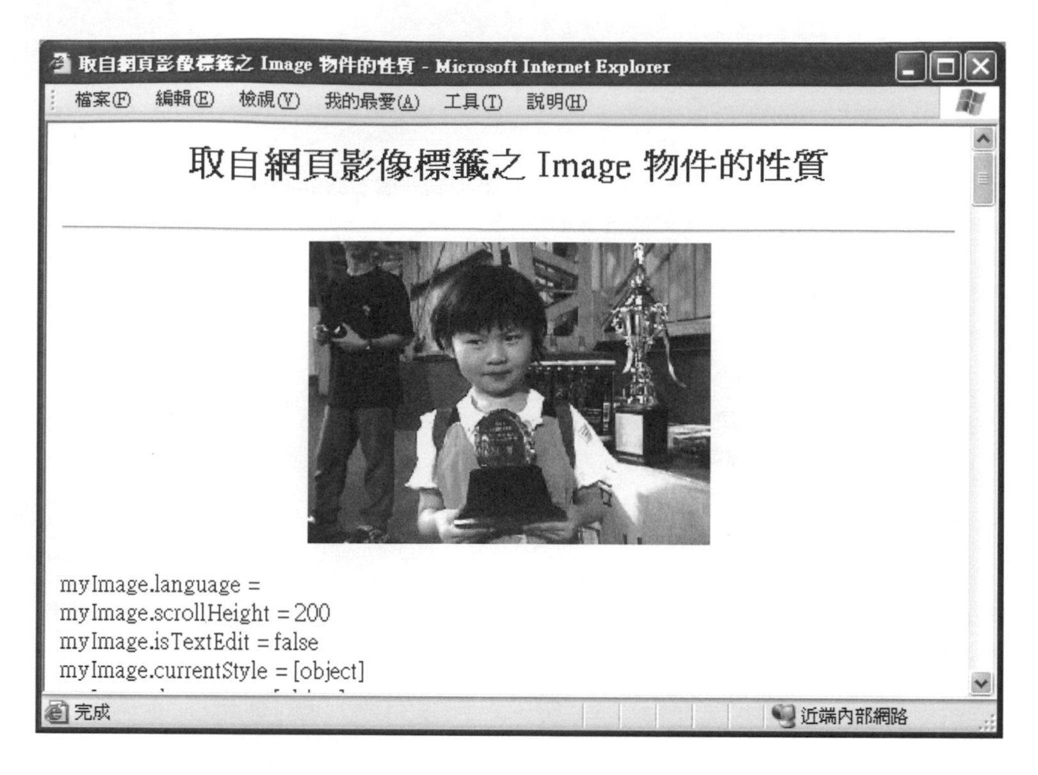

得到的結果和前一個範例非常類似，上述範例的完整原始檔案如下：

範例3-16（imageProp01.htm）：

```
...
<center><img id=myImage src="image/19980425/0041.jpg"
    height=200></center>
<script>
// 列舉影像物件的所有性質
for (prop in myImage)
    document.write("<br>myImage." + prop + " = " + myImage[prop]);
</script>
...
```

3-8 習 題

選擇題

1. 下列何者不是日期物件的性質或方法？
   (1) getDate
   (2) toLocaleString
   (3) setYear
   (4) getLeapYear
2. JavaScript 運算式「15 ^ 9」的結果是：
   (1) 9
   (2) 8
   (3) 7
   (4) 6
3. JavaScript 運算式「9 >> 2」的結果是：
   (1) 9
   (2) 7
   (3) 5
   (4) 2
4. 下列有關 JavaScript 的基本描述，何者有誤？
   (1) 字串變數和數值變數，可以自動進行資料型態互換
   (2) 需要經由 Math 物件來呼叫各種數學函數
   (3) 允許遞迴式的函數
   (4) 一個函數可以定義在另一個函數之中
5. 下列哪一個JavaScript 的變數名稱不合法?
   (1) abc
   (2) number_of_widgets
   (3) abc123
   (4) 123abc
6. 下列何者不為 Math 物件的屬性或方法?
   (1) floor
   (2) log
   (3) exp
   (4) getDay
7. 考慮下列函式：

```
function getRoot(x){
    return Math.sqrt(x);
```

}

假設傳進去的值為9，那麼回傳值為多少?

(1) 3
(2) 9
(3) 81
(4) 0

8.JavaScript 運算式「15 & 9」的結果是：

(1) 9
(2) 10
(3) 11
(4) 15

9.在 Javascript 中，下列何者可用來表示字串中的雙引號？

(1) “”
(2) \”
(3) /”
(4) /“/

10.若要使用 JavaScript 來判斷使用者的輸入字串是否為正整數，在程式碼最簡潔的考量下，使用下列哪一個函數最理想？

(1) document.read()
(2) parseNumber()
(3) parseInt()
(4) parseFloat()

11.假設現在時間為 Fri Oct 19 00:15:01 UTC+0800 2002，且 var today = new Date()，請問 today.getDate() 的值為何?

(1) Oct 19
(2) 19
(3) 2002/10/19
(4) Fri Oct 19

12.若我們想將小數點第一位四捨五入，應用 Math 物件的何種屬性或方法？

(1) floor
(2) min
(3) round
(4) abs

13.有關 JavaScript 中日期的敘述，何者有誤

(1) 用new Day()來建立日期物件
(2) getDate()可得到日
(3) getHours()可得到時
(4) getYear()可得到年

14. 如果要隨著星期幾的不同來改變網頁背景，需用下列哪個日期物件的方法？
   (1) getDate()
   (2) getMonth()
   (3) getUTCDate()
   (4) getDay()
15. 欲因月份的不同，在載入網頁時出現不同的嘉言錄，須使用何種方法?
   (1) getMonth()
   (2) getYear()
   (3) getDate()
   (4) getMinute()
16. 關於日期的敘述，何者有誤
   (1) 不須建立物件可以直接使用
   (2) 傳回時間為當地時間
   (3) 可取得任意時區的時間
   (4) getDate() 可以傳回日期
17. 今天是 10 月 3 號，我用 getMonth() 函數會得到什麼結果？
   (1) 8
   (2) 9
   (3) 10
   (4) 11
18. 有一 JavaScript 程式碼片段如下

```
<script language="JavaScript">
     i=4;
     j=5;
     eval("var k = '123' + i + j");
</script>
```

   請問執行後，k 值為何？
   (1) 12345
   (2) 132
   (3) 1239
   (4) 9

程式題

請使用本章所學到的 JavaScript 程式技巧來完成下列作業：

1. (*) **字串的方法對應到的HTML標籤**：JavaScript 的字串有一些方法，能夠改變字串在瀏覽器的呈現方式，例如 string.bold() 相當於對字串加上標籤：<b>string</b>。請使用 <xmp> 和 </xmp> 標籤來秀出 JavaScript 所產生的輸出（未被瀏覽器解譯前），以便列出這些方法所對應到的 HTML 標籤。

2. (**) **一元二次方程式：**請寫一個網頁 quadraticEq.htm，上面有一個表單，具有三個文字欄位，分別代表一元二次方程式 ax2 + bx + c = 0 的三個係數 a、b、c 的值。使用者按下「送出」後，請用警告視窗列出這個一元二次方程式的解。你的程式碼，應該要能夠處理下列幾種情況，請務必測試看看：

   a. a=1, b=2, c=1

   b. a=1, b=1, c=1

   c. a=0, b=1, c=1

   d. a=0, b=0, c=1

3. (***) **英文日期至中文日期的轉換：**題目測試同學對字串與時間的處理。簡單地說，你的工作就是要設計一個網頁，能夠將英文的日期和時間轉換為中文的日期和時間。基本上，你的程式碼必須符合下列要求：

   時間必須採用12小時制，並加入「上午」或「下午」。

   必須進行表單資料驗證，換句話說，如果使用者輸入不合理的資料，程式碼必須能夠以警告視窗（Alert windows）來提醒使用者。

   以下是一個功能不完全的範例（English2ChineseDate.htm）：

http://neural.cs.nthu.edu.tw/jang/books/javascript/example/English2ChineseDate.htm - Microsoft Internet E...

檔案(F) 編輯(E) 檢視(V) 我的最愛(A) 工具(T) 說明(H)

英文日期至中文日期的轉換

請輸入西元年代與時間：

Year: 2000 Month: 3 Day: 15 Hour 18 Minute 45 Second 32

轉換

轉換後的中文元年代與時間：

（不可出現阿拉伯數字喔！）

完成 網際網路

上述範例的原始檔如下：

範例3-17（English2ChineseDate.htm）：

```
<html>
<head>
```

```
<meta HTTP-EQUIV="Content-Type" CONTENT="text/html;
    charset=big5">
</head>

<body>
<h2 align=center>英文日期至中文日期的轉換</h2>
<hr>

<script language=javascript>
function updateTime(form) {
    year = form.year.value;
    month = form.month.value;
    day = form.day.value;
    minute = form.minute.value;
    hour = form.hour.value;
    second = form.second.value;
    string1 = "今天是中華民國"+(year-1911)+"年"+month+"月"+day+"日，
    ";
    string2 = "時間是下午"+hour+"點"+minute+"分"+second+"秒。"
    form.ChineseDate.value = string1+string2;
}
</script>

<form>
請輸入西元年代與時間：<br>
Year:  <input type="text" size=4 name="year"   value="2000">
Month: <input type="text" size=4 name="month"  value="3">
Day:   <input type="text" size=4 name="day"    value="15">
Hour   <input type="text" size=4 name="hour"   value="18">
Minute <input type="text" size=4 name="minute" value="45">
Second <input type="text" size=4 name="second" value="32">

<p>
<input type="button" name="Transform" value="轉換"
```

```
onClick="updateTime(this.form)">
<p>
轉換後的中文元年代與時間：<br>
<textarea name="ChineseDate" rows=2 cols=80></textarea>
<br>（不可出現阿拉伯數字喔！）
</form>

<hr>
</body>
</html>
```

評分標準如下：

a. (30%) 基本要求是要能夠將所有數字轉換成功，並分辨上、下午（採用12小時制）。

b. (30%) 關於每個欄位的值，必須做以下的檢查：

  a. 欄位的範圍如下

  年：1912-9999, 月：1-12, 日：1-31, 時：0-23, 分：0-59, 秒：0-59

  b. 如果輸入字串當中，有阿拉伯數字之外的字元，則必須出現警告視窗，告訴使用者這是不合法的輸入。

c. (10%) 能夠將時間(Minute, Second部分)顯示做適當調整者，例如：

  a. 下午三點二十分零秒 -> 下午三點二十分

  b. 下午三點零分零秒 -> 下午三點整

d. (10%) 能夠將時間（Hour部分）做以下的區分者：

  a. 0-5 : 凌晨(零-五)點

  b. 6-11 : 上午(六-十一)點

  c. 12 : 中午十二點

  d. 13-18 : 下午(一-六)點

  e. 19-23 : 晚上(七-十一)點

e. (10%) 檢查每個月的實際天數，例如使用者輸入6月31日，那就必須出現警告視窗。特別是要檢查閏年，閏年的規則：四年一閏，一百年不閏，但四百年又閏等。（閏年的二月有29天。）

f. (10%) 其他加分項目。（請主動向助教說明，並由助教依繳交情況自訂評分標準）。

4.(**) **由「日期」到「星期幾」的轉換：**請寫一個網頁 date2day.htm，可以執行由「日期」到「星期幾」的轉換：

此網頁有「年」、「月」、「日」的下拉式選單，當第一次載入時，下拉式選單的預設值就是今天。

當你改變任一個下拉式選單的值時，即會出現警告視窗顯示所給的日期是星期幾。

（提示：可用 new Date(year, month, day) 來產生一個日期物件，再用 getDay() 的方法來求取是星期幾。）

5.(**) **計算相差天數：**請寫一個網頁 dayCount01.htm，可以算出由今天到某個特定日期之間的天數：

此網頁有「年」、「月」、「日」的下拉式選單，當第一次載入時，下拉式選單的預設值就是今天。

當你改變任一個下拉式選單的值時，即會出現警告視窗顯示由今天到選單日期之間的天數。

（提示：可用 new Date(year, month, day) 來產生一個日期物件。）

6. (***) **五秒時間感的測驗：**本題目測試同學對網頁事件的瞭解與時間的處理。你必須設計一個網頁 timeSense01.htm，其功能為「五秒時間感的測驗」，必須能夠測驗使用者對於「五秒」的時間長度的感覺。此網頁的功能如下：

a. 網頁載入後，啟始畫面如下：

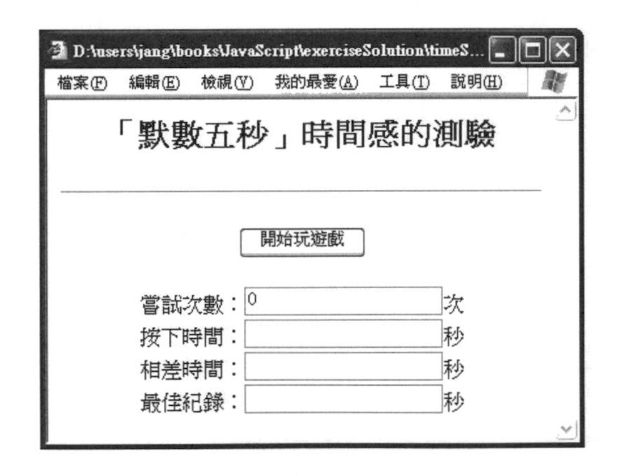

b. 按下「開始玩遊戲」後，按鈕出現「五秒後按我...」的字樣。此時使用者必須在內心默數五秒。畫面如下：

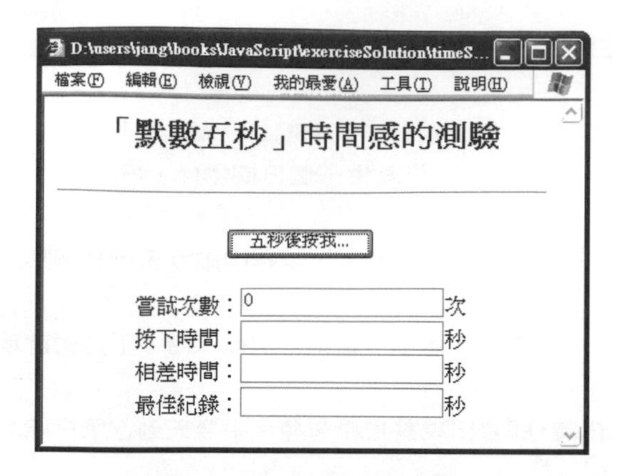

c. 默數五秒後，使用者按下此按鈕，程式即可計算使用者點選時間，將結果顯示在「按下時間」的文字欄位，並計算和 5 秒的差異，記錄在「相差時間」的欄位，且同時記錄「最佳紀錄」，最後將「嘗試次數」加 1。典型畫面如下：

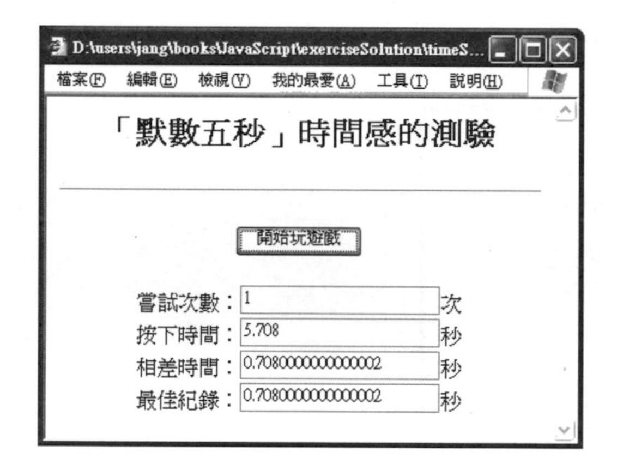

d. 從第二次使用時，若「相差時間」大於或等於「最佳紀錄」，則不修改「最佳紀錄」的欄位，典型畫面如下：

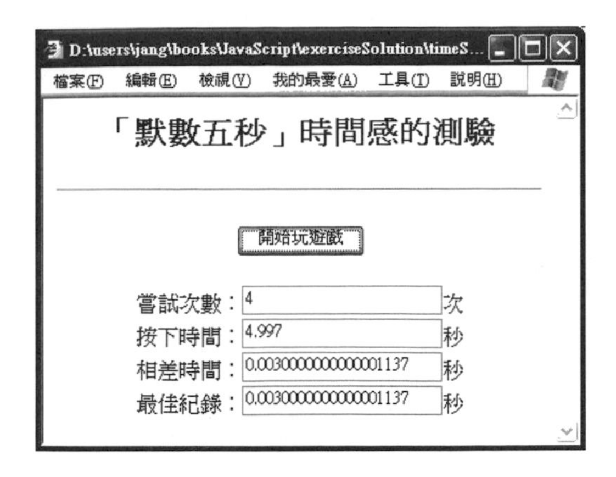

同時也會出現譏笑訊息的警告視窗，如下：

e. 反之，若「相差時間」小於「最佳紀錄」，則將相差時間填入「最佳紀錄」的欄位，典型畫面如下：

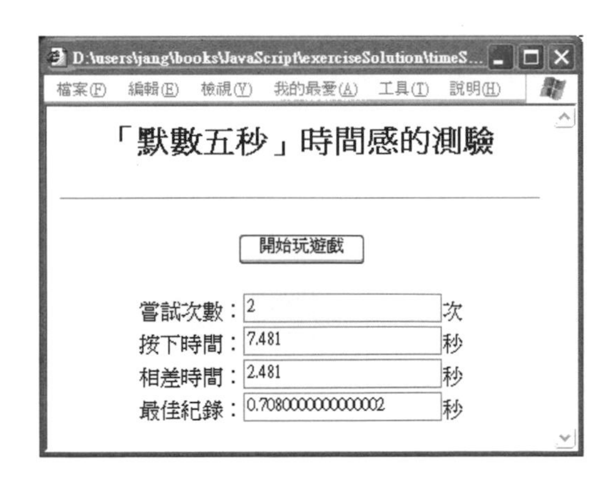

同時也會出現鼓勵訊息的警告視窗，如下：

f. 最後，記得將按鈕文字改回「開始玩遊戲」。

第四章

進階資料型態

本章重點

本章說明 JavaScript 的一些進階資料型態，包含陣列、字典物件、自訂物件等。掌握這一些進階資料型態，你的程式碼就會更簡潔易懂。

4-1　陣列物件的簡介

陣列 (Arrays) 是 JavaScript 提供的內建物件 (Built-in Object) 之一，其功能強大，可大幅度簡化你的程式碼。簡單的說，陣列是一個變數，但它可以儲存許多個值（可以是字串、數值，或是另一個物件），我們可以使用索引 (Index) 或下標（Subscript）來存取每一個元素的值，索引從 0 開始，例如陣列 A 的第一個元素為 A[0]，第五個元素為 A[4]，依此類推，這是最常用的陣列元素存取方式。（這部分和C語言是一致的。）

要使用陣列變數時，需先宣告，但可以不用設定陣列的元素個數，然後再把元素一個一個加進去，例如（array01.htm）：

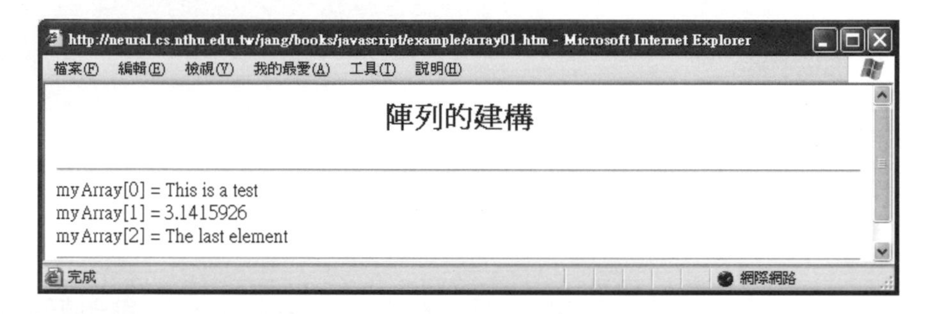

上述範例的原始檔如下：

範例4-1（array01.htm）：

```
...
<script>
myArray = new Array();                // 產生一個空的陣列
myArray[0] = "This is a test";// 加入第 1 個元素
myArray[1] = 3.1415926;               // 加入第 2 個元素
myArray[2] = "The last element"; // 加入第 3 個元素
document.writeln("myArray[0] = " + myArray[0] + "<br>");
document.writeln("myArray[1] = " + myArray[1] + "<br>");
document.writeln("myArray[2] = " + myArray[2] + "<br>");
</script>
```

```
...
```

亦可將元素值一次指定完成：

```
myArray = new Array("This is a test", 3.1415926, "The last element");
```

更簡單的方法，則是將陣列的各個元素放在中括弧內：

```
myArray = ["This is a test", 3.1415926, "The last element"];
```

若要一次印出陣列的所有內容來進行檢視，可用下列函式（listArray.js）：

```
function listArray(array, arrayName) {
	for (var i=0; i<array.length; i++) {
		document.write(arrayName+"["+i+"] = ");
		document.write("<font color=green>"+array[i]+"</font><br>");
	}
}
```

其中 array 代表傳入函數的陣列，arrayName 則是此陣列的名稱，而 array.length 則是陣列 array 的元素個數。

提示：

- 在上述函式定義中，是否可以不傳入 arrayName，而直接由 array 找到陣列的名稱？我還沒有找到解法，請讀者或同學們幫忙找找看。

例如，將 myArray 以上述的函式印出，可得（array02.htm）：

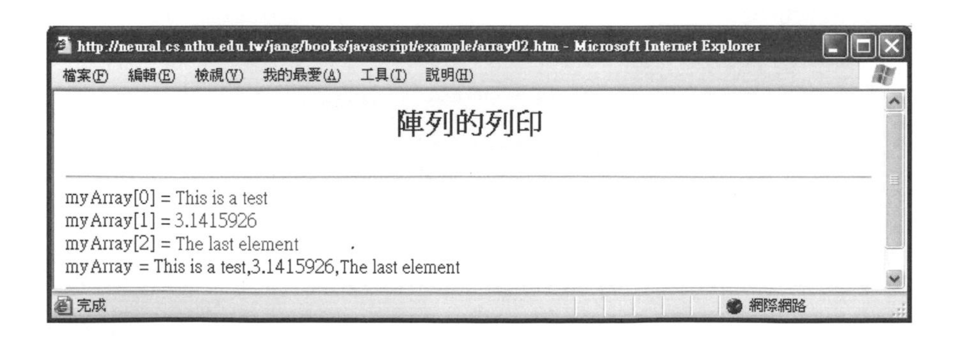

上述範例的原始檔如下：

範例4-2（array02.htm）：

```
...
<script src=listArray.js></script>
<script>
myArray = ["This is a test", 3.1415926, "The last element"];
listArray(myArray, "myArray");
document.write("myArray = " + myArray);
</script>
...
```

在上述範例中，我們是將 listArray() 函式寫在 listArray.js 檔案之中，並使用下列方式來將此檔案導入上述網頁：

```
<script src = "listArray.js"> </script>
```

這種方式，可以讓我們在不同的網頁導入相同的函式，非常方便，請見後續章節有關於「自訂函數」的說明。

現在我們來看幾個比較完整的網頁，第一個是「每日一句」，可以從 15 個字串中，以亂數的方式挑出一個來顯示，如下（randomText.htm）：

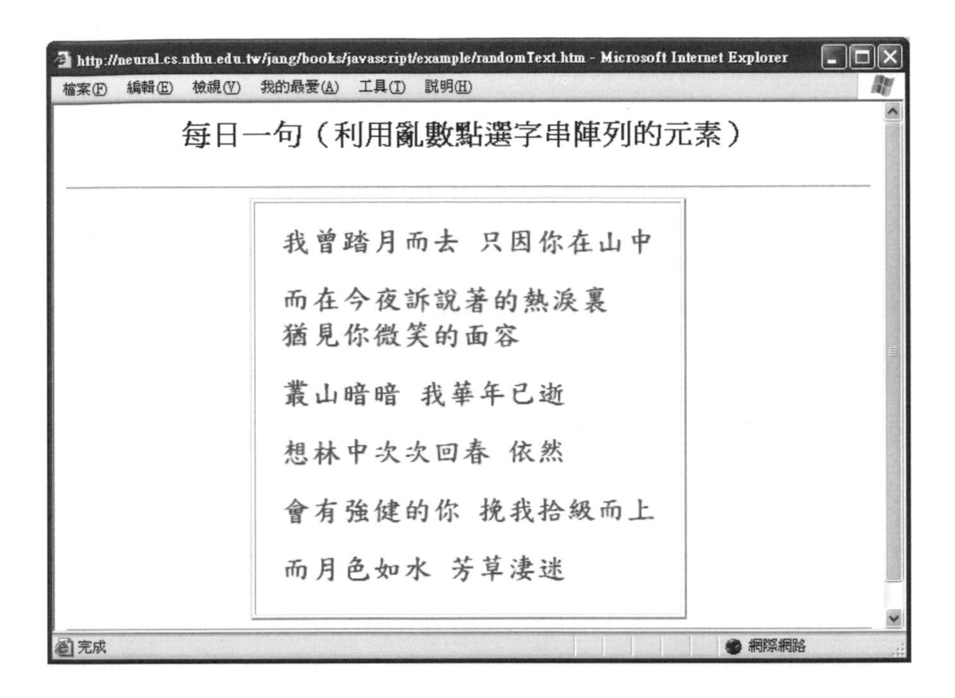

上述範例的原始檔如下：

範例4-3（randomText.htm）：

```
...
<script>
text = new Array();
i = 0;
text[i++]="If you don't set aside time for exercise...";
text[i++]="不管你們相愛的時間有多長或多短...";
text[i++]="南方有佳人 絕世而獨立<p>一顧傾人城 再顧傾人國";
text[i++] = "～～    一次的攜手<p>                    一生的誓約    ～～";
text[i++] ="我曾踏月而去 只因你在山中...";
text[i++] = "兄弟是先天的朋友，<p>朋友是後天的兄弟.";
text[i++] = "愛的反面不是仇恨，而是漠不關心！";
text[i++] = "如何讓你遇見我  在我最美麗的時刻...";
text[i++] = "Draft beers, not people.";
text[i++] = "Of all the things I lost, I miss my mind most.";
```

```
text[i++] = "Choose what you love ...<br>Love what you choose.";
text[i++] = "Rules are made to be broken.";
text[i++] = "Waste bandwidth; not trees!";
text[i++] = "Work like you don't need the money...";
text[i++] = "曾經滄海難為水，<br>除卻巫山不是雲...";

index = Math.floor(Math.random()*text.length);        // 以亂數設定索引值
document.write("<center><table border=2 cellpadding=20
    bgcolor=white>");
document.write("<tr><td><b><font size=+2 face=\"標楷
    體,Helvetical,Arial\" color=#408080>");
document.write(text[index]);        //
document.write("</font></b></td></tr></table></center>");
</script>
...
```

在上述範例中，所有的文字都存在一個陣列之中，每此重新載入網頁，就會經由亂數選取一個索引值來挑出句子，所以幾乎每次所選出來的句子都會不一樣。有關於亂數的產生，說明如下：

- Math.random() 會傳回一個介於 0 和 1 之間的亂數（純小數）。
- 因此 Math.random()*text.length 會產生一個介於 0 和 text.length 之間的亂數（帶有小數）。
- 最後，Math.floor(Math.random()*text.length) 會產生一個介於 0 和 text.length-1 之間的整數（包含頭尾），所以可以用來選取 text 陣列中的一個元素。

以同樣的方式，我們也可以在載入網頁時，每此都播放一首亂數選取的 MIDI 音樂檔，例如（randomMusic.htm）：

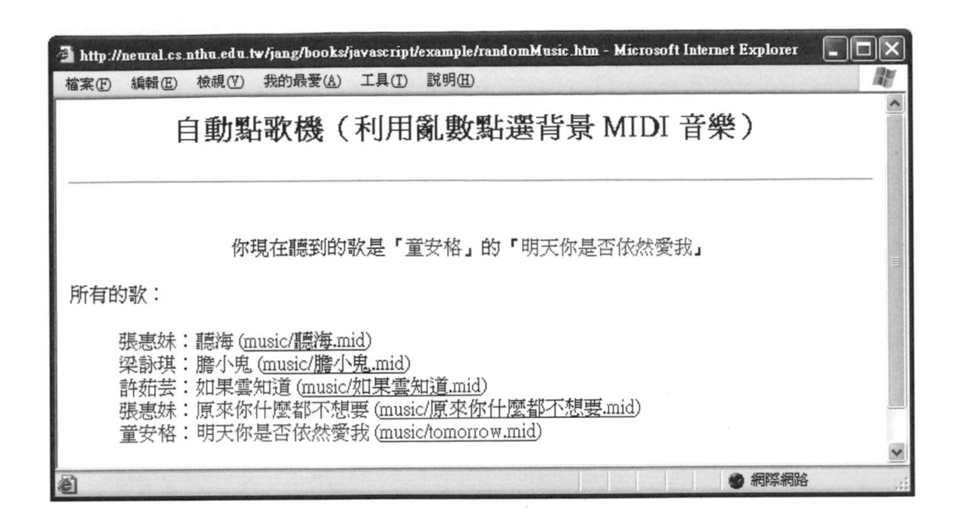

上述範例的原始檔如下：

範例4-4（randomMusic.htm）：

```
...
<script>
midiFile = new Array();
songName = new Array();
singerName = new Array();

i = 0;
midiFile[i] = "music/聽海.mid";
songName[i] = "聽海";
singerName[i] = "張惠妹";
i++;
midiFile[i] = "music/膽小鬼.mid";
songName[i] = "膽小鬼";
singerName[i] = "梁詠琪";
i++;
midiFile[i] = "music/如果雲知道.mid";
songName[i] = "如果雲知道";
singerName[i] = "許茹芸";
```

```
i++;
midiFile[i] = "music/原來你什麼都不想要.mid";
songName[i] = "原來你什麼都不想要";
singerName[i] = "張惠妹";
i++;
midiFile[i] = "music/tomorrow.mid";
songName[i] = "明天你是否依然愛我";
singerName[i] = "童安格";

index = Math.floor(Math.random()*midiFile.length);
pickedMidi = midiFile[index];
pickedSongName = songName[index];
pickedSingerName = singerName[index];
document.writeln("<embed src="+pickedMidi+" hidden=true
    autostart=true loop=false>");
</script>

<p align=center>
<script>
document.write("你現在聽到的歌是<font color=green>
    『"+pickedSingerName+"』</font>的");
document.write("『<font color=red>"+pickedSongName+"</font>』");
</script>

<p>
所有的歌：
<blockquote>
<script>
for (var i = 0; i < midiFile.length; i++) {
    document.write("<font color=green>"+singerName[i]+"</font>：");
    document.write("<font color=red>"+songName[i]+"</font>");
    document.write(" (<a href="+midiFile[i]+">"+midiFile[i]+"</a>)<br>");
}
```

```
</script>
</blockquote>
...
```

提示：

▸ 在上述範例中，我們使用了三個陣列，分別用來儲存 midi 網址、歌曲名稱、歌手姓名。更好的作法，是用一個陣列來存放這些資料，其中每一個元素代表一首歌曲的資料，包含三個欄位（midi 網址、歌曲名稱、歌手姓名），這樣的資料結構比較模組化。

利用同樣的方式，我們可以隨機產生一張照片，同時也播放隨機背景音樂，如下例（randomImage.htm）：

上述範例的原始檔如下：

範例4-5（randomImage.htm）：

```
...
<script>
```

```
imageUrl=["image/roger/all.jpg", "image/roger/fall.jpg",
    "image/roger/grade4.jpg", "image/roger/lake.jpg",
    "image/roger/roger1.gif", "image/roger/roger5.jpg",
    "image/roger/uniform.jpg", "image/roger/wes.jpg"];
midiUrl=["music/聽海.mid", "music/膽小鬼.mid", "music/如果雲知道.mid",
    "music/原來你什麼都不想要.mid", "music/tomorrow.mid"];

pickedImage = imageUrl[Math.floor(Math.random()*imageUrl.length)];
pickedMidi = midiUrl[Math.floor(Math.random()*midiUrl.length)];
document.writeln("<embed src="+pickedMidi+" hidden=true
    autostart=true loop=false>");
</script>

<table align=center border=2>
<tr><td>
<script>document.write("<img src="+pickedImage+">")</script>
</table>
...
```

我們也可以利用兩段隨機產生的文字，來合成另一段文字，那麼文字完全重複的機率就會小很多，例如（punchme.htm）：

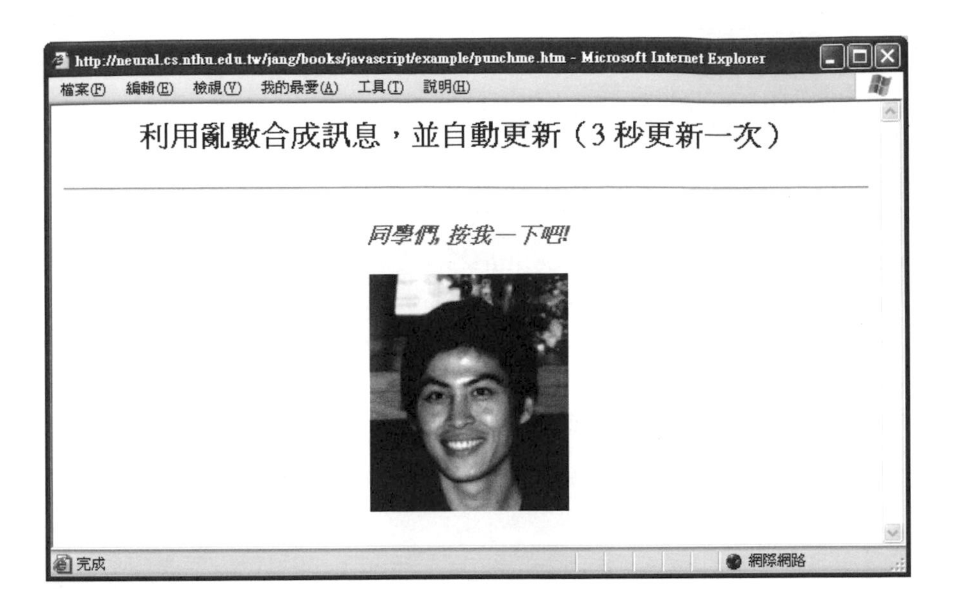

上述範例的原始檔如下：

範例4-6（punchme.htm）：

```
...
<script>
text1 = new Array();
i = 0;
text1[i++] = "Hey you geek, ";
text1[i++] = "Hey buddy, ";
text1[i++] = "See if you dare to ";
text1[i++] = "To reboot the computer, ";
text1[i++] = "To save the world, ";
text1[i++] = "To get the highest score in the class, ";
text1[i++] = "同學們, ";

text2 = new Array();
i = 0;
text2[i++] = "punch me!";
text2[i++] = "press me!";
```

```
text2[i++] = "push me!";
text2[i++] = "hit me with your best shot!";
text2[i++] = "按我一下吧!";
text2[i++] = "揍我一拳吧!";

document.write("<h3 align=center>");
document.write("<font face='Helvetical,Arial' color='#408080'><I>");
document.write(text1[Math.floor(Math.random()*text1.length)]+text2[Mat
    h.floor(Math.random()*text2.length)]);
document.write("</I></font>");
document.write("</h3>");
</script>

<center>
<img src="image/roger/roger4.jpg"
    onMouseDown="this.src='image/roger/newroger.jpg'"
onMouseUp="this.src='image/roger/roger4.jpg'">
</center>
...
```

在上述範例中，我們在 加了一列 <meta http-equiv="Refresh" content="3">，這一列敘述會讓瀏覽器每 3 秒就重新載入網頁，因此上方的動態訊息就會每 3 秒變動一次。（當然，我們也用了 onMouseOver 和 onMouseUp 的事件，以便即時更換影像，達到趣味性的效果。）

如果我們利用陣列來存放影像物件，就會有快取的效果，換句話說，一旦知道影像物件的網址，JavaScript 會先將影像資料抓回來，等要要呈現影像時，就可以直接從客戶端電腦的記憶體中抓取，省卻了直接從網路抓取的時間，減少了使用者的等待時間，達到了「快取」（Cache）的效果。例如（rotateImage.htm）：

上述範例的原始檔如下：

範例4-7（ rotateImage.htm ）：

```
...
<script language="JavaScript">
imageArray = new Array();   // 產生放影像物件的陣列
photoNum = 42;              // 照片的數目
```

```
for (i=0; i<photoNum; i++) {
    imageArray[i] = new Image(); // 每個元素都是 Image 物件，所以有快取
    的效果
    if (i < 10)
        imageArray[i].src = "image/19980425/000"+i+".jpg";
    if ((10 <= i) && (i < 100))
        imageArray[i].src = "image/19980425/00"+i+".jpg";
    if ((100 <= i) && (i < 1000))
        imageArray[i].src = "image/19980425/0"+i+".jpg";
}

currentIndex = 0;        // 目前照片的索引值
// 傳回下一張照片的網址
function nextImage(){
    currentIndex++;
    currentIndex=currentIndex % photoNum;    // 求餘數
    return(imageArray[currentIndex].src);
}

</script>

<center>
<table border=3>
<tr><td>
<img name="theImage" border=1 src="image/19980425/0000.jpg"
onMouseUp="temp=nextImage();
    document.images['theImage'].src=temp;
    document.forms[0].URL.value=temp">
</table>
<form>
照片位置：<input type="text" name="URL"
    value="image/19980405/0000.jpg" size=60>
</form>
</center>
```

```
...
```

在上述範例中，共用到42張照片，但 JavaScript 會立即將影像資料抓回來，而不會等到使用者點選時，才從網路把影像資料抓回來呈現。（不過這個範例要放在遠端的伺服器才能顯示其效果，若只是在客戶端點選範例，則所有影像資料都在硬碟中，不容易看出快取的效果。）

提示：

➤ 如果 imageArray 只是用來存放影像的網址，而不是存放一個影像物件，那就不會有快取的效果。

最後一個範例，是使用網頁來達到類似 Powerpoint 投影片的循序放映效果，請參考下列範例（slideShow/index.htm）：

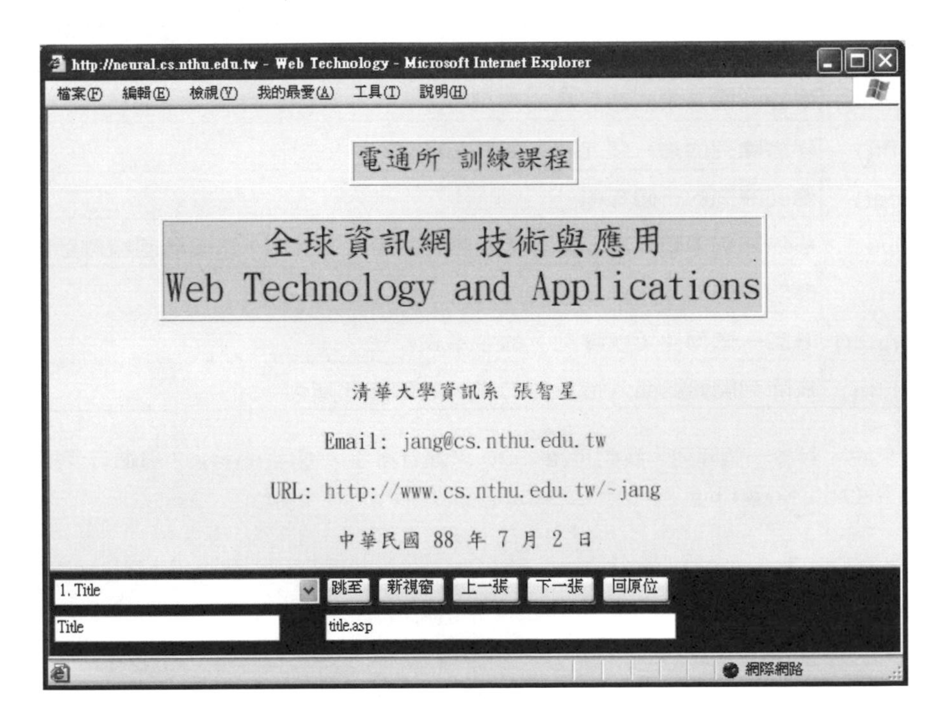

很顯然的，要儲存這些網頁的資訊來進行循序播放，當然是用陣列最方便。（本範例取材自清華大學計算機與通訊中心、周文正先生的作品，特此致謝。）

4-2 陣列物件的方法

JavaScript 對陣列物件提供了很多相關的方法，列表如下：

整理：

方法	說 明
concat()	傳回一個由兩個或兩個以上陣列並排而成的新陣列
join()	傳回一個字串值，它是由陣列中的所有元素串連在一起所組成，並且用特定的分隔字元來分隔
pop()	移除陣列的最後一個元素，並將它傳回
push()	附加新元素到陣列尾部，並傳回陣列的新長度
reverse()	傳回一個元素位置反轉的陣列
shift()	移除陣列的第一個元素，並將它傳回
slice()	傳回陣列的一個區段
splice()	移除陣列中的元素，並依需要在原位插入新元素，然後傳回被刪除的元素
sort()	傳回一個元素已排序過的陣列
toString()	傳回一個物件（或陣列）的字串表示法
unshift()	在陣列開始處插入指定的元素，並傳回此陣列

舉例來說，對於一個陣列，我們可用 sort() 來進行排序，或用 reverse() 來進行反排，範例如下（arraySort01.htm）：

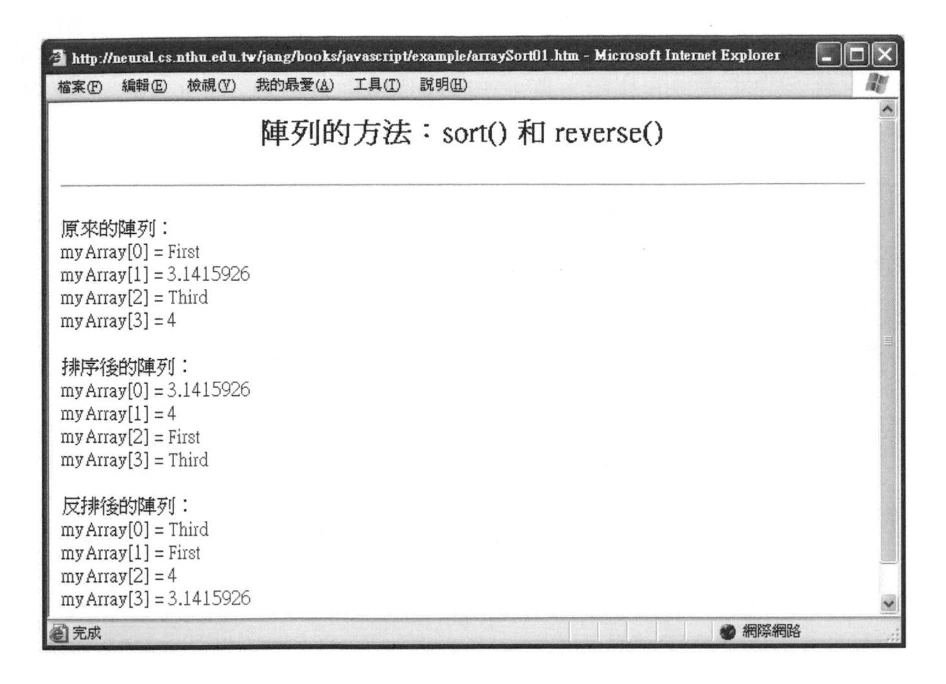

上述範例的原始檔如下：

範例4-8（arraySort01.htm）：

```
...
<script src=listArray.js></script>
<script>
myArray = ["First", "3.1415926", "Third", 4];
document.writeln("<p>原來的陣列：<br>");
listArray(myArray, "myArray");
document.writeln("<p>排序後的陣列：<br>");
listArray(myArray.sort(), "myArray");
document.writeln("<p>反排後的陣列：<br>");
listArray(myArray.reverse(), "myArray");
</script>
...
```

從上述範例可以看出，sort() 會先將數值轉成字串，再進行字串的排序。若要進行數值的排序，就必須定義一個比較函數，並將此比較函數送進 sort()，請見下列範例（arraySort02.htm）：

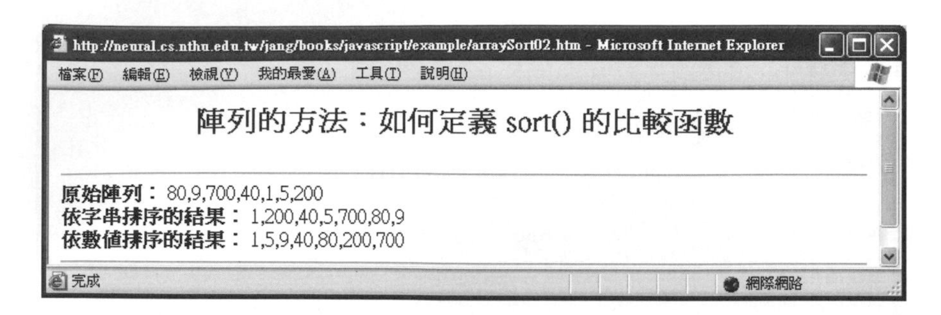

上述範例的原始檔如下：

範例4-9（arraySort02.htm）：

```
…
<script>
// 定義一個比較函數
function comparisonFunction(a, b){
    return(a-b);
}
myArray = ["80", "9", "700", 40, 1, 5, 200];
document.write("原始陣列：" + myArray +"<br>")
document.write("依字串排序的結果：" + myArray.sort() +"<br>")
document.write("依數值排序的結果：" +
    myArray.sort(comparisonFunction) +"<br>")
</script>
…
```

由此範例可知，只要我們定義了一個明確的比較函數，sort() 就會根據此函數來進行比較及排序。（另外，在上例中，當我們使用加號將陣列和字串並排時，JavaScript 會將陣列轉換成由逗號隔開的字串，便於並排。）

提示：

▶ 如果一個陣列的每一個元素都是數值，JavaScript 在執行 sort() 時，還是會依照字串來排序，這是特別要注意的地方。

有一些方法可用來增長或縮減一個陣列，例如 pop()、push()、shift() 和 unshift()，請見下例（arrayPop01.htm）：

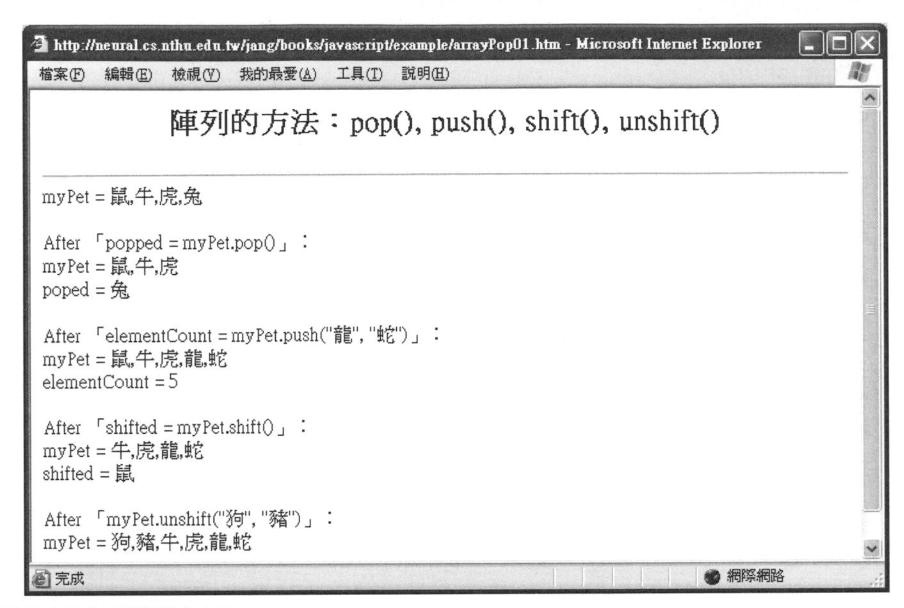

上述範例的原始檔如下：

範例4-10（arrayPop01.htm）：

```
...
<script>
myPet = ["鼠", "牛", "虎", "兔"];
document.writeln("myPet = " + myPet + "<br>");
//測試 pop()
cmd = "popped = myPet.pop()";
eval(cmd);
document.writeln("<p>After 「" + cmd + "」：<br>");
document.writeln("myPet = " + myPet + "<br>");
document.writeln("poped = " + popped + "<br>");
```

```
//測試 push()
cmd = 'elementCount = myPet.push("龍", "蛇")';
eval(cmd);
document.writeln("<p>After 「" + cmd + "」：<br>");
document.writeln("myPet = " + myPet + "<br>");
document.writeln("elementCount = " + elementCount + "<br>");
//測試 shift()
cmd = "shifted = myPet.shift()";
eval(cmd);
document.writeln("<p>After 「" + cmd + "」：<br>");
document.writeln("myPet = " + myPet + "<br>");
document.writeln("shifted = " + shifted + "<br>");
//測試 unshift()
cmd = 'myPet.unshift("狗", "豬")';
eval(cmd);
document.writeln("<p>After 「" + cmd + "」：<br>");
document.writeln("myPet = " + myPet + "<br>");


</script>
...
```

我們也可以使用 toString()（將矩陣轉成由逗點相連的字串）或 join()（將矩陣轉成由特定符號相連的字串）來將陣列轉成單一字串，範例如下（arrayJoin01.htm）：

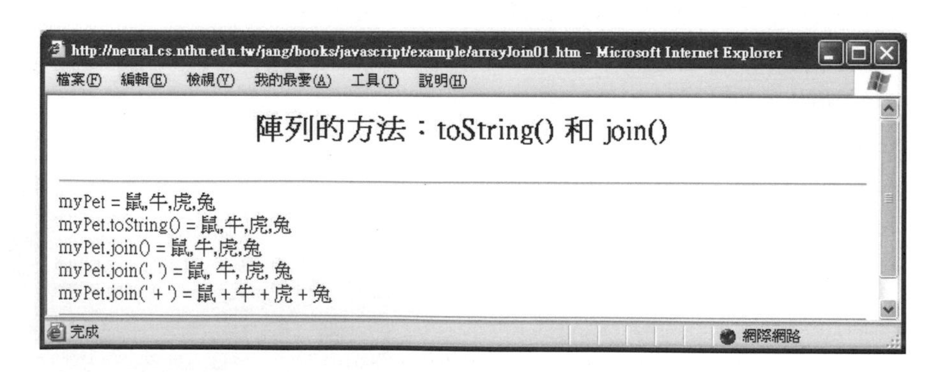

上述範例的原始檔如下：

範例4-11（arrayJoin01.htm）：

```
...
<script>
myPet = ["鼠", "牛", "虎", "兔"];
document.writeln("myPet = " + myPet + "<br>");
document.writeln("myPet.toString() = " + myPet.toString() + "<br>");
document.writeln("myPet.join() = " + myPet.join() + "<br>");
document.writeln("myPet.join(', ') = " + myPet.join(', ') + "<br>");
document.writeln("myPet.join(' + ') = " + myPet.join(' + ') + "<br>");
</script>
...
```

有上述範例可以看出，myPet.toString() 和 myPet.join() 得到的結果是一樣的。

另一個和 join() 功能相反的函數是 split()，可以將字串切開來，轉成陣列，此外，我們也可以使用 concat() 指令將兩個陣列連接起來，形成一個更大的陣列，範例如下（arrayConcat01.htm）：

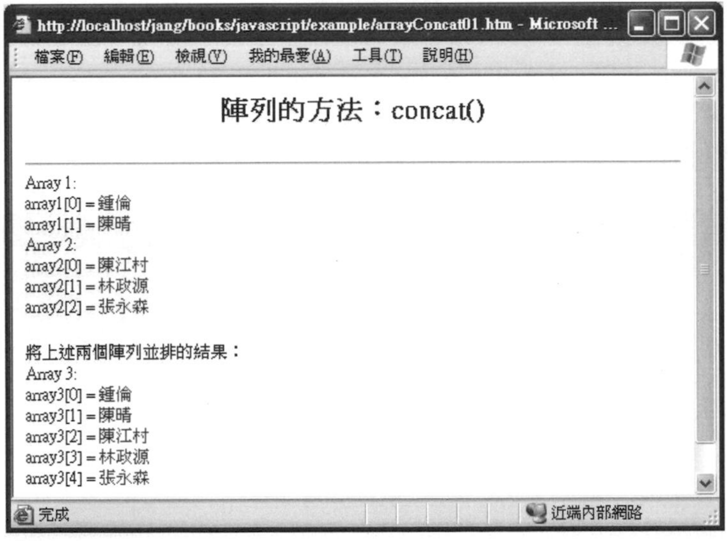

上述範例的原始檔如下：

範例4-12（arrayConcat01.htm）：

```
...
<script src="listArray.js"></script>
<script>
str1="鍾倫、陳晴";
str2="陳江村、林政源、張永森";
array1=str1.split('、');   // 將字串拆成陣列
array2=str2.split('、');   // 將字串拆成陣列
document.writeln("Array 1:<br>");
listArray(array1, 'array1');
document.writeln("Array 2:<br>");
listArray(array2, 'array2');
document.writeln("<p>將上述兩個陣列並排的結果：<br>");
document.writeln("Array 3:<br>");
array3=array1.concat(array2);
listArray(array3, 'array3');
</script>
...
```

對於內建的物件，我們可以使用 prototype 來定義新的方法。例如，對於一個陣列物件，如果我們要定義一個新方法 max() 來傳回陣列中最大的值，可見下列範例（prototype01.htm）：

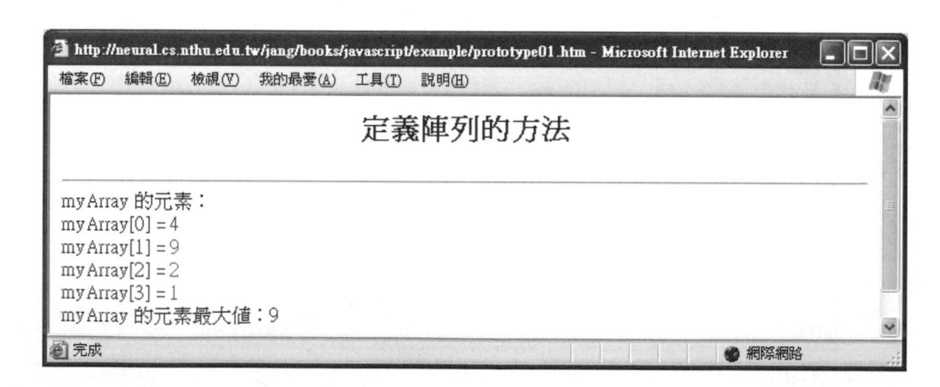

上述範例的原始檔如下：

範例4-13（prototype01.htm）：

```
...
<script src=listArray.js></script>
<script>
function arrayMax( ){
     var i, max = this[0];
     for (i=1; i<this.length; i++)
      if (max<this[i])
            max=this[i];
     return(max);
}
Array.prototype.max = arrayMax;        // 定義 arrayMax 為陣列方法 max
     所呼叫的函數
myArray = new Array(4, 9, 2, 1);
document.write("myArray 的元素：<br>");
listArray(myArray, "myArray");           // 列印陣列各個元素
document.write("myArray 的元素最大值：" + myArray.max());  // 列印陣
     列最大元素
</script>
...
```

在上述範例中，請特別注意兩點：

- 我們使用 Array.prototype.max 來定義自訂方法 max() 所對應的函數是 arrayMax()。
- 在函數 arrayMax() 中，this 代表此方法所對應的物件。

下面這個範例，列出一個陣列的所有性質（arrayProp01.htm）：

http://neural.cs.nthu.edu.tw/jang/books/javascript/example/arrayProp01.htm - Microsoft Internet Explorer

檔案(F) 編輯(E) 檢視(V) 我的最愛(A) 工具(T) 說明(H)

陣列的性質

myArray.0 = 資訊系
myArray.1 = 電機系
myArray.2 = 材料系

完成 網際網路

上述範例的原始檔如下：

範例4-14（arrayProp01.htm）：

```
...
<script>
myArray = ["資訊系", "電機系", "材料系"];
// 列舉陣列中的所有屬性
for (prop in myArray)
    document.write("<br>myArray." + prop + " = " + myArray[prop]);
</script>
...
```

在上述範例中，可以發覺 JavaScript 似乎把 0, 1, 2 當成是陣列物件的性質，但事實上，我們在取用陣列的元素時，還是必須使用 myArray[2] 或是 myArray["2"] 等，而不能使用 myArray.2，依此類推。

4-3 字典物件

一般的陣列是以循序的數值來進行索引，但是字典物件（Dictionary）是以字串來進行索引（或是以字串為鍵值），所以我們可以將字典物件看成是由字串到字串的函數關係，就像是一本字典一樣，我們可以先找到一個字（或詞彙），然後跟著就找到字（或詞彙）的解釋。

要產生一個字典物件，必須先使用 new ActiveXObject("Scripting.Dictionary") 產生一個空的字典物件，然後再使用 Add() 方法來將對應關係一個一個加進去，例如（dict01.htm）：

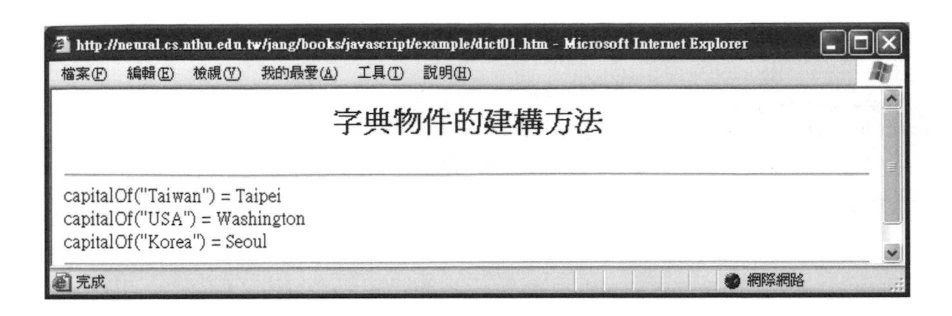

此範例原始碼如下：

範例4-15（dict01.htm）：

```
...
<script>
capitalOf = new ActiveXObject("Scripting.Dictionary");      // 建構一個空
    的字典物件
capitalOf.Add("Taiwan", "Taipei");              // 加入第 1 個對應關係
capitalOf.Add("USA", "Washington");             // 加入第 2 個對應關係
capitalOf.Add("Korea", "Seoul");                // 加入第 3 個對應關係
document.writeln("capitalOf(\"Taiwan\") = " + capitalOf("Taiwan") +
    "<br>");
document.writeln("capitalOf(\"USA\") = " + capitalOf("USA") + "<br>");
document.writeln("capitalOf(\"Korea\") = " + capitalOf("Korea") + "<br>");
</script>
...
```

在上述範例中，每個字典物件的索引是一個字串，例如 "Taiwan" 就對應到 "Taipei"，因此 capitalOf("Taiwan") 的值就是 "Taipei"。請注意是 capitalOf("Taiwan") 是用小括弧，不是用中括弧（中括弧是用在陣列物件）。

提示：

▸▸ 字典物件又稱為關聯陣列（Associative Arrays），代表兩個字串之間的關聯關係，這和 Perl 的 Hash 資料結構是一樣的。

在以下的範例中，我們會反覆的檢查字典物件的各個對應關係，所以我們先定義一個印出字典物件的函數，如下（listDict.js）：

```
function listDict(dict, dictName){
	allKeys = (new VBArray(dict.Keys())).toArray();   // 取出鍵值
	for (var i=0; i<dict.Count; i++)
		document.writeln(dictName+"(\"<font color=blue>"+allKeys[i]+"</font>\") = <font
		color=red>"+dict(allKeys[i])+"</font><br>");
}
```

其中 dict.Count 代表此字典物件的項目個數，而 dict.Keys() 將會在下文說明。根據這個函數，我們就可以很方便地印出一個字典物件的對應關係。

與字典物件相關的方法還有 Remove()（刪除鍵值，同時也刪除對應的字串）、Key()（改變鍵值）和 Item()（改變對應值），請見下列範例（dict02.htm）：

此範例原始碼如下：

範例4-16（dict02.htm）：

```
...
<script src=listDict.js></script>
<script>
countryOf = new ActiveXObject("Scripting.Dictionary");   // 建構一個空
	的字典物件
```

```
countryOf.Add("Taipei", "Taiwan");           // 加入第 1 個對應關係
countryOf.Add("San Francisco", "USA");   // 加入第 2 個對應關係
countryOf.Add("Tokyo", "Japan");       // 加入第 3 個對應關係
countryOf.Add("Seoul", "Korea");            // 加入第 4 個對應關係
countryOf.Remove("Tokyo");       // 移除 Tokyo 鍵值（及對應的字串）
countryOf.Key("Taipei") = "Hsinchu";  // 將 Taipei 鍵值改成 Hsinchu
countryOf.Item("Tokyo") = "Nippon";   // 將 Tokyo 所對應的字串改成
    Nippon
listDict(countryOf, "countryOf");
</script>
...
```

我們也可以使用 Keys() 和 Items() 來取出一個字典物件的鍵值和對應值，例如（dict03.htm）：

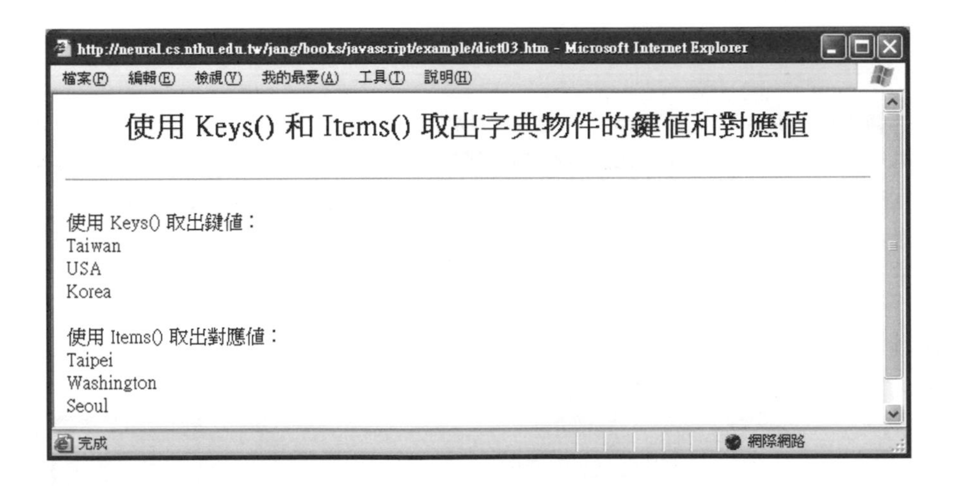

此範例原始碼如下：

範例4-17（dict03.htm）：

```
...
<script>
```

```
capitalOf = new ActiveXObject("Scripting.Dictionary");    // 建構一個空
    的字典物件
capitalOf.Add("Taiwan", "Taipei");            // 加入第 1 個對應關係
capitalOf.Add("USA", "Washington");           // 加入第 2 個對應關係
capitalOf.Add("Korea", "Seoul");              // 加入第 3 個對應關係

document.writeln("<p>使用 Keys() 取出鍵值：<br>");
allKeys = (new VBArray(capitalOf.Keys())).toArray();  // 取出鍵值
for (i=0; i<capitalOf.Count; i++)
    document.writeln(allKeys[i]+"<br>");

document.writeln("<p>使用 Items() 取出對應值：<br>");
allItems = (new VBArray(capitalOf.Items())).toArray();  // 取出對應值
for (i=0; i<capitalOf.Count; i++)
    document.writeln(allItems[i]+"<br>");
</script>
...
```

在上述範例中，由 Keys() 或 Items() 所傳回的物件並不能直接使用，必須轉成 VBArray 之後，再用 toArray() 轉成 JavaScript 的陣列，這種拐彎抹角的作法，筆者猜測是因為字典物件本來就是 VBScript 的內建物件，在 JavaScript（嚴格地說，應該是微軟的JScript）反而是因進才加入的物件，因而很多支援都還籠罩在 VBScript 的陰影下，所以也只好將就一下。

常用到字典物件的方法還有 Exists()（測試某鍵值是否存在）和 RemoveAll（刪除所有的項目），請見下列範例（dict04.htm）：

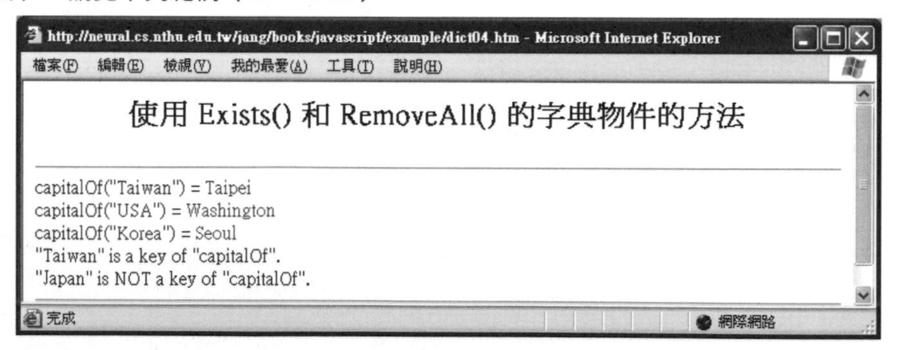

此範例原始碼如下：

範例4-18（dict04.htm）：

```
...
<script src=listDict.js></script>
<script>
capitalOf = new ActiveXObject("Scripting.Dictionary");     // 建構一個空
    的字典物件
capitalOf.Add("Taiwan", "Taipei");               // 加入第 1 個對應關係
capitalOf.Add("USA", "Washington");              // 加入第 2 個對應關係
capitalOf.Add("Korea", "Seoul");                 // 加入第 3 個對應關係
listDict(capitalOf, "capitalOf");                // 列印字典物件

key="Taiwan";
if (capitalOf.Exists(key))  // 測試 Taiwan 是否是字典物件 capitalOf 的鍵值
    document.writeln("\"" + key + "\" is a key of \"capitalOf\".<br>");
else
    document.writeln("\"" + key + "\" is NOT a key of \"capitalOf\".<br>");
key="Japan";
if (capitalOf.Exists(key))  // 測試 Japan 是否是字典物件 capitalOf 的鍵值
    document.writeln("\"" + key + "\" is a key of \"capitalOf\".<br>");
else
    document.writeln("\"" + key + "\" is NOT a key of \"capitalOf\".<br>");

capitalOf.RemoveAll();              // 刪除所有項目
listDict(capitalOf, "capitalOf");   // 列印字典物件（應該印不出來，因為所
    有項目都被刪掉了！）
</script>
...
```

4-4　自訂物件

JavaScript 的物件可分三類：

1. 內建的物件（如日期、數學等物件）
2. 根據網頁的內容所建立的文件物件模型（Document Object Model，簡稱 DOM）
3. 使用者自訂的物件

本節將說明「使用者自訂的物件」。若要定義一個簡單物件，擁有數個欄位（或性質），可見下列範例（object01.htm）：

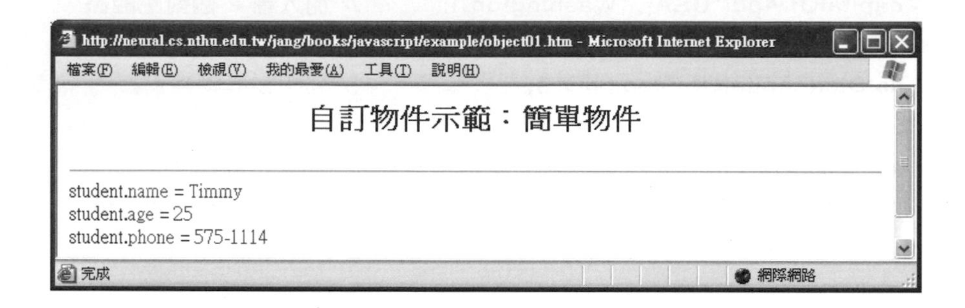

上述範例的原始檔如下：

範例4-19（object01.htm）：

```
...
<script src="listProp.js"></script>
<script>
student = new Object();
student.name = "Timmy";
student.age = "25";
student.phone = "575-1114";
listProp(student, "student");
</script>
...
```

在上述範例中，我們使用 new Object() 來產生一個使用者自訂的物件，並設立此物件的三個性質，分別是 name, age, 以及 phone。此外，我們用到了一個函數 listProp() 來印出物件的所有性質，此函數是經有下列敘述來加入此網頁：

```
<script src = ”listProp.js”> </script>
```

此函數的內容如下（listProp.js）：

```
function listProp(obj, objName) {
    for (var i in obj)
        document.writeln(objName+".<font color=red>"+i+"</font> = <font
        color=green>"+obj[i]+"</font><br>");
}
```

我們也可以使用「單列指定」的方式，來指定一個物件的所有性質，其格式如下：

```
newObj = {prop1:value1, prop2:value2, ...};
```

若使用此種方式來指定一個物件，上述範例可以改寫如下：

範例4-20（object02.htm）：

```
...
<script src="listProp.js"></script>
<script>
student = {"name":"Timmy", "age":25, "phone":"575-1114"}
listProp(student, "student");
</script>
...
```

提示：

- 使用此種「單列指定」的好處是：可以指定含有空格的性質，但是若要存取此性質，則必須使用「物件["性質"]」的方式來進行，而不能使用「物件.性質」的方式。

若要測試一個物件是否含有某個特定欄位，可以使用 in 運算子，例如（in01.htm）：

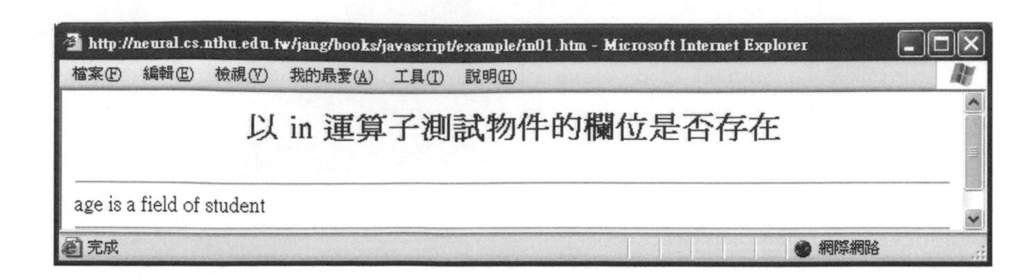

上述範例的原始檔如下：

範例4-21（in01.htm）：

```
...
<script src="listProp.js"></script>
<script>
student = new Object();
student.name = "Timmy";
student.age = "25";
student.phone = "575-1114";
field = "age";
if (field in student)
    document.write(field + " is a field of student<br>");
</script>
...
```

若要產生較複雜的自訂物件，包含定義此物件的性質和方法，首先就要定義此物件的「建構子」（Constructor，也就是用來創造物件的函數），其形式和一般 JavaScript 的函數非常類似。以下是一個簡單的範例（object03.htm）：

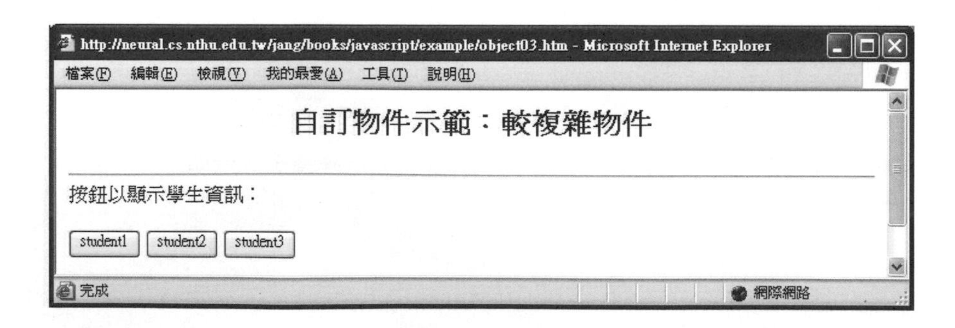

上述範例的原始檔如下：

範例4-22（object03.htm）：

```
...
<script>
function student(inputName, inputStudentID, inputAge) {
    this.name = inputName;
    this.studentID = inputStudentID;
    this.age = inputAge;
    this.display = displayStudent;
}

function displayStudent() {
    var outStr="大名 = "+this.name+"\n";
    outStr = outStr + "學號 = "+this.studentID+"\n";
    outStr = outStr + "年齡 = "+this.age;
    alert(outStr);
}

student1 = new student("Alex",695326,23);
student2 = new student("Joey",998735,20);
student3 = new student("Kelvin",978732,22);
</script>

按鈕以顯示學生資訊：
<form>
<input type=button value=student1
    onClick="javascript:student1.display()">
<input type=button value=student2
    onClick="javascript:student2.display()">
<input type=button value=student3
    onClick="javascript:student3.display()">
</form>
...
```

其中，我們利用函數 student 來定義一個物件範本，包含了三個性質：name、studentID、及 age。此外，此物件範本也包含了一個方法 display()，是由另一個函數 displayStudent() 所定義。在這兩個函數中，「this」代表所建構的物件。

此外，物件中亦可包含另一個物件，例如（object04.htm）：

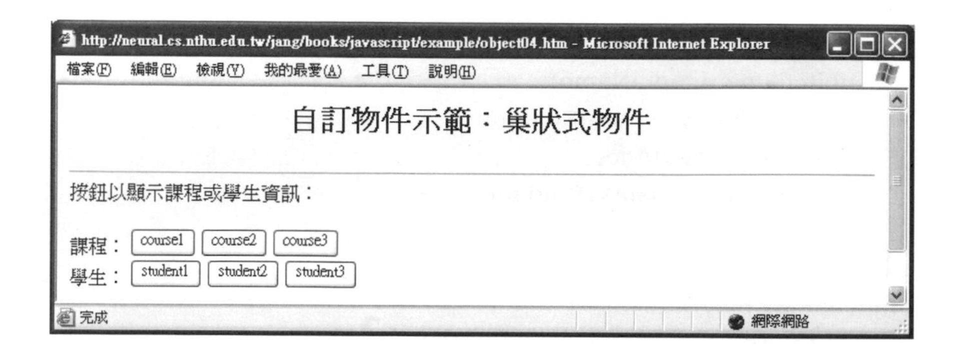

上述範例的原始檔如下：

範例4-23（object04.htm）：

```
...
<script>
function course(inputName, inputCourseID, inputCredit) {
	this.name = inputName;
	this.courseID = inputCourseID;
	this.credit = inputCredit;
	this.display = displayCourse;
}

function displayCourse() {
	var outStr="名稱 = "+this.name+"\n";
	outStr = outStr + "課號 = "+this.courseID+"\n";
	outStr = outStr + "學分 = "+this.credit+"\n";
	alert(outStr);
}
```

```
function student(inputName, inputStudentID, inputAge, inputCourse) {
    this.name = inputName;
    this.studentID = inputStudentID;
    this.age = inputAge;
    this.course = inputCourse;
    this.display = displayStudent;
}

function displayStudent() {
    var outStr="大名 = "+this.name+"\n";
    outStr = outStr + "學號 = "+this.studentID+"\n";
    outStr = outStr + "年齡 = "+this.age+"\n";
    outStr = outStr + "課程 = "+this.course.name+"\n";
    alert(outStr);
}

course1 = new course("Web 程式設計、技術與應用","CS3431",3);
course2 = new course("音訊處理與辨識","CS5770",3);
course3 = new course("離散數學","CS3111",2);
student1 = new student("Alex", 695326, 23, course1);
student2 = new student("Joey", 998735, 20, course2);
student3 = new student("Kelvin", 978732, 22, course1);
</script>

按鈕以顯示課程或學生資訊：
<form>
課程：
<input type=button value=course1
    onClick="javascript:course1.display()">
<input type=button value=course2
    onClick="javascript:course2.display()">
```

```
<input type=button value=course3
    onClick="javascript:course3.display()">
<br>
學生：
<input type=button value=student1
    onClick="javascript:student1.display()">
<input type=button value=student2
    onClick="javascript:student2.display()">
<input type=button value=student3
    onClick="javascript:student3.display()">
</form>
...
```

其中我們使用 course() 和 student() 來建構「課程」和「學生」的物件，而「學生」物件中的 course 性質，則是指向由 course() 所產生的「課程」物件。

當物件的個數較多時，我們通常是將每一個物件放在陣列中，以便存取與管理。在下列的範例中，我們以陣列來存放每個月的開支列表，而每一筆經費本身就是一個物件，包含此經費的金額、說明等，因此，我們可以很方便地加入一筆開銷記錄，並列印出整體支出表，範例如下（expenseTable.htm）：

http://neural.cs.nthu.edu.tw/jang/books/javascript/example/expenseTable.htm - Microsoft Internet Explorer

檔案(F) 編輯(E) 檢視(V) 我的最愛(A) 工具(T) 說明(H)

自訂物件示範：以陣列來存放支出表

說明	單價	時間單位	乘數	每月小計
餐費	200	每天	30.416666666666668	6083
房租	3000	每月	1	3000
電費＋瓦斯＋水費＋電話	1000	每月	1	1000
購物及其他雜費	500	每週	4.345238095238096	2173
交通費	300	每週	4.345238095238096	1304
				每月總計：13560

完成　　網際網路

上述範例的原始檔如下：

範例4-24（expenseTable.htm）：

```
...
<script>
function expenseItem(expense, timeUnit, multiply, comment) {
    this.expense = expense;
    this.timeUnit=timeUnit;
    this.multiply = multiply;
    this.comment = comment;
}
// 列出每一項支出名目
expense = new Array();
i=0;
expense[i++]=new expenseItem( 200, "每天", 365/12, "餐費");
expense[i++]=new expenseItem(3000, "每月", 1, "房租");
expense[i++]=new expenseItem(1000, "每月", 1, "電費＋瓦斯＋水費＋電
    話");
expense[i++]=new expenseItem( 500, "每週", 365/7/12, "購物及其他雜費
    ");
expense[i++]=new expenseItem( 300, "每週", 365/7/12, "交通費");
// 列印支出表
document.writeln("<table align=center border=1>")
document.writeln("<tr><th>說明<th>單價<th>時間單位<th>乘數<th>每月
    小計")
total=0;
for (i=0; i<expense.length; i++){
    document.writeln("<tr>");
    document.writeln("<td align=center>"+expense[i].comment);
    document.writeln("<td align=right>"+expense[i].expense);
    document.writeln("<td align=center>"+expense[i].timeUnit);
    document.writeln("<td align=right>"+expense[i].multiply);
```

```
    document.writeln("<td
    align=right>"+Math.round(expense[i].expense*expense[i].multiply));
    total=total+expense[i].expense*expense[i].multiply;
}
document.writeln("<tr><td colspan=4> <td align=right><b>每月總
    計</b>："+Math.round(total));
document.writeln("</table>")
</script>
...
```

4-5 習題

選擇題

1. 何者不是正確的陣列宣告方式？
   (1) myArray = new Array ("Java" , "VB");
   (2) myArray = ["5566","7788"];
   (3) myArray[5] = "3344";
   (4) myArray = new Array();
2. 下列何者不是 JavaScript 的內建物件？
   (1) 字串
   (2) 滑鼠
   (3) 陣列
   (4) 數學
3. 下列何者不是 Javascript 的物件？
   (1) 內建的物件
   (2) 根據網頁的內容所建立的文件物件模型
   (3) 繼承的物件
   (4) 自訂的物件
4. myFish = ["angel", "clown", "mandarin", "surgeon"];
   請問執行什麼方法之後，會變成下面的情況?
   myFish = ["clown", "mandarin", "surgeon"]
   (1) reverse
   (2) sort

(3) push
(4) shift

5.關於內建物件「陣列」的敘述，何者為非?
(1) 要使用陣列變數時，必需先宣告或直接設定初值
(2) 可以不用設定陣列的元素個數
(3) 數值索引是從 1 開始
(4) 陣列特別適用於多量的資料處理

程式題

請使用本章所學到的 JavaScript 程式技巧來完成下列作業：

1.(*) **動態背景音樂、背景圖、文字：**請寫出一個動態網頁，包含下列功能：
a. 動態隨機選取背景音樂（至少五首）
b. 動態產生每日一句（至少五句）
c. 動態產生背景圖（至少五種）

評分標準如下：
Ⅰ.(30%)動態隨機選取背景音樂（至少五首）
Ⅱ. (30%)動態產生每日一句（至少五句）
Ⅲ. (30%)動態產生背景圖（至少五種）
Ⅳ. (30%)其他加分項目（請主動向助教說明，並由助教依繳交情況自訂評分標準）：例如其他特異功能、創意與巧思、美工等。

2.(*) **產生魔方陣：**請用 JavaScript 產生一個 11x11 的魔方陣，含有由 1 至 121 的連續整數，而且每一直行、橫列，以及兩個對角線的元素總和都相同。請將此魔方陣以 HTML 的 table 標籤印出。至於產生魔方陣的方法，請見下列 5x5 魔方陣的範例：

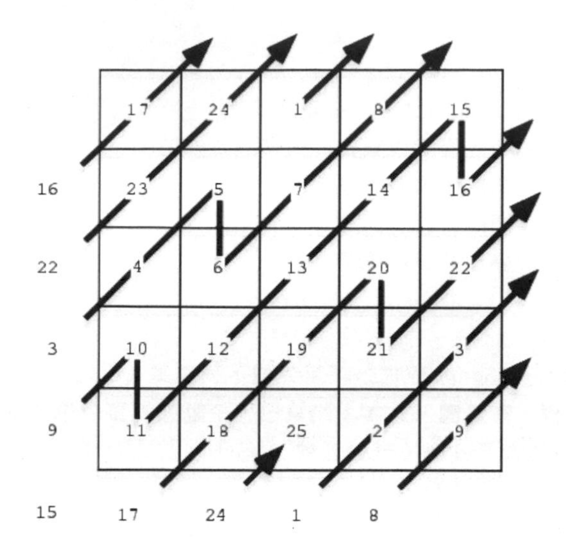
17
24
1
8
15
16
23
5
7
14
16
22
4
6
13
20
22
3
10
12
19
21
3
9
11
18
25
2
9
15
17
24
1
8

第五章

自訂函數

本章重點

本章說明 JavaScript 的函數如何使用，包含在函數內外的變數有效範圍、如何將函數集中於函數定義檔、如何產生遞迴函數、如何產生具有可變個數之輸入的函數，以及如何預約及取消程式碼的執行。精通函數的使用，會使程式碼的組合更具有彈性、管理更加便利。

5-1 變數有效範圍

「函數」（Functions）是所有的程式語言必備的功能。JavaScript 的函數可以分成下列幾類：

- 內建函數：又分成兩類
  - 。一般內建函數，如 parseInt() 和 parseFloat() 等。
  - 。與物件結合的函數，例如 Math.sin() 或 string.big()等，這類的函數又稱為物件的方法（Method）。
- 使用者定義的函數：也可以分一般函數與物件的方法兩類。

本小節將針對使用者定義的一般函數來進行說明。

提示：

▸ 一般而言，我們使用「函數」來代表數學函數，例如三角函數等，而用「函式」來代表程式碼中的函數。但在本書中，並沒有此嚴謹的區分，因此「函式」和「函數」是可以交換使用，通常都是指程式碼所定義的函數。

函數的定義包含函數名稱 (Function name) 及輸入引數 (Input arguments)，其基本格式如下：

```
function functionName(InputArguments) {
      JavaScript statements...
      ...
      return(output)     // 非必要
}
```

在括號裡的輸入引數（Input Arguments），必須以逗號分開。定義函數並不代表函數的執行，只有在程式中呼叫函數的名稱後，才會執行該函數。若有需要，函數最後可用 return 來傳回輸出變數（數值、字串，或其他型態的變數）至呼叫此函數的程式環境。一般網頁中的的事件處理器（Event handlers），通常都是以 JavaScript 或是 VBScript 的函數來描述。

函數的定義，通常寫在 <head> 及 </head> 之間，甚至也可以寫在網頁最前面（在 <html> 之前），以確保 HTML 主體在被呈現前，所有相關的 JavaScript 函數都已被載入，並隨時可被執行。但這並不是一個嚴格的規定，一般來說，我們希望函數的定義出現的位置和它被呼叫之處能越接近越好，以方便程式管理，在這種情況下，只要函數定義出現在其被呼叫之前，大致上都不會有什麼問題。

在以下範例中，我們使用兩個函數來顯示現在時間與星期幾（timeDisplay01.htm）：

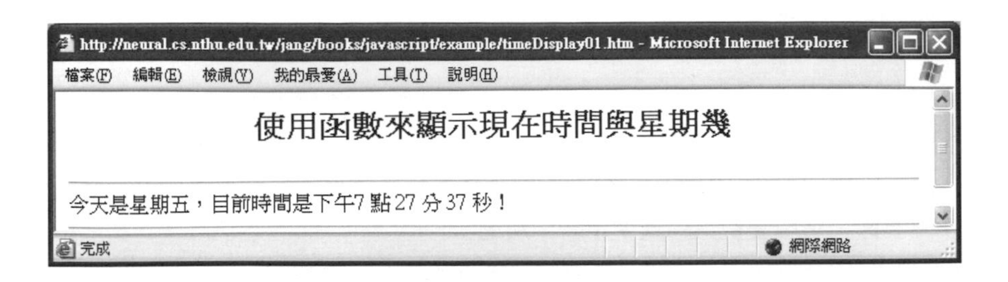

此範例原始碼如下：

範例5-1（timeDisplay01）：

```
...
<script>
function currentTime(){        // 回傳現在的時間
    var today = new Date();
    var hour = today.getHours();
    var minute = today.getMinutes();
    var second = today.getSeconds();
    var prepand = (hour>=12)? "下午":"上午";
    hour = (hour>=12)? hour-12:hour;
    return(prepand + hour + " 點 " + minute + " 分 " + second + " 秒");
}

function currentDay(){         // 回傳今天星期幾
    var today = new Date();
    var day = today.getDay();      // 取得今天是星期幾
    var conversion=["天", "一", "二", "三", "四", "五", "六"];
    return("星期"+conversion[day]);
}
</script>
```

```
<script>
document.write('今天是' + currentDay() + '，目前時間是' + currentTime()+
      '！');
</script>
...
```

在使用函數時，我們必須有「局部變數」和「全域變數」的概念，可簡單定義如下：

- 局部變數 (Local variables): 只有在變數本身的函數裡才看的見得變數。欲定義局部變數，可在變數第一次使用時，加上 var。
- 全域變數 (Global variables): 在整個程式設計的過程中都可以看得見、而且每一個函數都可以用的變數。若不對變數做任何處理，JavaScript 的變數預設狀態即是全域變數。

一般而言，如果我們用的變數只在一個函數的有效範圍（Scope）內運作，則此變數通常就應該被設定為局部變數，以免在函數執行後產生副作用，影響到其後程式碼的執行。例如（secopeOfVariable01.htm）：

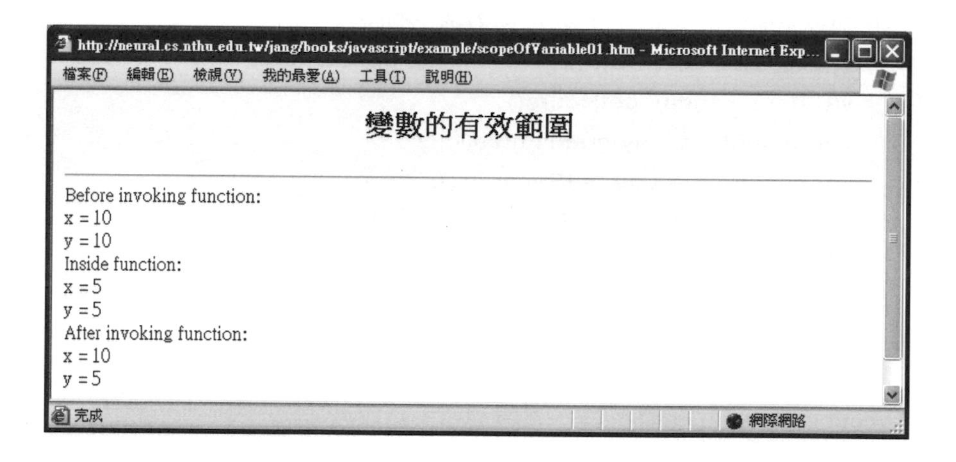

此範例的完整原始檔案如下：

範例5-2（secopeOfVariable 01.htm）：

```
...
<script>
```

```
function testScope() {
      var x=5;          // 局部變數
      y=5;              // 全域變數
      document.write("Inside function:<br>");
      document.write("x = "+x+"<br>");
      document.write("y = "+y+"<br>");
}
</script>

<script>
x = 10;          // 全域變數
y = 10;          // 全域變數
document.write("Before invoking function:<br>");
document.write("x = "+x+"<br>");
document.write("y = "+y+"<br>");
testScope();
document.write("After invoking function:<br>");
document.write("x = "+x+"<br>");
document.write("y = "+y+"<br>");
</script>
...
```

在上述範例中，x 和 y 都是定義為全域變數，但是在函數 testScope() 內，另一個同名的區域變數 x 遮蔽了原先的全域變數 x，因此在函數內印出來的 x 值是 5。但是離開函數之後，x 還是一個全域變數，其值還是 10。變數 y 則是全域變數，因此若在函數中改變其值，也會反映到函數外的 y。

一個常發生的錯誤，就是沒有把函數內部的變數設定成局部變數，導致此變數會繼承或影響外部變數的值。因此，為了減少除錯的時間，所有函數的內部變數，在第一次使用時最好加上 var，以確認其有效範圍只在此函數內。

提示：

>> 一個寫程式的好習慣，會省去後續無數的除錯時間，所以筆者在此不厭其煩、再提醒一次：函數內的變數，要盡量加上 var，以確保不會和函數外的變數相衝。

在函數外部定義的變數，無論是否有加 var，都會被視為是全域變數，因此可以不必刻意再去加 var。

5-2 程式定義檔案的使用

若要重複使用 JavaScript 的函數，可將這些常用的函數彙整到一個副檔名為 "js" 的函數定義檔案，再以下列方式來將函數程式碼加入網頁之中：

```
<script src="函數定義檔案.js"> </script>
```

副檔名一定必須是 "js"。但是若找不到檔案，網頁也不會印出錯誤訊息，這是要特別注意的地方。

使用函數定義檔的好處是：

- 我們只要寫一個包含函數定義的 js 檔案，就可以被不同的網頁所使用，非常方便。
- 函數定義檔也可以用在伺服器端的程式碼，一魚兩吃，省時省力。

以下這個範例，就是使用這種方法來包含一個 JavaScript 的函數定義檔案，此檔案定義了兩個函數，可分別傳回現在時間與星期幾，網頁呈現效果如下（timeDisplay02.htm）：

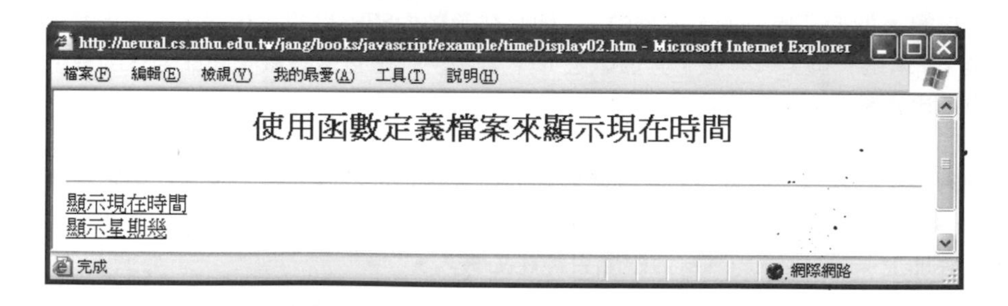

當使用者按下「顯示現在時間」時，瀏覽器就會去呼叫定義於 time.js 的函數 currentTime() 以取得現在時間，並將結果顯示於警告視窗。此範例原始碼如下：

範例5-3（timeDisplay02.htm）：

```
...
<script src="time.js"></script>
<a href="javascript:alert('現在是「' + currentTime()+ '」！')">顯示現在時
    間</a><br>
<a href="javascript:alert('今天是「' + currentDay() + '」！')">顯示星期幾
    </a><br>
...
```

在上例中，我們交互運用雙引號 (") 及單引號 (')，以明白區分 href 所用的字串及 JavaScript 所用的字串。上例包含了一個 JavaScript 的函數定義檔 time.js，其原始檔案內容如下：

範例5-4（time.js）：

```
function currentTime(){        // 回傳現在的時間
    var today = new Date();
    var hour = today.getHours();
    var minute = today.getMinutes();
    var second = today.getSeconds();
    var prepand = (hour>=12)? "下午":"上午";
    hour = (hour>=12)? hour-12:hour;
    return(prepand + hour + " 點 " + minute + " 分 " + second + " 秒");
}

function currentDay(){        // 回傳今天星期幾
    var today = new Date();
    var day = today.getDay();      // 取得今天是星期幾
    var conversion=["天", "一", "二", "三", "四", "五", "六"];
    return("星期"+conversion[day]);
}
```

（有關於時間和日期的用法，請見本章前幾章的說明。）

我們也可以更複雜的例子，可見下面的文件性質列表（docProp01.htm）：

其原始檔案內容如下：

範例5-5（docProp01.htm）：

```
...
<body>
<h2 align=center>"document" 的性質列表</h2>
<hr>
<a href="http://www.nthu.edu.tw">清大首頁</a><br>
<a href="http://www.nctu.edu.tw">交大首頁</a><br>
```

```
<a href="http://www.ntu.edu.tw">台大首頁</a>
<hr>

<script src="listProp.js"></script>
<p><h3>"document" 的性質列表：</h3>
<p><script>listProp(document, "document")</script>
...
```

上述範例包含了一個 listProp.js 檔案，其內容如下：

```
function listProp(obj, objName) {
	for (var i in obj)
	    document.writeln(objName+".<font color=red>"+i+"</font> = <font
	    color=green>"+obj[i]+"</font><br>");
}
```

在上述的程式碼中，我們用到了 for-in 迴圈，此種迴圈特別適用於列出一個物件的所有性質。（有關於文件的性質，請見下一章的說明。）

5-3 遞迴呼叫與可變個數的引數

JavaScript 的函數也可以支援遞迴呼叫（Recursive Calls），也就是說，一個函數可以呼叫它自己。例如，對於階乘函數來說，我們有 n! = n*(n-1)!，因此我們可以寫一個遞迴式的階乘函數，例如（funcFact.htm）：

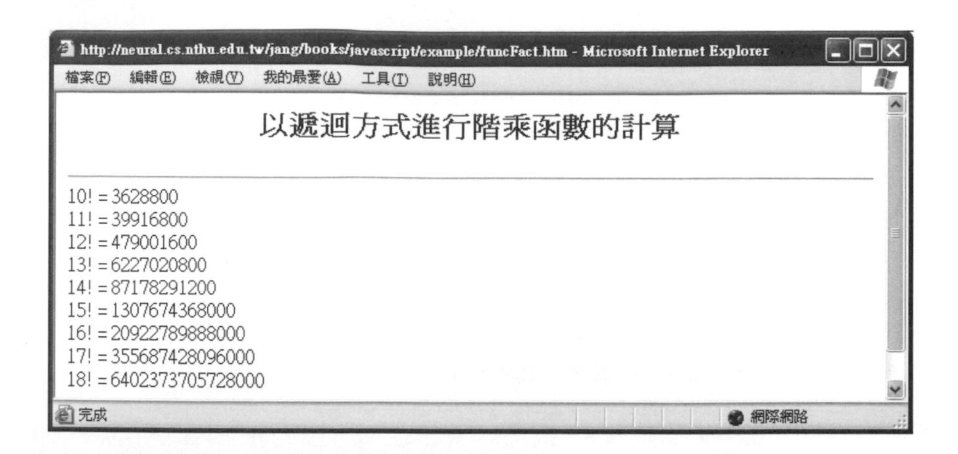

其原始檔案內容如下：

範例5-6（funcFact.htm）：

```
...
<script>
function fact(n){                // 以遞迴方式進行階乘函數的計算
    if (n==0) return(1);         // 結束條件
    return(n*fact(n-1));         // 遞迴呼叫
}

for (i=10; i<19; i++)
    document.write(i+"! = "+fact(i)+"<br>");
</script>
...
```

提示：

- 遞迴式的函數雖然好用，程式碼也很簡短，但是在進行運算時，會耗掉很多 CPU 及記憶體資源，因此除非資料結構本身（例如 Tree）或應用問題本身（例如 Hanoi Tower）就適合遞迴函數的使用，否則還是盡量少用。

JavaScript 的函數可接受「可變個數的輸入引數」(Input Arguments of Variable Length)，這是因為輸入引數可存放在函數物件本身的一個欄位（或性質） arguments 之中，此欄位所存放的資料是一個陣列，JavaScript 可用其 arguments.length 得知真正的引數個數。例如，我們可寫一個函數，來將輸入引數以無序列表或有序列表的方式顯示，此函數的原始碼如下：

```
function list(type) {
	document.write("<" + type + "l>");
	for (var i=1; i<list.arguments.length; i++)
		document.write("<li>" + list.arguments[i]);
	document.write("</" + type + "l>");
}
```

在上述函數中，type 是第一個引數（可以是 "o" 或是 "u"），而後續的其他輸入引數，則是以 list.arguments 這個陣列來表示，其中 list 是函數的名稱。例如，list.arguments[0] 就是 type 本身，list.arguments[1] 就是在 type 之後的第一個引數，list.arguments[2] 則是第二個，依此類推。

使用上述函數可產生任意個數的無序和有序列表，如下（list01.htm）：

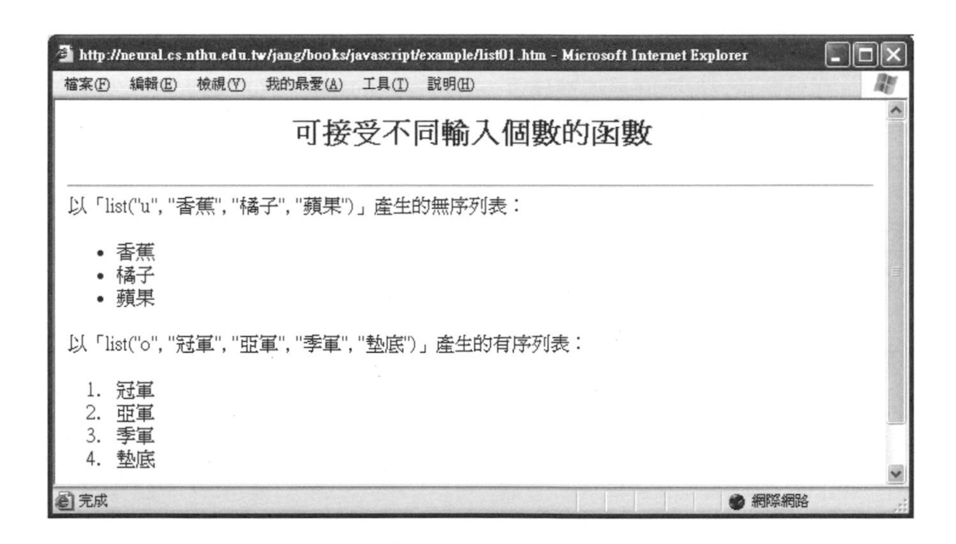

其原始碼為：

範例5-7（list01.htm）：

```
...
```

```
<script src="list.js"></script>

以「list("u", "香蕉", "橘子", "蘋果")」產生的無序列表：
<script>
list("u", "香蕉", "橘子", "蘋果");
</script>

以「list("o", "冠軍", "亞軍", "季軍", "墊底")」產生的有序列表：
<script>
list("o", "冠軍", "亞軍", "季軍", "墊底");
</script>
...
```

5-4 預約程式碼的執行

若要預約程式碼在某一段時間後才被執行，可用 setTimeout() 的內建函數，例如在下列的範例中，當你點選「丟手榴彈」後，三秒鐘之後才會出現一個警告視窗「轟！！！」（setTimeout01.htm）：

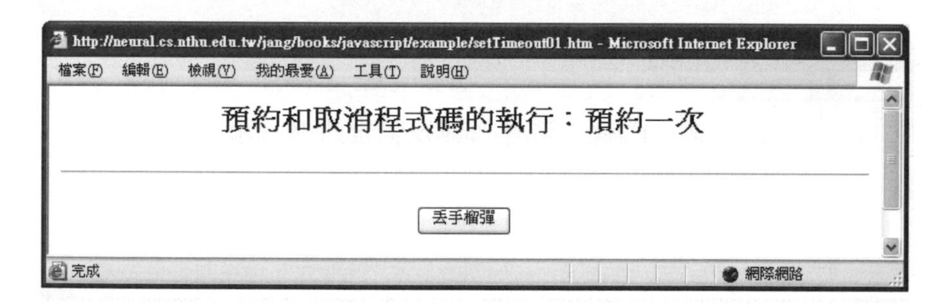

其原始檔案內容如下：

範例5-8（setTimeout01.htm）：

```
...
<script>
```

```
function clickCallback(){
    document.theForm.theButton.value="三秒鐘後引爆...";
    setTimeout("alert('轟！！！'); document.theForm.theButton.value='
    丟手榴彈'", 3*1000);
}
</script>

<center>
<form name="theForm">
<input type="button" name=theButton value="丟手榴彈"
    onClick="clickCallback()">
</form>
</center>
...
```

由上述範例可知，setTimeout() 的格式如下：

```
timer = setTimeout("JavaScript 的命令列", 時間長度)
```

換句話說，當過了「時間長度」所指定的時間（以1/1000秒為單位）後，瀏覽器就會去執行「"JavaScript的命令列"」。而所傳回的輸出參數 timer 可被用在 clearTimeout() 以便解除預約的程式碼（詳見後述）。

如果我們要反覆地在固定的時間間格來執行某段程式碼，就必須將 setTimeout() 放在函數裡面，以保證此函數能夠在特定的時間間隔後，反覆地呼叫自己，跑馬燈就是一個最簡單的範例，在下列範例中，我們一口氣產生三個跑馬燈，分別顯示在表單的文字欄位、<div>標籤內、以及視窗的狀態列，範例如下（movingText01.htm）：

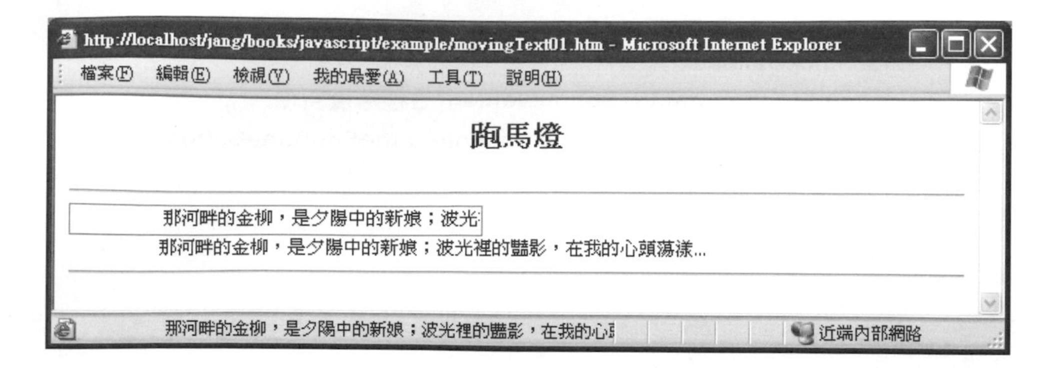

其原始檔案內容如下：

範例5-9（movingText01.htm）：

```
...
<input type=text id=myText1 size=40>
<div id=myText2></div>

<script>
text="那河畔的金柳，是夕陽中的新娘；波光裡的豔影，在我的心頭蕩漾...";
text=text+"　　　　　　　　　　　　　　　　　　　　　　"; // 加一些全形空白

function showMovingText(){
    var n = text.length;
    text = text.substr(1, n-1)+text.substr(0, 1);  // 將第一個字搬到最後面
    myText1.value = text;                           // 設定至文字欄位
    myText2.innerHTML = text;                       // 設定至 <div> 標籤內文
    window.status = text;                           // 設定至狀態列
    setTimeout("showMovingText()", 400);            // 0.4 秒閃一遍
}

showMovingText();
</script>
...
```

在上述範例的 showMovingText() 函數中，最後一列是

```
setTimeout("showMovingText()", 400);
```

當函數執行到此列時，可保證在 0.4 秒後，此函數又會被呼叫一次，依此類推，因此跑馬燈的文字，會在間隔 0.4 秒後就會被更新一次。另外，每次更新時，我們使用 substr() 來將第一個字元搬到字串的尾端，如此反覆搬移，就可以達到跑馬燈的效果。

- 有關於 substr() 和 substring() 的使用，再提示一下：如果 text = "我願是千萬條江河"，則
  - text.substr(3,5)會傳回 "千萬條江河"（第 3 個字元開始，取 5 個字元）
  - text.substring(3,5)會傳回 "千萬"（第 3 個字元開始，第 4 個字元結束）

若要取消預約的程式碼，可用 clearTimeout()，例如（setTimeout02.htm）：

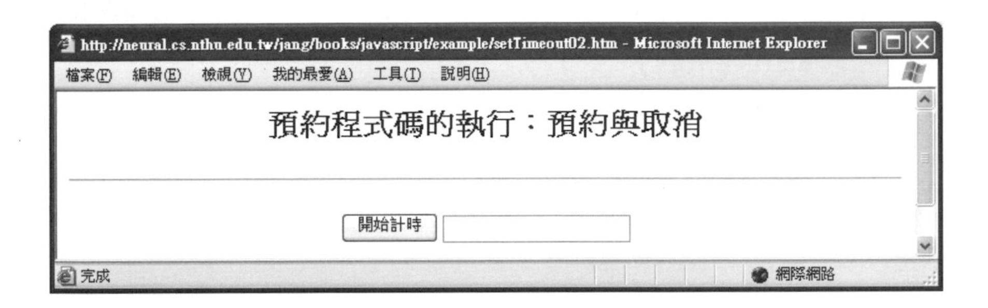

其原始檔案內容如下：

範例5-10（setTimeout02.htm）：

```
...
<script>
timeStep=0.1;        // 每 0.1 秒顯示一次時間
accumulated=0;           // 目前累計的時間

function showTime(){
    document.theForm.theText.value=accumulated;
    accumulated+=timeStep;
    timer=setTimeout("showTime();", timeStep*1000);
```

```
}

function clickCallback(){
    switch(document.theForm.theButton.value){
    case "開始計時":
        document.theForm.theButton.value="停止計時";
        accumulated=0;                          // 時間歸零
        showTime();                             // 開始計時
        break;
    case "停止計時":
        document.theForm.theButton.value="開始計時";
        clearTimeout(timer);                    // 停止計時
        break;
    default:
        alert("Error!");
        break;
    }
}
</script>

<center>
<form name="theForm">
<input type="button" name=theButton value="開始計時"
    onClick="clickCallback()">
<input type="text" name=theText>
</form>
</center>
...
```

上述範例有兩個重點：

1. 若按下「開始計時」，我們使用「timer=setTimeout("showTime();", timeStep*1000);」來預約 showTime() 在每 0.1 秒執行一次。
2. 若按下「取消計時」，則我們使用「clearTimeout(timer);」來取消已經預約的程式碼。

使用 setTimeout() 和 clearTimeout()，我們可以有效地對「事件驅動」的 JavaScript 進行簡潔完整的時間控制。

由於「反覆執行一段程式碼」是很重要的功能，因此除了使用 setTimeout() 之外，JavaScript 後續又支援另一個函數 setInterval()，可以達到相同的功能，但在使用上更為簡潔。setInterval() 的格式如下：

```
timer = setInterval("JavaScript 的命令列", 時間長度)
```

換句話說，每隔「時間長度」所指定的時間（以1/1000秒為單位）後，瀏覽器就會去執行「"JavaScript的命令列"」，而所傳回的輸出參數 timer 可被用在 clearInterval() 以便解除預約的程式碼（詳見後述）。首先我們看看由 setInterval() 所產生的即時更新時間顯示（setInterval01.htm）：

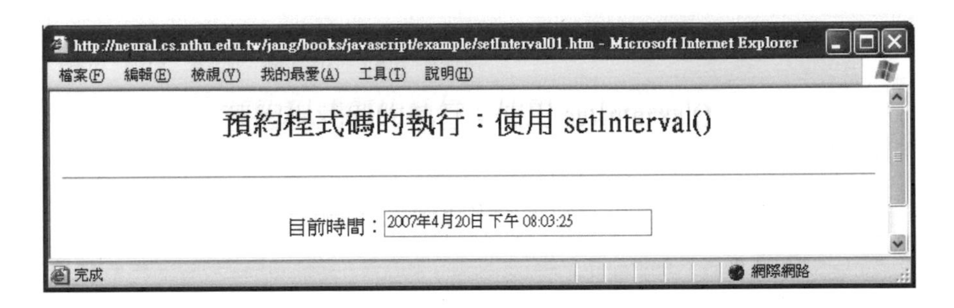

其原始檔案內容如下：

範例5-11（setInterval01.htm）：

```
...
<script>
function showTime(){
    date=new Date();
    document.theForm.theText.value=date.toLocaleString();
}
setInterval("showTime()", 1000);        //每一秒更新一次
</script>

<center>
```

```
<form name="theForm">
目前時間：<input type="text" name=theText size=30>
</form>
</center>
...
```

若要停止時間顯示，可以使用 clearInterval()，請見下列範例（clearInterval01.htm）：

其原始檔案內容如下：

範例5-12（clearInterval01.htm）：

```
...
<script>
function showTime(){
    date=new Date();
    document.theForm.theText.value=date.toLocaleString();
}
setInterval("showTime()", 1000);        //每一秒更新一次
</script>

<center>
<form name="theForm">
目前時間：<input type="text" name=theText size=30>
</form>
</center>
```

```
...
```

上述範例只是一個簡單範例，所以你一旦停止時間顯示，就沒辦法再恢復，除非重新載入網頁。

5-5 習 題

選擇題

1. 下列哪個函數不能用於「預約程式碼的執行」或「取消預約程式碼的執行」？
   (1) setInterval
   (2) setInternal
   (3) setTimeout
   (4) clearTimeout
2. 有一 JavaScript 程式碼片段如下：

```
<script>
    function myFunc(num){
    if (num <= 1)
        return(num);
        return(num*myFunc(num-1));
    }
    alert(myFunc(3.1));
</script>
```

   請問上述程式碼執行後，會發生什麼事？
   (1) 跳出警告視窗，並顯示 1.1
   (2) 跳出警告視窗，並顯示 3.1
   (3) 跳出警告視窗，並顯示 6.1
   (4) 進入無窮迴圈，網頁當掉，沒有回應
3. 如果我要做一個時鐘或是需要計時，最有可能用到下面哪個函數？
   (1) Date.clock();
   (2) setTimeout();
   (3) setTimeEnd();
   (4) Timer.clock();
4. 下面的程式執行完後，x 和 y 的值分別為多少？

```
<script>
    function testScope() {
```

```
            var x=5;
            y=5;
        }
        x = 10;
        y = 10;
        testScope();
</script>
```

(1) x = 10, y = 5

(2) x = 5, y = 5

(3) x = 10, y = 10

(4) x = 5, y = 10

5. 若要重複使用 JavaScript 的函數，並將其寫成一個 "file.js" 的檔案，可用下列哪個標籤及屬性以 Client-side include 的方式加入程式碼？

(1) <script jsFile=file.js></script>

(2) <script include=file.js></script>

(3) <script src=file.js></script>

(4) <script source=file.js></script>

6. 有一 JavaScript 程式碼片段如下：

```
<script>
    function myFunc(num){
    if (num <= 1)
            return(num);
            return(num*myFunc(num-1));
    }
    alert(myFunc(3));
</script>
```

請問上述程式碼執行後，會發生什麼事？

(1) 跳出警告視窗，並顯示 1

(2) 跳出警告視窗，並顯示 3

(3) 跳出警告視窗，並顯示 6

(4) 進入無窮迴圈，網頁當掉，沒有回應

7. 在 HTML 開頭有一段 JavaScript 碼如下：

```
<script language="JavaScript">
    abc = 3;
    function ShowABC(abc) {
            alert(abc);
    }
</script>
```

請問在 HTML 其他位置呼叫 ShowABC(5) 時，跳出的 alert 視窗裡顯示的是何值？

(1) 3
(2) 5
(3) undefined
(4) NaN

程式題

請使用本章所學到的 JavaScript 程式技巧來完成下列作業：

1.(*) **圓的周長和面積之一：**請寫一個網頁 circleArea.htm，包含一個連結「圓的周長和面積」，具有下列功能：
   - 當你按下此連結時，會跳出一個提示視窗，要求你輸入一個正數，做為一個圓的半徑。
   - 此程式會算出此圓的周長和面積，並將結果顯示在網頁上面。（請用兩個函數來完成這個作業。）

   （提示：你可以使用 Math.PI 來代表圓週率，會比 3.1415926 來的精準。）

2. (*) **圓的周長和面積之二：**同前一小題，但請用一個函數來完成，此函數可以傳回一個陣列，包含兩個元素，分別是圓的周長和面積。（此網頁名稱是 circleArea2.htm。）

3.(**) **計算Fibonacci數列的遞迴函數：**請寫一個網頁 FiboRecursive.htm，包含一個遞迴函數 fibo(n)，可用來計算第 n 項的 Fibonacci 數列，此數列的定義如下：

   fibo(0)=0
   fibo(1)=1
   fibo(n)= fibo(n-1)+ fibo(n-2)，當 n 大於或等於 2
   請呼叫此函數，並在網頁列出從 n = 0 到 n = 20 的 fibo(n) 值。

4.(**)**計算Fibonacci數列的非遞迴函數：**請重複上題，寫一個網頁 FiboForLoop.htm，但改用迴圈方式（非遞迴）的函數來完成。

   （提示：你可以在函數內宣告一個陣列，以便儲存 fibo[0], fibo[1], fibo[2] 等等的值。）

5.(***) **計算時間比較：**以「遞迴方式」和「迴圈方式」來產生Fibonacci數列：本題包含前面兩題。

   a. 請寫一個函數定義檔 fibonacci.js，裡面包含兩個函數，分別是遞迴函數 fiboRecursive() 和非遞迴函數（使用迴圈） fiboForloop()。

   b. 請寫一個網頁 fiboSpeedTest.htm，分別呼叫此函數，並進行計時，最後在網頁列出從 n = 20 到 n = 30 時，計算 fiboRecursive(n) 和 fiboForloop(n) 所花的時間，所列出的表格格式如下：

n	遞迴方式	迴圈方式
20	[計算 fiboRecursive(20)所花的時間]	[計算 fiboForloop(20)所花的時間]

21	[計算 fiboRecursive(21)所花的時間]	[計算 fiboForloop(21)所花的時間]
.	.	.
.	.	.
31	[計算 fiboRecursive(30)所花的時間]	[計算 fiboForloop(30)所花的時間]

c. 你將會發現，電腦在計算fiboForloop(n)所花的計算時間會比fiboRecursive(n)少了多，你能解釋原因嗎？

6.(*) **丟出去可回收的手榴彈之一：**請寫一個網頁 avoidableGrenade01.htm，包含一個按鈕，功能如下：

a. 按扭表面的文字是「丟手榴彈」。

b. 按下按鈕後，文字變成「按下代表後悔，不然5秒內引爆...」

c. 若使用者在5秒內按下按鈕，則沒事，按鈕文字恢復成「丟手榴彈」。

d. 若使用者未在5秒內按下按鈕，則引爆手榴彈（跳出「轟！！！」的警告視窗），按鈕文字恢復成「丟手榴彈」。

（提示：使用 setTimeout() 和 clearTimeout()，程式碼會比較簡潔。）

7.(**) **丟出去可回收的手榴彈之二：**此題類似前一題，請寫一個網頁 avoidableGrenade02.htm，包含一個按鈕，功能如下：

a. 按扭表面的文字是「丟手榴彈」。

b. 按下按鈕後，文字變成「按下代表後悔，不然5秒內引爆...」，但此文字會隨著時間而變化，秒數會變成「5秒」、「4秒」、「3秒」等等，直到引爆或取消。

c. 若使用者在5秒內按下按鈕，則沒事，按鈕文字恢復成「丟手榴彈」。

d. 若使用者未在5秒內按下按鈕，則引爆手榴彈（跳出「轟！！！」的警告視窗），按鈕文字恢復成「丟手榴彈」。

8.(**) **左右跑馬燈：**請寫一個網頁 movingTextLeftRight.htm，包含類似下列的表單：

曾經滄海難為水，除卻巫山不是雲。取次花叢懶回顧，半緣修道

[<===] [STOP] [===>]

功能如下：

a. 按下「<===」按鈕，跑馬燈文字往左邊跑。

b. 按下「===>」按鈕，跑馬燈文字往右邊跑。

c. 按下「STOP」按鈕，跑馬燈文字靜止不動。

（提示：使用 setInterval() 和 clearInterval()，程式碼會比較簡潔。）

第六章

文件物件模型（DOM）

本章重點

本章介紹文件物件模型（Document Object Models，簡稱 DOM），這是動態網頁的基礎，只要瞭解 DOM 的原理，以及相關物件的性質及方法，我們就可以設計出具有高互動性的動態網頁。

6-1 DOM的性質

當瀏覽器讀入一頁網頁時，就會根據此網頁的內容來建立相關的文件物件模型（Document Object Model，簡稱 DOM），這是一個階層式的物件模型，包含了網頁的各種物件，我們需要瞭解這些物件的性質和方法，才能產生動態的網頁，充分利用動態HTML（Dynamical HTML，簡稱 DHTML）的各種功能。

提示：

> ▸ 這些物件的定義是根據 WWW Consortium 所的標準來制訂，相關細節可以參考其網站：http://www.w3c.org 。

在文件物件模型中，所有的物件之間的關係，是由一個階層式的樹狀架構來呈現，請見下圖：

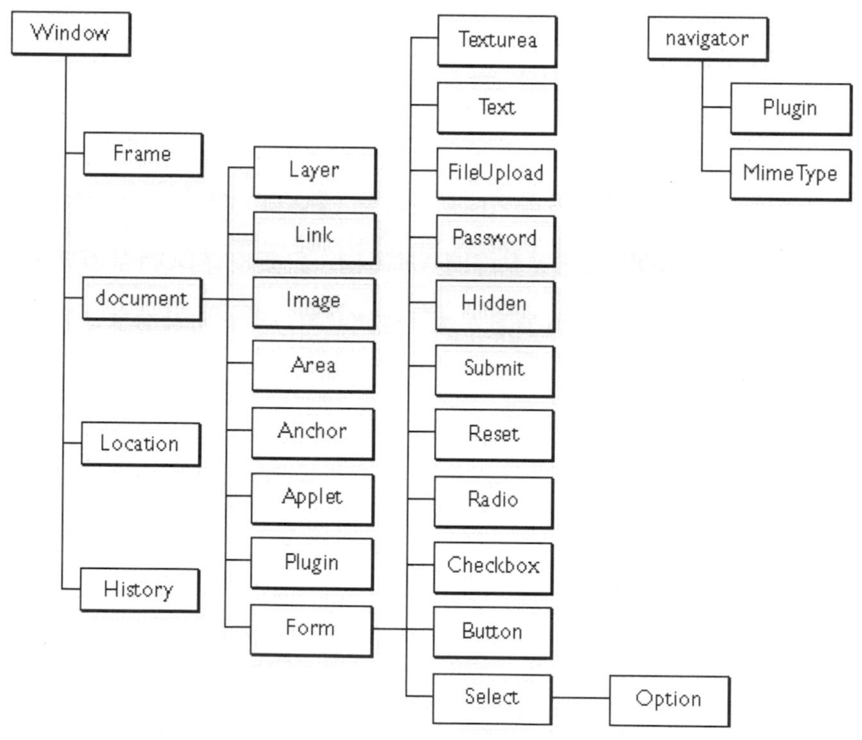

由上圖可以看出，window 物件是所有物件的始祖。而由每個物件的分支多寡，就可以大概看出此物件的重要性，例如， window 其下最重要的物件是 document，而 document 其下最重要的物件是 form。這些物件各有不同的性質 (Properties) 及方法 (Methods)，JavaScript 可利用這些性質及方法來建立網頁的互動性。

首先我們必須知道如何取得物件的性質，並進而改變這些性質，才能產生動態網頁。欲存取物件的性質，有下列三種方法：

1. 用性質名稱來存取物件的性質（這是最常用到的方法）：

```
objectName.propertyName
```

2. 用性質名稱來存取物件的性質（此種方法同等於前一種方法，其好處是：可將性質名稱以字串變數傳入）：

```
objectName["propertyName"]
```

3. 用索引來存取物件的性質（比較少用）：

```
objectName[index]
```

首先，我們先看看 window 物件幾個常用的性質，利用這些性質，我們可以立刻抓出目前網頁的網址，以及視窗的座標等資訊，範例如下（winProp02.htm）：

上述範例的原始檔如下：

範例6-1（winProp02.htm）：

```
...
```

```
本頁的網址（window.location）：
    <script>document.write(window.location);</script><br>
本視窗（可顯示網頁範圍）左上角的 X-座標（window.screenLeft）：
    <script>document.write(window.screenLeft);</script><br>
本視窗（可顯示網頁範圍）左上角的 Y-座標（window.screenTop）：
    <script>document.write(window.screenTop);</script><br>
...
```

你可以移動本範例的視窗，然後再更新此網頁，就可以看到不同的 X 和 Y 座標值。

提示：

- 在一般的視窗系統，左上角為原點，向右為 X 座標的正向，向下為 Y 座標的正向。

下一個範例，我們說明如何經由 window 物件的性質來修改視窗的狀態列（Status Line）。一般而言，狀態列是在瀏覽器視窗的最下方，在預設的情況下，當你將滑鼠置於網頁中的一個連結時，瀏覽器就會在狀態列秀出此連結的網址。欲改變瀏覽器狀態列的文字，可將文字指定至下列兩個性質：

- window.defaultstatus：狀態列的一般預設文字
- window.status：在特殊事件被觸發後，狀態列所顯示的文字

請見下列範例（winStatus01.htm）：

在上述範例中，我們將瀏覽器視窗的預設狀態列改成「這是我的預設狀態訊息」，但是當使用者將滑鼠放在「清華大學」時，狀態列的訊息則會改為「清華大學的首頁」，而不會像一般瀏覽器出現清大首頁的網址，這是因為我們使用 onMouseOver 事件（當滑鼠置於連結時）來觸發一段 JavaScript 的程式碼，並進而改變 window.status。特別要注意

的是：此段程式碼必須回傳 true，否則 window.status 的改變將不會發生，請見上述範例的原始檔：

範例6-2（winStatus01.htm）：

```
...
<script>window.defaultStatus="這是我的預設狀態訊息";</script>
<a href="http://www.nthu.edu.tw" onMouseOver="window.status='清華大
    學的首頁'; return true">清大首頁</a><br>
<a href="http://www.nctu.edu.tw" onMouseOver="window.status='交通大
    學的首頁'; return true">交大首頁</a><br>
<a href="http://www.ntu.edu.tw" onMouseOver="window.status='台灣大
    學的首頁'; return true">台大首頁</a><br>
...
```

提示：

- 有些平台（例如 XP）上的 IE 瀏覽器，在預設的情況下是不會顯示狀態列。在這種情況下，你可以使用瀏覽器的下拉式選單「檢視/狀態列」來設定顯示狀態列。

在 window 物件之下，最重要的物件就是 document，有關於 document 物件的幾個常用到的性質，請見下列範例（docProp02.htm）：

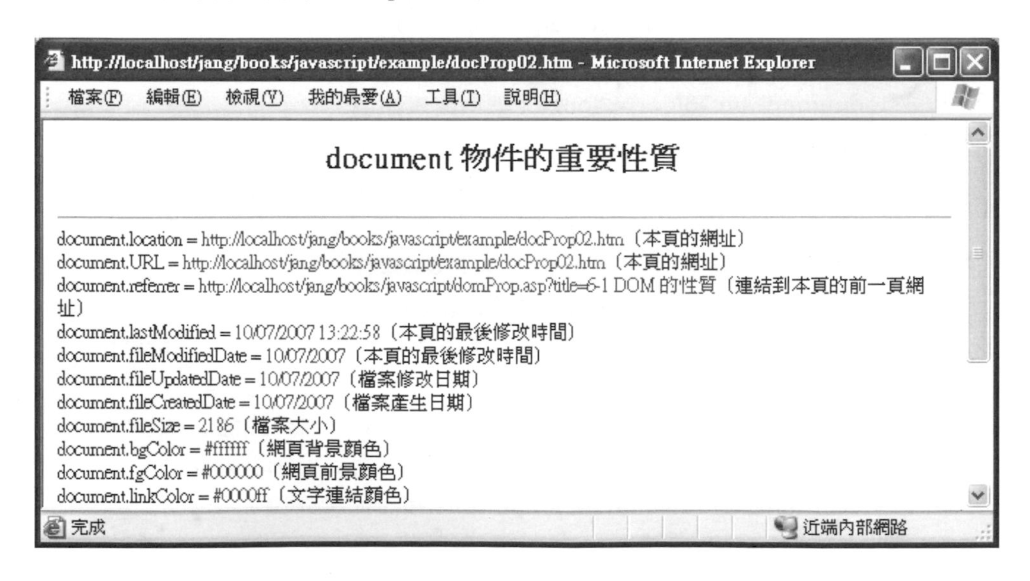

上述範例的原始檔如下：

範例6-3（docProp02.htm）：

```
...
<script>
document.write("document.location = <font color=red>"+
    document.location+"</font>（本頁的網址）<br>");
document.write("document.URL = <font color=red>"+
    document.URL+"</font>（本頁的網址）<br>");
document.write("document.referrer = <font color=red>"+
    document.referrer+"</font>（連結到本頁的前一頁網址）<br>");
document.write("document.lastModified = <font color=red>"+
    document.lastModified+"</font>（本頁的最後修改時間）<br>");
document.write("document.fileModifiedDate = <font color=red>"+
    document.fileModifiedDate+"</font>（本頁的最後修改時間）<br>");
document.write("document.fileUpdatedDate = <font color=red>"+
    document.fileUpdatedDate+"</font>（檔案修改日期）<br>");
document.write("document.fileCreatedDate = <font color=red>"+
    document.fileCreatedDate+"</font>（檔案產生日期）<br>");
document.write("document.fileSize = <font color=red>"+
    document.fileSize+"</font>（檔案大小）<br>");
document.write("document.bgColor = <font color=red>"+
    document.bgColor+"</font>（網頁背景顏色）<br>");
document.write("document.fgColor = <font color=red>"+
    document.fgColor+"</font>（網頁前景顏色）<br>");
document.write("document.linkColor = <font color=red>"+
    document.linkColor+"</font>（文字連結顏色）<br>");
document.write("document.alinkColor = <font color=red>"+
    document.alinkColor+"</font>（點選中的文字連結顏色）<br>");
document.write("document.vlinkColor = <font color=red>"+
    document.vlinkColor+"</font>（點選後的文字連結顏色）<br>");
document.write("document.defaultCharset = <font color=red>"+
    document.defaultCharset+"</font>（預設的字元集）<br>");
```

```
document.write("document.cookie = <font color=red>"+
    document.cookie+"</font>（小餅乾的字串值）<br>");
document.write("document.protocol = <font color=red>"+
    document.protocol+"</font>（使用的傳輸協定）<br>");
document.write("document.mimeType = <font color=red>"+
    document.mimeType+"</font>（MIME 資料格式）<br>");
document.write("document.security = <font color=red>"+
    document.security+"</font>（安全憑證資訊）<br>");
</script>
...
```

上述範例中，最常用的性質就是 document.lastModified，可以傳回網頁最後修改時間，讓其他使用者知道此網頁的有效性。

此外，一個常見的應用，就是要防止其他網頁的盜連，所使用的 document 的性質是：

- document.location：本頁的網址（可以修改以進行轉址）
- document.referrer：連結到本頁的前一頁網址

範例如下（referrer01master.htm）：

在上述範例中，如果我們直接從「主網頁」點選「被保護的網頁」，則可以直接顯示「被保護的網頁」。但是如果我們直接將「被保護的網頁」的網址貼在瀏覽器的網址列（或點選其它網頁中含有「被保護的網頁」的連結），JavaScript 可由 document.referrer 偵測這種「盜連」的情況，因此不會顯示「被保護的網頁」，而會直接轉址到「主網頁」。採用這種機制，可以確保自己的底層網頁內容不會被「盜連」，而一定要從主網頁進入。上述範例的原始檔如下：

範例6-4（referrer01master.htm）：

```
...
此頁是主網頁，由此可以合法連到<a href="referrer01slave.htm">被保護的
    網頁</a>
...
```

被保護之網頁的原始檔如下：

範例6-5（referrer01slave.htm）：

```
...
<script>
if (document.referrer.indexOf("referrer01master.htm")==-1){
    // 限制此頁必須是由"referrer01master.htm"的超連結連過來
    alert("連結失敗！\ndocument.referrer="+document.referrer);
    alert("請從主網站進入本頁");
    document.location = "referrer01master.htm";     // 轉址至主網頁
} else {
    alert("連結成功！\ndocument.referrer="+document.referrer);
}
</script>

這是被保護網頁的內容。
...
```

如果我們將被保護之網頁網址直接貼到瀏覽器的網址列，瀏覽器會經由 document.referrer 來判斷是否合格，並進行必要之轉址。

若要測試客戶端所用的瀏覽器，可以使用 navigator 物件的各種性質，範例如下（navProp02.htm）：

上述範例的原始檔如下：

範例6-6（navProp02.htm）：

```
...
<script>
document.write("navigator.appName = "+navigator.appName+"（瀏覽器
    名稱）<br>");
document.write("navigator.appVersion = "+navigator.appVersion+"（瀏覽
    器主要版本）<br>");
document.write("navigator.appminorVersion =
    "+navigator.appMinorVersion+"（瀏覽器次要版本）<br>");
document.write("navigator.appCodeName =
    "+navigator.appCodeName+"（瀏覽器代碼）<br>");
document.write("navigator.cpuClass = "+navigator.cpuClass+"（CPU 類
    別）<br>");
document.write("navigator.platform = "+navigator.platform+"（作業系統平
    台）<br>");
document.write("navigator.systemLanguage =
    "+navigator.systemLanguage+"（瀏覽器預設語言）<br>");
document.write("navigator.userLanguage = "+navigator.userLanguage+"
    （使用者預設語言）<br>");
```

```
document.write("navigator.cookieEnabled =
    "+navigator.cookieEnabled+"（是否允許使用小餅乾）<br>");
</script>
...
```

換句話說，我們只要使用 navigator 物件的各種性質，就可以知道使用者的瀏覽器類別、版本、CPU 類別、平台、是否支援小餅乾之類的資訊，對於我們撰寫跨平台的 JavaScript 程式碼非常有用。

看了上面的範例，各位讀者一定有一個疑問：一個物件到底有什麼性質呢？還有這些性質代表什麼意義呢？事實上，隨著瀏覽器的演進，每一個物件所包含的性質是越來越多，因此若能直接由 JavaScript 來列出網頁文件中的物件所具有的性質，那就再好不過了！我們這裡有個 JavaScript 的函數 listProp(obj, objName)，可以列出一個物件的所有性質，其原始碼如下（listProp.js）：

```
function listProp(obj, objName) {
    for (var i in obj)
    document.writeln(objName+".<font color=red>"+i+"</font> = <font
    color=green>"+obj[i]+"</font><br>");
}
```

在上述程式碼中，obj 是傳入函數的物件變數，objName 則是物件名稱，局部變數 i 則會依次等於物件的每一個性質名稱，obj[i] 則是對應性質的值，我們再用 document.writeln 的方法來將這些資訊印出至網頁。

舉例來說，若要列出 document 物件所具有的性質，可利用 listProp.js 的函數，範例如下（docProp01.htm）：

上述範例的完整原始檔案如下：

範例6-7（docProp01.htm）：

```
…
<hr>
<a href="http://www.nthu.edu.tw">清大首頁</a><br>
<a href="http://www.nctu.edu.tw">交大首頁</a><br>
<a href="http://www.ntu.edu.tw">台大首頁</a>
<hr>
```

```
<script src="listProp.js"></script>
<p><h3>"document" 的性質列表：</h3>
<p><script>listProp(document, "document")</script>
...
```

由此範例可見 document 物件有許多性質，這些性質都可由上述方法逐一列出。若出現的性質是 [object]，代表此性質是另一個物件，因此我們可以再次列出此物件的性質，例如，document.links 是另一個物件，代表此文件中所含的連結，因此我們可以再次利用 lispProp.js，印出 document.links 的所有性質，如下（docLinkProp01.htm）：

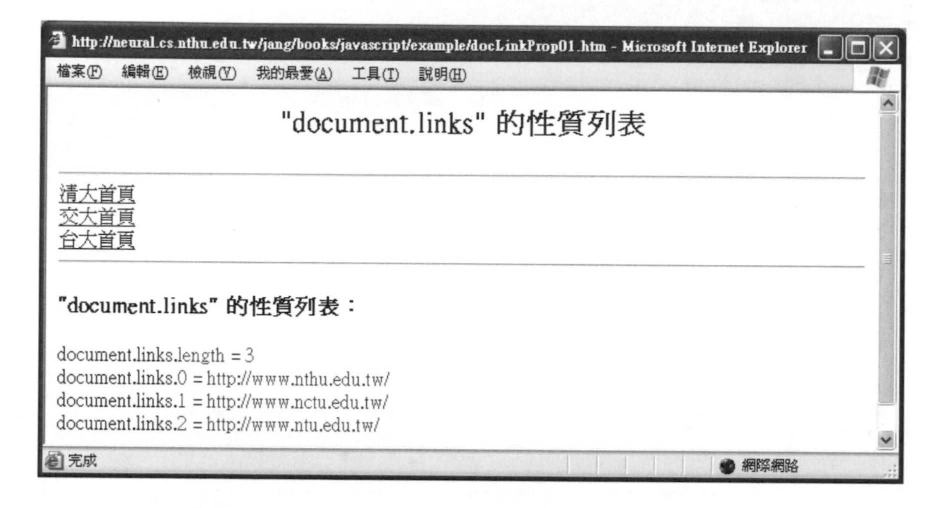

上述範例的完整原始檔案如下：

範例6-8（docLinkProp01.htm）：

```
...
<hr>
<a target=_blank href="http://www.nthu.edu.tw">清大首頁</a><br>
<a target=_blank href="http://www.nctu.edu.tw">交大首頁</a><br>
<a target=_blank href="http://www.ntu.edu.tw">台大首頁</a>
<hr>

<script src="listProp.js"></script>
```

```
<p><h3>"document.links" 的性質列表：</h3>
<p><script>listProp(document.links, "document.links")</script>
...
```

同理，我們可以對 window 或是 navigator 物件的性質進行完整的列表，相關範例可見本書之範例光碟：

- winProp01.htm：對 window 物件的性質進行完整的列表
- navProp01.htm：對 navigator 物件的性質進行完整的列表

我們也可以使用 DOM 的各種物件與方法來立即切換音樂（包含 MIDI、MP3 和 wma 音樂）與圖片，請見下列範例（bgSound01.htm）：

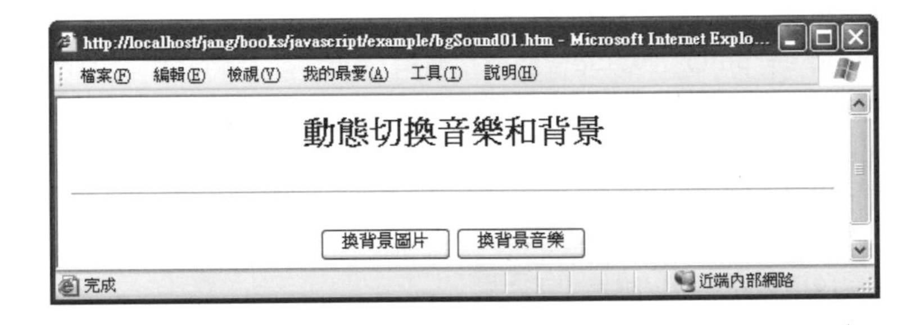

你可以點選「換背景圖片」來由亂數選取背景，也可以點選「換背景音樂」來由亂數選取背景音樂。上述範例的原始檔如下：

範例6-9（bgSound01.htm）：

```
...
<body>
<h2 align=center>動態切換音樂和背景</h2>
<hr>

<script>
function changeBackground() {
	var imgURL = ["bg1.gif", "bg2.gif", "bg3.gif", "bg4.jpg", "bg5.gif"];
	document.body.background = "image/" +
	imgURL[Math.floor(Math.random()*5)];
```

```
}
function changeMusic() {
    var soundURL = ["tomorrow.mid", "如果雲知道.mid", "原來你什麼都不
    想要.mid", "膽小鬼.mid", "聽海.mid"];
    myMusic.src = "music/" + soundURL[Math.floor(Math.random()*5)];
}
</script>

<bgsound id="myMusic" src="" loop="infinite">
<form>
<center>
<input type="button" value="換背景圖片"
    onClick="changeBackground()">
<input type="button" value="換背景音樂" onClick="changeMusic()">
</center>
</form>
...
```

本範例的相關技術重點，可以說明如下：

- 若要設定背景圖片，可經由 document.body.background 來設定背景圖片的網址。
- 我們可以使用 bgsound 標籤來加入背景音樂，並設定此物件的 id 屬性是 myMusic，然後再經由 myMusic.src 來設定背景音樂的網址。

一般而言，每一個 HTML 的標籤就是一個物件，我們可以使用 id 標籤來存取此物件，例如設定 id=idValue。一般而言，如果此標籤是在 document 的下一層（或是位於 <body> 及 </body> 內且不被其他標籤所包夾），則我們可以直接使用此 idValue 來存取此物件，例如上述範例的 myMusic.src。但是，如果標籤是在層層 DOM 之下（例如表單內的文字欄位），那麼直接使用 idValue 是無效的，此時只要 idValue 在整個網頁是唯一的，我們可以使用兩種方法來取得此物件：

- document.getElementById(idValue)：這是標準的作法，符合 W3C 的標準。
- document.all(idValue)：這是 IE4 自創的規格，目前並未被 W3C 的標準 DOM 所採納，但是目前似乎連 Firefox 都已經實做了這項性質。不過為了保持跨瀏覽器的相容性，最好還是使用 document.getElementById。

當然，對於每一個標籤，我們還是可以使用 name 標籤來指定此物件，但取用比較麻煩，必須從 document 開始抓取，例如如果一個文字欄位（name=myText）位於一個表單（name=myForm），那麼此文字欄位所對應的物件就是 document.myForm.myText。

6-2 DOM的方法

除了存取 DOM 物件的性質外，我們也可以執行各個物件所提供的方法。欲執行物件的方法，可直接將輸入引數放在方法之後的括弧內，其格式如下：

```
objectName.methodName([arguments]);
```

首先我們看看 window 下的 history 物件極其相關方法，此物件的功能是用來記錄網頁瀏覽的歷史紀錄，請見下列範例（histGo01.htm）：

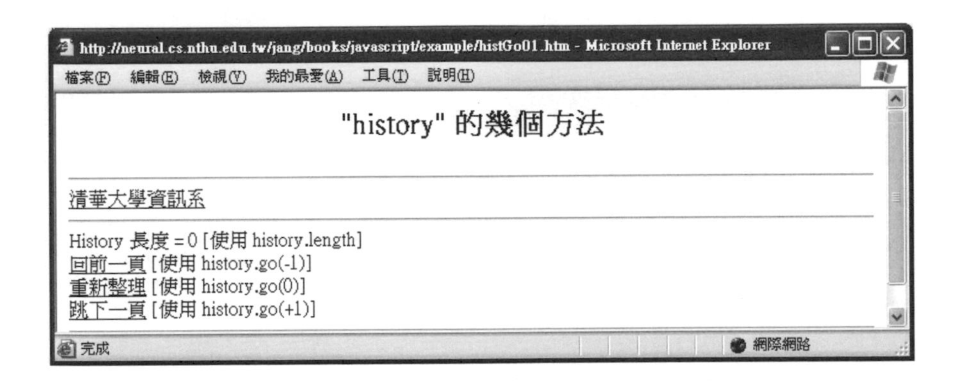

上述範例的原始檔如下：

範例6-10（histGo01.htm）：

```
...
<body>
<h2 align=center>"history" 的幾個方法</h2>
<hr>
<a href="http://www.cs.nthu.edu.tw">清華大學資訊系</a><br>
<hr>
```

```
History 長度 = <script>document.writeln(history.length)</script>[使用
    history.length]<br>
<a href="javascript:history.go(-1)">回前一頁</a> [使用
    history.go(-1)]<br>
<a href="javascript:history.go(0)">重新整理</a> [使用 history.go(0)]<br>
<a href="javascript:history.go(+1)">跳下一頁</a> [使用 history.go(+1)]
<hr>
...
```

在上述範例中，history.length 記錄了以前瀏覽網頁的頁數，我們可以先點選「清華大學資訊系」，再按「上一頁」的瀏覽器按鈕，就可以看到「History 長度」已經變成 2。我們也可以呼叫 history.go(n) 來跳到之前瀏覽過的網頁，當 n=-1 時，代表跳到前一個網頁，當 n=+1 時，代表跳到下一個網頁，而當 n=0，則代表重新整理此網頁。

提示：

▸▸ 你可以直接使用 history 物件，而不必使用全名 window.history。

另一個常用的方法是 window 物件的 open() 方法，可以用來開啟瀏覽器新視窗，並指定視窗的各種屬性，此方法的格式如下：

```
windowId = window.open([url][, winName][, winControlString][, keepHistory]);
```

說明如下：

- url：新視窗所要顯示的檔案或網址。
- winName：新視窗的名稱。
- winControlString：設定新視窗選項的字串，例如寬度、高度、位置、是否顯示狀態列等。
- keepHistory：是否保留 History 資料。

此方法的使用可見下列範例（winOpen01.htm）：

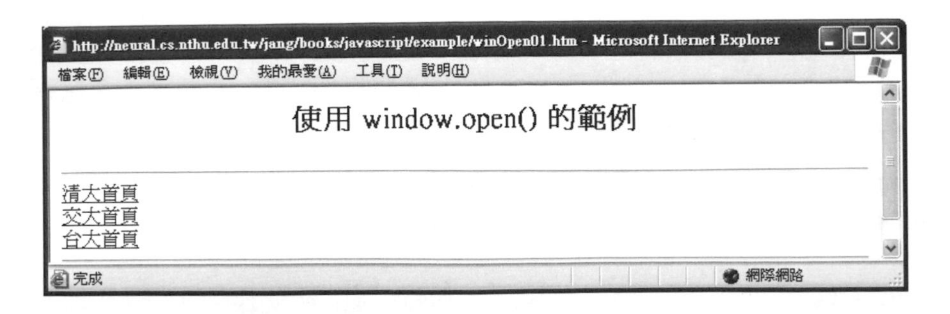

在上述範例中，只要你點選任一個連結，JavaScript 就會使用 window.open() 來開啟一個新視窗來顯示此連結。上述範例的原始檔如下：

範例6-11（winOpen01.htm）：

```
…
<script>
function openWin(url){
    window.open(url,'Detail','status=no,toolbar=no,width=800,height=60
    0');
}
</script>
<a href="#" onClick="openWin('http://www.nthu.edu.tw')">清大首頁
    </a><br>
<a href="#" onClick="openWin('http://www.nctu.edu.tw')">交大首頁
    </a><br>
<a href="#" onClick="openWin('http://www.ntu.edu.tw')">台大首頁
    </a><br>
…
```

在上述範例中，比較需要注意的一列是「href="#"」，這是一個「虛擬」的連結，當使用者點選此連結時，瀏覽器並不會嘗試去載入一個新網頁，而是經由 onClick 事件去驅動 JavaScript 的程式碼來開啟一個新視窗。

提示：

» 使用 HTML 所產生的連結，也可以產生新視窗，只要加入 target=_blank 的屬性就可以了，例如「<a target=_blank href=連結網址>連結文字</a>」，但是此方法並無法指定新視窗的各種屬性。

我們可以使用 window.open() 的第三個輸入參數來控制新視窗的選項，請見下列範例，此範例可以讓使用者經由表單的選項來控制新視窗的設定（winOpen02.htm）：

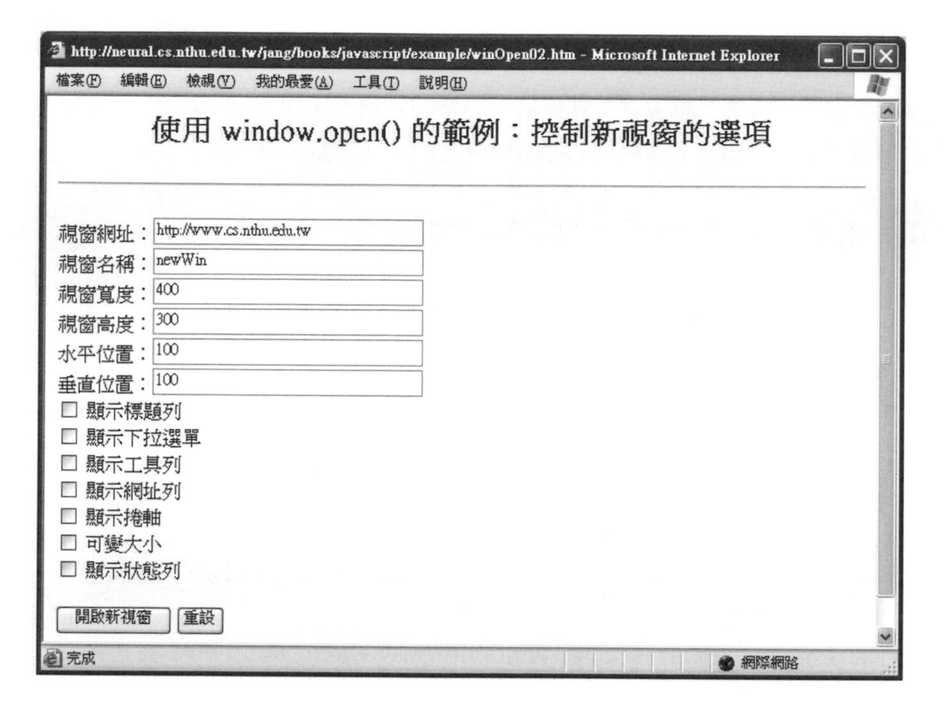

上述範例的原始檔如下：

範例6-12（winOpen02.htm）：

```
...
<script>
function openWindow(form){
	var winFmt="";
	winFmt += "width="+form.width.value+",";
	winFmt += "height="+form.height.value+",";
	winFmt += "left="+form.left.value+",";
```

```
    winFmt += "top="+form.top.value+",";
    winFmt += "titlebar="+(form.titlebar.status?1:0)+",";
    winFmt += "menubar="+(form.menubar.status?1:0)+",";
    winFmt += "toolbar="+(form.toolbar.status?1:0)+",";
    winFmt += "location="+(form.location.status?1:0)+",";
    winFmt += "scrollbars="+(form.scrollbars.status?1:0)+",";
    winFmt += "resizable="+(form.resizable.status?1:0)+",";
    winFmt += "status="+(form.status.status?1:0);
    status="控制字串 = " + winFmt;
    window.open(form.url.value, form.title.value, winFmt);
}
</script>

<form>
視窗網址：<input size=30 id=url value="http://www.cs.nthu.edu.tw"><br>
視窗名稱：<input size=30 id=title value="newWin"><br>
視窗寬度：<input size=30 id=width value=400><br>
視窗高度：<input size=30 id=height value=300><br>
水平位置：<input size=30 id=left value=100><br>
垂直位置：<input size=30 id=top value=100><br>
<input type=checkbox id=titlebar> 顯示標題列<br>
<input type=checkbox id=menubar> 顯示下拉選單<br>
<input type=checkbox id=toolbar> 顯示工具列<br>
<input type=checkbox id=location> 顯示網址列<br>
<input type=checkbox id=scrollbars> 顯示捲軸<br>
<input type=checkbox id=resizable> 可變大小<br>
<input type=checkbox id=status> 顯示狀態列<br>
<p>
<input type=button value="開啟新視窗"
    onClick="openWindow(this.form)">
<input type=reset>
...
```

在上述範例中，當使用者按下「開啟新視窗」時，會將控制視窗選項的字串顯示在狀態列，以方便查看。

我們也可以使用 window 物件的 print() 方法來印出一個網頁，例如（winPrint01.htm）：

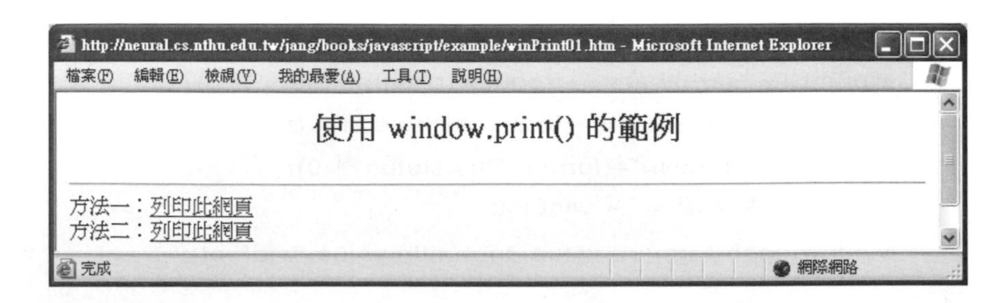

在上述範例中，只要你點選任一個連結，JavaScript 就會使用 window.print() 來開啟一個列印的對話視窗。此範例的原始檔如下：

範例6-13（winPrint01.htm）：

```
…
<hr>
方法一：<a href="#" onClick="window.print()">列印此網頁</a><br>
方法二：<a href="javascript:window.print()">列印此網頁</a>
<hr>
…
```

請特別注意，我們用了兩個不同的方式來達到同樣的功能。

此外，我們可以使用 window.moveBy(x, y) 來將視窗相對於目前的位置移動 x 和 y 個像素，例如我們可以移動視窗以產生「地震」的效果，範例如下（winQuake01.htm）：

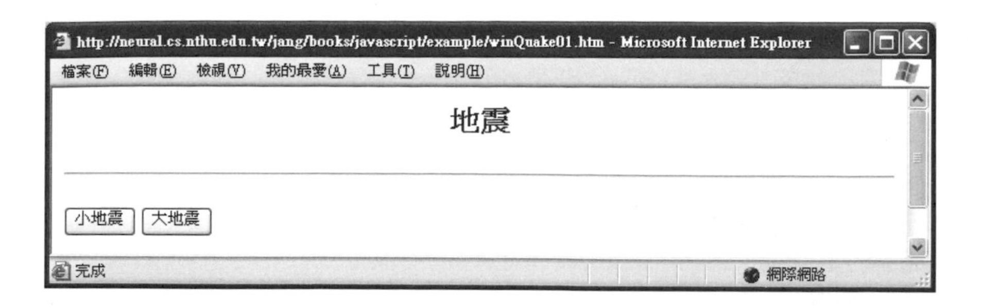

上述範例的原始檔如下：

範例6-14（winQuake01.htm）：

```
...
<script>
function shakeWindow(x){
     for (i=0;i,i<50;i++){
      window.moveBy(0,x)
      window.moveBy(x,0)
      window.moveBy(0,-x)
      window.moveBy(-x,0)
     }
}
</script>

<form>
<input type="button" onClick="shakeWindow(5)" value="小地震">
<input type="button" onClick="shakeWindow(50)" value="大地震">
</form>
...
```

在上述範例中，只要按下任一個按鈕，瀏覽器就會呼叫 window.moveBy，讓視窗上下左右移位，產生彷如地震的感覺。

我們可以使用 window.clipboardData.setData() 來將某段文字送到剪貼簿，請見下列範例（winClipboard01.htm）：

上述範例的原始檔如下：

範例6-15（winClipboard01.htm）：

```
...
請在下列文章點兩下：
<pre style="background-color:#EEEEEE;"
    ondblclick='javascript:window.clipboardData.setData("Text",
    this.innerText); alert("你已經拷貝了蔣勳老師的情詩...");'>
我願是滿山的杜鵑
只為一次無憾的春天
我願是繁星
捨給一個夏天的夜晚
我願是千萬條江河
流向唯一的海洋
我願是那月
為你，再一次圓滿
...
</pre>
...
```

在上述範例中，我們只要在情詩上面點兩下，就會將 pre 標籤所夾的文字送到剪貼簿，其中

- ondblclick 是「on double click」的簡稱，代表滑鼠點選兩下後，所需執行的 JavaScript 程式。
- window.clipboardData.setData() 可以將某段文字拷貝到剪貼簿。
- this.innerText 就是目前標籤（此例是 pre 標籤）內所夾的文字。

對於 window 和 document 物件的性質、方法、事件、集合，本書的範例光碟也有完整的列表，由於篇幅有限，不再贅述，請見下列檔案：

- 瀏覽器window物件整理列表.htm：window 物件的性質、方法、事件、集合。
- 瀏覽器document物件整理列表.htm：document 物件的性質、方法、事件、集合。

6-3 習 題

選擇題

1. 在一個網頁中，我們可以插入一個 MIDI 音樂檔案的播放，如下：

   <embed name=theMidi src=http://neural.cs.nthu.edu.tw/jang/audio/midi/doraemon.mid>

   請問如何在同一個網頁的其他位置以 JavaScript 來控制，使此 MIDI 檔案的播放選項為輪迴播放？

   (1) document.embeds['theMidi'].repeat=true

   (2) document.embeds['theMidi'].stop=false

   (3) document.embeds['theMidi'].loop=true

   (4) document.embeds['theMidi'].continue=true

2. 在一個網頁中，我們可以插入一個影像，如下：

   <img name="theImage" src="xyz.jpg">

   請問如何在同一個網頁的其他位置以 JavaScript 來存取此影像的網址？

   (1) document.theImage.location

   (2) document.images['theImage'].href

   (3) document.theImage.href

   (4) document.theImage.src

3. navigator.appVersion可以提供？

   (1) 瀏覽器的代號

   (2) 瀏覽器使用的語言

   (3) 瀏覽器的名稱

   (4) 瀏覽器的版本

4.如何修改瀏覽器底部狀態列（Status Bar）上的顯示文字？

(1) navigator.statusString

(2) navigator.status

(3) window.statusString

(4) window.status

5.在 JavaScript 中寫 history.go(-1) 是代表什麼意思？

(1) 把 -1 存到 history 物件中

(2) 顯示所有 history 物件內容

(3) 回到上一頁

(4) 跳到下一頁

程式題

請使用本章所學到的 JavaScript 程式技巧來完成下列作業：

1.(*) **無法拷貝的網頁：**請寫一個網頁 noCopy.htm，包含一段任意文字，讓使用者沒辦法從此段文字進行剪貼（Cut and Paste）的動作。

（提示：可以使用 onFocus 事件，以及 blur() 方法。）

2.(**) **照相簿之一：**本題目測試同學對網頁事件及陣列物件的瞭解。你必須設計一個網頁 slideShow01.htm，其功能為「照片輪迴展示簿」，必須滿足下列需求：

- 假設給定 5 個照片的網址，存放在 JavaScript 的陣列變數中。每次載入此網頁時，都會選第一張照片來顯示在網頁上。可用你自己硬碟中的照片，或用 d:\JavaScriptBook\image\19980405 中的 5 張圖片。
- 如果使用者在照片上點選一下，在放開滑鼠的一剎那，系統會循序顯示下一張照片。
- 如果目前顯示到最後一張照片時，那麼下一張照片又會回到第一張照片開始顯示。
- 每次顯示照片的同時，也會將照片的網址顯示在網頁上。

網頁的外觀如下：

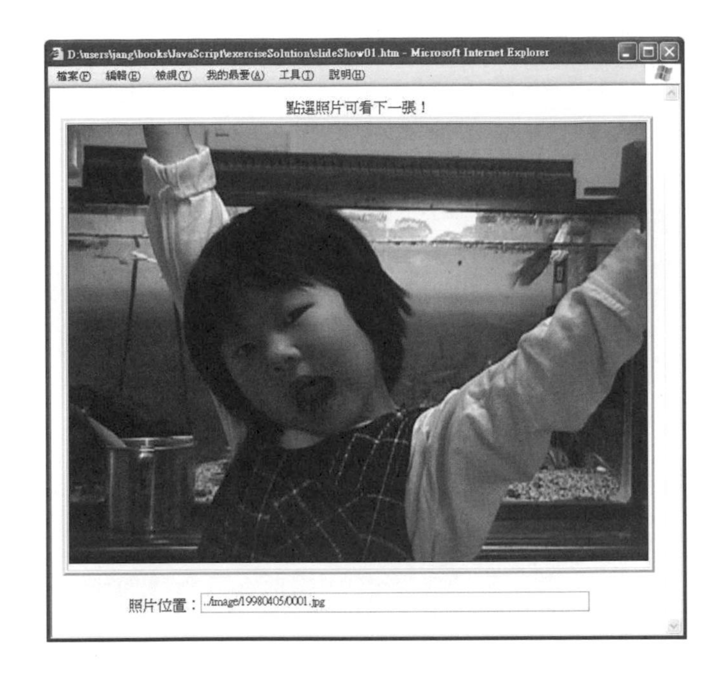

3.(**) **照相簿之二：**請設計一個網頁 slideShow02.htm，除了有上一題的功能外，還必須加上下列新功能：

- 每次展示一張照片 5 秒後，就會自動循序顯示下一張照片。（同時使用者也可以隨時點選照片，以跳到下一張，但可不必重新計時 5 秒。）

（提示：可用 setTimeout() 函數。）

4.(**) **照相簿之三：**請設計一個網頁 slideShow03.htm，除了有上一題的功能外，還必須加上下列新功能：

- 在照片下方會顯示剩餘時間，亦即從 5 分別跳到 4, 3, 2, 1，然後就換下一張照片。（同時使用者也可以隨時點選照片，以跳到下一張，但可不必重新計時 5 秒。）

（提示：可用 setTimeout() 函數。）

5.(**) **照相簿之四：**請設計一個網頁 slideShow04.htm，除了有上一題的功能外，還必須加上下列新功能：

- 在照片下方會顯示剩餘時間，亦即從 5 分別跳到 4, 3, 2, 1，然後就換下一張照片。（同時使用者也可以隨時點選照片，以跳到下一張，但必須重新計時 5 秒。）

（提示：可用 setTimeout() 及 clearTimeout() 函數。）

6.(***) **照相簿之五：**請設計一個網頁 slideShow05.htm，除了有上一題的功能外，還必須加上下列新功能：

- 增加一個文字欄位，讓使用者可以修改每張照片的停留時間（預設值是 5 秒）。

（提示：可用 setTimeout() 及 clearTimeout() 函數。）

第七章

表單

本章重點

當使用者要經由網頁將資料送到伺服器時，最常用的介面就是表單，因此本章將介紹表單及其相關控制項的性質、方法等，並說明如何建立動態選單，以及如何進行表單資料驗證。

7-1 表單及其屬性與性質

我們在之前的章節已經簡單地介紹過表單，由於表單是使用者與伺服器之間互動的主要機制，所以我們會在這個章節仔細地介紹表單，尤其是表單內的各種控制項（Controls），以及其屬性與對應的性質。

表單（Forms）是使用者經由網頁與伺服器進行互動的最常見方式。一般來說，使用者必須經由表單的填寫，才能將客戶端的資料送回伺服器端。一個簡單表單的原始碼如下：

```
<form name=forName id=formId method=post action=example/formact.asp target=_blank>
        貴姓大名：<input type=text name=UserName value="Test Input">
        <input type=submit> <input type=reset>
</form>
```

在網頁呈現的效果如下：在網頁呈現的效果如下：

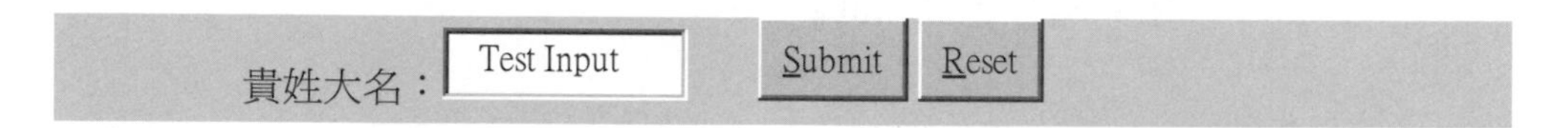

在上例中，一旦使用者按下「送出查詢」的按鈕，瀏覽器就將表單元素的值（例如上述範例中的「Test Input」）送回伺服器，並在伺服器以「example/formact.asp」的程式碼來處理收到的資訊，最後將處理結果回傳給瀏覽器。有關於伺服器處理表單資料的細節，我們會在本書第二篇與伺服器相關章節裡有更詳細的說明。

表單標籤在 HTML 原始碼內可以由許多屬性（Attributes），例如 name 代表表單的名稱，method 代表瀏覽器將表單資料送至伺服器的方式，action 代表在伺服器端、負責處理表單資料的程式檔，target 則代表伺服器回傳資料後，用戶端用於呈現此資料的視窗名稱。但在使用 JavaScript 或 VBScript 時，表單被視為一個物件，此物件即有各種性質（Properties）和方法（Methods）。表單標籤的屬性和表單物件的性質，幾乎有著一對一的對應關係，但必須注意的是，屬性是用於 HTML，而性質則是用在 JavaScript 或 VBScript 之中。以下將針對常用的「表單標籤的屬性」和「表單物件的性質」進行列表說明。

整理：

表單標的屬性	說明	對應的表單物件性質與說明
name	表單的名稱，可被 JavaScript 或 VBScript 用以存取表單及其相關物件。	例如，我們可用 document.formName 或是 document.forms["formName"] 來取得此表單物件。
id	表單的名稱，可被 JavaScript 或 VBScript 用以存取表單及其相關物件。	使用 id 時，我們可以不必經由 DOM 的階層式架構來取得表單物件，例如，我們可以直接使用 formId 或是 document.all["formId"] 來取得此表單物件。id 的值在整個網頁必須是唯一的，以避免和其他物件產生衝突。
target	伺服器回傳資訊必須出現的位置，可以是一個視窗 (Window)、框架 (Frame)，或是 _top、_parent、_self、_blank。若無此屬性，則回傳結果將出現於原視窗。	對應的性質是 target，例如： formId.target = _blank document.formName.target = _blank
action	指定伺服器端的處理程式。此處理程式可以位於網路上的任一台伺服器，也可以使用 mailto:xxx@xxx.xxx 的方式來將表單資訊經由電子郵件寄出。	對應的性質是 action，例如： formId.action = example/formact.asp document.formName.action = example/formact.asp
method	指定資料傳送的方式，可有兩種方式： • get: 表單資料經由 QUERY_STRING 的環境變數送至伺服器，這是預設的方式，但傳送資料量有限，通常只限於 1 KB 左右。 • post: 表單資料經由 standard input 傳送，資料長度儲存於 CONTENT_LENGTH 的環境變數，	對應的性質是 method，例如： formId.method = post document.formName.method = post

	傳送資料可大於 1 MB。	
enctype	指定 MIME 的編碼方式來傳送資料，可以有兩種值："application/x-www-form-urlencoded"(預設值) 或 "multipart/form-data"。	對應的性質是 encoding，例如：formId.encoding = application/x-www-form-urlencoded document.formName.encoding = application/x-www-form-urlencoded
onSubmit	JavaScript 或 VBScript 的事件處理器，若回傳值為 false，則表單將不會被送出。此屬性通常用來檢查使用者所填入的表單資料是否正確，若不正確，就不將表單資料送到伺服器。	對應的性質是 onSubmit。

此外，表單物件也有一些性質，是無法和表單標籤對應的，例如 elements（由表單元素所形成的陣列）和 Length（表單元素的個數）等，以下我們列出一個表單物件的所有性質，讓大家參考（formProp01.htm）：

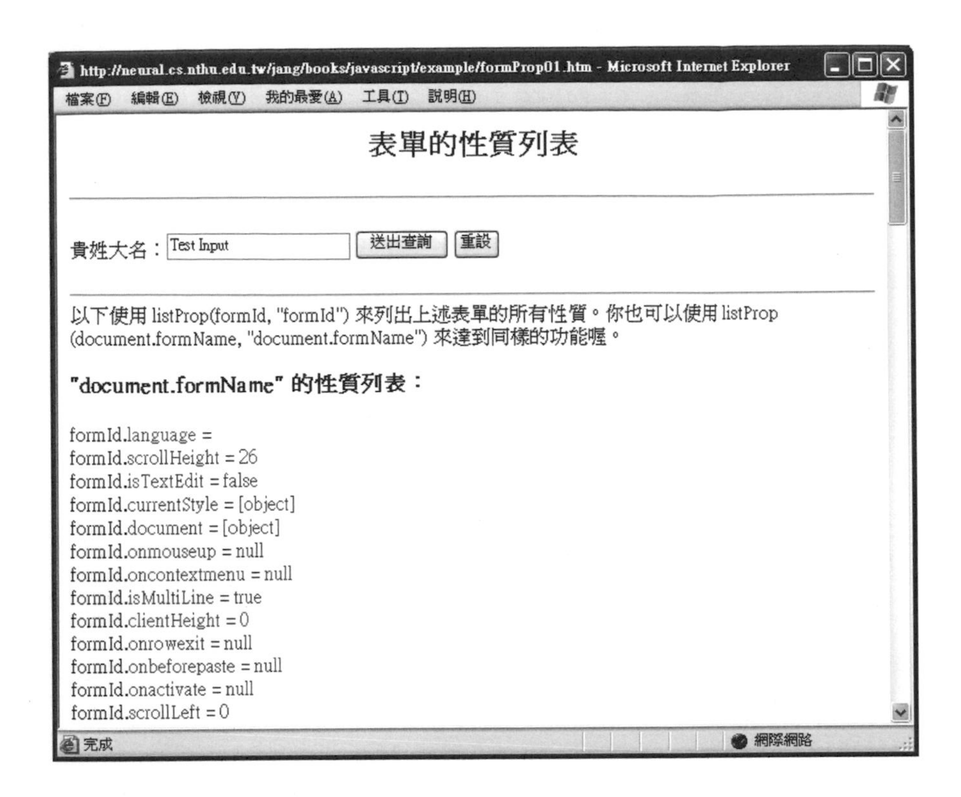

其原始碼為：

範例7-1（formProp01.htm）：

```
...
<script src="listProp.js"></script>
以下使用 listProp(formId, "formId") 來列出上述表單的所有性質。
你也可以使用 listProp(document.formName, "document.formName") 來達
    到同樣的功能喔。
<p><h3>"document.formName" 的性質列表：</h3>
<p><script>listProp(formId, "formId")</script>
...
```

當然，隨著瀏覽器的更新，表單的性質也會越來越多，其中最重要的性質當然是 elements，這就是表單元素（或稱控制項）所形成的陣列，將會在下一節詳述。

一頁 HTML 中可以包含數個表單，但最好取用不同的名稱，以使 JavaScript 或 VBScript 能根據名稱來存取不同表單。但有時候為了程式碼簡潔，也可以不設定表單的 name 或 id 屬性，此時可以使用 document.forms[0], document.forms[1], document.forms[2] 等等來取得第0、1、2個表單，依此類推。

此外，在使用表單物件時，考慮到表單可能置於框架（Frames）之中，因此取用一個性質的完整方法為：

window.parent.frames[0].document.forms[0].property

但是框架的使用也是越來越少，所以就可以不必這麼麻煩。

7-2　表單元素及其相關物件

一個表單可以包含許多不同的表單控制項（Form Controls），或稱為「表單元素」（Form Elements），這些表單元素各有不同的特性，以便從使用者獲取不同型態的資料。常用的表單元素有下列幾種：

1. 文字（Text）控制項：這是表單最常用到的控制項，可以讓使用者填入文字，外觀如下：

   Roger Jang

   原始碼如下：

```
<input type=text value="Roger Jang" id=myTextId>
```

2. 文字區域（Textarea）控制項：此控制項可以讓使用者填入多列文字，外觀如下：

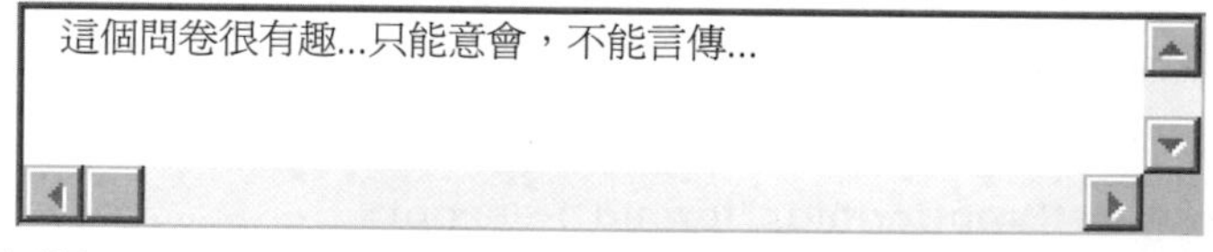

   原始碼如下：

```
<textarea name="comments" cols=50 rows=3 id=myTextareaId>這個問卷很有趣...只能意
    會，不能言傳...</ textarea >
```

3. 按鈕（Button）控制項：此控制項是方形的按鈕，可讓使用者點選，外觀如下：

test button

原始碼如下：

```
< input type=button value="test button" id=myButtonId>
```

4. 核記方塊（Checkbox）控制項：此控制項是方形的核記方塊，可讓使用者點選，並顯示核記結果，外觀如下：

☐ 線性代數 ☑ Web 程式設計 ☐ 數值方法

原始碼如下：

```
< input type=checkbox id=myCheckbox1>線性代數
< input type=checkbox id=myCheckbox2>Web 程式設計
< input type=checkbox id=myCheckbox3>數值方法
```

5. 收音機核記鈕（Radio）控制項：此控制項是圓形的核記鈕，可讓使用者點選，並顯示核記結果。如果在同一個表單中，數個收音機核記鈕有相同的 name 屬性，則這些收音機核記鈕就有「互斥」的功能，適合用於選取互斥的選項，例如性別等，外觀如下：

男◯ 女◉

原始碼如下：

```
男< input type=radio name=gender> 女 < input type=radio name=gender checked>
```

6. 隱藏（Hidden）控制項：顧名思義，此控制項完全不會出現在網頁上面，其功能是在於傳送使用者不需知道的資訊，外觀如下：

（看不到喔！）

原始碼如下：

```
< input type=hidden value="hidden value" id=myHiddenId>
```

7. 密碼（Password）控制項：此控制項功能是讓使用者輸入密碼，因此呈現於網頁時，看不到輸入文字，外觀如下：

****

原始碼如下：

```
< input type=password value="test1234" id=myPasswordId>
```

8. 單選（Select）控制項：此控制項可讓使用者經由下拉式選單，進行單選，外觀如下：

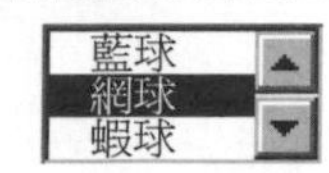

原始碼如下：

```
< p class=example align=center><select size=3 id=mySelectId>
<option>籃球
<option selected>網球
<option>蝦球
<option>鉛球
</select>
```

9. 複選（Select Multiple）控制項：此控制項可讓使用者經由下拉式選單，進行複選，外觀如下：

若要加入多個選項，可以先按下 Ctrl 按鍵，再用滑鼠點選所需選項，也可以先按下 Shift 按鍵，再用滑鼠點選，可以一次選取多個選項。原始碼如下：

```
<select size=3 mutiple id=mySelectId2>
<option selected>舊金山
<option>洛杉磯
<option selected >東京
<option>巴塞隆納
</select>
```

10. 檔案（File）控制項：此控制項可讓使用者選取本機硬碟的檔案，通常用於檔案上傳，外觀如下：

瀏覽...

使用者可以點選「瀏覽...」按鈕來選取檔案，若再配合伺服器端的程式碼，就可以進行檔案上傳。原始碼如下：

```
< input type=file id=myFileId>
```

11. 重設（Reset）控制項：此控制項可讓重設表單，讓表單的選項或文字都變回預設值，外觀如下：

重設

原始碼如下：

```
< input type=reset id=myResetId>
```

12. 送出（Submit）控制項：此控制項可讓使用者將表單資訊送到伺服器，外觀如下：

送出查詢

原始碼如下：

```
< input type=submit id=mySubmitId>
```

每一個表單控制項，都有數十個性質，可讓我們設定這些控制項的外觀和特性，若要列出這些控制項的性質，可以參考下列本書光碟的範例：

1. 文字（Text）控制項：formControlText01.htm
2. 文字區域（Textarea）控制項：formControlTextarea01.htm
3. 按鈕（Button）控制項：formControlButton01.htm
4. 核記方塊（Checkbox）控制項：formControlCheckbox01.htm
5. 收音機核記鈕（Radio）控制項：formControlRadio01.htm
6. 隱藏（Hidden）控制項：formControlHidden01.htm
7. 密碼（Password）控制項：formControlPassword01.htm
8. 單選（Select）控制項：formControlSelectSingle01.htm
9. 複選（Select Multiple）控制項：formControlSelectMultiple01.htm
10. 檔案（File）控制項：formControlFile01.htm
11. 重設（Reset）控制項：formControlReset01.htm
12. 送出（Submit）控制項：formControlSubmit01.htm

由於篇幅有限，不在此列出上述所有範例的網頁原始碼。在此僅以一個範例來說明文字區域控制項的各種性質，範例如下（formControlTextarea01.htm）：

在上述範例中，我們說明幾個重要的性質：

- obj.cols：textarea 的橫列數
- obj.rows： textarea 的直行數
- obj.innerHTML： 在 <textarea> 及 </textarea> 標籤內所夾的文字（不含標籤本身）
- obj.outerHTML：含 <textarea> 及 </textarea> 標籤的整體文字，因此在網頁呈現的結果，就會出現原來的文字區域控制項
- obj.type：控制項的類別
- obj.value：控制項的文字

上述範例的原始檔如下：

範例7-2（formControlTextarea01.htm）：

```
...
<b>呈現方式</b>：
<textarea name="comments" cols=50 rows=3 id=myTextareaId>
這個問卷很有趣...
只能意會，不能言傳...
</textarea>
<script>obj=document.all["myTextareaId"];</script>
<script src="utility.js"></script>
<p><b>原始碼</b>：
<script>sourcePrint(obj)</script>
<p><b>性質排序列表</b>：
<p><script>propertyPrint(obj, "obj")</script>
...
```

7-3 動態下拉式選單

使用 select 標籤，我們可以產生單選或是多選的下拉式選單，但是這些選單的選項都是固定的，若要能夠即時改變這些選項，就要靠 JavaScript。本節將說明如何以 JavaScript 來即時改變這些選項，以產生動態的下拉式選單。

假設一個選單的名稱是 theList，那麼它所具有的性質可以說明如下：

- theList.options：此選單的選項，是一個陣列，其中每一個元素是一個代表選項的物件
- theList.options.length：選項的個數
- theList.options[i].text：第 i 個選項的文字
- theList.options[i].value：第 i 個選項的值
- theList.options.selectedIndex：反白選項的索引值。若無反白選項，則此變數值為 -1。（因此當反白選項存在時，theList.options[theList.options.selectedIndex].text 就是反白選項的文字。）

如果我們要刪除選單的選項，有兩種作法：

1. 使用 theList.options[i]=null 可以直接刪除第 i 個選項。
2. 使用 theList.options.length=n 可以將選項個數設定為 n，其餘多的選項將會被刪除。

若要增加選項，可以使用下列命令：

```
theList.options[i]=new Option(text,value);
```

其中 text 和 value 分別代表新選項的文字和值。必須小心的是：

- 如果 0 <= i < theList.options.length，那麼原先的第 i 個選項將會此新選項被取代。
- 如果 i = theList.options.length，那麼將會產生一個新的選項。

在下列範例中，我們可以動態地增加或刪除選項（dynamicListBox01.htm）：

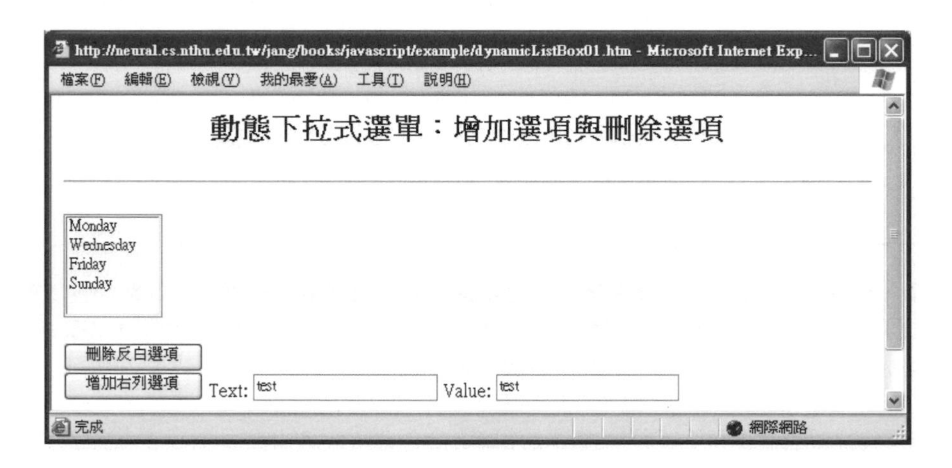

上述範例的完整原始檔案如下：

範例7-3（dynamicListBox01.htm）：

```
...
<script>
function deleteOption(list){
    var index=list.selectedIndex;
    if (index>=0)
```

```
    list.options[index]=null;
    else
    alert("無反白選項！");
}

function addOption(list, text, value){
    var index=list.options.length;
    list.options[index]=new Option(text, value);
    list.selectedIndex=index;
}
</script>

<form>
<select id=theList size=5>
    <option value=星期一>Monday
    <option value=星期三>Wednesday
    <option value=星期五>Friday
    <option value=星期日>Sunday
</select>
<p>
<input type="button" value="刪除反白選項"
    onclick="deleteOption(theList)"><br>
<input type="button" value="增加右列選項" onclick="addOption(theList,
    theText.value, theValue.value)">
Text: <input id=theText value="test">
Value: <input id=theValue value="test">
</form>
...
```

在上述範例中，我們使用 id 而不使用 name 來代表表單控制項，其好處是可以直接使用 id 來使用表單元素，而不必一定要經由文件物件模型的階層結構來由上到下、一層一層指定。

利用同樣的概念，我們可以產生類似樹狀的結構，可讓使用者進行「目錄搜尋」（Directory Search）。在下列範例中，我們利用動態下拉式選單產生兩層的樹狀結構，或稱「兩框連動」，換句話說，你只要在左方選取系別，右方就會出現成員，請試看看（dynamicListBox02.htm）：

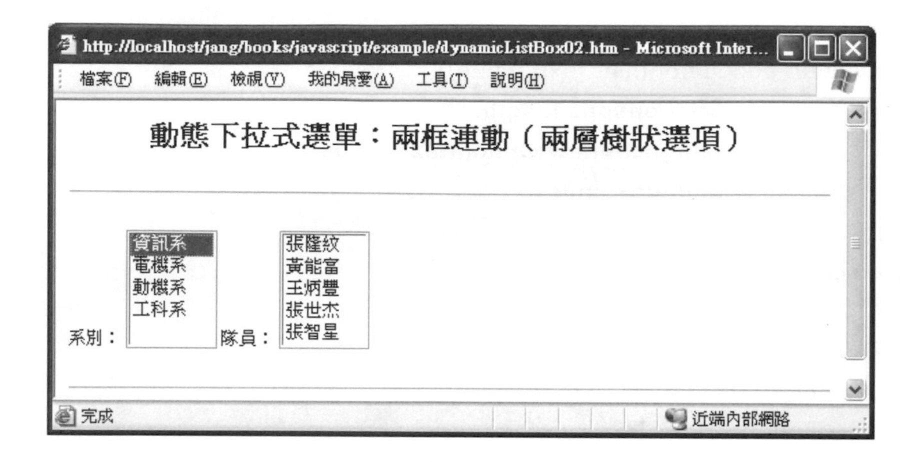

上述範例的完整原始檔案如下：

範例7-4（dynamicListBox02.htm）：

```
...
<script>
department=new Array();
department[0]=["張隆紋", "黃能富", "王炳豐", "張世杰", "張智星"]; // 資訊系
department[1]=["黃瑞星", "黃仲陵", "呂忠津", "鄭伯泰", "盧向成"]; // 電機系
department[2]=["楊敬堂", "王培仁", "葉銘權", "宋鎮國"];            // 動機系
department[3]=["王天戈", "開執中", "梁正宏"];                      // 工科系

function renew(index){
    for(var i=0;i<department[index].length;i++)
     document.myForm.member.options[i]=new
    Option(department[index][i], department[index][i]);     // 設定新選項
    document.myForm.member.length=department[index].length;    // 刪
    除多餘的選項
```

```
}
</script>

<form name="myForm">
系別：
<select size=5 onChange="renew(this.selectedIndex);">
    <option value="資訊系">資訊系
    <option value="電機系">電機系
    <option value="動機系">動機系
    <option value="工科系">工科系
</select>

隊員：
<select name="member" size=5>
    <option value="">請由左方選取系別
</select>
</form>
...
```

在上述範例中，我們用到了二維陣列，以方便存取相關資料。

使用類似的方式，我們也可以產生三層的樹狀結構，或稱「三框連動」。在下列範例中，我們將歌曲資料分成三個層次，分別是語言、歌手、歌名，以便進行目錄式搜尋，範例如下（dynamicListBox03.htm）：

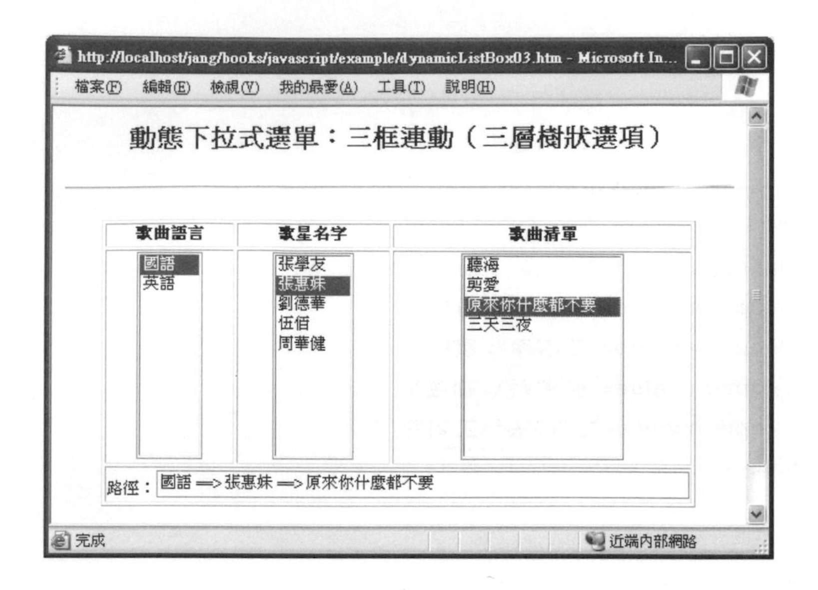

在上述範例中，你可以先在左方點選語言，中間就會顯示相關歌手，接著點選歌手，右方就會顯示相關歌名，接著你再點選歌名，下方就會出現完整的搜尋路徑。原始檔案如下：

範例7-5（dynamicListBox03.htm）：

```
...
<script>
function node(name, child){
	this.name=name;
	this.child=child;
}

function dataHierarchy(){
	// 國語歌手
	var mandarin=new Array();
	var i=0;
	mandarin[i++]=new node("張學友", ["我等到花兒也謝了", "一千個傷心的理由", "咖啡"]);
```

```
    mandarin[i++]=new node("張惠妹", ["聽海", "剪愛", "原來你什麼都不要
    ", "三天三夜"]);
    mandarin[i++]=new node("劉德華", ["謝謝你的愛", "來生緣", "忘情水
    "]);
    mandarin[i++]=new node(  "伍佰", ["浪人情歌", "樹枝孤鳥"]);
    mandarin[i++]=new node("周華健", ["花心", "心的方向"]);
    // 英語歌手
    var english=new Array();
    var i=0;
    english[i++]=new node("Jackson", ["Beat It", "Billie Jean", "Heal The
    World"]);
    english[i++]=new node("Celindion", ["My Heart Will Go On", "Hope"]);
    // 語言類別
    var output=new Array();
    var i=0;
    output[i++]=new node("國語", mandarin);
    output[i++]=new node("英語", english);

    return(output);
}
dataTree=dataHierarchy();

// 第三個欄位被更動後的反應動作
function onChangeColumn3(){
    updatePath();
}

// 第二個欄位被更動後的反應動作
function onChangeColumn2(){
    form=document.theForm;
    index1=form.column1.selectedIndex;
    index2=form.column2.selectedIndex;
    index3=form.column3.selectedIndex;
    // Create options for column 3
```

```
    for (i=0;i<dataTree[index1].child[index2].child.length;i++)
        form.column3.options[i]=new
            Option(dataTree[index1].child[index2].child[i],
            dataTree[index1].child[index2].child[i]);
    form.column3.options.length=dataTree[index1].child[index2].child.le
    ngth;
    updatePath();
}

// 第一個欄位被更動後的反應動作
function onChangeColumn1() {
    form=document.theForm;
    index1=form.column1.selectedIndex;
    index2=form.column2.selectedIndex;
    index3=form.column3.selectedIndex;
    // Create options for column 2
    for (i=0;i<dataTree[index1].child.length;i++)
        form.column2.options[i]=new
            Option(dataTree[index1].child[i].name,
            dataTree[index1].child[i].name);
    form.column2.options.length=dataTree[index1].child.length;
    // Clear column 3
    form.column3.options.length=0;
    updatePath();
}

// 修改所顯示的路徑
function updatePath(){
    form=document.theForm;
    index1=form.column1.selectedIndex;
    index2=form.column2.selectedIndex;
    index3=form.column3.selectedIndex;
    if ((index1>=0) && (index2>=0) && (index3>=0)) {
        text1=form.column1.options[index1].text;
```

```
            text2=form.column2.options[index2].text;
            text3=form.column3.options[index3].text;
            form.path.value=text1+" ==> "+text2+" ==> "+text3;
    } else
            form.path.value="";
}
</script>

<form name="theForm">
<table align=center border=1>
    <tr>
     <th>歌曲語言<th>歌星名字<th>歌曲清單
    <tr>
     <td align=center>
            <select name="column1" size=10
    onChange="onChangeColumn1();">
                <script>
                for (i=0; i<dataTree.length; i++)
                    document.writeln("<option
    value=\""+dataTree[i].name+"\">"+dataTree[i].name);
                </script>
            </select>
     <td align=center>
            <select name="column2" size=10
    onChange="onChangeColumn2();">
            </select>
     <td align=center>
            <select name="column3" size=10
    onChange="onChangeColumn3();">
            </select>
    <tr><td colspan=3 align=center>路徑：<input type=text name=path
    size=60></td></tr>
</table>
</form>
```

```
...
```

在上述範例中，我們使用了一個自訂物件的建構函數 node()，以便用來建立此三層樹狀資料結構。此資料結構可以顯示如下：

```
國語 --- 張學友 --- 我等到花兒也謝了
               --- 一千個傷心的理由
               --- 咖啡
     --- 張惠妹 --- 聽海
               --- 剪愛
               --- 原來你什麼都不要
               --- 三天三夜
     --- 劉德華 --- 謝謝你的愛
               --- 來生緣
               --- 忘情水
     --- 伍佰   --- 浪人情歌
               --- 樹枝孤鳥
     --- 周華健 --- 花心
               --- 心的方向
英語 --- Jackson --- Beat It
                 --- Billie Jean
                 --- Heal The World
     --- Celindion --- My Heart Will Go On
                   --- Hope
```

7-4 簡易表單資料驗證

在網際網路上，表單是和使用者互動的最常用方式。但使用者填入的資料可能不符合要求（例如將姓名欄位填成電子郵件、電子郵件不全、身份證字號或信用卡號碼有誤等），這些都可以在伺服器端的程式碼進行檢測，並將錯誤訊息回傳使用者。但這種方式不但增加了伺服器的負擔，也加重了網路資料的傳輸量。一個簡單的解決方案就是在客戶端以 JavaScript 或 VBScript 來對表單的輸入進行驗證的工作，以確保表單數據在送至伺服器前都是正確無誤，這個檢核表單資料是否正確的過程，就稱為「表單資料驗證」（Form Data Validation），簡稱「表單驗證」（Form Validation）。

表單驗證可用 JavaScript 或 VBScript 的各種字串與數值的函式來達成，並配合滑鼠事件，在適當的時機來提醒使用者可能發生的錯誤。以 JavaScript 或 VBScript 在客戶端進行表單驗證的主要好處可摘要如下：

- 排除使用者無心的錯誤
- 減少伺服器的計算負載
- 減少網路上的資料傳輸量

但是，若僅僅使用客戶端的程式碼來進行表單驗證，只能排除無心的錯誤，對於有心要從事破壞工作的惡意使用者，表單驗證是無法做到滴水不漏的。換句話說，對於重要的資料，除了在用戶端進行表端驗證外，最好也在伺服器進行相關資料的檢查。

此外，Netscape 及 IE 在第四版後都支援 JavaScript 的「通用表示法」（Regular Expressions），這是一套功能非常強大的字串比對方法，這使得表單驗證的程式碼益形簡潔。有關通用表示法，會在本書後續章節有詳細的介紹。但本節的重點則是以簡潔的範例來說明表單驗證的概念，不會使用通用表示法，以便讓讀者能夠進入情況。

首先我們來看一個簡單的範例，此範例檢查使用者輸入的電子郵件，讀者可以自行輸入電子郵件帳號來試試看（formValidation01.htm）：

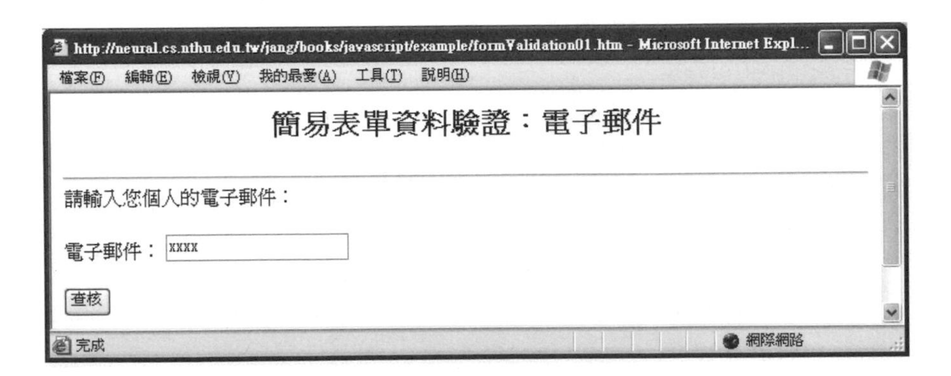

在上述範例中，我們檢驗電子郵件的規則很簡單，列舉如下：

- 必須包含「@」。
- 「@」之前不可為空字串。
- 「@」之後不可為空字串。

此範例的原始檔如下：

範例7-6（formValidation01.htm）：

```
...
script>
function validateForm(form){
     if (!checkEmail(form.email.value)){
      alert("Email 資料有誤，表單將不送出！");
      return(false);
     }
     alert("資料正確無誤，立刻送出表單！");
     form.submit();
     return(true);
}

function checkEmail(email){
     index = email.indexOf ('@', 0);          // 找出 @ 的位置
     if (email.length==0) {
      alert("請輸入電子郵件地址！");
      return (false);
     } else if (index==-1) {
      alert("錯誤：必須包含「@」。");
      return (false);
     } else if (index==0) {
      alert("錯誤：「@」之前不可為空字串。");
      return (false);
     } else if (index==email.length-1) {
      alert("錯誤：「@」之後不可為空字串。");
      return (false);
     } else
      return (true);
}
</script>
```

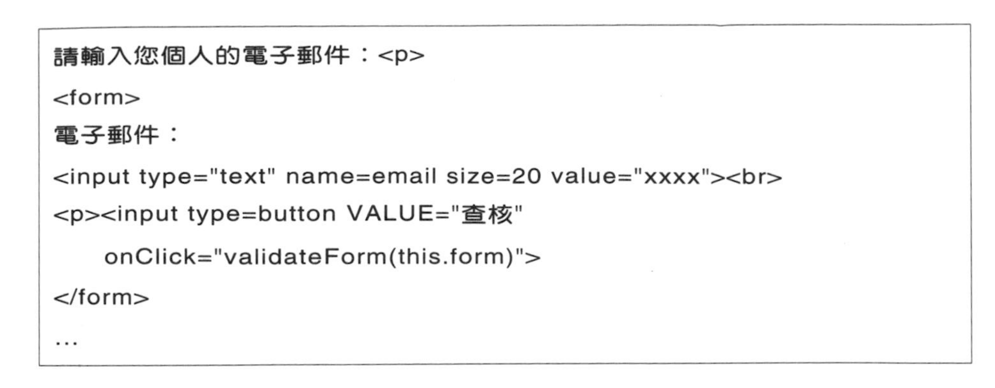

```
請輸入您個人的電子郵件：<p>
<form>
電子郵件：
<input type="text" name=email size=20 value="xxxx"><br>
<p><input type=button VALUE="查核"
    onClick="validateForm(this.form)">
</form>
...
```

嚴格來說，這些驗證規則是過於簡單，當我們學到通用表示法時，就可以對電子郵件進行較複雜完整的驗證。

在下面的範例，我們對信用卡號碼進行驗證（formValidation02.htm）：

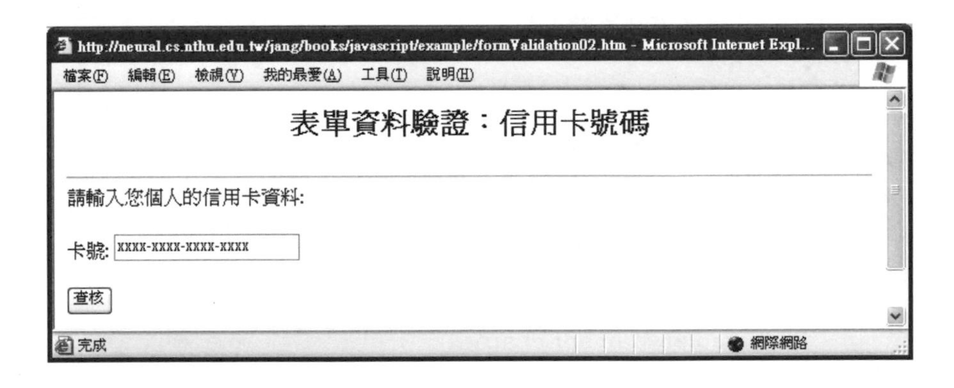

在上述範例中，我們假設信用卡卡號的格式是「xxxx-xxxx-xxxx-xxxx」，其中的每一個 x 都是代表一個數字，我們的驗證規則是：

- 字串長度必須是 19 (含三個減號）。
- 每四碼必須以減號分開。
- 每四碼為一個單位，都必須是整數。

上述範例的原始檔如下：

範例7-7（formValidation02.htm）：

```
...
```

```
<script>
function validateForm(form){
    if (checkCreditCardNumber(form.cardNumber)){
        alert("資料正確無誤，立刻送出表單！");
        form.submit();
        return(true);
    }
    alert("資料有誤，表單將不送出！");
    form.cardNumber.focus();
    return(false);
}

function checkCreditCardNumber(control){
    var number=control.value;
    var character;
    var digit;
    if (number.length!=19){
        alert("<"+number+">：卡號長度有誤，請查核！");
        return false;
    }
    for (i=0; i<19; i++){
        character=number.charAt(i);
        if ((i==4)||(i==9)||(i==14)){    // 檢查是否是 "-"
            if (character!="-"){
                alert("<"+number+">：卡號輸入有誤（請以「-」分開四
    碼），請查核！");
                return false;
            }
        } else {    // 檢查是否是數字
            if (isNaN(parseInt(character))){
                alert("<"+number+">：卡號輸入有誤，請查核！");
                return false;
            }
        }
```

```
    }
    return true;
}
</script>

請輸入您個人的信用卡資料: <p>
<form>
卡號:
<input type="text" name=cardNumber size=20
    value="xxxx-xxxx-xxxx-xxxx"><br>
<p><input type=button VALUE="查核"
    onClick="validateForm(this.form)">
</form>
...
```

事實上上述驗證規則過於粗糙，真正的信用卡號碼還要符合一些內訂的編碼規則，詳見本書後續有關於「通用表示法」之章節的說明。

在下列的範例中，我們對各類表單控制項進行資料驗證，相關規則都可以由程式碼看出，請各位讀者親自試看看這個範例（formValidation03.htm）：

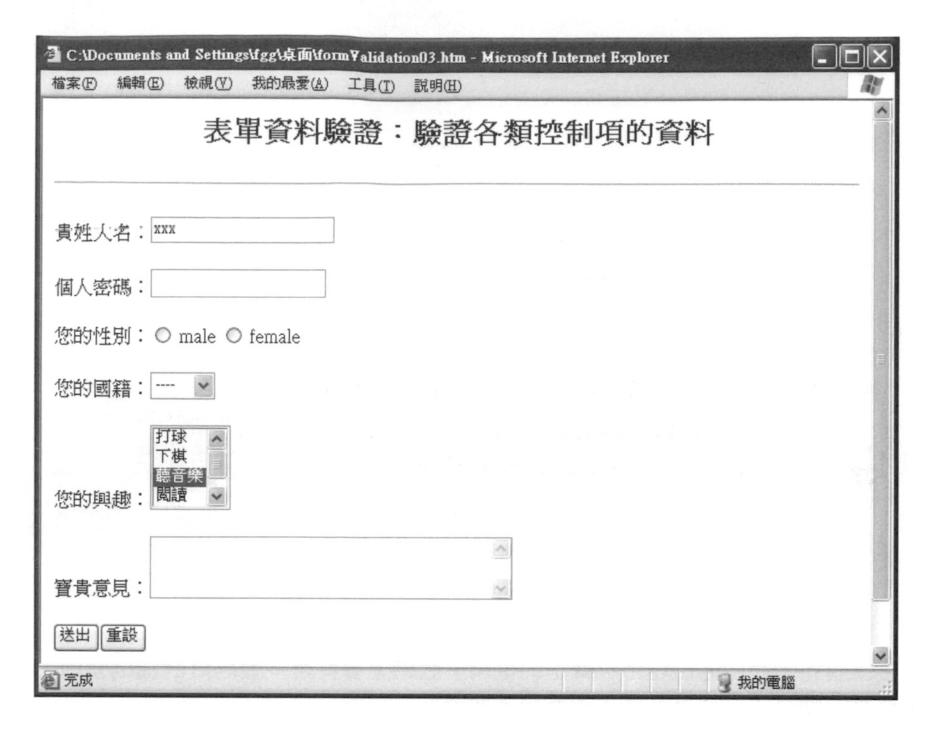

上述範例的原始檔如下：

範例7-8（formValidation03.htm）：

```
…
<script>
function checkName(control) {
    if (control.value == "") {
        validatePrompt(control, "請輸入大名！");
        return (false);
    }
    return (true);
}

function checkPassword(control) {
    if (control.value.length != 5) {
        validatePrompt(control, "請輸入長度為 5 的密碼！");
```

```
            return (false);
        }
        return (true);
}

function checkGender(control) {
        for (i=0; i<control.length; i++)
            if (control[i].status)
                return(true);
        alert ("請輸入性別！");
        return (false);
}

function checkNationality(control) {
        for (i=1; i<control.length; i++)
            if (control[i].selected)
                return(true);
        alert ("請輸入國籍！");
        return (false);
}

function checkHobbies(control) {
        var count=0;
        for (i=1; i<control.length; i++)
            if (control[i].selected)
                count++;
        if (count>=2)
            return(true);
        alert ("請輸入至少兩樣興趣！");
        return (false);
}

function checkComment(control) {
        if (control.value == "") {
```

```
            validatePrompt(control, "請輸入您的寶貴意見！");
            return (false);
        }
        return (true);
}

function validateForm(form) {
        if (!checkName(form.realname)) return;
        if (!checkPassword(form.password)) return;
        if (!checkGender(form.gender)) return;
        if (!checkNationality(form.nationality)) return;
        if (!checkHobbies(form.hobbies)) return;
        if (!checkComment(form.comments)) return;
        alert ("你終於聽我的話了！\n 全部資料通過驗證！\n 表單即將送
        出！！！");
        document.testform.submit();  // Submit form
}

function validatePrompt(control, promptStr) {
        alert(promptStr);
        control.focus();
        return;
}
</script>

<form name=testform>
<P>貴姓大名：<input type="text" name="realname" value="xxx">
<P>個人密碼：<input type="password" name="password">
<P>您的性別：<input type="radio" name="gender" value="male"> male
        <input type="radio" name="gender" value="female"> female
<P>您的國籍：<select name="nationality">
        <option>----<option>台灣<option>日本<option>韓國
        </select>
<P>您的興趣：<select multiple name="hobbies">
```

```
    <option>打球<option>下棋<option selected>聽音樂<option>閱讀
    <option>上網
    </select>
<p>寶貴意見：<textarea name=comments cols=40 rows=3></textarea>
<P><input type="button" value="送出"
    onClick="validateForm(this.form)"><input type="reset">
</form>
...
```

7-5 習題

選擇題

1. 如果想製作問卷調查性別欄位的單選題（例如：○男 ○女），可以用下列哪一種表單元素?
   (1) select
   (2) gender
   (3) radio
   (4) checkbox
2. 下列表單元素的標籤，何者是錯誤的？
   (1) Select: <select …> <option value=…> </select>
   (2) Button: <input type=button>
   (3) TextArea: <input type=textArea>
   (4) Password: <input type=password>
3. 哪一個方法可以負責傳送表單資訊？
   (1) send
   (2) go
   (3) submit
   (4) 以上皆非
4. 網頁中有一片段如下：

```
<form name="myForm">
        <input type="text" name="myText" onBlur="checkForm(this) ">
</form>
```

   請問其中的 this 指的是什麼？
   (1) checkForm 這個物件

(2) myText 這個物件

(3) myText 這個物件的 value 值

(4) myForm 這個物件

5.JavaScript 可用 options 陣列來存取下列哪個表單元素的性質？

(1) Select 選項清單列表

(2) Radio 選項清單列表

(3) Textarea 選項清單列表

(4) Checkbox 選項清單列表

6.以下何者敘述有誤？

(1) 表單中的按鈕元素（Button）具有 onBlur 事件

(2) 在表單中，<INPUT TYPE="hidden"> 的物件不會出現在所呈現的網頁

(3) 表單中的文字區域（Textarea）具有onKeyPress 事件

(4) 表單中「送出按鈕」（Submit）的值（Value）通常是數字

程式題

請使用本章所學到的 JavaScript 程式技巧來完成下列作業：

1.(*) **列出和Color相關的性質：**請寫一個簡單網頁 listProp01.htm，利用 listProp.js 內的函數 listProp() 來取出一個網頁文件 document 的所有性質（不必印出），然後再印出來包含有 "Color" 的性質，並從網路上找出來這些性質的意義。（例如：document.bgColor 就是代表網頁的背景顏色。）

2.(**) **調整底色之一：**你必須設計一個網頁 bgColor01.htm，其功能為讓使用者能夠經由下拉式選單分別選取紅色、綠色和藍色的分量後，程式可以立刻改變網頁的背景顏色。（請注意：只要有任一個顏色分量被改變，背景顏色就必須跟著改變。）範例網頁的外觀如下：

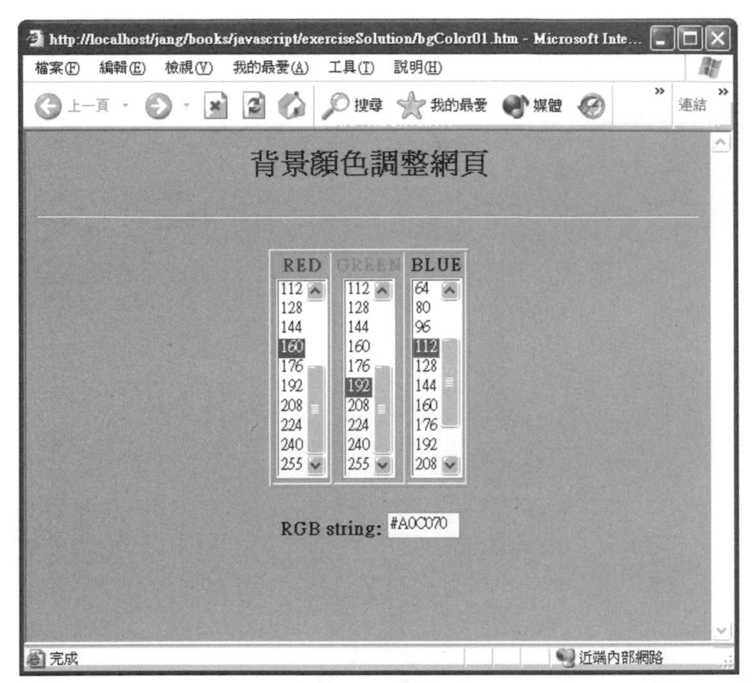

（提示：可由此範例 bgColor01hint.htm 開始修改。）

3.(**) **調整底色之二：**修改上一題的網頁，名稱改為 bgColor02.htm，功能和上一題相同，但加入下列功能：

- 網頁上的所有文字都會隨著底色改變而變色，所變的顏色則是底色的互補色。（例如：若底色是 #000000，文字顏色就是 #FFFFFF。）

4.(**) **對物件性質進行排序列表：**請改寫 listProp.js 內的函數 listProp()，產生一個新函數 listOrderedProp()，使其在列出每個性質時，能夠依性質名稱來排序。請同時寫一個簡單的網頁 docOrderedProp01.htm，來使用這個新函數列出 document 的所有性質。

5.(***) **腦力激盪題：**遞迴式的列出物件性質：檔案 listProp.js 內的函數 listProp() 可以列印出來一個物件的所有性質及對應的性質值。請寫一個函數 listPropRecursive(object, objectName, depth)，其功能如下：

- 當 depth = 1 時，其結果和 listProp(object, objectName) 是一樣的。
- 當 depth = 2 時，此函數會列出所給物件的所有性質，而且只要發現其中一個性質值是另一個物件時，也會列出此物件的所有性質。換句話說，此函數會印出 2 層物件的所有性質。
- 當 depth = 3 時，此函數會列印出 3 層物件的所有性質。依此類推。

第八章

事件

本章重點

本章介紹網頁物件的各種相關事件，以及如何利用事件及事件處理程式來產生有趣互動的網頁。

8-1 事件與事件處理器

在一個網頁內，事件 (Events) 通常是指由瀏覽器所偵測到使用者的特定動作，瀏覽器可以根據所偵測到的事件，來進行相關動作。舉例來說，使用者點選或移動滑鼠，或是瀏覽器的載入網頁，都可以看成是事件的產生。對於特定的事件，我們可以在瀏覽器內偵測得之，並以特定的程式來對此事件做出反應，此程式即稱為「事件處理器」(Event handlers)，又稱為 Callback。

一般在瀏覽器常見的事件，可列表簡介如下：

- onBlur：失去焦點時
- onClick：點選某一個物件時
- onChange：改變物件選項或字串時
- onFocus：得到焦點
- onLoad：瀏覽器載入網頁時
- onMousedown：按下滑鼠按鈕時
- onMouseover：滑鼠移動經過某個物件時
- onMouseup：鬆開滑鼠按鈕時
- onSubmit：送出表單資訊時
- onUnload：瀏覽器離開網頁時

在下列範例中，我們使用 onFocus 和 onBlur 事件來改變文字欄位的內容（onFocus01.htm）：

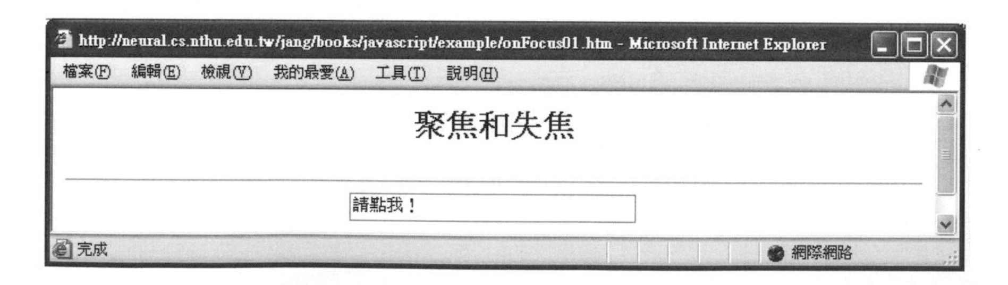

在上述範例中，只要使用者點選文字欄位，onFocus 的事件被啟動，欄位的內容就會變成「很高興我又成為鎂光燈的焦點了！」。若此時在欄位外任意處點一下，onBlur 的事件就會被啟動，欄位的內容就會變成「唉，又要離我而去了！」。上述範例的完整原始檔案如下：

範例8-1（onFocus01.htm）：

```
...
<center>
<input value="請點我！" size=30
    onBlur="this.value='唉，又要離我而去了！'"
    onFocus="this.value='很高興我又成為鎂光燈的焦點了！'">
</center>
...
```

提示：

▶ 在上述範例中，this 代表此文字欄位本身。

我們可以使用 body 標籤的 onLoad 和 onUnload 屬性，來定義在載入網頁和離開網頁時必須執行的事件處理程式，請見下列範例（onLoad01.htm）：

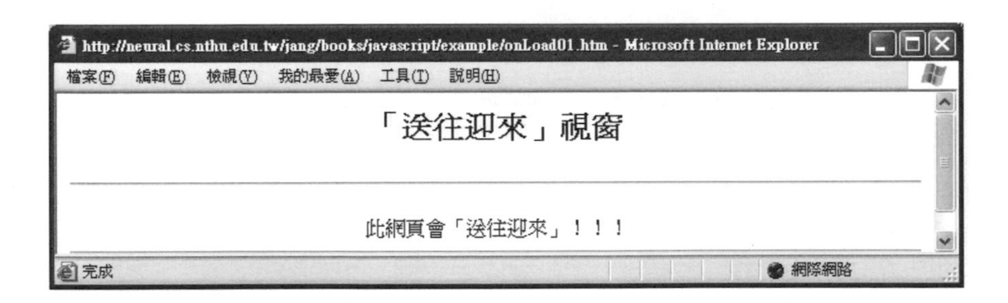

當你載入此網頁時，會出現下列警告視窗：

接著當你要卸載此網頁時（可能是載入另一個網頁或是關掉瀏覽器），會跳出另一個警告視窗：

上述範例的完整原始檔案如下：

範例8-2（onLoad01.htm）：

```
...
<body onLoad="alert(string1)" onUnload="alert(string2)">
<h2 align=center>「送往迎來」視窗</h2>
<hr>

<script language="javascript">
string1 = " ┌─────────────────┐ \n"
        +" │      歡  迎  光  臨      │ \n"
        +" ├─────────────────┤ \n"
        +" │                          │ \n"
        +" │  這裡是 JavaScript 線上中文手冊， │ \n"
        +" │  在這裡可以學到好多的東東哦！ │ \n"
        +" │  希望你玩得愉快！          │ \n"
        +" │                          │ \n"
        +" └─────────────────┘ \n";
string2 = "這麼快就要走啦？有空再來玩！";
```

```
</script>
<p align=center>
此網頁會「送往迎來」！！！
<hr>
</body>
...
```

提示：

▸ 你也可以使用 window.onLoad=functionName1 和 window.onUnload=function2 來達到同樣的效果。

但是 onUnload 並不十分穩定，若要保證在視窗被關閉前，能夠執行某一段程式碼，那就要使用 onBeforeUnload，例如，你可以在在 onBeforeUnload 定義 JavaScript 程式碼以開啟另一個視窗，因此每當你關視窗時，又會開另一個視窗，形成「打不死的蟑螂」，這是各大色情網站必備的技巧（或許你早就知道了...）。請見下列範例（foreverCockroach01.htm）：

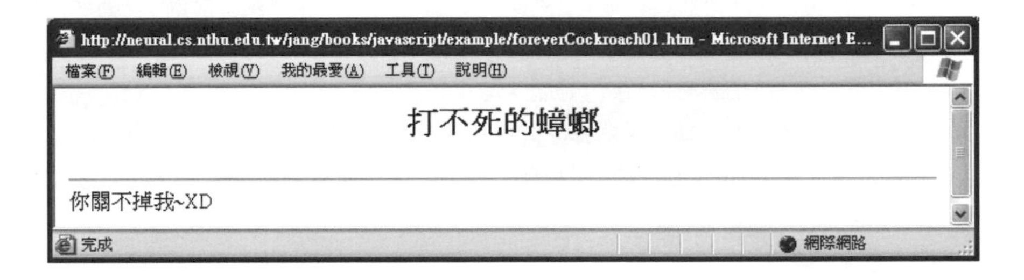

上述範例的完整原始檔案如下：

範例8-3（foreverCockroach01.htm）：

```
...
<body onBeforeUnload="openNewWin()">
<script>
function openNewWin(){
    // 如果視窗名稱固定，就無法一再開新視窗。
    // 因此使用亂數來當視窗名稱...所以關一個就會再生一個新的出來
```

```
    winName = Math.floor(Math.random()*10000);
    window.open('foreverCockroach01.htm', winName,
    'location=1,toolbar=1,menubar=1,status=1');
}
</script>
<h2 align=center>打不死的蟑螂</h2>
<hr>
你關不掉我~XD
</body>
...
```

也可以在 onBeforeUnload 事件一次開啟十個視窗，那麼蟑螂不但打不死，而且還會越生越多！

提示：

» 自從我在網頁上放了上述範例之後，三不五時就會有人寫信來罵我，說我幹嘛放這個範例，讓他們不得不重開機。唉，既然是教材，當然要「真槍實彈」，不能「講講就算」。難道一定要重開機嗎？當然不是嘍，有幾種方法：

1. 關閉網路，關掉「打不死的蟑螂」視窗，再連接網路。
2. 取消 IE 瀏覽器對 JavaScript 的支援：將「工具/網際網路選項/安全性/自訂層級/指令碼處理/Active scripting」暫時改成「停用」，關掉「打不死的蟑螂」視窗，恢復原先設定。
3. 從工作管理員將瀏覽器殺掉。
4. 從軟體選項選用「禁止彈出視窗」。

這些方法，聰明的你想到了嗎？

以下這個綜合範例，顯示了數種事件的使用（onEvent01.htm）：

事件	說明	實例	原始碼	以 "on" 開始的性質
onClick	點選物件時	請按我！	按此	按此
onChange	改變物件選項或字串時	Roger Jang	按此	按此
onFocus	得到焦點時		按此	按此
onBlur	失去焦點時		按此	按此
onLoad	瀏覽器載入網頁時	本頁	按此	按此
onUnload	瀏覽器離開網頁時	本頁	按此	按此
onSubmit	送出表單資訊時	送出查詢	按此	按此
onMousedown	按下滑鼠按鈕時	快按我吧！	按此	按此
onMouseover	滑鼠移動到某個物件時	請輕輕的滑過我的身上！	按此	按此
onMouseup	鬆開滑鼠按鈕時	你還猶豫什麼？	按此	按此

任一個物件都可以偵測很多不同的事件，而且在新版的瀏覽器中，可偵測的事件類別是越來越多，請參見上述範例「以 "on" 開始的性質」欄位。（由於篇幅有限，不再列出本範例之程式碼。

8-2 捕捉鍵盤與滑鼠事件

本節將介紹鍵盤與滑鼠事件，以及相關範例。

我們可以偵測某一個特定按鍵是否被按下，其步驟如下：

1. 利用 document.onkeydown 來抓到「按鍵事件」，並指定相關的事件處理程式。
2. 在事件處理程式中，可以利用 window.event.keycode 來知道按鍵代碼，並進行相關的處理。

以下是一個具體範例，只要你按下任何一個鍵盤，就會顯示對應的代碼，如下（keyboardEvent01.htm）：

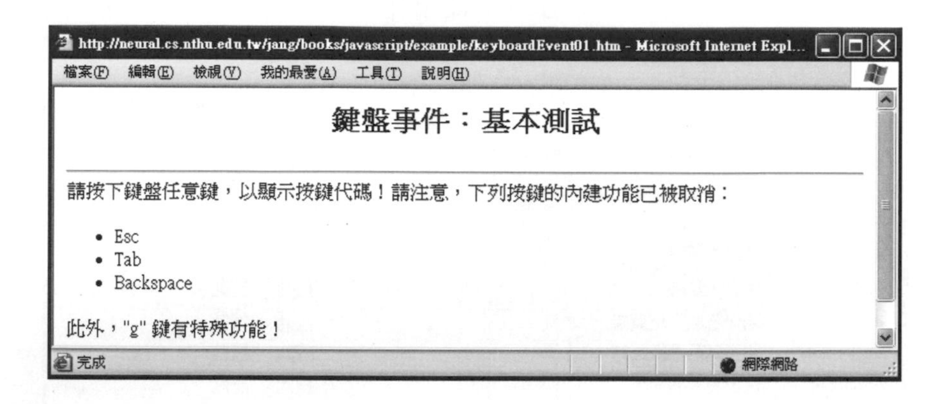

上述範例的完整原始檔案如下：

範例8-4（keyboardEvent01.htm）：

```
...
<script>
function keyFunction() {
    alert("Key code = " + event.keyCode);
    if (event.keyCode==27) {
        alert("Esc 的內建功能已被取消！");
        return false;
    } else if (event.keyCode==8) {
        alert("Backspace 的內建功能已被取消！");
        return false;
    } else if (event.keyCode==9) {
        alert("Tab 的內建功能已被取消！");
        return false;
    } else if (event.keyCode==71) {
        document.location="http://www.google.com";
    }
}
document.onkeydown=keyFunction;
```

```
</script>

請按下鍵盤任意鍵，以顯示按鍵代碼！請注意，下列按鍵的內建功能已被取消：
<ul>
<li>Esc
<li>Tab
<li>Backspace
</ul>
此外，"g" 鍵有特殊功能！
...
```

在上述範例中，我們使用 onkeydown 事件來執行 keyFunction() 函數。特別要注意的是，如果事件處理程式回傳給 document.onkeydown 的值為 false，則原先按鍵的預設功能將會被取消。例如，上述範例的 Backspace（回到上一頁）的預設功能就已經被取消了。

▸▸ window.event.keycode 可以簡寫成 event.keycode。

有時候我們要定義一些「熱鍵」來執行特殊功能，但是這些熱鍵最好是複合鍵（先按 Shift 或 Ctrl 或 Alt 不放，再按任意鍵），以免蓋掉原有的預設功能，因此我們就要能夠偵測複合鍵常用的 Shift、Ctrl、Alt，可見下列範例（keyboardEvent02.htm）：

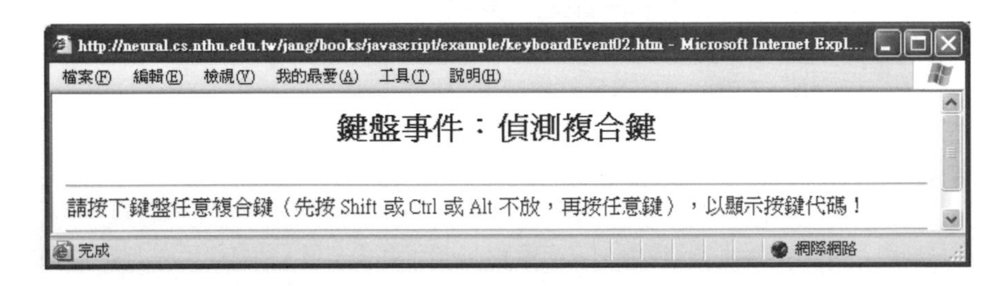

上述範例的原始檔如下：

範例8-5（keyboardEvent02.htm）：

```
...
<script>
```

```
// Shift 的鍵盤代碼是 16，Ctrl 的鍵盤代碼是 17，Alt 的鍵盤代碼是 18
function keyFunction() {
    // 若不加第二個條件，會印出兩次警告視窗
    // 一次是按 Shift，第二次是按其他鍵
    if ((event.shiftKey) && (event.keyCode!=16))
        alert("Shift + "+event.keyCode);
    if ((event.ctrlKey) && (event.keyCode!=17))
        alert("Ctrl + "+event.keyCode);
    if ((event.altKey) && (event.keyCode!=18))
        alert("Alt + "+event.keyCode);
}
document.onkeydown=keyFunction;
</script>
請按下鍵盤任意複合鍵（先按 Shift 或 Ctrl 或 Alt 不放，再按任意鍵），以顯
    示按鍵代碼！
...
```

由上述範例可知，我們可用 event.shiftKey、event.ctrlKey、event.altKey 的值是否是 true 來確認 Shift（鍵盤代碼是 16）、Ctrl（鍵盤代碼是 17）、Alt（鍵盤代碼是 18）的按鍵是否是在被按下的狀態。類似的性質還有：

- event.shiftLeft：左邊的 Shift 鍵是否被按下
- event.ctrlLeft：左邊的 Ctrl 鍵是否被按下
- event.altLeft：左邊的 Alt 鍵是否被按下

提示：

> 如何偵測 Windows 鍵和其他鍵所形成的組合鍵？若有讀者知道，請將範例寄給我，謝謝。

以下是一個作弄人的網頁（keyboardEvent03.htm）：

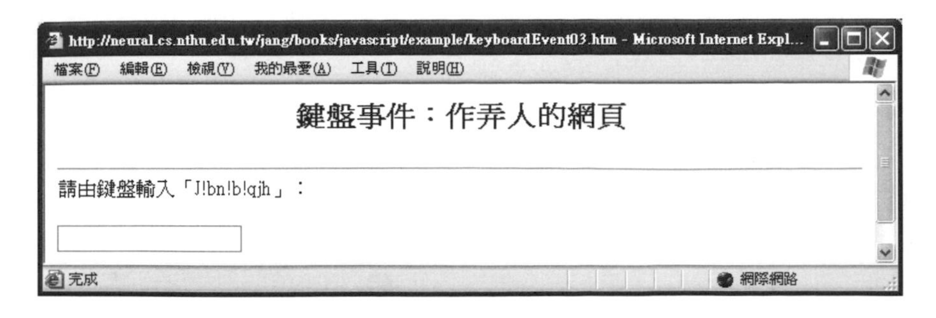

上述範例的完整原始檔案如下：

範例8-6（keyboardEvent03.htm）：

```
...
<script>
function encrypt(){
    event.keyCode-=1;
}
function check(){
    if (testField.value=="I am a pig")
     alert("答對了！");
}
</script>
請由鍵盤輸入「J!bn!b!qjh」：
<p>
<input id=testField onKeyPress="encrypt()" onKeyUp="check()">
...
```

在上述範例中，我們使用 input 標籤的 onKeyPress 事件來即時改變使用者的輸入，並用 onKeyUp 事件來檢查使用者是否完成正確輸入。

在以下的網頁中，紅色方塊將隨著你的滑鼠移動（newCursor01.htm）：

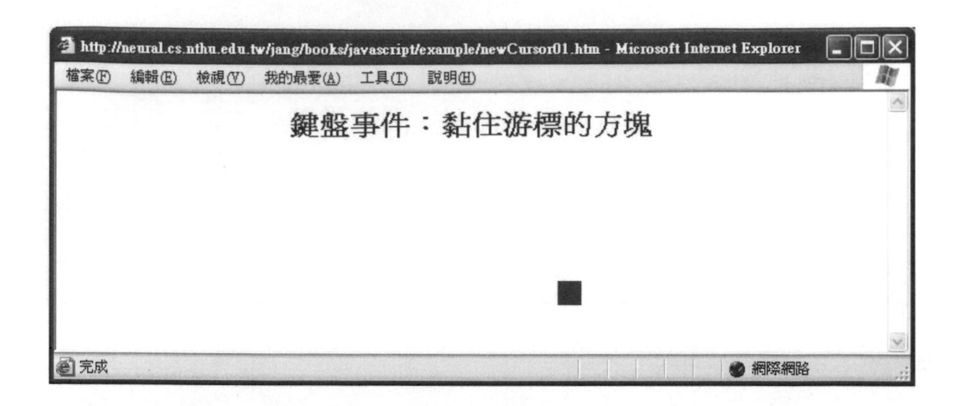

上述範例的完整原始檔案如下：

範例8-7（newCursor01.htm）：

```
...
<script>
function newCursor() {
    redSquare.style.posLeft=event.clientX-10;
    redSquare.style.posTop=event.clientY-10;
}
</script>
<div id=redSquare style="position:absolute; top:10; left:10; height:20;
    width:20; background-color:red"></div>
...
```

在上述原始碼中，我們使用 id=redSquare 來代表紅色方塊，event.clientX 及 event.clientY 分別代表滑鼠相對應於網頁視窗的 X 和 Y 座標。

在以下的網頁中，你可以使用方向鍵（箭頭鍵）來移動網頁中的綠色方塊（squareMover01.htm）：

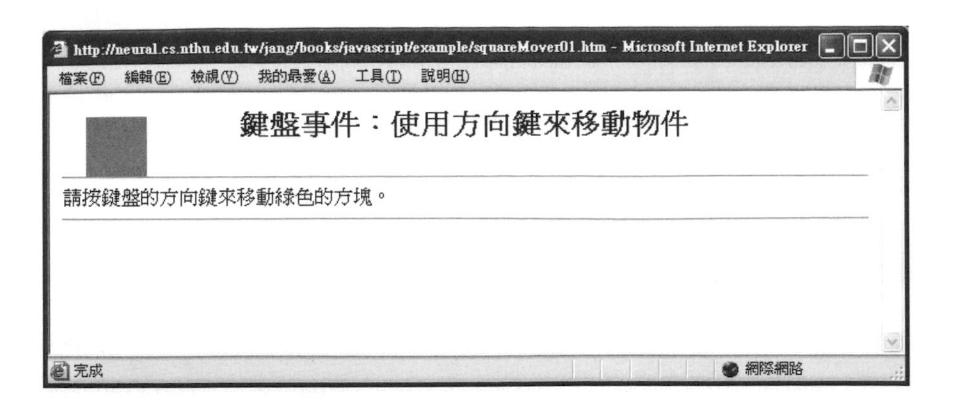

上述範例的完整原始檔案如下：

範例8-8（squareMover01.htm）：

```
...
<body onkeydown="move()">
<h2 align=center>鍵盤事件：使用方向鍵來移動物件</h2>
<hr>

<script>
function move(){
    ek=event.keyCode;
    if (ek==37) myArea.style.posLeft-=5;
    if (ek==39) myArea.style.posLeft+=5;
    if (ek==38) myArea.style.posTop-=5;
    if (ek==40) myArea.style.posTop+=5;
}
</script>
<div id=myArea style="position:absolute; top:20; left:20; height:50;
    width:50; background-color:#00FF00"></div>
請按鍵盤的方向鍵來移動綠色的方塊。
...
```

另外，利用 event.button，我們可以偵測使用者用來產生滑鼠事件的滑鼠鍵（左鍵或是右鍵），例如（mouseEvent01.htm）：

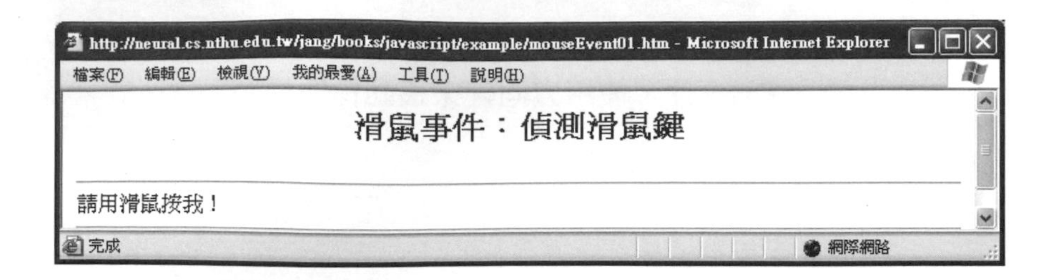

在上述範例中，使用不同滑鼠按鍵去點選文字，就會產生不同的警告視窗來顯示所用的滑鼠按鍵。上述範例的完整原始檔案如下：

範例8-9（mouseEvent01.htm）：

```
...
<script>
function showMouseButton() {
     switch (event.button){
      case 1:
            alert("你用滑鼠左鍵！");
            break;
      case 2:
            alert("你用滑鼠右鍵！");
            break;
      case 4:
            alert("你用滑鼠中鍵！");
            break;
      default:
            alert("未知的滑鼠鍵！");
            break;
     }
}
</script>
<div onMouseDown="showMouseButton()">請用滑鼠按我！</div>
...
```

在上述範例中，我們使用 event.button 來偵測滑鼠按鍵：

- event.button = 1 ===> 滑鼠左鍵被按下
- event.button = 2 ===> 滑鼠右鍵被按下
- event.button = 4 ===> 滑鼠中鍵被按下

為了防止（或是阻礙）使用者下載圖片或是檢視原始檔，我們可以取消滑鼠右鍵的預設功能，範例如下（disableRightButton01.htm）：

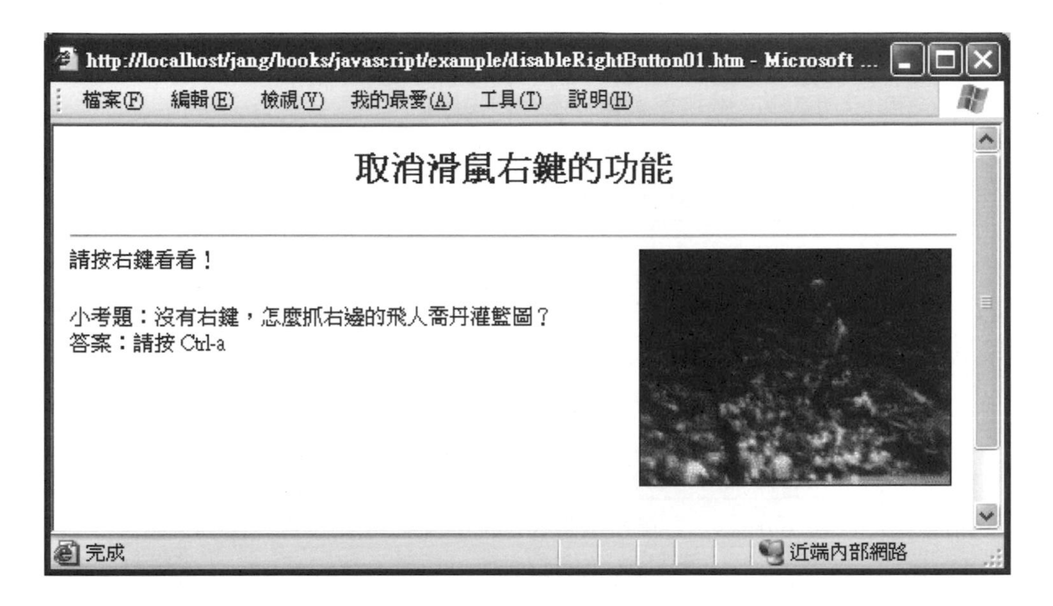

在上述範例中，我們使用 event.button 來偵測滑鼠鍵，如果是右鍵，則以警告視窗嘲笑使用者，並回傳 false，以取消預設之功能。當然，「道高一尺，魔高一丈」，若你還是執意要抓圖，在上述網頁按下 Ctrl-a，即可看到撇步。（由於篇幅有限，不再列出本範例之程式碼，你可以由範例網頁自行檢視原始碼。）

8-3 事件列表

本節列出常用的事件，以供讀者寫程式時參考。

以下是常用的滑鼠事件的列表：

整理：

滑鼠事件	說 明
onMouseDown	按下滑鼠按鍵
onMouseMove	移動滑鼠游標
onMouseOut	將滑鼠游標移出一個物件
onMouseOver	將滑鼠游標移入一個物件
onMouseUp	釋放滑鼠按鍵
onClick	單擊滑鼠按鍵

以下是常用的鍵盤事件的列表：

整理：

鍵盤事件	說 明
onKeyDown	按下鍵盤按鍵
onKeyPress	保持按鍵在按下的狀態
onKeyUp	釋放鍵盤按鍵

以下是常用的其他事件的列表：

整理：

事件名稱	說 明
onBlur	一個物件得到焦點時
onError	產生錯誤時
onFocus	一個物件時去焦點時
onLoad	網頁或物件完全載入時
onReset	一個表單被重設時

onScroll	網頁文件被捲上或捲下時
onSelect	一個選單的選項被改變時
onSubmit	一個表單被提交送出時

對於各種產生事件的物件，常用的相關性質如下：

整理：

產生事件之物件的性質	說 明
srcElement	產生事件的物件或元素
Type	事件的類別
returnValue	以此確認一個事件是否被取消
cancelBubble	以此取消一個事件遞傳（event bubble）
clientX	滑鼠游標相對於視窗的 X 座標
clientY	滑鼠游標相對於視窗的 Y 座標
offsetX	滑鼠游標相對於發送事件之物件的 X 座標
offsetY	滑鼠游標相對於發送事件之物件的 Y 座標
button	任一個被按下的滑鼠按鍵
altKey	當 alt 按鍵被按下時，回傳 true
ctrlKey	當 ctrl 按鍵被按下時，回傳 true
shiftKey	當 shift 按鍵被按下時，回傳 true
keyCode	回傳被按下之按鍵的 unicode

對於 event.button 隨滑鼠的按鍵不同而有不同的值，如下表：

整理：

Event.button 的值	說 明
1	滑鼠左鍵被按下
2	滑鼠右鍵被按下
4	滑鼠中鍵被按下

8-4　習題

選擇題

1.哪一個事件表示失去焦點？

(1) focus

(2) nofocus

(3) lost

(4) blur

2.在瀏覽一個網頁時，下列何者對於熱鍵的敘述有錯？

(1) 按下 ctrl-n，可以開啟一個新的瀏覽器視窗。

(2) 按下 ctrl-a，可以切換到網址列。

(3) 按下 ctrl-r，可以重新載入網頁。

(4) 按下 Backspace，可以回到上一頁。

3.若想在使用者關閉視窗時顯示道別辭，下列何者能派上用場？

(1) onClose

(2) onUnload

(3) onQuit

(4) onExit

4.下列何者不是一個 JavaScript 的事件？

(1) onMouseDown

(2) onKeyUp

(3) onShift

(4) onChange

5.下列何者為 JavaScript 中，滑鼠連按兩下的事件？

(1) onClick2

(2) onDblClick

(3) onDoubleClick

(4) on2click

6.下列何種事件會在網頁下載完成時發生?

(1) onLoad

(2) onComplete

(3) onSubmit

(4) onClick

7.若要做一個下拉式選單，選擇想要的背景音樂，可以使用下列哪一個事件？

(1) onChange

(2) onClick

(3) onLoad

(4) onMouseover

8. 下列哪種方法不能達到跑馬燈的效果？

(1) 只用 Flash

(2) 只用 JavaScript

(3) 只用 GIF 圖檔

(4) 只用 JPG 圖檔

9. 若一個網頁要有信用卡驗證的功能，請問最不適合使用下列哪種事件？

(1) onLoad

(2) onClick

(3) onBlur

(4) onSubmit

10. 若要使游標滑過一影像時，能及時改變該影像，需使用到JavaScript的哪一項事件？

(1) onMouseDown

(2) onMouseOver

(3) onMouseUp

(4) onClick

程式題

請使用本章所學到的 JavaScript 程式技巧來完成下列作業：

1. (***) **突變的蟑螂：**請改進本章的範例「打不死的蟑螂」，使這隻突變蟑螂越來越厲害：

   - 請找一張蟑螂的圖，在網頁上秀出出它的真面目。（如果你討厭蟑螂，可以換另一個動物的影像。）
   - 蟑螂會到處亂跑。（可讓蟑螂在開出來的網頁內跑，也可以讓網頁到處跑。蟑螂不會轉彎沒關係，但要跑得像蟑螂！）
   - 蟑螂不但會跑，還會長大，每開一張新視窗，蟑螂就長大 50%！（是蟑螂長大，不是網頁長大喔...）

   （提示：可在網址附加井字號，以將蟑螂大小傳送到下一個網頁，例如 cock.htm#300，然後再使用 JavaScript 的 location.hash 來取出 #300，以改變蟑螂大小。當然，你也可以使用後面會教到的 Cookie 來完成此作業。）

2. (**) **按鍵連到清大首頁之一：**請寫一個網頁 keyboard2nthu01.htm，網頁上面載明此網頁的功能：「當使用者按下 Ctrl（按後不放），再連續按下（按後即放）n, t, h, u 四個英文字母之後，瀏覽器會顯示清大首頁。」

3. (**) **按鍵連到清大首頁之二：**請重複上題，但將 Ctrl 鍵改為 Shift 鍵。

4. (**) **按鍵連到清大首頁之三：**請重複上題，但將 Ctrl 鍵改為 Shift 鍵。

（如果無法達到相同效果，請說明原因。）

5.(***) **腦力激盪題：**按鍵模擬：請寫一個網頁 keyStrokeSimulate01.htm，能讓使用5使用不同的按鍵來模擬預設按鍵的功能：

- 使用「向右箭頭」鍵來模擬「Tab」鍵的功能。
- 使用「向左箭頭」鍵來模擬「Shift+Tab」鍵的功能。

6.(***) **小遊戲：**請利用本章及前述幾章所介紹的 JavaScript 功能（請勿使用 Java 來完成此作業），來寫一些以文字為主的小遊戲：

- 猜數字遊戲：由電腦亂數產生一個四位數，使用者輸入所猜的數字，電腦回覆「xAyB」，其中 x 代表「位置對且數值對的個數」，y 代表「位置不對但數值對的個數」，如此反覆進行，直到使用者猜出電腦原先設定的數值。（每次使用者輸入一組數值後，電腦應將結果紀錄於動態表單或文字區域，以便使用者反覆查看之前的輸入和結果。若猜十次還沒猜到，電腦就直接公布謎底。）
- 貪食蛇遊戲：（不好描述，應該大家都玩過吧？）
- 數獨遊戲
- 俄羅斯方塊
- 井字遊戲（tic-tac-toe）
- 孔明棋
- 五子棋（需要電腦有AI基礎的對奕能力，可能比較困難。）
- 黑白棋（需要電腦有AI基礎的對奕能力，可能比較困難。）
- 其他可能的小遊戲，但請把握下列原則：
  a. 要說明遊戲的規則。
  b. 以 JavaScript 來完成，要能展現 JavaScript 能發揮的功能特色。
  c. 只是小遊戲，不要鋪陳，以免浪費太多時間。

提示：

» 若有其他適合 JavaScript 實作之小遊戲，麻煩讀者來信告知，謝謝！

第九章

小餅乾（Cookies）

本章重點

JavaScript 無法對本機硬碟進行讀寫，唯一的例外就是小餅乾。本節將說明如何使用 JavaScript 來讀寫小餅乾，以及如何使用小餅乾來紀錄使用者的各種資料。

9-1 讀寫小餅乾

一般而言，客戶端的 JavaScript 不能對客戶端的硬碟做任何存取的動作，此限制的目的是為了要保護客戶端電腦的硬碟資料，避免有惡意的 JavaScript 程式碼來對客戶端電腦或資料進行破壞的動作。唯一的例外，就是 JavaScript 可以在客戶端的硬碟存取極少量的有限資料，這些資料稱為小餅乾（Cookie），大部分都是和用戶相關的個人資料，常見的相關應用如下：

- 儲存使用者的認證資料
- 儲存使用者在線上購物的品名、數量與相關資訊（如購物車）
- 記錄使用者的偏好或瀏覽歷程（例如數位學習的紀錄）

使用 Cookie 來記錄資料的好處可以列舉如下：

1. 所有資料均存放在客戶端電腦，不會佔用伺服器硬碟空間。
2. 與 Cookie 相關的運算均在客戶端電腦進行，不會增加伺服器運算負載。
3. 簡單易用，可以使用客戶端的 JavaScript 或伺服器端的 ASP 即可對 Cookie 進行讀寫。

但對於網頁程式設計師來說，Cookie 的使用也有一些不盡理想之處：

1. 不可靠，因客戶端可以完全關閉 Cookie 的功能，此時 JavaScript 與 Cookie 相關的程式碼就無法運作。（此時必須先檢測 Cookie 功能是否被關閉，再跳到不同的程式片段，因而造成程式碼的複雜。）
2. 客戶換用不同的瀏覽器時，就會無法抓到由另一個瀏覽器所寫入的 Cookie 資訊。
3. 客戶重灌電腦時，就會造成 Cookie 資訊的流失。
4. 客戶換台電腦時，Cookie 的資訊就無法帶到另一台電腦。

雖然有上述的缺點，但是 Cookie 的使用還是很普遍，因為目前大部分的瀏覽器都支援 Cookie，而且一般使用者也沒有必要去關閉 Cookie 的功能。

首先我們看看如何檢查瀏覽器是否開啟Cookie功能，這可以經由 navigator.cookieEnabled 來判斷，請見下列範例（cookie01.htm）：

上述範例的原始檔如下：

範例9-1（cookie01.htm）：

```
...
<script>
document.write("navigator.cookieEnabled = " + navigator.cookieEnabled
    + "<br>");
if (navigator.cookieEnabled){
    document.write("Cookie 功能已經啟動！");
    // 在此加入使用 Cookie 的程式碼
} else {
    document.write("Cookie 功能尚未啟動！");
    alert("你的瀏覽器設定不支援 Cookie，請先開啟瀏覽器的 Cookie 功能
    後，才能得到瀏覽本網頁的最佳效果！");
    // 在此加入不使用 Cookie 的程式碼
}
</script>
...
```

由此可知，我們可以使用 navigator.cookieEnabled 來判斷客戶端的瀏覽器是否開啟 Cookie 的功能，並進而選用不同的程式碼來達到網頁的既定功能。

提示：

» 若要關閉 Cookie 的功能，在 IE 瀏覽器可以經由下列下拉式選單來修改：工具/網際網路選項/隱私。請關閉 Cookie 功能後，再檢測 navigator.cookieEnabled 的值，是否如你想像？為什麼？

完整的 Cookie 是以下列字串形式存放在客戶端的硬碟：

```
name=value;expires=expDate;
```

其中 name 代表 Cookie 的名稱，value 則是對應的 Cookie 值，expDate 代表 Cookie 的有效期間，若超過此時間，Cookie 就會被刪除。若沒有指定有效時間，則 Cookie 只會被儲存在記憶體中，在使用者關掉所有的瀏覽器後，或在 session 逾時（Session time-out，預設值通常是 20 分鐘）後，Cookie 就會被自動刪除了。

對於任一個網頁而言，Cookie 是一個字串，存放在 document.cookie 字串之中，我們可以使用下列範例來印出 Cookie 字串的值（cookie011.htm）：

在上述範例中，出現一個似乎由亂數產生的 name/value pair，這是 ASP 的 session 變數，是由微軟 IIS Web 伺服器自動設定的資訊，用以追蹤每個使用者的使用習慣。上述範例的原始檔如下：

範例9-2（cookie011.htm）：

```
...
本頁的 Cookie 字串是：
<script>
document.write(document.cookie);
</script>
...
```

若要設定 Cookie，可見下列範例（cookie02.htm）：

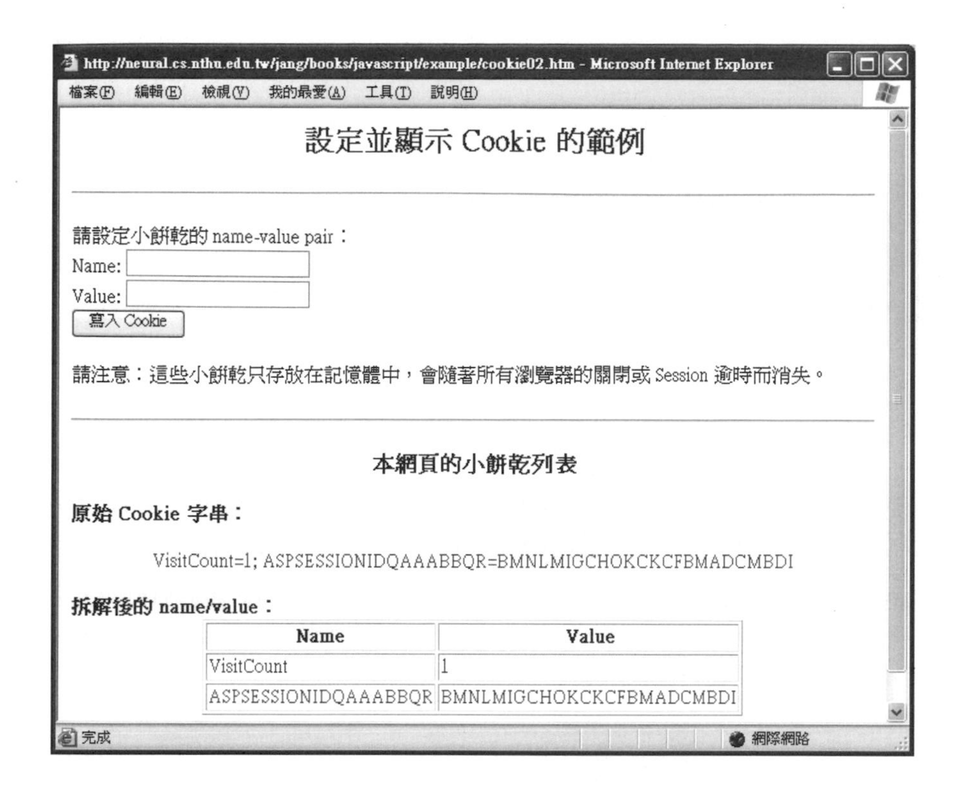

上述範例的原始檔如下：

範例9-3（cookie02.htm）：

```
...
<script src="cookieUtility.js"></script>
<form>
請設定小餅乾的 name-value pair：<br>
Name: <input id="cookieName"><br>
Value: <input id="cookieValue"><br>
<input type="button" value="寫入 Cookie"
    onClick="document.cookie=escape(cookieName.value)+'='+escape(
    cookieValue.value); history.go(0)">
<p>請注意：這些小餅乾只存放在記憶體中，會隨著所有瀏覽器的關閉或
    Session 逾時而消失。
```

```
</form>


<hr>
<h3 align=center>本網頁的小餅乾列表</h3>
<script>listCookie();</script>
...
```

在上述範例中，我們直接將document.cookie設定為 name+value 的形式，就可以加入一個 Cookie（或是 name/value pair）。

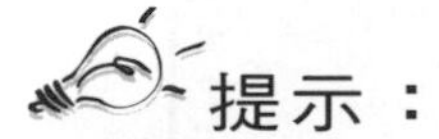

提示：

▸ 當我們使用 document.cookie="aaa=bbb" 時，JavaScript 並不會蓋掉原先就有的 Cookie 資料，而是將相關資料加到 document.cookie 的尾端，這是要特別注意之處。

為避開空格或其他可能造成錯誤之字元，在存取 name 或 value 時，最好使用 escape() 及 unescape() 函式來進行編碼與解碼，以便避掉具有特殊意義的字元。以下是一個使用 escape() 的範例（escape01.htm）：

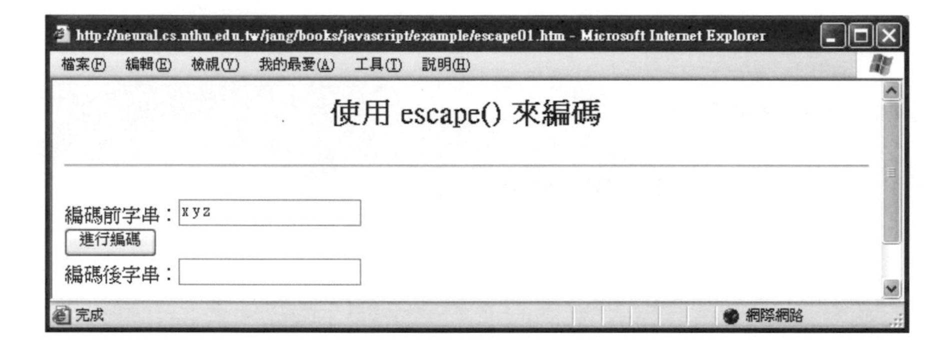

上述範例的原始檔如下：

範例9-4（escape01.htm）：

```
...
<form>
編碼前字串：<input id=source value="x y z"><br>
```

```
<input type=button value="進行編碼"
    onClick="target.value=escape(source.value)"><br>
編碼後字串：<input id=target>
</form>
...
```

在上述範例中，空格被轉換成「%20」，其作法是先將空格轉成 ASCII 碼，也就是 32，然後再將 32 轉成16進位，再加上百分比，就得到編碼後的「%20」。

提示：

▸ 若使用 escape() 對中文進行編碼，其結果是以 unicode 來表示的 16 進位字串。例如「編」會被轉成「%u7DE8」，其中 7DE8 就是「編」的 unicode 的 16 進位表示法。

此外，在 cookie02.htm 列出所有的 Cookies 時，上述範例呼叫了一個函數 listCookie()，此函數是定義在 cookieUtility.js 之中。事實上，cookieUtility.js 包含了數種常用的基本函數，可以對 Cookie 進行各種處理，例如：

- setCookie：加入一個 cookie。
- delCookie：刪除一個 cookie。
- getCookie：經由名稱來找到一個 cookie。
- showAllCookie：顯示 document.cookie。
- getCoolieValueByIndex：經由索引值找到一個 cookie。
- listCookie：將所有 cookie 列在一個表格中。

對於常處理 Cookie 的程式設計師而言，這些函式都會常常用到，原始碼如下：

範例9-5（cookieUtility.js）：

```
// Set cookie
function setCookie(name, value) {
    var argv = setCookie.arguments;
    var argc = setCookie.arguments.length;
    var expires = (argc > 2) ? argv[2] : null;
    var path = (argc > 3) ? argv[3] : null;
    var domain = (argc > 4) ? argv[4] : null;
```

```
    var secure = (argc > 5) ? argv[5] : null;

    document.cookie = escape(name) + "=" + escape(value) +
    ((expires == null) ? "" : ("; expires=" + expires.toGMTString())) +
    ((path == null) ? "" : ("; path=" + path)) +
    ((domain == null) ? "" : ("; domain=" + domain)) +
    ((secure == null) ? "" : ("; secure=" + secure));
}

// Delete cookie entry
function delCookie(name) {
    var exp = new Date();
    exp.setTime(exp.getTime()-1);     // 設定失效時間比目前時間還早
    document.cookie = escape(name) + "=; expires=" +
    exp.toGMTString();        // 重新設定 Cookie
}

// Get cookie by name
function getCookie(name) {
    var arg = escape(name) + "=";
    var nameLen = arg.length;
    var cookieLen = document.cookie.length;
    var i = 0;

    while (i < cookieLen) {
     var j = i + nameLen;
     if (document.cookie.substring(i, j) == arg)
           return getCookieValueByIndex(j);
     i = document.cookie.indexOf(" ", i) + 1;
     if (i == 0) break;
    }
    return null;
}
```

```
// Show the cookie string
function showAllCookie() {
    alert(document.cookie);
}

function getCookieValueByIndex(startIndex) {
    var endIndex = document.cookie.indexOf(";", startIndex);
    if (endIndex == -1)
     endIndex = document.cookie.length;
    return unescape(document.cookie.substring(startIndex, endIndex));
}

// List all name/value pairs in a table
function listCookie() {
    document.writeln("<p><b>原始 Cookie 字串：<p></b><center><font
    color=green>" + document.cookie + "</font></center>");
    document.writeln("<p><b>拆解後的 name/value：</b>");
    document.writeln("<table border=1 align=center>");
    document.writeln("<tr><th>Name<th>Value");
    cookieArray = document.cookie.split(";");
    for (var i=0; i<cookieArray.length; i++) {
     thisCookie = cookieArray[i].split("=");
     cookieName = unescape(thisCookie[0]);
     cookieValue = unescape(thisCookie[1]);
     document.writeln("<tr><td><font
    color=red>"+cookieName+"</font><td><font
    color=green>"+cookieValue+"</font>");
    }
    document.writeln("</table>");
}
```

9-2 設定失效日期

我們除了可以設定 Cookie 之外，當然也可以對 Cookie 進行刪除、修改或查詢等動作，下列範例就是一個「小餅乾試驗場」，它引用了 cookieUtility.js 內的函數來對 Cookie 進行新增、修改、刪除的各種動作（cookie03.htm）：

上述範例的原始檔如下：

範例9-6（cookie03.htm）：

```
...
<script src="cookieUtility.js"></script>
<input type=button value=設定小餅乾
    onClick="setCookie(cookieName1.value, cookieValue1.value);
    history.go(0)">
Name: <input id=cookieName1> Value: <input id=cookieValue1><br>
<input type=button value=移除小餅乾
    onClick="delCookie(cookieName2.value); history.go(0)">
```

```
Name: <input name=cookieName2><br>
<input type=button value=查詢小餅乾
    onClick="cookieValue3.value=getCookie(cookieName3.value)">
Name: <input name=cookieName3> Value: <input name=cookieValue3>
<h3>本網頁的小餅乾列表</h3>
<script>listCookie();</script>
...
```

在上述範例中，我們呼叫了幾個函數（setCookie(), delCookie(), getCookie()等）來對 Cookie 進行處理，這些函數均定義於 cookieUtility.js 之中，由於篇幅有限，請見前一小節的原始碼列表，在此不再重複。特別要注意的是，當我們要刪除一個 Cookie，通常的作法是設定其失效日期，只要失效日期是早於現在的時間，Cookie 就會被刪除了，在 cookieUtility.js 中的 delCookie() 函數，就是以此方法進行實作，此函數的程式碼如下：

```
function delCookie(name) {
        var exp = new Date();
        exp.setTime(exp.getTime()-1);        // 設定 Cookie 的失效時間比目前時間還早
        document.cookie = escape(name) + "=; expires=" + exp.toGMTString();    // 重新設定 Cookie
}
```

在前一個範例中，由於在設定 Cookie 時，沒有指定其期限，因此 Cookie 只被存放在記憶體中，若使用者關閉所有瀏覽器視窗，Cookie 的資料將隨之消失。（請試試看！）若使用者不再存取該網頁，則 Cookie 也會在 Session Time-out （由伺服器設定，通常是 20 分鐘）後就消失。

若要使 Cookie 能維持長久的效力，就必須設定 Cookie 的失效日期（Expiration date）。換句話說，在此失效日期前，Cookie 都是有效的，並會在瀏覽器載入網頁時，存放於 document.cookie，若瀏覽器關閉，則新增的 Cookie （帶有特定的失效日期）會被存放到特定的檔案中。Cookie 存放的檔案，在 Netscape 是 cookies.txt，在 IE 則是在 Cookies 目錄之下。欲得知這些檔案或目錄的實體路徑，請直接進行「尋找檔案」即可。

在下列範例中，我們使用 Cookie 來記錄使用者造訪網頁的次數（cookie04.htm）：

上述範例的原始檔如下：

範例9-7（cookie04.htm）：

```
...
<script src="cookieUtility.js"></script>
<script>
duration = 365;                    // 資料將被保留一年
today = new Date();
expireDate = new Date();
expireDate.setTime(today.getTime()+1000*60*60*24*duration);       //
    Set up expire date
cookieName = 'VisitCount';
count = getCookie(cookieName);
if (count==null)
    count=0;
count++;
if (count==1)
```

```
    message="謝謝您初次光臨寒舍！";
else if (count==2)
    message="謝謝您再度光臨！";
else
    message="您已經光臨本站 "+count+" 次了！"
setCookie(cookieName, count, expireDate);
document.write(message);
document.write("（您在本頁所留下的資料記錄在名為「"+cookieName+"」
    的小餅乾，將會被保留"+duration+"天。）");
</script>
<p>點選 <input type="button" value="歸零"
    onClick="delCookie('VisitCount'); history.go(0)"> 來使計數資料歸零。
    <br>
點選 <input type="button" value="重載" onClick="history.go(0)"> 來增加記
    數資料。

<hr>
<h3 align=center>本頁小餅乾列表</h3>
<script src="listCookie.js"></script>
<script>listCookie();</script>
...
```

在上述範例中，造訪網頁的計數資料是存放在名為 VisitCount 的 Cookie 之中，此 Cookie 的有效期間是一年，因此並不會隨著瀏覽器的關閉而消失。（請試試看！）

另外，在同一個目錄下的網頁，基本上可以共用 Cookie 的資訊。換句話說，只要 cookie02.htm 和 cookie03.htm 是位於同一個目錄，你可以在 cookie02.htm 設定一個 Cookie，然後在 cookie03.htm 的 Cookie 列表看到之前設定的資料。

9-3　相關技術細節

本節針對 Cookie 的技術層次加以說明，以讓同學對 Cookie 有更深一步的瞭解。

Cookie 的概念是由 Netscape 公司首先發展出來，其主要目的是要克服 HTTP protocal 的「無狀態」（Stateless）特性。換句話說，Cookie 的目的就是要記錄使用者之前在網頁上的行為，以便於當使用者回到同一個網頁時，有些相關的紀錄可循。

提示：

- 所謂的「Stateless」，是指在處理每一個用戶送來的 Request，伺服器並沒有任何紀錄之前是否有相關的 Request（Log 檔案除外），因此伺服器很難對用戶端進行瀏覽行為的紀錄和追蹤。

Netscape 公司所設計的 Cookie，是經由 HTTP header 來傳送，其中「Set-Cookie:」會下載 Cookie 到使用者端，而「Cookie:」則會上載 Cookie 到伺服器端。一個標準的 HTTP response header 如下：

```
HTTP/1.0 200 OK
Date: Tuesday, 09-Nov-99 20:58:25 GMT
Server: Open-Market-Secure-WebServer/2.0.5.RC0
MIME-version: 1.0
Security-Scheme: S-HTTP/1.1
Set-Cookie: USER=4wOm1zd2VlbmV5MTk5OQ;
    Path=/; Domain=.site.com; expires=Wed,
        01-Jan-2031 01:01:01 GMT
```

在上例中，「Set-Cookie:」指定了要下載至使用者端的 Cookie 元素。

一般在使用瀏覽器，使用者是看不到這些表頭資訊的，若要看到這些資訊，可以使用 telnet，例如，請在 DOS 視窗輸入下列文字：

```
telnet neural.cs.nthu.edu.tw 80
```

按下 Enter 鍵後，接著輸入下列文字：

```
HEAD /jang/ HTTP/1.0
```

（你可能看不到輸入的文字，但是這並不會影響結果。）其中的 HEAD，代表只抓取表頭資訊。輸入完畢後，記得要按「兩次」Enter 鍵，就可以取得一般瀏覽器在顯示我的首頁時，伺服器所回傳的表頭資訊：

```
HTTP/1.1 200 OK
Server: Microsoft-IIS/5.0
Date: Mon, 30 Oct 2006 05:54:00 GMT
Connection: Keep-Alive
Content-Length: 7179
Content-Type: text/html
Set-Cookie: ASPSESSIONIDQCBCCDTA=AKHDJFHCGGDPDMNAHONKMPEN; path=/
Cache-control: private
```

如果要取得「Web程式設計、技術與應用」首頁的完整資訊，可以輸入下列文字：

```
GET /jang/books/JavaScript/ HTTP/1.0
```

其中的 GET，代表抓取完整資訊。按下兩次 Enter 鍵後，傳回的資訊如下：

```
Server: Microsoft-IIS/5.0
Date: Mon, 30 Oct 2006 05:56:31 GMT
Connection: Keep-Alive
Content-Length: 8967
Content-Type: text/html
Set-Cookie: ASPSESSIONIDQCBCCDTA=DLHDJFHCAGGLFCEOJCIBEJLN; path=/
Cache-control: private

<html>
<head>
<title>JavaScript 程式設計與應用</title>
<LINK TYPE="text/css" REL="stylesheet" HREF="common/my.css">
</head>
```

```
<body>
<font face="helvetica,arial">

<h2 align=center class=txtH1>JavaScript 程式設計與應用</h2>
<h3 align=center class=txtH2>by <a href="http://www.cs.nthu.edu.tw/~jang">張智星
</a></h3>
<hr>
...
```

我們可以將 Cookie 的設定分為兩部分：

1. 由伺服器直接對用戶進行設定：此部分的 Cookie 資訊就是直接放在由伺服器回傳的表頭，如前所述。有關這方面的細節，我們會在 ASP 相關章節加以說明。
2. 由用戶端的 JavaScript 進行設定：此部分是經由用戶端的 JavaScript 來進行設定，請見本章第一節及第二節的說明。

另外，當瀏覽器對伺服器索取網頁時，也會帶著表頭資訊，稱為 HTTP Requst Header，這部分也會包含與此網頁相關的 Cookie 的資訊，所以伺服器端也可以立刻知道與此網頁相關的 Cookie 資訊，例如之前的拜訪次數或購買項目，等等。因此我們可以對 Cookie 對網頁的作用總結如下：

- 無論是 Request 或是 Response，Cookie 都會被帶在表頭資訊中傳送。
- 在 Request 時，瀏覽器會將此網頁以前所留下來的 Cookie 以表頭資訊一起傳到伺服器。
- 在 Response 時，伺服器會將此網頁必須設定的 Cookie 以表頭資訊送到伺服器，我們可以使用 ASP 來控制這些由伺服器端指定寫入的 Cookie。此外，當網頁送到用戶端時，我們還可以使用 JavaScript 來指定 Cookie 的讀寫。

詳細流程可見下圖：

Cookie 設定流程說明

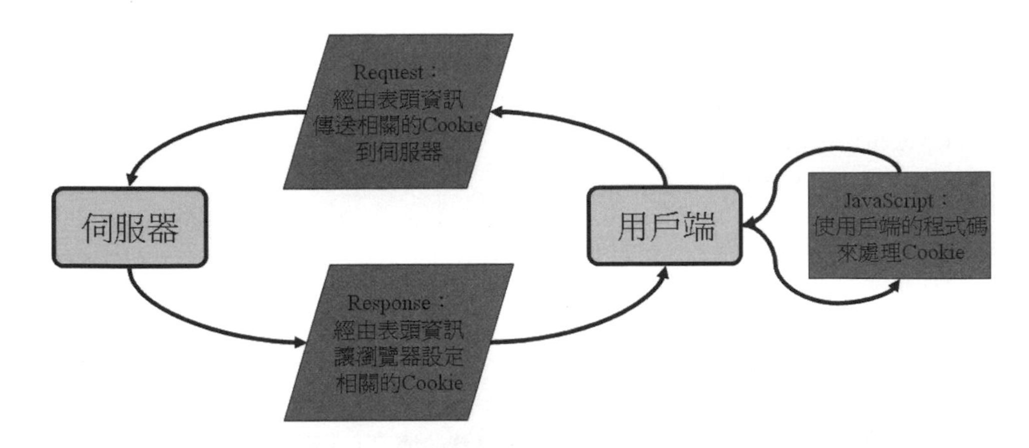

提示：

» 有關 Request 及 Response，會在 ASP 相關章節進行說明。

9-4 習題

選擇題

1. 下列敘述，何者有錯？
   (1) 在一般情況下，同一個目錄的網頁，可以存取共同的 cookie。
   (2) 若沒有設定失效日期，cookie 只會存在於用戶端的記憶體。
   (3) 用者關閉 cookie 的功能後，我們可以使用 JavaScript 從網頁開啟 cookie 功能。
   (4) 一般而言，不同的瀏覽器在將 cookie 存放至硬碟時，有不同的方式。
2. 在存取 cookie 的 name 或 value 時，我們最好使用什麼函式來進行編碼與解碼，以便避掉空格或其他可能造成錯誤之字元？
   (1) encode() 及 decode()
   (2) enscript() 及 descript()
   (3) escape() 及 unescape()
   (4) 以上皆非
3. 一般而言， cookie 是放在 DOM (Document Object Model) 的哪一個性質？

(1) document.cookie
(2) window.cookie
(3) navigator.cookie
(4) 以上皆非

4. 若要檢測用戶端是否有正常開啟 cookie 的功能，請問要使用哪一個性質？
(1) document.cookieAllowed
(2) document.cookieEnabled
(3) navigator.cookieAllow
(4) navigator.cookieEnabled

5. 下列哪一項應用，和 cookie 的相關性最低？
(1) 購物網站的購物車的應用。
(2) 網路投票的統計結果。
(3) 強迫使用者一定要從網站的首頁進入。
(4) 認證一次就能悠遊其他各個需要認證的網頁。

6. 若不設定 cookie 的失效日期，在不關閉瀏覽器的情況下，則此 cookie 的有效期限有多長？
(1) 20分鐘。
(2) 一年。
(3) 一直存在，直到使用者關閉瀏覽器為止。
(4) 一直存在，直到使用者重開機為止。

7. 欲使用 JavaScript 完成一簡單的「貪食蛇」遊戲，如何紀錄個人最佳成績是一個問題。請問最佳的解決方案為何?
(1) 使用cookie來保留個人最佳成績
(2) 由使用者指定將最佳成績存在自己硬碟的某個檔案
(3) 將最佳成績寫回伺服器的硬碟上
(4) 無法達成

8. 下列有關 cookie 的描述，何者有誤?
(1) Cookie 可以用來記錄資料，如訪客的登錄資料
(2) Cookie 是儲存在伺服器端
(3) 新增 Cookie 之後，可以透過 JavaScript 函數來存取或刪除
(4) Cookie 的大小有限制

簡答題

1. 請列舉兩項使用 cookie 的相關應用。
2. 請列舉兩項使用 cookie 的好處。
3. 請列舉兩項使用 cookie 的壞處。

程式題

請使用本章所學到的 Cookie 技巧來完成下列作業。請特別注意，在測試含有 Cookie 讀寫的網頁時，一定要將網頁放在遠端的伺服器來測試，如果僅是點選硬碟中的網頁檔案，或是經由 localhost (127.0.0.1) 來載入網頁，都有可能得到錯誤的結果。

1.(*) **Cookie檔案在哪裡：**在關閉瀏覽器後，範例「利用 Cookie 記錄客戶拜訪網頁次數」（cookie04.htm）的 Cookie 是寫到你的硬碟下的哪一個檔案？你如何尋找到此檔案？Cookie 在此檔案內的相關內容為何？

2.(*) **設定Cookie的說明：**在 IE 瀏覽器可以經由「工具/網際網路選項/隱私」的下拉式選單來修改瀏覽器對於 cookie 的接受程度，但是此選單的選項眾多，稍嫌複雜。請從網路上尋找資料，撰寫一個網頁 cookieOptions.htm，以圖文並茂的方式，說明這些和 cookie 相關選項的功能。（請務必說明你的 IE 版本和微軟視窗作業系統版本。）

3.(*) **記錄載入時間：**請寫一個網頁 cookieLastVisitTime.htm，可以顯示使用者上次點選此網頁的時間，且 Cookie 有效期間為一年。（提示：使用 onLoad。）

4.(***) **腦力激盪題：**按鍵模擬：請寫一個網頁 checkCookieEnabled.htm，偵測用戶端是否有開啟 Cookie 功能（請勿使用 navigator.cookieEnabled），若無開啟，以警告視窗提示使用者要開啟 Cookie 功能，此網頁才能正常運作。（提示：在 JavaScript 中寫入一個 Cookie，再測試看看是否能正常讀出此 Cookie。）

5.(*) **讀寫Cookie以確認可用：**請寫一個網頁 checkCookieEnabled.htm，偵測用戶端是否有開啟 Cookie 功能（請勿使用 navigator.cookieEnabled），若無開啟，以警告視窗提示使用者要開啟 Cookie 功能，此網頁才能正常運作。（提示：在 JavaScript 中寫入一個 Cookie，再測試看看是否能正常讀出此 Cookie。）

6.(**) **不同目錄下的Cookie共用：**不同的 HTML 文件，在同一個伺服器、不同的目錄下，如何共用 Cookie？請用你寫的網頁來舉實例說明。（此題必須從網路找相關資料。）

7.(**) **讀寫Cookie以確認其長度限制：**根據很久以前的官方資料，Cookie 有下列限制：

- 一個 Cookie 檔案最多只能包含 300 個 cookies。（這只適用於 Netscape，因為它把所有的 Cookie 都放在一個檔案。）
- 每一個 Cookie 的大小不得超過 4KB。
- 每一個 URL 路徑，最多只能設定 20 個 cookie。

但是這些官方資料可能已經過時了，而且瀏覽器的版本一再更新，因此要知道 cookie 的限制，最可靠的做法就是寫程式碼來測試。

a. 一個 Cooke 在長度超過多少時會被切斷？請用一個測試網頁來說明。（提示：在 JavaScript 中使用迴圈來寫入一個 cookie 的大量資料，再由 JavaScript 將 cookie 讀出，看看資料量多大時，cookie 會被切掉。）

b. 一個網頁最多能寫入幾個 cookie？請用一個測試網頁來說明。（提示：在 JavaScript中使用 for-loop 來寫入多個 cookie ，再由 JavaScript 將 cookie 讀出，若達到 Cookie 個數的上限，禁止動作就沒有作用。）

（請注意：使用 IIS 伺服器和其它伺服器（如UNIX 上的 Apache 伺服器）可能得到不一樣的結果，因為IIS 伺服器會保留一些無法刪除的 Cookie 在用戶端，所以同樣的網頁在不同的伺服器可能得到不同的答案。）

8.(**) **Cookie簡單應用：**寫一個網頁 cookieGreeting.htm，滿足下列需求：

拜訪次數	網頁顯示訊息
第 1 次拜訪	您好！歡迎您首度光臨本站！ 請填入您的大名，謝謝！ 貴姓大名：[　　] [記錄大名]
第 2 次拜訪	xxx，您好！歡迎您再度光臨本站！ 您上次光臨時間：xxxxxxxxxx （若我猜錯您的大名，請重填，謝謝！） 貴姓大名：[　　] [記錄大名]
. . .	. . .
第 n 次拜訪（n>2）	xxx，您好！歡迎您 n 度光臨本站！ 您上次光臨時間：xxxxxxxxxx （若我猜錯您的大名，請重填，謝謝！） 貴姓大名：[　　] [記錄大名]

9.(***) **模擬IE的「自動完成」功能：**本作業將利用 cookie 模擬 IE 的「自動完成」功能。換句話說，當使用者在文字欄位輸入資料時，網頁會將資料存入 cookie 中，當下次使用者再次輸入資料，便可啟用類似自動完成的功能。首先我們先在網頁上設計四個控制項：

[　　] [儲存] [自動完成] [動態儲存的自動完成文字 ▾]

a. 當使用者第一次在 text 裡面打入 "aircop" 時，在按「儲存」後，網頁會把 "aircop" 存入 cookie 中，並同時加入下拉式選單的 option 中，當下次這個網頁又被載入時，下拉式選單中的 option 會由 cookie 裡面存的資料來產生。比如第二次又打入

了 "erison"，然後按「儲存」。下次再到這個網頁時，下拉式選單裡的 option 裡就會有 "aircop" 及 "erison" 這兩個字串。當使用者企圖在 text 裡輸入 "e" 時，下拉式選單就會自動 select 到 "erison" 這個字串，此時只要使用者按下「自動完成」，就可自動將 "erison" 填入 text 中。自動完成的尋找規則是從第一個字元開始，找第一個符合的字串。（相關參考網頁：動態下拉式選單，dynamicListBox01.htm）

b. 下拉式選單中的 option 必須經過排序，而且能對付各種奇怪符號。

第十章

通用表示法

本章重點

本章介紹通用表示法，這是一套強大的字串比對方式，可以讓你在進行 JavaScript 程式設計時，能夠有事半功倍的效果！

10-1　資料驗證

「通用表示法」或「通用式」（Regular expressions）是在 UNIX 世界中發展出來的字串比對技巧，其基本概念是用一套格式簡單、但功能強大的符號來比對複雜的字串，並可對符合比對條件的字串進行修改或其他運算。事實上，UNIX 的許多軟體或指令都支援通用表示法，例如 grep、sed、awk、ed、vi、emacs 等。（但是這些東西大概只有像我這樣的 LKK 才會用吧。）

提示：

- 若按照字面來翻譯，Regular expressions 應該翻成「正規表示法」或「正規式」，但是我們使用「通用表示法」或「通用式」似乎更能適切地表達其功能。

Netscape 及 IE 在第四版後都支援 JavaScript/VBScript 的通用表示法，特別適用於表單資料的驗證與修改。事實上，JavaScript/VBScript 的通用表示法和 Perl 以及其他 UNIX 相關指令幾乎一模一樣，因此，在本章學到的通用表示法，也可以完全適用於 Perl 或 UNIX 相關指令。（一魚兩吃，真是太棒了！）

由於篇幅限制，我們僅介紹 JavaScript 的通用式；VBScript 的通用式在功能上完全相同，只不過命令格式有所不同，有興趣的讀者，可以參考網路相關資料。

JavaScript 的通用式是一個內建的物件，其建構函數（Construction functoin）為 RegExp，典型用法如下：

```
re = new RegExp("pattern", "flag")
```

上述用法也可以簡寫成下列格式：

```
re = /pattern/flag
```

其中，pattern 是通用表示法的字串，flag 則是比對的方式。flag 的值可能有三種，分別解釋如下：

- g：全域比對（Global match）
- i：忽略大小寫（Ignore case）
- gi：全域比對並忽略大小寫

舉例來說，我們的身份證字號的基本格式，是由一個英文字母加上九個數字組合而成，如果我們要求使用者輸入身份證字號，就可以使用 JavaScript 的通用表示法來驗證其格式的正確性。例如，我們可用下列表單來要求使用者輸入身份證字號（regExpID01.htm）：

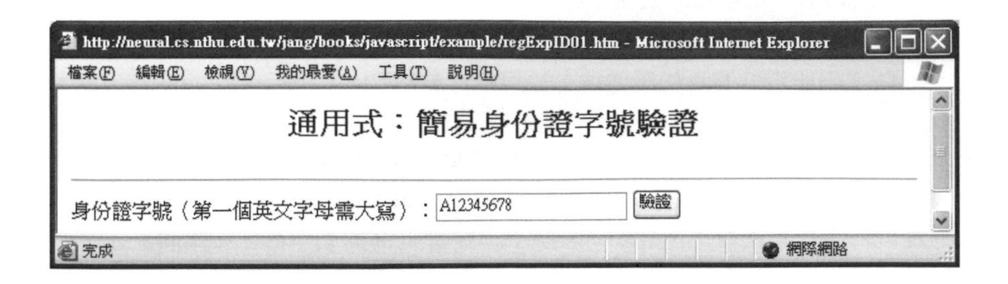

在上例中，我們只要按下「驗證」的按鈕，就會呼叫 checkID() 函數來對文字欄位中的身份證字號進行驗證。相關原始碼如下：

範例10-1（regExpID01.htm）：

```
...
<script>
function checkID(string) {
	re = /^[A-Z]\d{9}$/;
	if (re.test(string))
	 alert("成功！符合「" + re + "」的格式！");
	else
	 alert("失敗！不符合「" + re + "」的格式！");
}
</script>
身份證字號（第一個英文字母需大寫）：<input id=idNumber
	value=A12345678>
<input type=button value="驗證" onClick="checkID(idNumber.value)">
...
```

在上述範例中，/^[A-Z]\d{9}$/ 就是一個通用式，說明如下：

- 若要比對數個字元中的任一個字元，可用中括號，並可用「-」來代表字母或是數字的範圍，因此 [A-Z] 代表由 A 至 Z 的任一個英文字母。（若不嫌煩，當然也可以寫成 [ABCDEFGHIJKLMNOPQRSTUVWXYZ]。）
- \d 代表由 0 至 9 的數目字，事實上也可以寫成 [0-9] 或 [0123456789]。
- {9} 代表前一個字元的重複次數，因此 \d{9} 代表需要有九個數目字。
- ^ 代表字串開始位置，$ 代表字串結束位置。（若沒有這兩個符號，那麼只要任一個字串中間含有身份證字號，也可以比對成功。）

由上述說明，可知 /^[A-Z]\d{9}$/ 就代表可以比對身份證字號的通用式。此外，idNumber.value 代表使用者輸入的字串，re.test(string) 則是通用式 re 的一個方法，會傳回 true 或 false，代表比對是否成功。若要不限定是大寫英文字母，只需將上述範例的通用式改成 /^[a-zA-Z]\d{9}$/ 就可以了！

提示：

» 注意：若不加入 ^ 和 $，那麼 /[A-Z]d{9}/ 就會比對到其他不合法的身份證字號，例如 AGF123456789 或是 F1234567890 等。因此，加入 ^ 和 $ 可保證比對正確的字串一定是由一個大寫英文字母加上九個數字所構成。

另一個簡單的例子，是要求使用者輸入信用卡號碼，這是一組 16 個數字的號碼，例如（regExpCreditCardNumber01.htm）：

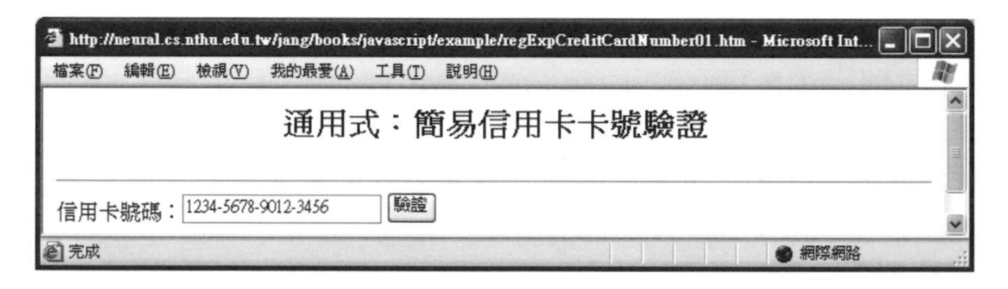

當我們按下「驗證」按鈕時，JavaScript 會呼叫函數 checkCreditCard( ) 來對填入的資料進行驗證。相關原始碼如下：

範例10-2（regExpCreditCardNumber01.htm）：

```
...
<script>
function checkCreditCard(string) {
```

```
    re = /^\d{4}-\d{4}-\d{4}-\d{4}$/;
//  re = /^(\d{4}-){3}\d{4}$/;              // 這種寫法也可以！
    if (re.test(string))
     alert("成功！符合「" + re + "」的格式！");
    else
     alert("失敗！不符合「" + re + "」的格式！");
}
</script>
信用卡號碼：<input id=creditCardNumber value=1234-5678-9012-3456>
<input type=button value="驗證"
    onClick="checkCreditCard(creditCardNumber.value)">
...
```

在上例中，很顯然地，/^\d{4}-\d{4}-\d{4}-\d{4}$/ 就代表正確的信用卡格式。很明顯的，使用通用式會讓程式碼簡潔很多，而且會大大提高程式碼的正確性。（請和前面章節的類似範例 formValidation02.htm 比較看看。）但要注意的是，信用卡卡號本身就有內在的較複雜編碼規則，因此若要實現完整的表單驗證，就必須應用完整的信用卡卡號編碼規則，讀者可參考本章的最後一節。

如果重複的部分多於一個字母，我們就必須將需要重複的部分放在小括號內，再加上由大括號包夾的重複次數，例如，上述範例的通用式 /^\d{4}-\d{4}-\d{4}-\d{4}$/，也可以寫成 /^(\d{4}-){3}\d{4}$/，請試試看！

下一個例子，則是用通用表示法來驗證使用者的英文名字，例如（regExpEnglishName01.htm）：

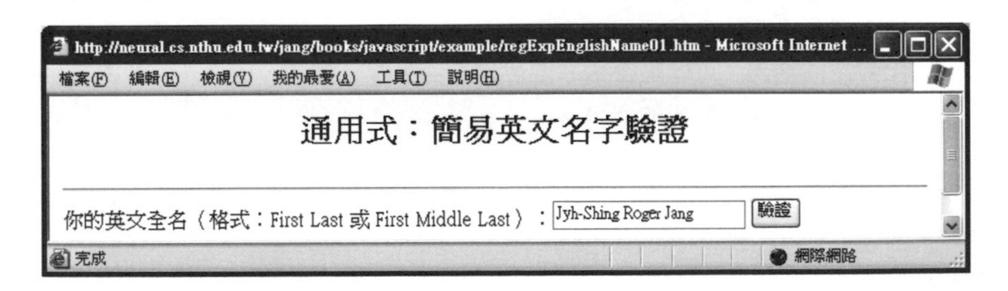

當我們按下「驗證」按鈕時，JavaScript 會呼叫函數 checkEnglishName( ) 來對填入的資料進行驗證。相關原始碼如下：

範例10-3（regExpEnglishName01.htm）：

```
...
<script>
function checkEnglishName(string) {
    re1 = /^[A-Za-z\-]+\s+[A-Za-z\-]+$/;
    re2 = /^[A-Za-z\-]+\s+[A-Za-z\-]+\s+[A-Za-z\-]+$/;
    if (re1.test(string) || re2.test(string))
     alert("成功！符合「" + re1 + "」或「" + re2 + "」的格式！");
    else
     alert("失敗！不符合「" + re1 + "」或「" + re2 + "」的格式！");
}
</script>
你的英文全名（格式：First Last 或 First Middle Last）：<input
    id=englishName value="Jyh-Shing Roger Jang">
<input type=button value="驗證"
    onClick="checkEnglishName(englishName.value)">
...
```

對於上述範例程式，我們說明如下：

- [A-Za-z\-] 代表一個英文字母（可以大寫或小寫），或是字元「-」。特別要注意的是，由於「-」在中刮號內部已經有特殊意義，若要避掉此特殊意義，就必須在「-」之前加上反斜線（「\」）。
- 加號代表重複前一個字元一次或多次，因此 [A-Za-z\-]+ 就代表由英文字母或是減號所形成的字串，且其長度至少是一。
- \s 代表空白字元，可以是空格、定位鍵、換列字元等等。因此 \s+ 就表示由一個或多個空白字元所形成的字串。

因此 re1 = /^[A-Za-z\-]+\s+[A-Za-z\-]+$/ 可以比對由兩個字彙所形成的英文名字，例如 Michael Jordan；而 re2 = /^[A-Za-z\-]+\s+[A-Za-z\-]+\s+[A-Za-z\-]+$/ 則可以比對由三個字彙所形成的英文名字，例如，Jyh-Shing Roger Jang。

下一個例子，則是用通用表示法來驗證電子郵件，例如（regExpEmail01.htm）：

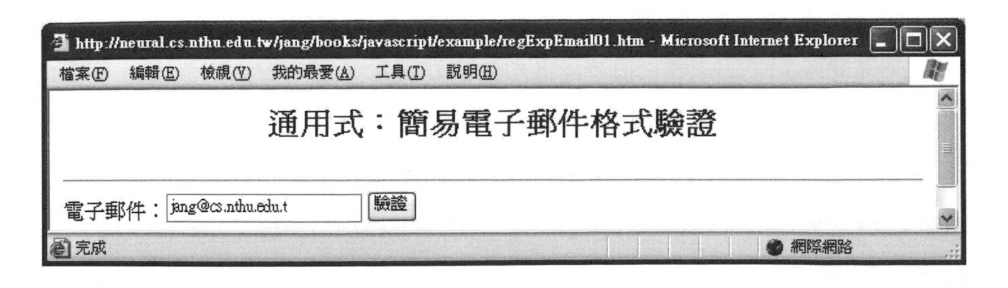

當我們按下「驗證」按鈕時，JavaScript 會呼叫函數 checkEmail( ) 來對填入的資料進行驗證。相關原始碼如下：

 範例10-4（regExpEmail01.htm）：

```
...
<script>
function checkEmail(string) {
      re = /^.+@.+\..{2,3}$/;
      if (re.test(string))
       alert("成功！符合「" + re + "」的格式！");
      else
       alert("失敗！不符合「" + re + "」的格式！");
}
</script>
電子郵件：<input id=email value="jang@cs.nthu.edu.t">
<input type=button value="驗證" onClick="checkEmail(email.value)">
...
```

對於此範例所用到的通用式 /^.+@.+\..{2,3}$/，說明如下：

- 句號可以比對任一個字元（但不包含換列字元），因此 .+ 代表長度不為零的字串。
- 若要比對「.」本身，由於其原先已經具有特殊意義，所以必須加上反斜線：「\.」。
- .{2,3} 代表長度為 2 或 3 的字元，可以比對國碼（兩個字元）或是 com、edu 等美國地區專用碼。
- 再次說明：^ 代表字串開始位置，$ 代表字串結束位置。

因此 /^.+@.+\..{2,3}$/ 可用來比對一般的 email 帳號，例如 test@cs.nthu.edu.tw 或是 roger_jang@mathworks.com 等，但是此通用式並非滴水不漏，有些不合格的 email 帳號也會比對成功，例如 " @math.com"，或是 "test@ .tw"，或是 "aa@bb.zz"。若要避開含有空白的 email 帳號，請見下列範例（regExpEmail02.htm）：

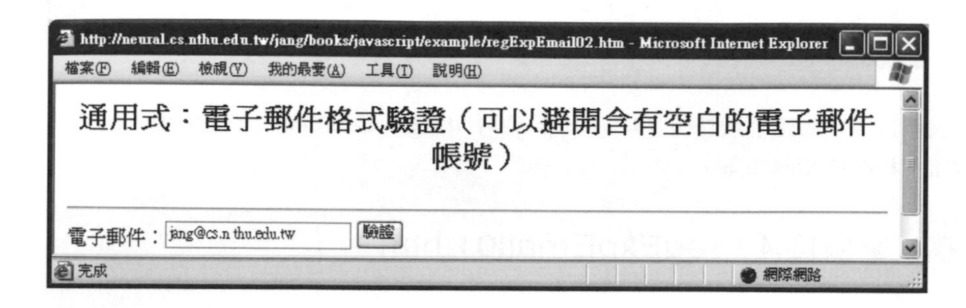

相關原始碼如下：

範例10-5（regExpEmail02.htm）：

```
…
<script>
function checkEmail(string) {
	re = /^[^\s]+@[^\s]+\.[^\s]{2,3}$/;
	if (re.test(string))
	 alert("成功！符合「" + re + "」的格式！");
	else
	 alert("失敗！不符合「" + re + "」的格式！");
}
</script>
電子郵件：<input id=email value="jang@cs.n thu.edu.tw">
<input type=button value="驗證" onClick="checkEmail(email.value)">
…
```

對於此範例所用到的通用式 /^[^\s]+@[^\s]+\.[^\s]{2,3}$/，說明如下：

- \s 代表所有可能的空白字元，包含空白、定位鍵、換列字元等。（但並不包含全形的空白，請特別注意！）

- ^ 在中括弧內是代表「否定」，因此 [^\s]+ 代表「由一個或多個非空白字元」所形成的字串。

提示：

▶ 請注意：^ 在一般通用表示法的意義是「字串開始的位置」，但是一旦放在中括弧內，則是代表「否定」或「非」。

在以下的範例中，我們設計了一個表單，可以讓使用者輸入任意字串、通用式，以及比對選項，並在通用式比對後，列出比對到的字串，讀者們可以利用此範例，反覆演練，以增進對於通用式的瞭解（regExpTest01.htm）：

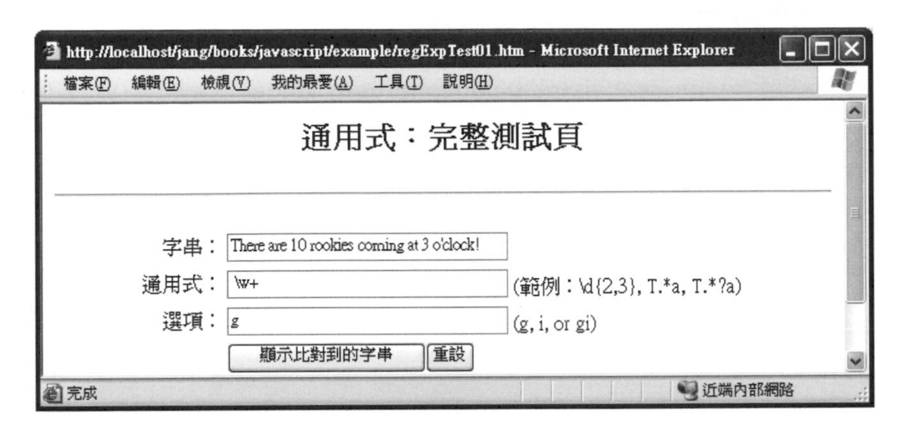

上述範例的原始檔如下：

範例10-6（regExpTest01.htm）：

```
...
<script>
function showMatched(form){
    var regexp = new RegExp(form.pattern.value, form.flag.value);
    var str = form.string.value;
    var matched = str.match(regexp);
    if (matched) {
     var dispstr = matched.length + " 個比對到的字串：";
     for (var i=0; i<matched.length; i++)
         dispstr = dispstr + "\n" + matched[i];
```

```
    alert(dispstr);
   } else
    alert("沒有比對到任何字串！");
}
</script>
<form>
<table align=center>
<tr><td align=right>字串：
<td><input type=text size=30 name=string value="There are 10 rookies
    coming at 3 o'clock!">
<tr><td align=right>通用式：
<td><input type=text size=30 name=pattern value=" \w+ "> (\d, T.*a)
<tr><td align=right>選項：
<td><input type=text size=30 name=flag value="g"> (g, i, or gi)
<tr><td align=right><br>
<td><input type="button" value="顯示比對到的字串"
    onClick="showMatched(this.form)"><input type="reset">
</table>
</form>
...
```

在上述範例中，我們使用了字串的 match() 方法，來對通用式進行比對，因此 matched = str.match(regexp) 可將比對到的字串送到一個陣列，以便後續處理。

在進行表單資料驗證之前，我們應先進行表單資料修改，例如拿掉不必要的空格、英文字母大小寫轉換等，這些工作也可以由字串的 replace() 方法或通用式的 exec() 方法來達成，這是我們下一節的主題。

10-2　資料修改

JavaScript 在第四版之後，針對通用表示法增加了數個字串方法，這些字串方法的用途很廣，可以列舉如下：

整理：

字串方法	功 能
string.search(re)	通用式 re 在某個字串 string 出現的位置
string.match(re)	從字串 string 抽取符合通用式 re 的子字串，並以字串陣列傳回
string.replace (re, newStr)	將字串 string 符合通用式 re 的部分，代換為 newStr

使用通用表示法及上述的字串方法，我們對字串的處理能力大增，不但可以進行搜尋比對，還可以立刻修改字串（例如：即時修正表單資料），本節將說明這些功能。

若要尋找某個通用式在一個字串的第一次出現的位置，可用字串的 search 方法，例如（regExpSearch01.htm）：

http://neural.cs.nthu.edu.tw/jang/books/javascript/example/regExpSearch01.htm - Microsoft Internet Explorer

檔案(F)　編輯(E)　檢視(V)　我的最愛(A)　工具(T)　說明(H)

通用式：搜尋並列出位置

字串：阿輝伯是李登輝，李炳輝是金門王的搭檔

通用式：李.輝

選項：g

顯示搜尋結果

完成　網際網路

相關原始碼如下：

範例10-7（regExpSearch01.htm）：

```
...
<script>
function regExpMatch(string, pattern, flag){
      var regexp = new RegExp(pattern, flag);
      var index = string.search(regexp);
      alert(index);
}
</script>
<center>
   字串：<input size=40 id=strId value="阿輝伯是李登輝，李炳輝是金門王
      的搭檔"><br>
通用式：<input size=40 id=patId value="李.輝"><br>
   選項：<input size=40 id=flagId value="g"><br>
<input type="button" value="顯示搜尋結果"
      onClick="regExpMatch(strId.value, patId.value, flagId.value)">
</center>
...
```

其中 str.search(re) 將會傳回符合 re 的第一個位置（此例為 4）。若字串 str 不符合 re，則回傳值為 -1。若只是要判斷輸入字串是否符合某個通用式，也可以使用 re.test(str)，這在上一節已經說明過了。

提示：

- str.search(re) 只能用來搜尋某個通用式在一個字串的第一次出現的位置，所以在上述範例中，無論選項的輸入值為何，都只有一個搜尋結果。

使用字串的 match 方法，可在一個字串中，取出符合某個通用表示式的所有子字串，例如（regExpMatch 01.htm）：

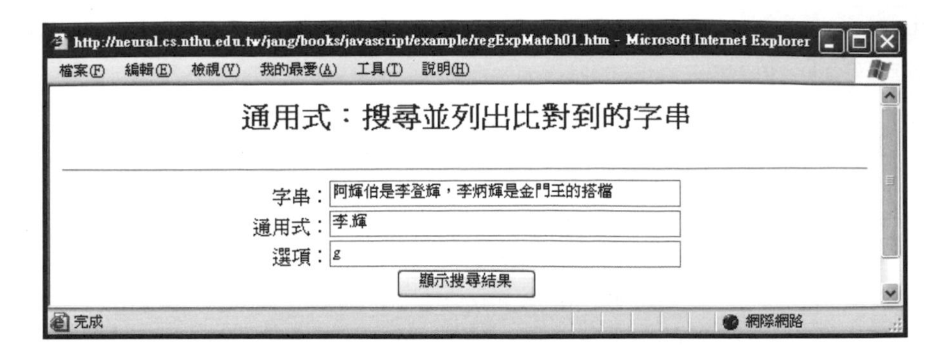

相關原始碼如下：

範例10-8（regExpMatch 01.htm）：

```
...
<script>
function regExpMatch(string, pattern, flag){
     var regexp = new RegExp(pattern, flag);
     var matched = string.match(regexp);
     alert(matched);
}
</script>
<center>
  字串：<input size=40 id=strId value="阿輝伯是李登輝，李炳輝是金門王
     的搭檔"><br>
通用式：<input size=40 id=patId value="李.輝"><br>
  選項：<input size=40 id=flagId value="g"><br>
<input type="button" value="顯示搜尋結果"
     onClick="regExpMatch(strId.value, patId.value, flagId.value)">
</center>
...
```

其中「.」可比對任何一個字元，而傳回的 matched 變數則是一個陣列，包含所比對到的字串。

善用通用表示式及字串的 replace 方法，就可以對字串進行任意修改。例如（regExpReplace01.htm）：

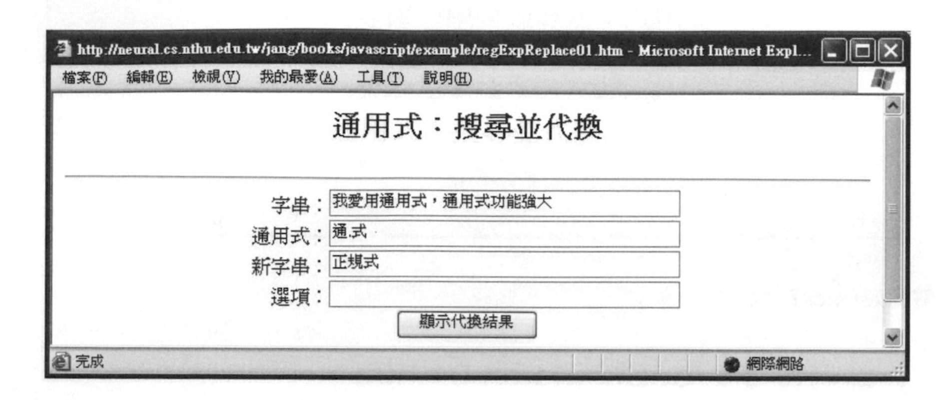

相關原始碼如下：

範例10-9（regExpReplace01.htm）：

```
...
<script>
function regExpReplace(strId, pat1id, pat2id, flagId){
    var regexp = new RegExp(pat1id.value, flagId.value);
    var str = strId.value;
    var newString = str.replace(regexp, pat2id.value);
    alert(newString);
}
</script>
<center>
 字串：<input size=40 id=strId value="我愛用通用式，通用式功能強大"><br>
通用式：<input size=40 id=pat1id value="通.式"><br>
新字串：<input size=40 id=pat2id value="正規式"><br>
  選項：<input size=40 id=flagId value=""><br>
<input type="button" value="顯示代換結果"
    onClick="regExpReplace(strId, pat1id, pat2id, flagId)">
</center>
```

```
...
```

在上例中，字串的 replace 方法將符合通用式的第一部分代換成「正規式」，並將新字串傳回給變數 newString。若要將所有的「通用式」改成「正規式」，只需將選項改成「g」就可以了。

處理表單資料時，最常用的資料修正方式就是去除前後的空白。這種例行工作就可以由通用表示法及字串的 replace 方法來輕鬆完成。例如（regExpReplace02.htm）：

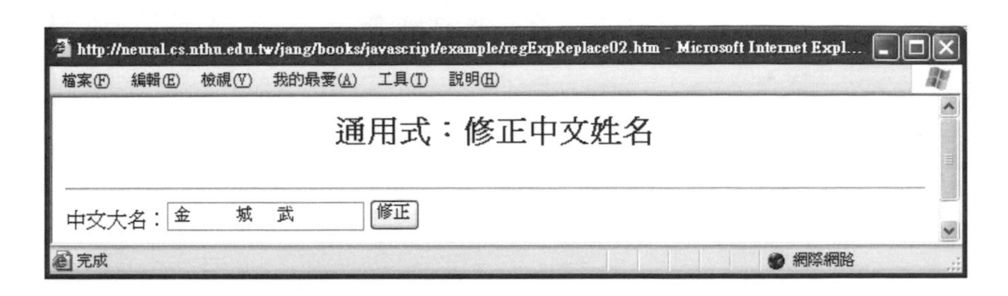

在上例中，若按下「修正」，JavaScript 即會將所有的空白部分（含中文大五碼）刪除。程式碼如下：

範例10-10（regExpReplace02.htm）：

```
...
<script>
function checkChineseName(uiControl) {
    uiControl.value = uiControl.value.replace(/[\s　]+/g, "");    // \s & 全形
    空白
}
</script>
中文大名：<input id=chineseName value=" 金　　城　　武 ">
<input type=button value="修正"
    onClick="checkChineseName(chineseName)">
...
```

在上述範例中，[\s　] 是代表英文空白字元或大五碼的全形空白字元，因此 [\s　]+ 就是代表中文中可能出現的空白字串，而 replace(/[\s　]+/g, "") 則是將此類字串全部刪除，也就是代換為空字串。

對於英文的輸入，我們通常要消除字頭及字尾的空白，並將句中的多個空白合成一個空格，例如（regExpReplace03.htm）：

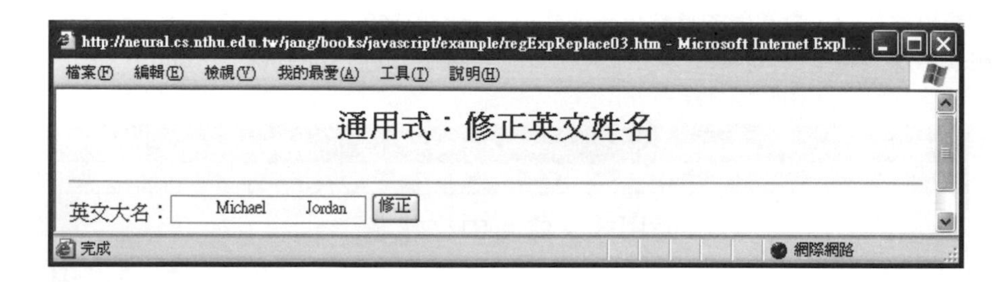

程式碼如下：

範例10-11（regExpReplace03.htm）：

```
...
<script>
function checkEnglishName(uiControl) {
    var str = uiControl.value;
    str = str.replace(/^[\s　]+/g, "");    // 刪除頭部的空白字串
    str = str.replace(/[\s　]+$/g, "");    // 刪除尾部的空白字串
    str = str.replace(/[\s　]+/g, " ");    // 將其他空白字串帶換成單一半形空格
    uiControl.value = str;
}
</script>
英文大名：<input id=englishName value="      Michael      Jordan ">
<input type=button value="修正"
    onClick="checkEnglishName(englishName)">
...
```

我們可以使用 "|" 來代表「或」，因此在上述範例中，刪除頭部和尾部的空白字串，可以合成一個敘述，如下：

```
str = str.replace(/^[\s　]+|[\s　]+$/g, "");
```

如果在通用式使用重複字元時（例如「*」代表重複0次或多次，「+」代表重複至少1次等。），比對之後可能會出現兩種不同的結果，這兩種結果都滿足原來的通用式。此時我們必須知道通用式在進行比對時所採取的原則，才能得到符合我們期望的結果。一般而言，比對原則可以概述如下：

- 遇到重複字元時，通用表示法會採取「貪心比對」（Greedy Match）來「貪」到越多的字元越好。
- 若要進行「最小比對」（Minimum Match），則我們必須在重複字元後面加上一個問號，代表「在可能比對成功的情況下，比對越少越好」。

下面是一個範例：

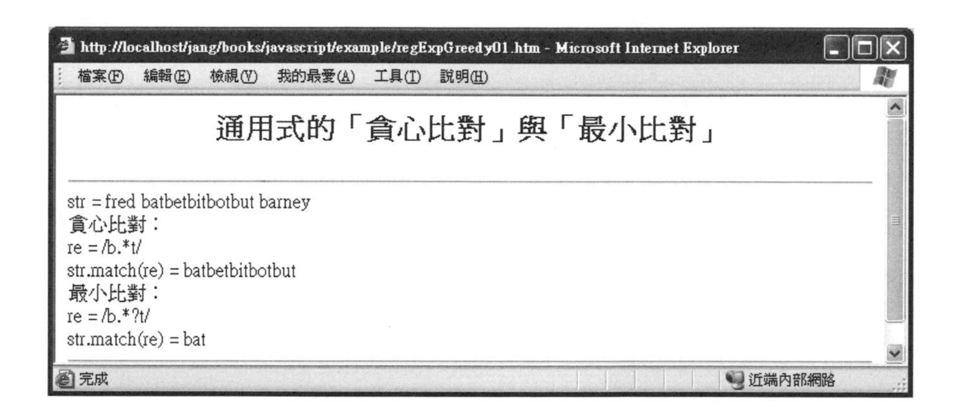

在上述範例中，第一個通用式是採取預設的「貪心比對」，因此比對到的字串會是 batbetbitbotbut，此字串是在比對成功的情況下、最長的字串。而在第二個通用式中，我們在星號後面加了一個問號，代表採取「最小比對」，因此比對到的字串是 bat，此字串是在比對成功的情況下、最短的字串。此範例的程式碼如下：

範例10-12（regExpGreedy01.htm）：

```
...
<script>
str = "fred batbetbitbotbut barney"
```

```
document.write("str = "+str+"<br>");
document.write("貪心比對：<br>");
re = /b.*t/;
document.write("re = "+re+"<br>");
document.write("str.match(re) = "+str.match(re)+"<br>");
document.write("最小比對：<br>");
re = /b.*?t/;
document.write("re = "+re+"<br>");
document.write("str.match(re) = "+str.match(re)+"<br>");
</script>
...
```

在使用「貪心比對」時，會採用「越左越貪」的原則，若要推翻此原則，可以適時使用問號，以採用「最小比對」，例如：

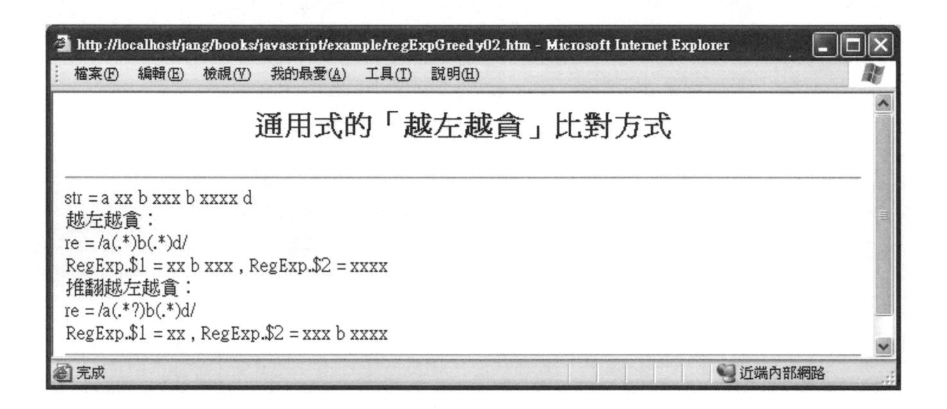

此範例的程式碼如下：

範例10-13（regExpGreedy02.htm）：

```
...
<script>
str = "a xx b xxx b xxxx d";
document.write("str = "+str+"<br>");
document.write("越左越貪：<br>");
```

```
re = /a(.*)b(.*)d/;
document.write("re = "+re+"<br>");
found = str.match(re);
document.write("RegExp.$1 = "+RegExp.$1+", RegExp.$2 =
    "+RegExp.$2+"<br>");
document.write("推翻越左越貪：<br>");
re = /a(.*?)b(.*)d/;
document.write("re = "+re+"<br>");
found = str.match(re);
document.write("RegExp.$1 = "+RegExp.$1+", RegExp.$2 =
    "+RegExp.$2+"<br>");
</script>
...
```

在上例中，我們在通用式中加了刮號，符合刮號中的比對條件者，將被設定至 RegExp.$1、RegExp.$2 等變數中，以便後續處理。（為簡化起見，RegExp.$1 可以簡寫成 $1，RegExp.$2 可以簡寫成 $2，依此類推。）此外，在第一個通用式中，由於採取預設的「越左越貪」，所以 RegExp.$1 = "xx b xxx" 且 RegExp.$2 = "xxxx"；但在第二個通用式中，由於我們適時使用了問號來進行「最小比對」，所以得到 RegExp.$1 = "xx" 且 RegExp.$2 = "xxx b xxxx"。

以下這個範例，利用 replace() 將一句英文中的前兩個字彙對調（regExpReplace04.htm）：

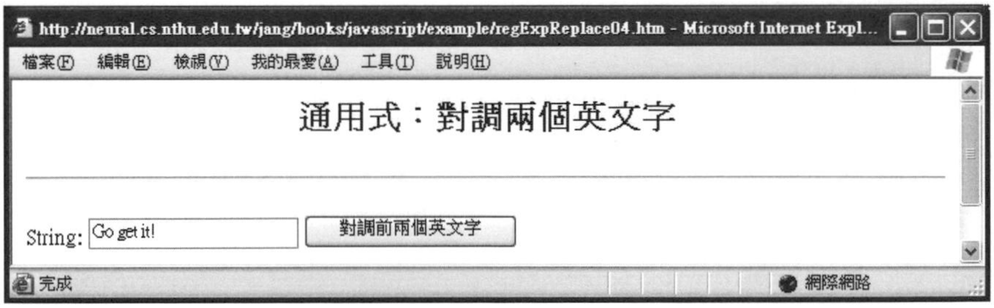

程式碼如下：

範例10-14（regExpReplace041.htm）：

```
...
<script>
function chkregexp(id) {
    regexp = /(\w+)\s+(\w+)/;
    newString = id.value.replace(regexp, "$2 $1");
    alert("First matched word = " + RegExp.$1);
    alert("Second matched word = " + RegExp.$2);
    id.value = newString;
}
</script>
<form>
String: <input id=myText value="Go get it!">
<input type="button" value="對調前兩個英文字"
    onClick="chkregexp(myText)">
</form>
...
```

以下這個範例，利用 replace() 在 onBlur 事件時，先修正文字欄位，再進行驗證（regExpReplace05.htm）：

http://neural.cs.nthu.edu.tw/jang/books/javascript/example/regExpReplace05.htm - Microsoft Internet Expl...

檔案(F) 編輯(E) 檢視(V) 我的最愛(A) 工具(T) 說明(H)

通用式：表單資料的修正與驗證

說明：在 onBlur 事件後，JavaScript 會以通用式來對以下表單元素的值進行修正與驗證。。

Your English name:

Michael J. Fox

Your email:

test@cs.nthu.edu.twww

Your password (5 to 8 characters only):

●●●

Your social security number (9 digits):

123

Your comments:

戀人未滿

作詞：施人誠　編曲：鍾興民

為什麼只和你能聊一整夜　為什麼才道別就又想見面
在朋友裡面　就屬你最特別　總讓我覺得很親很貼
為什麼你在意誰陪我逛街　為什麼你擔心誰對我放電
你說你對我　比別人多一些　卻又不說是多哪一些

友達以上　戀人未滿　甜蜜心煩　愉悅混亂
我們以後　會變怎樣　我迫不及待想知道答案

再靠近一點點　就讓你牽手　再勇敢一點點　我就跟你走
你還等什麼　時間已經不多　再下去　只好只做朋友
再向前一點點　我就會點頭　再衝動一點點　我就不閃躲
不過三個字　別猶豫這麼久　只要你說出口　你就能擁有我

為什麼你寂寞只想要我陪　為什麼我難過只肯讓你安慰
我們心裡面　明明都有感覺　為什麼不敢面對

我不相信　都動了感情卻到不了
愛情　那麼貼心卻進不了　心底　你能不能快一點決定

完成　網際網路

由於篇幅有限，在此不再列出此範例之原始碼。

10-3 通用式相關列表

經過了前兩節的介紹，我想各位同學都能瞭解到正規式的威力是無遠弗屆的，但如何適切的發揮正規式的功能，就要看程式設計者的經驗和功力了。下表整理出常用到的正規式，方便各位同學能進行快速尋找及應用。

與通用式相關的方法可列表如下：

整理：

與通用式相關的方法	功　能
re.exec(string)	從字串 string 抽取符合通用式 re 的子字串，並以字串陣列傳回
re.test(string)	以字串 string 比對通用式 re，並傳回比對結果（true 代表比對成功，false 代表比對失敗）
string.search(re)	通用式 re 在某個字串 string 出現的位置
string.match(re)	從字串 string 抽取符合通用式 re 的子字串，並以字串陣列傳回，此功能和 re.exec(string) 相同
string.replace (re, newStr)	將字串 string 符合通用式 re 的部分，代換為 newStr

在下列的表格中，我們使用幾個簡單的範例來對通用式的應用做較完整的說明：

整理：

通用式	說明及範例	比對不成立之字串
/a/	含字母 "a" 的字串，例如 "ab", "bac", "cba"	"xyz"
/a./	含字母 "a" 以及其後任一個字元的字串，例如 "ab", "bac"（若要比對 .，請使用 \.）	"a", "ba"
/^xy/	以 "xy" 開始的字串，例如 "xyz", "xyab"（若要比對 ^，請使用 \^）	"axy", "bxy"

/xy$/	以 "xy" 結尾的字串，例如 "axy", "abxy"以 "xy" 結尾的字串，例如 "axy", "abxy" （若要比對 $，請使用 \$）	"xya", "xyb"
[13579]	包含 "1" 或 "3" 或 "5" 或 "7" 或 "9" 的字串，例如："a3b", "1xy"	"y2k"
[0-9]	含數字之字串	不含數字之字串
[a-z0-9]	含數字或小寫字母之字串	不含數字及小寫字母之字串
[a-zA-Z0-9]	含數字或字母之字串	不含數字及字母之字串
b[aeiou]t	"bat", "bet", "bit", "bot", "but"	"bxt", "bzt"
[^0-9]	不含數字之字串（若要比對 ^，請使用 \^）	含數字之字串
[^aeiouAEIOU]	不含母音之字串（若要比對 ^，請使用 \^）	含母音之字串
[^\^]	不含 "^" 之字串，例如 "xyz", "abc"	"xy^", "a^bc"

請注意在上表中，"^" 在兩條斜線中，代表一個字串的開始位置，因此 /^xy/ 代表以 "xy" 開始的字串。同理，"$" 在兩條斜線中，代表一個字串的結束位置，因此 /xy$/ 代表以 "xy" 結束的字串。但是如果將 "^" 放在兩個方括弧中，就代表「否定」，因此 [^aeiouAEIOU] 代表不含母音之字元。

另外，若要避掉特殊字元的特殊意義，就要在此字元前加上 "\"，例如上表中的最後一列，"^" 在方括弧裡面是代表「否定」，因此若要在方括弧裡面比對 "^"，就要使用 "\^"，所以「不含 "^" 之字串」的通用式就是 "[^\^]"。

以 RegExp(pattern, flag) 的方式來建立通用式物件時，若 pattern 包含以反斜線開頭的特殊字元（例如 \d、\w、\s 等）時，我們必須再加上一個反斜線來保留其特殊意義。例如：

```
re = /\d+\s\w+/g
```

以 RegExp 為主的等效表示法為：

```
re = new RegExp("\\d+\\s\\w+", "g");
```

有些通用式會常被用到，因此已被定義為特定字元，以簡化整體通用式，這些字元可列表說明如下：

整理：

適用表示法的特定字元	說明	等效的通用表示法
\d	數字	[0-9]
\D	非數字	[^0-9]
\w	數字、字母、底線	[a-zA-Z0-9_]
\W	非 \w	[^a-zA-Z0-9_]
\s	空白字元	[\r\t\n\f]
\S	非空白字元	[^ \r\t\n\f]

此外，我們可定義字元的重複次數，如下：

整理：

通用表示法	說 明
/a?/	零或一個 a（若要比對? 字元，請使用 \?）
/a+/	一或多個 a（若要比對+ 字元，請使用 \+）
/a*/	零或多個 a（若要比對* 字元，請使用 *）
/a{4}/	四個 a
/a{5,10}/	五至十個 a
/a{5,}/	至少五個 a
/a{,3}/	至多三個 a
/a.{5}b	a 和 b 中間夾五個（非換行）字元

相信各位現在已經可以體會到通用表示式的威力了！

以下再對通用式，進行比較完整的列表與說明：

整理：

字元	說明	簡單範例
\	避開特殊字元	/A*/ 可用於比對 "A*"，其中 * 是一個特殊字元，為避開其特殊意義，所以必須加上 "\"
^	比對輸入列的啟始位置	/^A/ 可比對 "Abcd" 中的 "A"，但不可比對 "aAb"
$	比對輸入列的結束位置	/A$/ 可比對 "bcdA" 中的 "A"，但不可比對 "aAb"
*	比對前一個字元零次或更多次	/bo*/ 可比對 "Good boook" 中的 "booo"，亦可比對 "Good bk" 中的 "b"
+	比對前一個字元一次或更多次，等效於 {1,}	/a+/ 可比對 "caaandy" 中的 "aaa"，但不可比對 "cndy"
?	比對前一個字元零次或一次	/e?l/ 可比對 "angel" 中的 "el"，也可以比對 "angle" 中的 "l"
.	比對任何一個字元（但換行符號不算）	/.n/ 可比對 "nay, an apple is on the tree" 中的 "an" 和 "on"，但不可比對 "nay"
(x)	比對 x 並將符合的部分存入一個變數	/(a*) and (b*)/ 可比對 "aaa and bb" 中的 "aaa" 和 "bb"，並將這兩個比對得到的字串設定至變數 RegExp.$1 和 RegExp.$2
xy	比對 x 或 y	/a*b*/g 可比對 "aaa and bb" 中的 "aaa" 和 "bb"
{n}	比對前一個字元 n 次，n 為一個正整數	/a{3}/ 可比對 "lllaaalaa" 其中的 "aaa"，但不可比對 "aa"
{n,}	比對前一個字元至少 n 次，至多 m 次，m、n 均為正整數	/a{3,}/ 可比對 "aa aaa aaaa" 其中的 "aaa" 及 "aaaa"，但不可比對 "aa"
{n,m}	比對前一個字元至少 n 次，至多 m 次，m、n 均為正整數	/a{3,4}/ 可比對 "aa aaa aaaa aaaaa" 其中的 "aaa" 及 "aaaa"，但不可比對 "aa" 及 "aaaaa"
[xyz]	比對中括弧內的任一個字元	/[ecm]/ 可比對 "welcome" 中的 "e" 或 "c" 或

		"m"
[^xyz]	比對不在中括弧內出現的任一個字元	/[^ecm]/ 可比對 "welcome" 中的 "w"、"l"、"o"，可見出其與 [xyz] 功能相反。（同時請同學也注意 /^/ 與 [^] 之間功能的不同。）
[\b]	比對退位字元（Backspace character）	可以比對一個 backspace ，也請注意 [\b] 與 \b 之間的差別
\b	比對英文字的邊界，例如空格	例如 /\bn\w/ 可以比對 "noonday" 中的 'no'；/\wy\b/ 可比對 "possibly yesterday." 中的 'ly'
\B	比對非「英文字的邊界」	例如, /\w\Bn/ 可以比對 "noonday" 中的 'on'，另外 /y\B\w/ 可以比對 "possibly yesterday." 中的 'ye'
\cx	比對控制字元（Control character），其中 X 是一個控制字元	/\cM/ 可以比對 一個字串中的 control-M
\d	比對任一個數字，等效於 [0-9]	/[\d]/ 可比對 由 "0" 至 "9" 的任一數字 但其餘如字母等就不可比對
\D	比對任一個非數字，等效於 [^0-9]	/[\D]/ 可比對 "w" "a"... 但不可比對如 "7" "1" 等數字
\f	比對 form-feed	若是在文字中有發生 "換頁" 的行為 則可以比對成功
\n	比對換行符號	若是在文字中有發生 "換行" 的行為 則可以比對成功
\r	比對 carriage retu	
\s	比對任一個空白字元（White space character），等效於 [\f\n\r\t\v]	/\s\w*/ 可比對 "A b" 中的 "b"
\S	比對任一個非空白字元，等效於 [^ \f\n\r\t\v]	/\S/\w* 可比對 "A b" 中的 "A"
\t	比對定位字元（Tab）	
\v	比對垂直定位字元（Vertical	

	tab）	
\w	比對數字字母字元（Alphanumerical characters）或底線字母（"_"），等效於 [A-Za-z0-9_]	\w/ 可比對 ".A _!9" 中的 "A"、"_"、"9"
\W	比對非「數字字母字元或底線字母」，等效於 [^A-Za-z0-9_]	/\W/ 可比對 ".A _!9" 中的 "."、" "、"!"，可見其功能與 /\w/ 恰好相反
\ooctal	比對八進位，其中 octal 是八進位數目	/\oocetal123/ 可比對 與 八進位的 ASCII 中 "123" 所相對應的字元值
\xhex	比對十六進位，其中 hex 是十六進位數目	/\xhex38/ 可比對 與 16 進位的 ASCII 中 "38" 所相對應的字元

10-4 常用資料規則

本節將對常用的資料規則進行說明，以便用於表單資料驗證之中，這些資料包含

1. 身份證字號的檢查碼
2. 一般信用卡的檢查碼

首先我們來看看身份證字號。一般而言，大家對身份字號的認知，多是知道共有10位，第一位為英文字母，知道再多一點的大概就是第二個數字是男女生之分，男生為 1，女生為 2，接下來的一串數字，是不是隨便輸入都可以呢？其實是不可以的。身份證字號後面八個數字不是隨便打一些數字就可以了，其實前面七個可以隨便打，但是最後一位為檢查碼，必須經過之前一個字母與 8 個數字的組合計算後得出，以下即為檢查碼的運算原則：

1. 英文代號以下表轉換成數字（代表出生時的戶籍所在地）：

A=10 台北市	J=18 新竹縣	S=26 高雄縣
B=11 台中市	K=19 苗栗縣	T=27 屏東縣
C=12 基隆市	L=20 台中縣	U=28 花蓮縣

D=13 台南市	M=21 南投縣	V=29 台東縣
E=14 高雄市	N=22 彰化縣	W=32 金門縣
F=15 台北縣	O=35 新竹市	X=30 澎湖縣
G=16 宜蘭縣	P=23 雲林縣	Y=31 陽明山
H=17 桃園縣	Q=24 嘉義縣	Z=33 連江縣
I=34 嘉義市	R=25 台南縣	

2. 英文轉成的數字，個位數乘9再加上十位數
3. 各數字從右到左依次乘1、2、3、4．．．．8
4. 求出(2)、(3)之和
5. 求出(4)除10後之餘數，用10減該餘數，結果就是檢查碼，若餘數為0，檢查碼就是 0。

例如: 身分證號碼是 W 1 0 0 2 3 2 7 5 4

```
     W  1  0  0  2  3  2  7  5
3 2
X X  X  X  X  X  X  X  X  X
1 9  8  7  6  5  4  3  2  1
-------------------------------
 3 +18 + 8 + 0 + 0 +10 +12 + 6 +14 + 5 =76
76/10=7....6 (餘數)
10-6=4 (檢查碼)
```

再來我們看看有關於信用卡卡號的編碼規則。一般信用卡卡號都有 16 碼，其中最右邊一碼是檢查碼，而最左邊的開始幾個數字則是代表卡別，請見下表：

整理：

卡別	位數	規則
Visa Card	16	第一碼為 4。
Master Card	16	第一碼為 5，且前二碼介於 51 和 55 中間。
American Express	15	第一碼為 3，且前三碼介於 340 和 379 之間。
JCB Card	15 15 16	第一碼為 1，且前四碼為 1800。 第一碼為 2，且前四碼為 2131。 第一碼為 3，且前三碼介於 300 和 399 之間。

信用卡號的最後一個數字就是信用卡的檢查碼，根據非檢查碼的其它數字，我們就應該可以推算出檢查碼，其方法如下：

1. 將信用卡的每個數字設定權重：從右向左，檢查碼除外，每個數字的權重分別是 2、1、2、1、2、1...。（若信用卡共有16碼，那麼最左邊數字的權重是 2；若信用卡卡號共有15碼，那麼最左邊數字的權重就是 1。）
2. 將每個數字乘上權重，所得的加權數字若大於 9，那麼就從這加權數字裡扣除 9（或是將個位數和十位數相加）。
3. 將所有處理過的加權數字全部加總起來，並且除以 10，取其餘數。
4. 若餘數是 0，檢查碼就是 0，否則檢查碼就等於 10 減掉此餘數所得的值。

例如，若某一張 Visa 信用卡卡號是 4311-4656-0640-6131，則其計算過程如下：

卡號	4	3	1	1	4	6	5	6	0	6	4	0	6	1	3	1
1.權重	2	1	2	1	2	1	2	1	2	1	2	1	2	1	2	x
2.加權數字	8	3	2	1	8	6	12 =>3	6	0	6	8	0	12 =>3	1	6	x
3.計算總和	59															
4.計算檢查碼	59 除以 10 的餘數是 9，所以檢查碼是 10 - 9 = 1。															

上述過程所得到的檢查碼是 1，和原先信用卡卡號的檢查碼一致，因此可知道原信用卡的卡號符合編碼規則。

我們在用一張美國運通卡（American Express）來測試，卡號是 3728 024906 54257（只有 15 碼），其計算過程如下：

卡號	3	7	2	8	0	2	4	9	0	6	5	4	2	5	7
1.權重	1	2	1	2	1	2	1	2	1	2	1	2	1	2	x
2.加權數字	3	14 =>5	2	16 =>7	0	4	4	18 =>9	0	12 =>3	5	8	2	10 =>1	x

3.計算總和	53
4.計算檢查碼	53 除以 10 的餘數是 3，所以檢查碼是 10 - 3 = 7。

10-5 習題

選擇題

1. 下列有關「通用式」的敘述何者有誤？
   (1) /[13579]/ 可比對包含 "1" 或 "3" 或 "5" 或 "7" 或 "9" 的字串
   (2) /[^aeiouAEIOU]/ 可比對開頭是母音的字串
   (3) /[^\^]/ 可比對不含 "^" 之字串
   (4) /a./ 可比對包含字母 "a" 以及其後包含句點 "." 的字串
2. 何者可通過re = /^\w+@(\w+\.)+[a-zA-Z]{3}$/;的認證？
   (1) jang@cs.nthu.edu.t
   (2) jang@cs.nthu.edu.tw
   (3) Roger_jang@cs.nthu.edu.tw
   (4) jang@hotmail.com
3. 下列哪個字串符合通用式「/v.+\.$/」？
   (1) v2.2
   (2) v000.
   (3) xvx$
   (4) v.
4. 下列哪一個項目，不符合通用表示法 /^.+@.+\..{2,3}$/ ?（為了列印清楚，在下列選項中，我們使用底線來代表空白。）
   (1) test@cs.nt_u.edu.tw
   (2) abc_@math.com
   (3) test@_._.xyz
   (4) test@.tw
5. 在通用運算式（Regular Expressions）中，要指定match範圍的個數時，所使用的符號是？
   (1) {}
   (2) <>
   (3) ()
   (4) []

6.請問下列字串何者不符合通用運算式 /o{2,3}/ 的定義？

(1) hoop

(2) tomorrrow

(3) kooooy

(4) cooot

7.Netscape 在第幾版才開始支援 JavaScript 的通用運算式（Regular Expressions）？

(1) 2.0

(2) 3.0

(3) 4.0

(4) 5.0

程式題

請盡量使用本章所學到的通用表示法來完成下列作業：

1.(*)**允許身份證字號第一個字母大小寫均可：**修改範例 regExpId01.htm，產生新網頁 regExpId02.htm，讓使用者輸入的身份證字號的第一個英文字母不限大寫或小寫。

2.(*)**對英文姓名進行修正：**請修改範例 regExpEnglishName01.htm，產生新網頁 regExpEnglishName02.htm，讓使用者在驗證資料時，程式碼會先對英文名字進行修正：把每個字彙的第一個字母改成大寫，其餘小寫。

3.(*)**亂數產生身份證字號：**請根據身份證號碼的編碼規則，利用亂數，一次產生五組有效的身份證號碼，範例表單如下（generateIdNumber01.htm）：

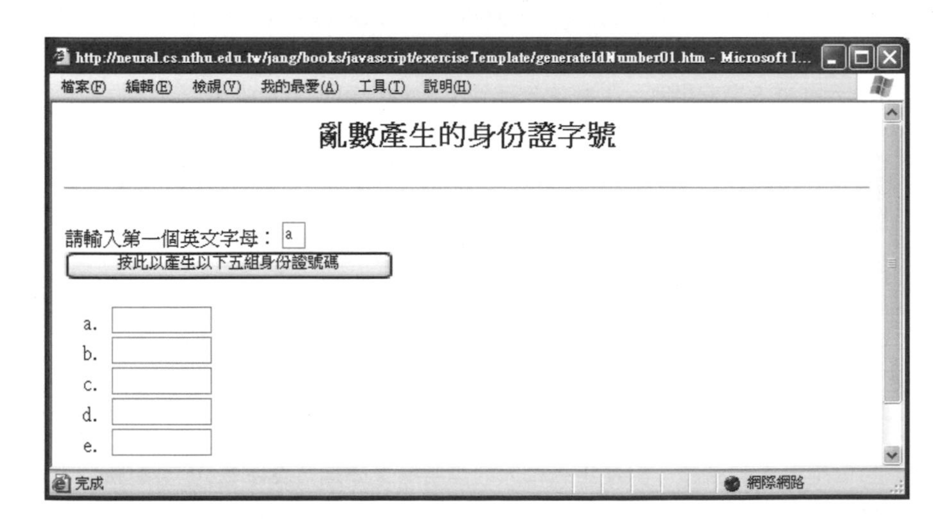

請注意：

- 輸入的英文字母必須是合格的。

- 必須將英文字母轉成大寫，再加上九位數字。
- 必須利用亂數產生，所以每次產生的五組號碼都應該不一樣

4.(*)**亂數產生信用卡卡號：**請根據信用卡號碼的編碼規則，利用亂數，一次產生五組有效的信用卡號碼，範例表單如下（generateCreditCardNumber01.htm）：

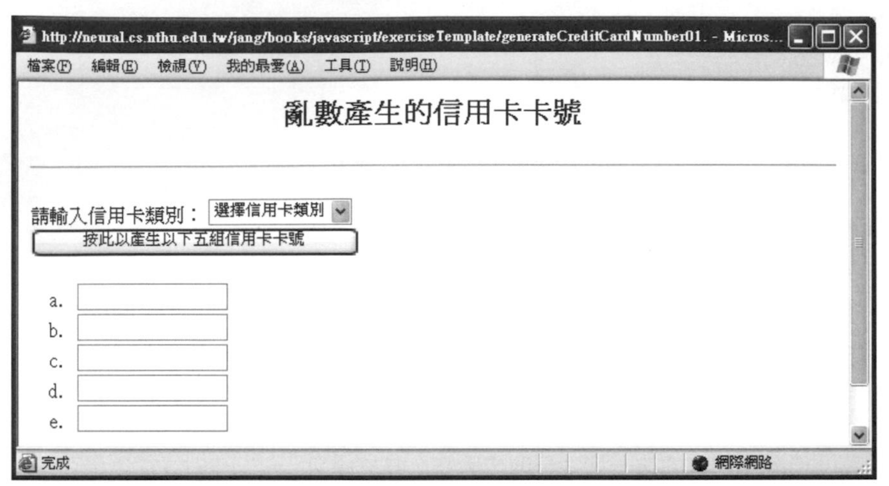

5.(**)**身份證字號驗證：**對使用者輸入的身份證字號進行基本驗證：請你必須設計一個網頁 regExpId02.htm，包含一個文字欄位，能讓使用者輸入個人的身份證字號，並在按下「驗證」鈕後，驗證此輸入資料。若輸入資料滿足身份證字號的編碼規則，則以警告視窗顯示「通過」，否則顯示「不通過」。（身份證字號的第一個字母，可以允許是大寫或小寫。）範例表單如下（regExpId03.htm）：

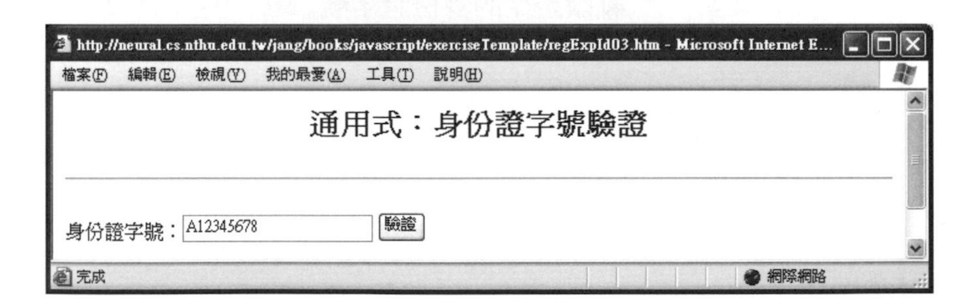

6.(**)**信用卡卡號驗證：**對使用者輸入的信用卡卡號進行基本驗證：請你必須設計一個網頁 regExpCreditCardNumber02.htm，包含一個下拉式選單，可以讓使用者填入信用卡類別（Visa、Master、American Express），以及一個文字欄位，能讓使用者輸入個人的信用卡卡號，並在按下「驗證」鈕後，驗證此輸入資料。若輸入資料滿

足信用卡卡號的編碼規則，則以警告視窗顯示「通過」，否則顯示「不通過」。範例表單如下（regExpCreditCardNumber02.htm）：

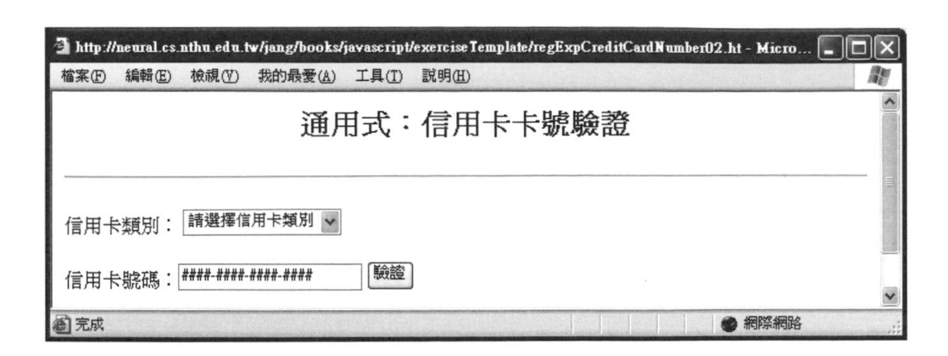

7.(***)**電子郵件驗證**：更精準的電子郵件通用式：在範例 regExpEmail01.htm 中，我們使用一個簡單的通用式「/^.+@.+\..{2,3}$/」來代表電子郵件的格式。但是事實上，此通用式並不完全精準，請你設計一個網頁 regExpEmail02.htm，使用較複雜的通用式，可以更精準地表示一般電子郵件的格式，網頁格式如下（regExpEmail02.htm）：

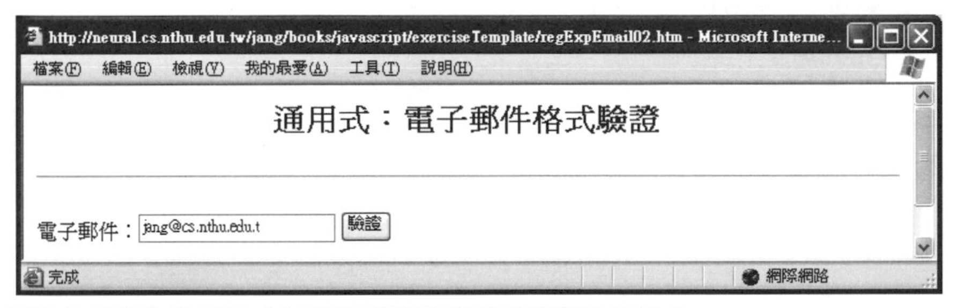

請務必說明你的通用式如何能精準地描述電子郵件的格式。

8.(***)**HTTP網址驗證**：請設計一個網頁 regExpHttp01.htm，能夠精確地描述一個以「http://」開始的個人網址，基本要求如下：

- 合格網址範例：" http://www.cs.nthu.edu.tw/~jang ",
  "http://www.mathworks.com",
  "http://www.cs.nthu.edu.tw:4500/~jang/publie/index.asp"
- 不合格網址範例："www.mathworks.com", http://www..com

網頁格式如下（regExpHttp01.htm）：

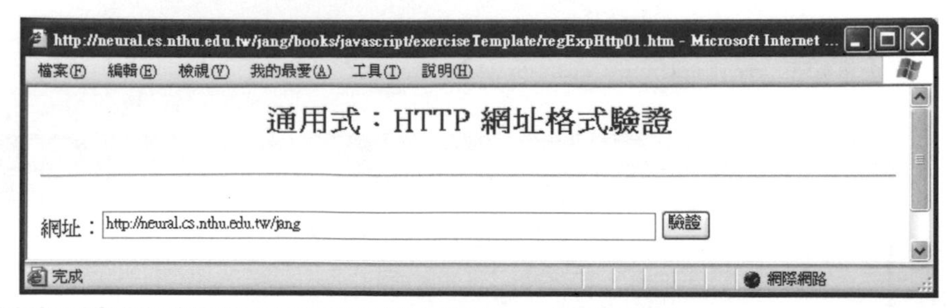

請務必說明你的通用式如何能精準地描述 http 的網址格式。

9.(**)**對表單資料進行修正及驗證：**請用通用表示法來對下列表單資料進行修正及驗證：

- 英文名字：First Middle Last

  格式需求：最少兩個、最多三個英文字，每個英文字的第一個字母必須改成大寫，其餘小寫，並請去除不必要之空白。

- 中文名字：李登輝

  格式需求：最少兩個、最多四個中文字，並請去除不必要之空白（含大五碼的空白）。

- 性別：○男 ○女

  格式需求：至少選一個

- 個人密碼：

  格式需求：5 至 8 個英文字母或數字，但不能全是英文字母或全是數字

驗證

第十一章

資料保護

本章重點

網頁的資料雖然是已經送到用戶端才開始呈現於瀏覽器，但我們還是使用 JavaScript 來對資料進行程度不一的保護，請見本章之說明。

11-1　網址保護

網路是無遠弗屆的，但是在特殊情況下，有時候還是希望對使用者進行過濾，可以使用的方法有很多種，例如：

- 限制使用者的 IP
- 使用特殊的 port
- 需使用者進行密碼認證

其中使用密碼來保護你的網頁是最常見的方式。

若要對網頁進行嚴密的管制，一定必須從伺服器端的程式碼著手。但如果網頁的機密性不是太高（例如個人的生活照、通訊錄等），只是希望外行人不得其門而入，或是不讓搜尋引擎找到你的網頁，那麼就可以從客戶端的 JavaScript 或 VBScript 來達到以密碼保護網頁的目的。一般而言，使用 JavaScript 或 VBScript 來保護網頁，可以避掉的使用者如下：

- 看不懂 JavaScript 或 VBScript 的使用者
- 看得懂但卻懶得看 JavaScript 或 VBScript 的使用者
- 一般搜尋引擎的機器人程式

但必須注意的是，以客戶端的 JavaScript 或 VBScript 來進行的密碼保護，是只能防呆瓜，不能防高手，因此對於隱密性極高的資料，仍應以伺服器端的程式碼來保護。一般而言，若使用 JavaScript (or VBScript)，並佐以伺服器端的密碼保護，就可以達到相乘相加的效果。有關於此種使用客戶端及伺服器端的程式來進行聯手防禦的細節，會在後續章節中說明。

首先我們來看一個最簡單的範例（password01.htm）：

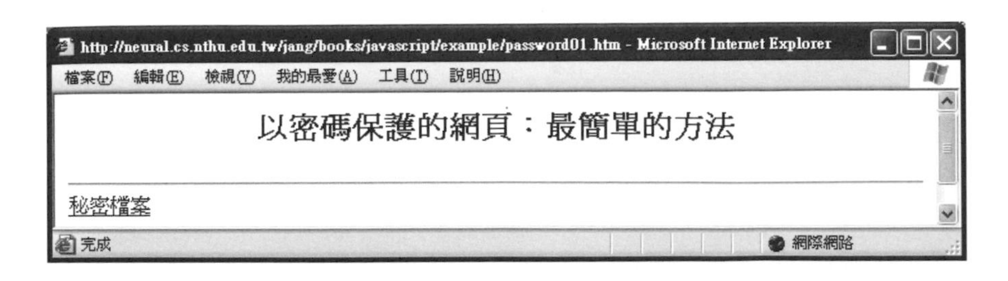

在上述範例中，你必須輸入正確的密碼，才能連到「秘密檔案」網頁，請試試看。當然，只要你有耐心檢查 JavaScript 的原始碼，就可以知道此網頁的密碼。各位讀者請自行檢閱上述網頁的原始碼，並找出密碼。

我們再看一個稍微複雜一些的範例，用到了「帳號」加「密碼」的兩段式認證（password02.htm）：

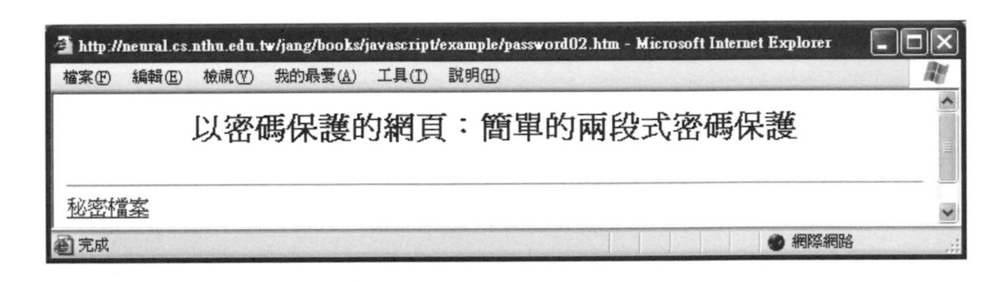

在上述範例中，當你按下「秘密檔案」後，你必須輸入正確的帳號和密碼，才能連到相關的網頁，請試試看。上述範例的原始檔如下：

範例11-1（password02.htm）：

```
…
<script>
function password() {
    username="";
    passwd="";
    while (username=="")            // Get the user's name
        username=prompt('請輸入大名：', "");
    if ((username!="Roger") && (username != "Jang")) {
        alert("你不是我的主人，不准進入！")
```

```
            return;
        }
        while (passwd=="")          // Get the password
              passwd=prompt(username+"，您好！\n"+"請輸入密碼：",
              username+"的密碼");
        if (passwd!="cs3431")
            alert("密碼錯誤，不准進入！")
        else
            myWin=open("found01.htm", "displayWindow",
            "width=600,height=200,status=yes,toolbar=yes,location=yes,re
            sizable=yes,menubar=yes,scrollbars=yes");
}
</script>
<a href="javascript:password()">秘密檔案</a>
...
```

上述兩個範例，很容易從 JavaScript 的原始碼就看出秘密網頁的網址，另一種方法，則是將輸入密碼進行編碼，以得到秘密網頁的網址，例如（password03.htm）：

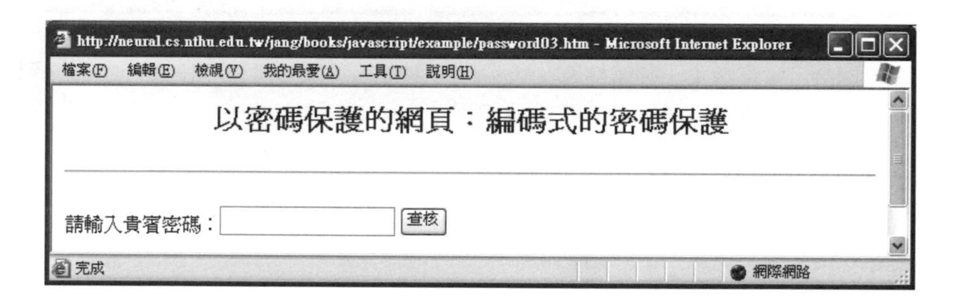

在上述範例中，你必須輸入正確的密碼，才能連到相關的網頁，請試試看是否能由上述範例的原始檔（如下）來偵測出秘密網頁的網址：

範例11-2（password03.htm）：

```
...
<script>
```

```
function testEncode(form) {
    seed = 1;
    newStr = encode(form.passwordField.value, seed)
    document.location = newStr+".htm"
}
function encode(inStr, seed){
    seed = parseInt(seed);
    var char, index, newIndex, outStr="";
    var
    refStr="0123456789abcdefghijklmnopqrstuvwxyz._~ABCDEFGHIJK
    LMNOPQRSTUVWXYZ";
    for (var i=0; i<inStr.length; i++) {
        char = inStr.substring(i, i+1)
        index = refStr.indexOf(char)
        newIndex = index^seed;
        outStr += refStr.substring(newIndex, newIndex+1);
    }
    return (outStr)
}
</script>
<form NAME="testform" onSubmit=false;>
請輸入貴賓密碼：<input type="password" NAME="passwordField">
<input type="button" NAME="button" Value="查核"
    onClick="testEncode(this.form)">
<font color=white>cs3431</font>
</form>
...
```

由上述原始碼，就算我們看得懂 JavaScript 程式碼，也無法看出密碼或是秘密網頁的網址。我們可以將編碼的過程寫成一個網頁（passwordEncoding01.htm）：

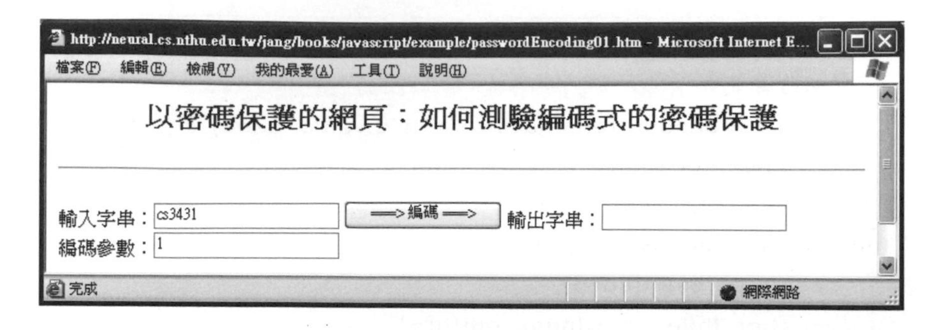

在上述範例中，你只要填入輸入字串，再設定編碼參數，就可以看到編碼的結果。上述範例的原始檔如下：

範例11-3（passwordEncoding01.htm）：

```
...
<script>
function testEncode(form) {
    form.outStr.value = encode(form.inStr.value, form.seed.value);
}
function encode(inStr, seed){
    seed = parseInt(seed);
    var char, index, newIndex, outStr="";
    var
    refStr="0123456789abcdefghijklmnopqrstuvwxyz._~ABCDEFGHIJK
    LMNOPQRSTUVWXYZ";
    for (var i=0; i<inStr.length; i++) {
        char = inStr.substring(i, i+1)
        index = refStr.indexOf(char)
        newIndex = index^seed;
        outStr += refStr.substring(newIndex, newIndex+1);
    }
    return (outStr)
}
</script>
<form>
```

```
輸入字串：<input NAME="inStr" value=cs3431>
<input TYPE="button" Value="===> 編碼 ===>"
    onClick="testEncode(this.form)">
輸出字串：<input TYPE="text" NAME="outStr"><br>
編碼參數：<input NAME="seed" value=1>
</form>
...
```

這種編碼方式是一種簡單的「位置轉換編碼」，而轉換量則是根據 index^seed（index 和 seed 的 Bitwise XOR）來決定。

但是上述這些範例，都是在客戶端的 JavaScript，所以很難做到完整的密碼或網頁保護。如果需要完整保護（例如網路銀行的轉帳系統），就需要伺服器和客戶端的整合運用，有關於這方面的說明，我們會在後續 ASP 相關章節來進行詳細說明。

11-2 網頁內容保護

一般而言，若要對某個特定網頁內容進行保護，可以做到下列幾個步驟：

1. 不在狀態列顯示任何訊息。
2. 取消滑鼠右鍵的預設功能。
3. 不允許網頁上的任何文字被選取。
4. 不允許列印。
5. 不允許儲存。
6. 不允許從不同的 domain 來開取此網頁。

典型的範例，請見此網址 http://www.protware.com 的 Demonstration 連結。

我們在點選滑鼠右鍵時，會觸發 onContextmenu 事件，並顯示快顯功能表，我們只要將 onContextmenu 事件的值設為 false ，便可以達到取消滑鼠右鍵的功能，也就不會出現快顯功能表了。下述範例中，已經對網頁內容進行基本的保護，可做到下列幾點：

1. 不在狀態列顯示任何訊息。

2. 取消滑鼠右鍵的預設功能。
3. 不允許網頁上的任何文字被選取。

範例如下（noHightLight01.htm）：

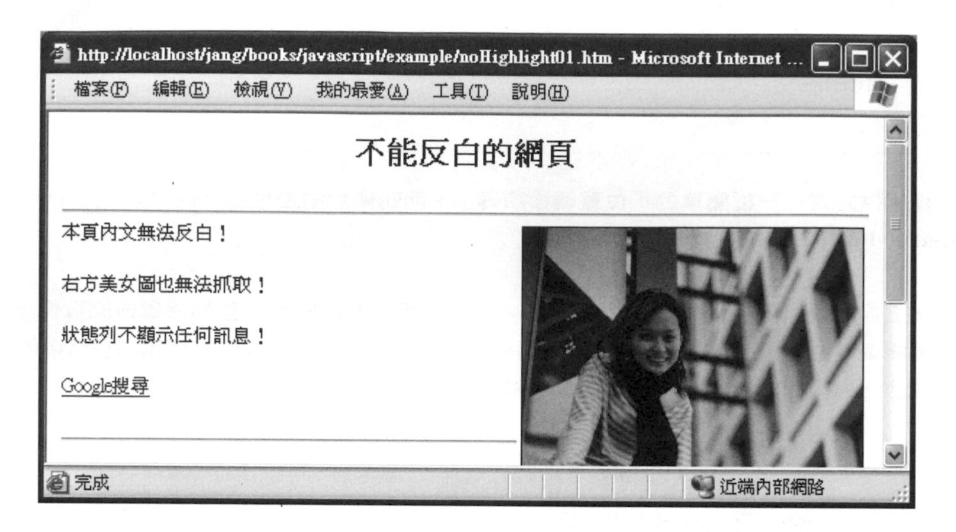

原始檔如下：

範例11-4（noHighlight01.htm）：

```
...
<body onMouseover="window.status='';return true;"
     onDragStart="window.event.returnValue=false"
     onContextMenu="window.event.returnValue=false"
     onSelectStart="event.returnValue=false">
<h2 align=center>不能反白的網頁</h2>
<hr>
<img src=image/wenli.jpg align=right height=350 border=1>
本頁內文無法反白！
<p>右方美女圖也無法抓取！
<p>狀態列不顯示任何訊息！
<p><a href="http://www.google.com.tw">Google 搜尋</a>
...
```

上述範例的說明如下：

- onMouseover="window.status=";return true;"：不顯示狀態列
- onContextMenu="window.event.returnValue=false"：鎖右鍵
- onSelectStart="window.event.returnValue=false"：鎖全選
- onDragStart="window.event.returnValue=false"：鎖拖曳

但是這些招數只適用於 IE6，對於其他瀏覽器或是 IE 其他版本，可能不適用。

11-3　程式內容保護

JavaScript 是在用戶端的電腦執行，但是有些情況下，我們不希望使用者抄襲我們精心製作出來的程式碼，因此就有必要對 JavaScript 程式碼進行簡單的保護或加密。

首先，我們可以使用 escape() 和 unescape() 來對 JavaScript 程式碼來進行簡單的加密與解密，請看下列「每日一句」的範例（escapeEncode01.htm）：

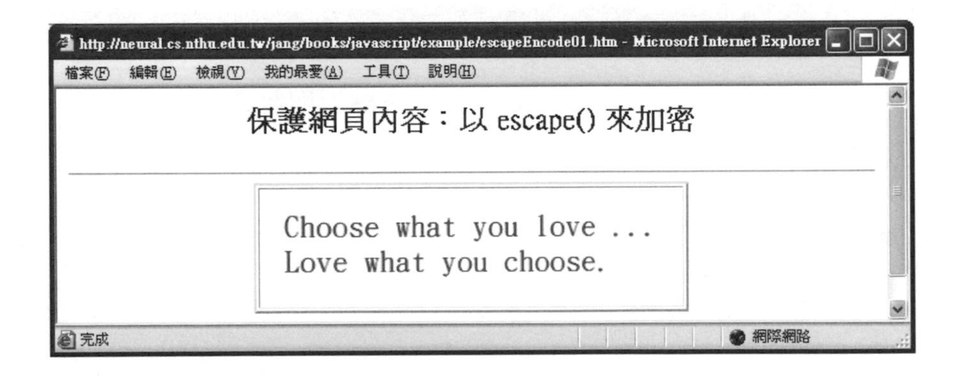

在此範例中，只要重載一次，就會以亂數挑選一句格言。若是選擇檢視原始檔，則只會看到一堆亂碼，如下：

範例11-5（escapeEncode01.htm）：

```
...
```

```
<script>
eval(unescape("text%20%3D%20new%20Array%28%29%3B%0D%0Ai
    %20%3D%200%3B%0D%0Atext%5Bi++%5D%3D%22If%20you%20
    don%27t%20set%20aside%20time%20for%20exercise%2C%3Cbr%
    3Eyou%27ll%20set%20aside%20time%20for%20illness..."));
</script>
...
```

但是上述亂碼是由原先工整的程式經由 escape() 編碼的結果，然後經由 unescape() 來得回原先的字串，再由 eval() 來執行之，整個流程可以說明如下：

1. 先撰寫未加密的原始網頁。（本例為 randomText.htm）
2. 利用 escapeEncodeTest01.htm 來進行 escape() 的編碼。
3. 將編碼後的字串拷貝到加密後的網頁，但必須經由 unescape() 來轉回原來的程式字串，再經由 eval() 來執行之。然後就大功告成了。

在上述說明中，我們使用了一個好用的網頁來對 JavaScript 程式碼進行 escape() 編碼（escapeEncodeTest01.htm）：

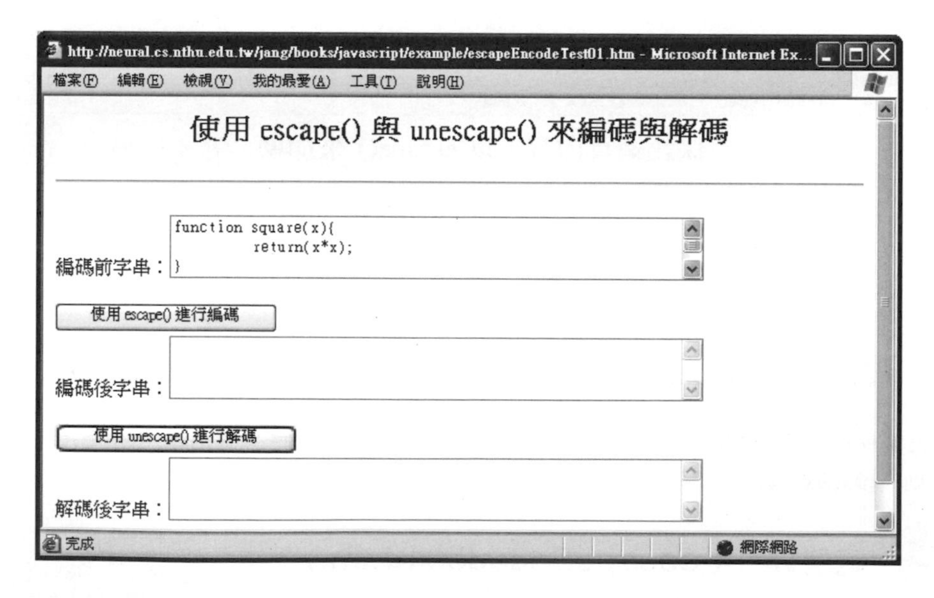

上述範例的原始檔如下：

範例11-6（escapeEncodeTest01.htm）：

```
...
<p>編碼前字串：<textarea rows=3 cols=60 id=text1>
function square(x){
    return(x*x);
}
</textarea>
<p><input type=button value="使用 escape() 進行編碼"
    onClick="text2.value=escape(text1.value)">
<br>編碼後字串：<textarea rows=3 cols=60 id=text2></textarea>
<p><input type=button value="使用 unescape() 進行解碼"
    onClick="text3.value=unescape(text2.value)">
<br>解碼後字串：<textarea rows=3 cols=60 id=text3></textarea>
...
```

在上一個範例中，經由 escape() 編碼後，你還是可以由編碼後的字串看到諸如「function」、「square」等有意義的字眼，因此比較容易猜到程式碼的內容。另一種方法，則是先將程式碼進行「平移編碼」（Shift Encoding），再進行 escape 編碼，這時候就看不到有意義的字眼了。範例如下（shiftEncode01.htm）：

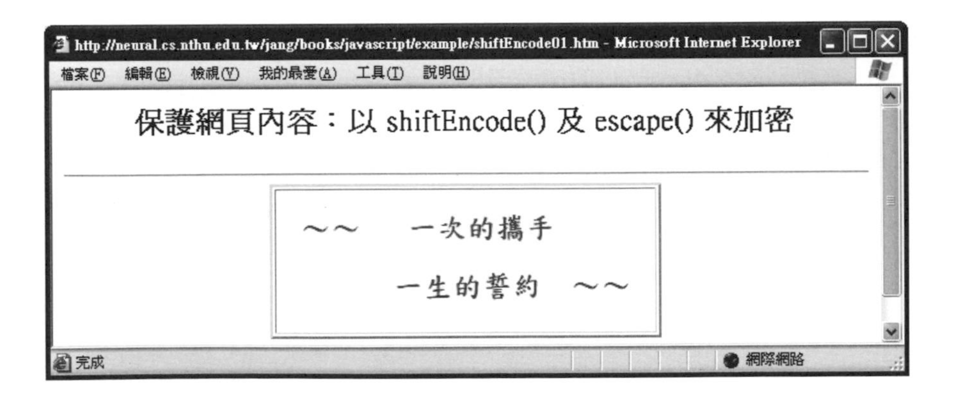

上述範例仍是「每日一句」，若檢視原始碼，則只會看到一堆亂碼，完全沒有有意義的字眼在裡面，如下：

範例11-7（shiftEncode01.htm）：

```
...
<html>
<script src=encode.js></script>
<script>
eval(shiftEncode(unescape("ufyu%21%3E%21ofx%21Bssbz%29*%3C%
    0E%0Bj%21%3E%211%3C%0E%0Bufyu%5Cj%2C%2C%5E%3E%2
    3Jg%21zpv%21epo%28u%21tfu%21btjef%21ujnf%21gps%21fyfsdjtf
    -%3Dcs%3Fzpv%28mm%21tfu%21btjef%21ujnf..."), -1));
</script>
...
```

產生上述程式碼的流程可以說明如下：

1. 先撰寫未加密的原始網頁。（本例為 randomText.htm）
2. 利用 shiftEncodeTest01.htm 來進行 shiftEncode() 及 escape() 的編碼。
3. 將編碼後的字串拷貝到加密後的網頁，但必須經由 unescape() 及 shiftEncode() 來轉回原來的程式字串，再經由 eval() 來執行之。然後就大功告成了。

在上述說明中，我們使用了一個好用的網頁來對 JavaScript 程式碼進行 shiftEncode() 及 escape() 編碼（shiftEncodeTest01.htm）：

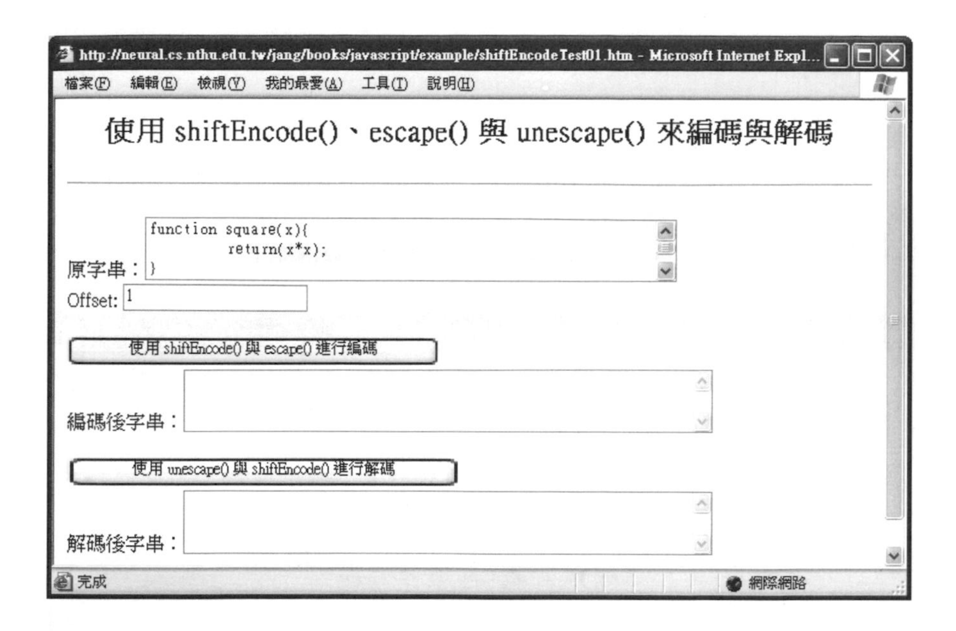

上述範例的原始檔如下：

範例11-8（shiftEncodeTest01.htm）：

```
...
<script src=encode.js></script>
<p>原字串：<textarea rows=3 cols=60 id=text1>
function square(x){
    return(x*x);
}
</textarea><br>
  Offset: <input type=text id=keyStr value="1">
<p><input type=button value="使用 shiftEncode() 與 escape() 進行編碼"
    onClick="text2.value=escape(shiftEncode(text1.value,
    parseInt(keyStr.value)))">
<br>編碼後字串：<textarea rows=3 cols=60 id=text2></textarea>
<p><input type=button value="使用 unescape() 與 shiftEncode() 進行解碼
    " onClick="text3.value=shiftEncode(unescape(text2.value),
    -parseInt(keyStr.value))">
```

```
<br>解碼後字串：<textarea rows=3 cols=60 id=text3></textarea>
...
```

在上一個範例中，經由 shiftEncode() 及 escape() 編碼後，你還是可以由編碼後的字串看到諸如「gvodujpo」等平移過後的 ASCII 字元，若要完全避開這些字元，可將程式碼進行「XOR編碼」（XOR Encoding），再進行 escape 編碼，範例如下（xorEncode01.htm）：

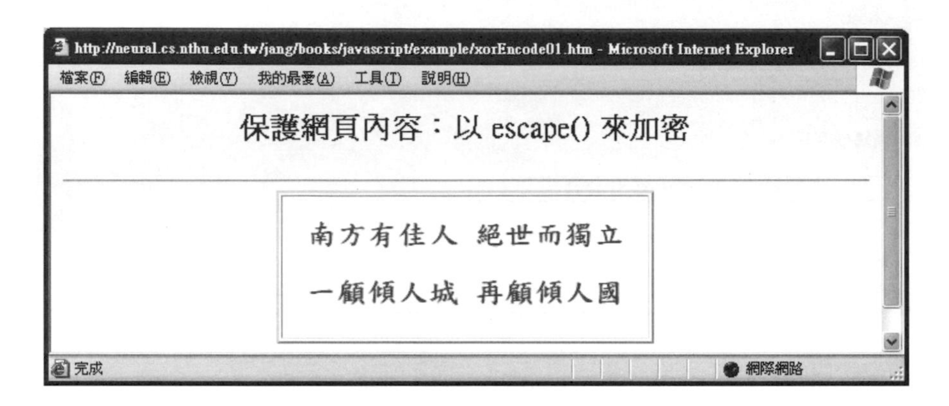

上述範例仍是「每日一句」，原始碼更加凌亂，如下：

範例11-9（xorEncode01.htm）：

```
...
<script src=encode.js></script>
<script>
eval(xorEncode(unescape("%u7D9C%u78D9%u827F%u8997%u789C%
    u7DD5%u789C%u8269%u8986%u78CB%u7DC8%u78FD%u8275%
    u8991%u78DD%u7D91%u7894%u822E%u89D8%u78B1%u7DE2%
    u78D5%u8227%u89DE%u789C%u7DD8%u7887..."), "編碼與解碼"));
</script>
...
```

產生上述程式碼的流程可以說明如下：

1. 先撰寫未加密的原始網頁。（本例為 randomText.htm）
2. 利用 xorEncodeTest01.htm 來進行 xorEncode() 及 escape() 的編碼。

3. 將編碼後的字串拷貝到加密後的網頁，但必須經由 unescape() 及 xorEncode() 來轉回原來的程式字串，再經由 eval() 來執行之。然後就大功告成了。

在上述說明中，我們使用了一個好用的網頁來對 JavaScript 程式碼進行 xorEncode() 及 escape() 編碼（xorEncodeTest01.htm）：

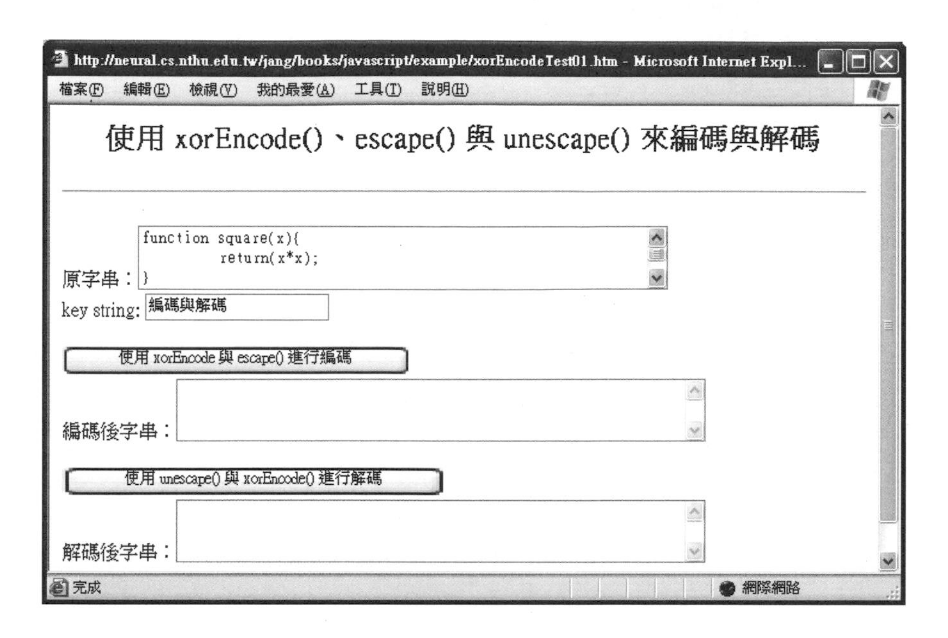

上述範例的原始檔如下：

範例11-10（xorEncodeTest01.htm）：

```
...
<script src=encode.js></script>
<p>原字串：<textarea rows=3 cols=60 id=text1>
function square(x){
    return(x*x);
}
</textarea><br>
  key string: <input type=text id=keyStr value="編碼與解碼">
```

```
<p><input type=button value="使用 xorEncode 與 escape() 進行編碼"
    onClick="text2.value=escape(xorEncode(text1.value,
    keyStr.value))">
<br>編碼後字串：<textarea rows=3 cols=60 id=text2></textarea>
<p><input type=button value="使用 unescape() 與 xorEncode() 進行解碼"
    onClick="text3.value=xorEncode(unescape(text2.value),
    keyStr.value)">
<br>解碼後字串：<textarea rows=3 cols=60 id=text3></textarea>
...
```

而 shiftEncode() 及 xorEncode() 則定義於 encode.js，如下：

範例11-11（encode.js）：

```
function shiftEncode(inputStr, offset){
    var encoded, outputStr="";
    for (var i=0; i<inputStr.length; i++){
        encoded=inputStr.charCodeAt(i)+offset;
        outputStr += String.fromCharCode(encoded);
    }
    return(outputStr);
}

function xorEncode(inputStr, keyStr){
    var outputStr="";
    var j=0;
    for (var i=0; i<inputStr.length; i++){
        encoded=inputStr.charCodeAt(i) ^ keyStr.charCodeAt(j++);
        if (j==keyStr.length)
            j -= keyStr.length;
        outputStr += String.fromCharCode(encoded);
    }
    return(outputStr);
}
```

有關於本節所介紹的編碼與解碼的方法，可以列表如下：

整理：

相關函數	編碼方式	解碼方式
escape() 和 unescape()	escape(原字串)	unscape(編碼後字串)
shiftEncode()	shiftEncode(原字串, 平移量)	shiftEncode(編碼後字串, -平移量)
xorEncode()	xorEncode(原字串, XOR 字串)	xorEncode(編碼後字串, XOR 字串)

當然嘍，同學們還可以想出更複雜的編碼與解碼函式，來保護你的程式碼。但是這些保護方式，還是只防君子，不防小人，因為對於功力高深的有心人來說，還是可以抽絲剝繭地慢慢破解你的編碼過程。

提示：

▸▸ 若要查詢其他 JavaScript 程式碼隱藏的方法，可到 Google 查詢「javascript obfuscator」。

11-4 電子郵件隱藏

另一個必須保護的內容，就是網頁中的 email 帳號。大部分廣告信的電郵來源，都是經由簡單的電郵搜尋程式（稱為 Spam Bots 或是 Email Harvesters），直接搜尋開放網頁中的 mailto 或是 @ 字串，再抽取出 email 帳號。因此，若要在網頁上顯示你的 email，又不想被廣告信塞爆信箱，最簡單的方式，就是對 email 帳號進行簡單的加密。

提示：

▸▸ 你可以從每天收到的廣告信，就可以知道 email 帳號保護是一件非常重要的事！

一般而言，留在網頁上的電郵帳號，很容易被 Robot 程式給抽取出來（當然是用通用式來進行），最後被收集到 Email 光碟大補帖販賣銷售。若要對 email 進行基本的保護，最基本的原則，就是不要在網頁內文出現電郵帳號，例如，可以使用 image 來代替，這個方法的壞處是：

- 比較麻煩，還必須產生一個 image。
- 無法直接點選來送信。

當然，還有一種很簡單的方法，就是改造一下 email，並說明如何還原，例如，

```
My email is j_a_n_g@cs.nthu.edu.tw. (Please remove the underscores.)
```

這個方法很簡單，但是使用者在點選後，還必須修改一下，才能開始送信。

另一個比較方便的方法，就是使用 JavaScript 來「合成」一個 email 帳號，例如（emailHide01.htm）：

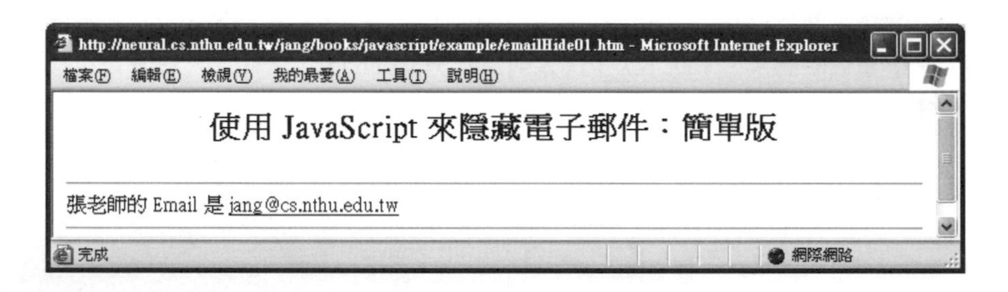

相關原始碼如下：

範例11-12（emailHide01.htm）：

```
...
<script>
function showEmail(user, site){
    document.write('<a href=\"mailto:' + user + '@' + site + '\">');
    document.write(user + '@' + site + '</a>');
}
</script>
張老師的 Email 是 <script>showEmail("jang", "cs.nthu.edu.tw");</script>
...
```

在這個範例中，我們使用 JavaScript 來合成一個電郵帳號，因為一般的 Robot，並無法看懂 JavaScript，因此就無法直接抽取這個電郵帳號。

當然，我們可以產生更複雜的範例，例如（emailHide02.htm）：

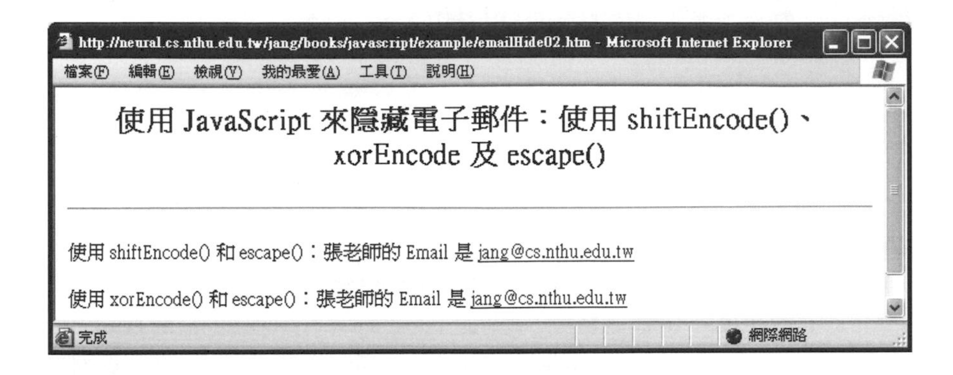

相關原始碼如下：

範例11-13（emailHide02.htm）：

```
...
<script src="encode.js"></script>
<p>
使用 shiftEncode() 和 escape()：張老師的 Email 是
<script>document.write(shiftEncode("=b!isfg>nbjmup;kbohAdt/ouiv/fev/u
    x?kbohAdt/ouiv/fev/ux=0b?", -1));</script>
<p>
使用 xorEncode() 和 escape()：張老師的 Email 是
<script>document.write(xorEncode(unescape("%5D%03C%09%10%06
    %07_%0E%00%0B%0F%15%0DY%0B%03%0D%06%22%00%12L
    %0D%15%0A%16O%07%07%14L%17%16%5C%09%00%0C%04%
    21%01%10O%0C%17%09%17M%04%06%16O%16%14%5DM%02
    _"), "abc"));</script>
...
```

在上述範例中，我們分別使用 escape()、shiftEncode() 以及 xorEncode() 來對電郵帳號進行保護，有關這些函數的描述，請見上一節的說明。

提示：

▶ 本章的所有範例，均假設 Robots 並無法解譯 JavaScript，一般情況也是如此，因為解譯 JavaScript 需要花時間，會降低抓取電郵帳號的速度。但是如果碰到功力高深、可以解譯 JavaScript 的 Robots，那麼這些技巧就全部破功了！

11-5 習題

程式題

請使用本章所學到的 JavaScript 程式技巧來完成下列作業：

1. (***) **網頁原始碼的保護：**請參考下列網址 http://www.protware.com 的 Demonstration 連結，並從網路上尋找資料，以範例來說明當使用者下載網頁後，如何做到下列事項：

   a. 取消滑鼠右鍵的預設功能
   b. 不在狀態列顯示任何訊息
   c. 不允許網頁上的任何文字被選取
   d. 不允許列印
   e. 不允許儲存
   f. 不允許從不同的 domain 來開取此網頁

   （如果你這些技術都會了，也就可以開一家公司了！）

第二篇

JavaScript 程式設計與應用：伺服器端

第十二章

ASP 基本介紹

本章重點

本章介紹 ASP 的基本概念，同時說明如何使用 JavaScript 來實作基本的 ASP 網頁。

12-1 背景及特色

ASP 是 Active Server Pages 的簡稱，它並不是一種程式語言，而是由微軟公司所開發的一種環境，適用於微軟的 Web 伺服器，如 Windows 95/98/ME 上的 PWS (Personal Web Server)，或是 Windows NT/2000/XP 上的 IIS (Internet Information Server)。ASP 的概念相當簡單，就是在伺服器將資料送出前，會先執行夾雜在 HTML 中的 ASP 程式碼，並將執行結果連同 HTML 送會庫戶端。由於 ASP 是一種直譯式的語言，而且是在伺服器端執行，所以稱為 ASP 通稱為 Server-side scripts，已有別於在客戶端執行的 Client-side scripts，如 JavaScript 等。

ASP 的一般特色，可簡單列表說明如下：

- ASP 內定的語言是 VBScript 或是 JScript，都是簡單易學的 Scripting language，可夾雜於 HTML 語法之中。
- 由伺服器端的 Scripting Engine 來執行 ASP 程式碼，不需 Compile 或 Link 即可執行。
- 由於瀏覽器並無法直接接觸 ASP 的程式碼，所以只要伺服器能由 ASP 產生正確的 HTML 內容，任何瀏覽器都可呈現 ASP 的網頁。
- ASP 與任何滿足 ActiveX Scripting 標準的語言相容，所以除了能使用 VBScript 與 JScript 之外，也能在伺服器安裝相關直譯器後，執行其他 Scripting Language，例如 PerlScript、Python等。
- ASP 的程式碼並不傳到客戶端，所以可以保護智慧財產權。
- 可經由 ActiveX Server Component 來擴充 ASP 的功能，這些 Components 可用 VB、BCB、VC、Java等程式語言來發展。
- 提供內件物件，可稱為是以物件為基礎（Object-based）的環境。

ASP 提供的內建物件，可簡介如下：

- Request 物件：可取得客戶端傳送至伺服器的相關資訊。
- Response 物件：可取得伺服器傳送至傳送至客戶端的相關資訊，包含網頁資料等。
- Server 物件：提供與伺服器相關的各種性質（Properties）與方法（Methods）。
- Application 物件：提供一個應用程式在不同使用者之間交換資訊的管道。
- Session 物件：提供一個使用者在不同應用程式（或網頁）之間交換資訊的管道。

- ObjectContext 物件：提供交易處理（Transactions）的相關資訊。

我們將在後續章節，說明這些物件的特性及使用範例。

ASP 由於簡單易學，而且與資料庫整合容易，已經取代傳統的 CGI (Common Gateway Interface)，成為 Web 應用程式開發中不可或缺的一環。以下是 ASP 和 CGI 的比較表：

整理：

ASP	CGI
夾雜於 HTML 之中	獨立於 HTML 之中
直譯式的語言，不需編譯	可以是直譯式或編譯式的語言
只適用於微軟的伺服器	適用於大部分的伺服器
簡單易學	較 ASP 複雜

12-2 測試IIS及ASP環境

以 Windows XP Professional 來說，只要在安裝時有勾選 IIS，就可以在網頁瀏覽器輸入下列網址：

http://localhost

或是

http://127.0.0.1

若IIS安裝妥當，則瀏覽器應該顯示下列畫面：

如果無法顯示上述畫面，則代表 IIS 的安裝並不完全，你可能需要重新安裝一遍。

一般的網頁伺服器，都會選定一個根目錄來放置網頁，以 IIS 而言，預設的根目錄是「C:\Inetpub\wwwroot」，因此你只要在此目錄下放置一個簡單的網頁 helloWorld.htm，例如：

```
<html>
<body>
Hello World!
</ body >
</ html >
```

此時你就可以直接經由 http://localhost/helloWorld.htm 來看到此網頁在瀏覽器呈現的效果：

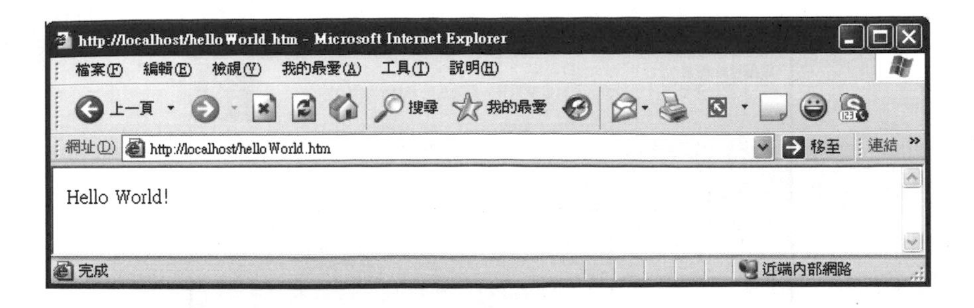

對於一般的 *.htm 或 *.html 檔案而言，你只要在檔案總管直接點選檔案圖示，即可使用瀏覽器開啟此檔案，並執行網頁內之 JavaScript 程式碼並對網頁內容進行排版，最後將結果呈現在瀏覽器。然而，對於 *.asp 的網頁而言，我們並無法直接點選來顯示其結果於瀏覽器，因為其內容必須經由網頁伺服器的運算後，才能將結果呈現於瀏覽器，因此對於所有的 *.asp 檔案，我們都必須經由 localhost （本機網頁伺服器）的作用，才能顯示結果。

基本上，我們可以將此本書範例光碟的主目錄 jsBook 拷貝到預設根目錄（C:\Inetpub\wwwroot）之下，即可經由 localhost 來顯示網頁，例如輸入下列網址：

http://localhost/jsBook/asp/example/hello01.asp

就可以看到 hello01.asp 的結果。但是要將每個 asp 檔案都搬到預設根目錄之下，未免太麻煩了，另一個方法，是可以設定網頁伺服器的「虛擬目錄」，經由此設定後，我們可以將虛擬目錄看成是在根目錄之下的子目錄，就可以使用前述的方式來顯示 asp 檔案。假設您已經將本書範例光碟中的目錄 jsBook 拷貝到本機目錄 d:\jsBook，我們就可以開始設定虛擬目錄。

以下以 Windows XP Professional 為例來說明如何設定虛擬目錄，如下：

1. 在桌面「我的電腦」按右鍵，選取「管理」來開啟「電腦管理」。
2. 以右鍵點選「電腦管理（本機）/服務及應用程式/Internet Information Services/網站/預設的網站」，選取「新增/虛擬目錄...」，按下「下一步」可開啟如下畫面：

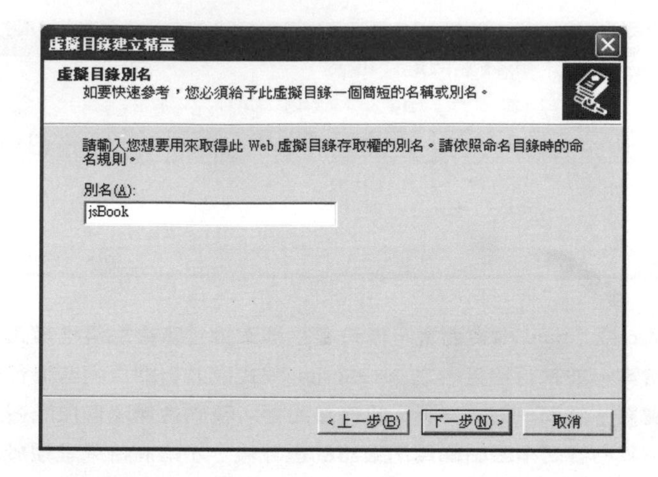

請輸入 jsBook 並按「下一步」。

3. 此時請輸入此虛擬目錄所對應的實際目錄名稱，開啟的畫面如下：

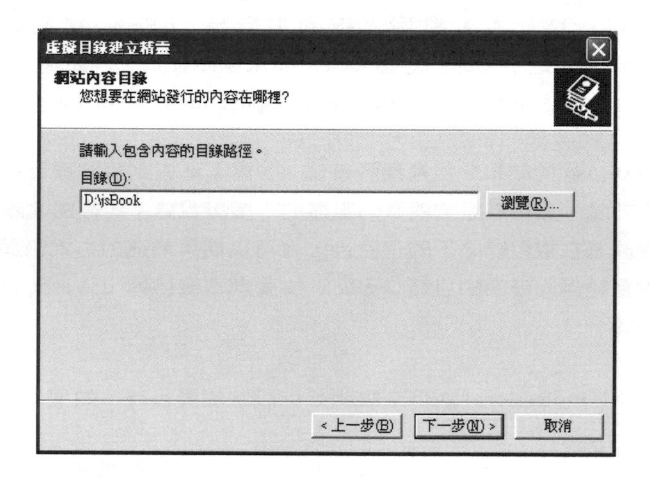

4. 然後可以選擇虛擬目錄的屬性，如下：

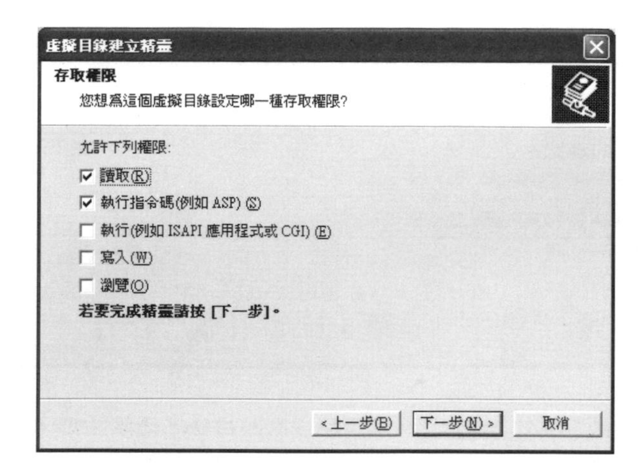

按下「下一步」及「確定」後，即完成 IIS 虛擬目錄的設定。但我們還必須設定此目錄的權限，以便讓網路上的其他使用者能夠瀏覽此目錄下的網頁，說明如下。

5. 在剛剛指定的資料夾上按右鍵選取「內容/安全性」，開啟視窗如下：

6. 此時點選「新增」並輸入「Everyone」，如下：

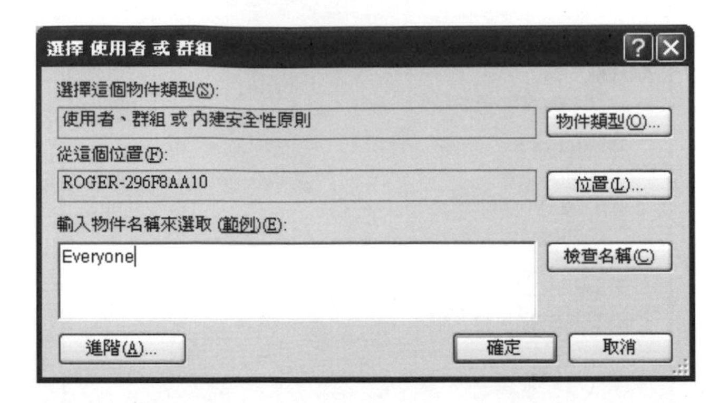

7. 此時連續按下兩次「確定」，即可完成虛擬目錄的權限設定。
8. 回到「電腦管理」介面，以右鍵點選「電腦管理（本機）/服務及應用程式/Internet Information Services/網站/預設的網站」，選取「重新啟動」，即可重新啟動 IIS 以便啟用新的設定值。

如果你的作業系統是 Vista，則設定虛擬目錄的方式大同小異，說明如下：

1. 在桌面「我的電腦」按右鍵，選取「管理」來開啟「電腦管理」。
2. 以右鍵點選「電腦管理（本機）/服務及應用程式/Internet Information Services/網站/預設的網站」，選取「新增/虛擬目錄...」，按下「下一步」可開啟視窗，已輸入虛擬目錄的別名以及對應的實體路徑：

3. 接著你必須設定虛擬目錄的權限，其方法如同前述，在此不再贅述。

完成虛擬目錄的設定後，我們就可以直接經由 localhost 來瀏覽 asp 網頁，例如只要輸入下列網址：

http://localhost/jsBook/asp/example/hello01.asp

就可以在瀏覽器顯示下列結果：

如果你能夠顯示上述畫面，代表你的 IIS 和 ASP 的工作環境都沒有問題。但如果無法出現上述視窗，你可以直接將錯誤訊息貼到 Google（http://www.google.com.tw）進行搜尋，大部分就可以找到相關答案。

提示：

- 網頁伺服器的預設連接埠（Port）是 80，因此如果你有其它軟體也佔用此連接埠（例如 skype），就會發生網頁伺服器無法正常工作的情況。此時可以移除佔用連接埠 80 的軟體，IIS 就應該可以正常工作了。

有志於學習 ASP 的同學，可以從微軟公司下載相關技術文件，或是直接取用本書光碟 jsBook/asp/download 目錄下的 Script56.CHM，這是比較詳細的技術文件，可供程式撰寫時的參考之用。

12-3 如何使用ASP於HTML

ASP 檔案通常以 asp 為副檔名，它是一個文字檔，除了包含基本的 HTML 標記外，還可以包含 ASP 的程式碼。ASP 的程式碼是以 <% ... %> 的標記來和 HTML 區分，伺服器發覺用戶端要求的檔案是以「asp」為副檔名，就會尋找 ASP 程式碼並執行之。事實上，ASP 的標記 <% ... %> 是一個簡寫，若要使用不同的語言，就必須使用完整的表示方式。例如，若要使用 JScript 來撰寫 ASP，就必須使用下列格式：

```
<script language=jscript runat=server>
                JScript 的程式碼
</ script >
```

其中要特別注意的是「runat=server」，若沒加上這一句，伺服器就不會執行這一段程式碼，而將之直接送回用戶端，結果這段程式碼會變成由用戶端的瀏覽器來執行，那就完全大錯特錯了！

提示：

- 事實上，包含 ASP 程式碼的網頁，可以不用 asp 為附檔，例如，你可以選用 hi 為 ASP 網頁的附檔名，只要在 IIS 伺服器進行相關設定即可。

使用上述的方式，你可以在一個 ASP 網頁內混合使用不同的語言，只要妳有加上 language 的屬性即可。若要在一個 ASP 網頁內全部使用 JScript，一個更簡單的作法是直接設定整個網頁的 language 屬性，只要在網頁的第一列加入下述程式碼即可：

```
<%@ language=jscript %>
```

其後在此網頁由 <% ... %> 包住的程式碼，都會被視為是 JScript 的程式碼，並由伺服器呼叫 JScript 的直譯器來執行之。

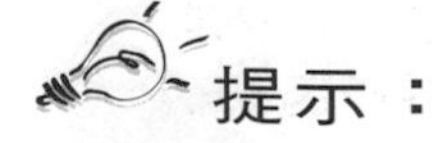

提示：

- 為了避免轉變程式語言所帶來的困擾，在本課程中，我們其後的 asp 程式範例，都會盡量以 JScript 來撰寫。

若要印出變數 x 的值，可用下列兩種方法：

1. <%Response.Write(x)%>

2. <%=x%>

其中 Response 是 ASP 的內建物件，Write() 則是其中一種方法。由於 Response.Write 常被用到，因此就發展出第二種更簡便的列印方式。舉例來說，若要在 HTML 中印出「Hello World!」，下列數種方式可達到同樣的效果：

1. <%Response.Write("Hello World!")%>
2. <%="Hello World!"%>
3. <%x = "Hello World!"%><%Response.Write(x)%>
4. <%x = "Hello World!"%><%=x%>

在下列範例中，我們以上述方法印出四列「Hello World!」（hello01.asp）：

上述範例的原始檔如下：

範例12-1（hello01.asp）：

```
<%@language=jscript%>
<%title="ASP 印出「Hello World!」的四種方法"%>
<!--#include file="head.inc"-->
<hr>

Four methods to print "Hello World!" in server-side VBScript:
<p>
<%Response.Write("Hello World!")%><br>
<%="Hello World!"%><br>
```

```
<%x = "Hello World!"%><%Response.Write(x)%><br>
<%x = "Hello World!"%><%=x%><br>


<hr>
<!--#include file="foot.inc"-->
```

在本書的其它 ASP 網頁範例中，我們都使用 head.inc 來代表相同的網頁開始部分，並使用 「<!--#include file="head.inc"-->」的方式來將 head.inc 檔案包含進來此範例網頁。head.inc 的內容如下：

範例12-2（head.inc）：

```
<html>
<head>
    <title><%=title%></title>
    <meta HTTP-EQUIV="Content-Type" CONTENT="text/html;
    charset=big5">
    <style>
     td {font-family: "標楷體", "helvetica,arial", "Tahoma"}
     A:link {text-decoration: none}
     A:hover {text-decoration: underline}
    </style>
</head>
<body>
<h2 align=center><%=title%></h2>
```

同樣的，tail.inc 是代表相同的網頁結束部分，我們使用 「<!--#include file="tail.inc"-->」的方式來將 tail.inc 檔案包含進來，tail.inc 的內容如下：

範例12-3（tail.inc）：

```
<script>function viewSource()
    {window.location="view-source:"+window.location} </script>
檢視原始碼：
```

```
[<a target=_blank
    href="/jang/books/asp/common/showcode.asp?source=<%=Request
    .ServerVariables("PATH_INFO")%>">Server-side script</a>]
[Client-side script（請按 alt-v & c）]
<br>回到「<a href="/jang/books/asp">JScript 程式設計與應用：伺服器端
    </a>」</b>
</html>
```

提示：

- 使用 <!--#include file="fileName"--> 來加入檔案 fileName 的方式稱為 Sever-Side Include，簡稱 SSI，將會在後面有詳細的說明。
- 在後續的範例中，我們將只呈現原始碼的重要部分，以節省篇幅。

若要使用 ASP 印出數列「Hello World!」並逐次增大其字體，可見下列範例（hello02.asp）：

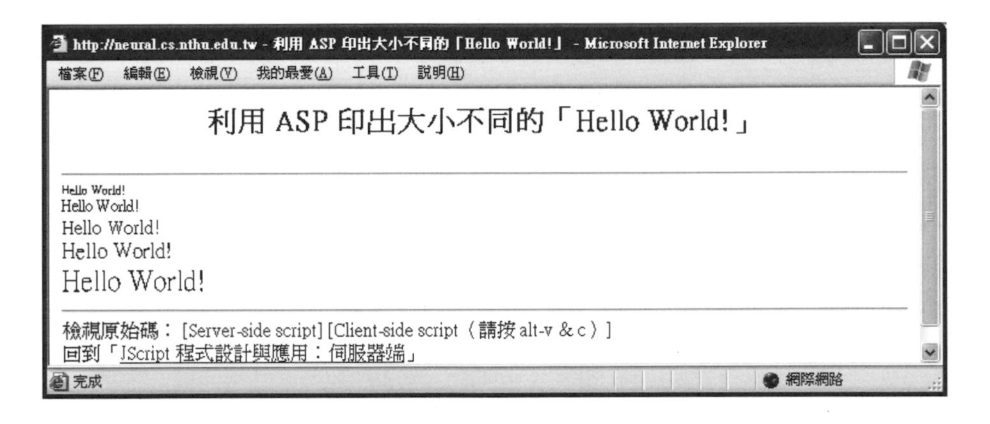

上述範例的原始檔如下：

範例12-4（hello02.asp）：

```
...
<% for (i=1; i<=5; i++) {%>
    <font size=<%=i%>> Hello World! </font><br>
<%}%>
```

```
…
```

在上述範例中的 for 迴圈，我們交叉使用了 ASP 的程式碼和 HTML 的原始碼，這種交叉的方式若使用太多，會造成程式碼效率的降低，因此我們也可以直接將之改寫成完全是 ASP 的程式碼，其呈現效果完全相同，原始碼如下：

範例12-5（hello03.asp）：

```
…
<%
for (i=1; i<=5; i++){
    Response.Write("<font size=" + i + "> Hello World! </font><br>");
}
%>
…
```

在 Client Script，<script> 標籤的預設語言即為 JavaScript 或 JScript。而在 Server Script，<script runat=server> 標籤的預設語言即為 VBScript。可整理如下表：

整理：

	Client-side Scripts	Server-side Scripts
JavaScript (JScript)	<script>...</script>	<script runat=server language=jscript>...</script>
VBScript	<script language=vbscript>	<% ... %> 或 <script runat=server>...</script >

此外，JScript 和 VBScript 有下列不同之處，在撰寫 ASP 程式碼時，要特別小心：

- JavaScript 或 JScript 程式碼會分辨大小寫，VBScript 程式碼則不分大小寫。
- 在 JavaScript 或 JScript 加入註解的方法：
  - 單行註解：// 單行程式碼

- 多行註解：/* 多行程式碼 */
- VBScript 只支援單行註解，其方法為在註解行加入「'」（單引號）或「rem」（代表 remark）。

12-4 時間與日期

使用 JScript 內建的 Date 物件，我們可以對時間和日期進行各種處理。在下列範例中，我們使用伺服器端的 JScript 和用戶端的 JavaScript 來比較兩者時間的不同（time01.asp）：

上述範例的原始檔如下：

範例12-6（time01.asp）：

```
...
<%
today=new Date();
Response.Write("伺服器的時間：<font
    color=green>"+today.toLocaleString()+"</font>");
%>
<br>
<script>
today=new Date();
document.writeln("用戶端的時間：<font
    color=red>"+today.toLocaleString()+"</font>");
```

```
</script>
...
```

在上述範例中，我們用在伺服器和用戶端的程式碼是完全一樣的，都是使用 new Date() 來先產生一個日期物件，再使用 toLocaleString() 的方法來轉換成當地的日期字串。（由此也可以看出 JavaScript/JScript 在用戶端和伺服器的共通功能。）

在下列範例中，我們依照伺服器時間的不同，而回傳不同的問候語（time03.asp）：

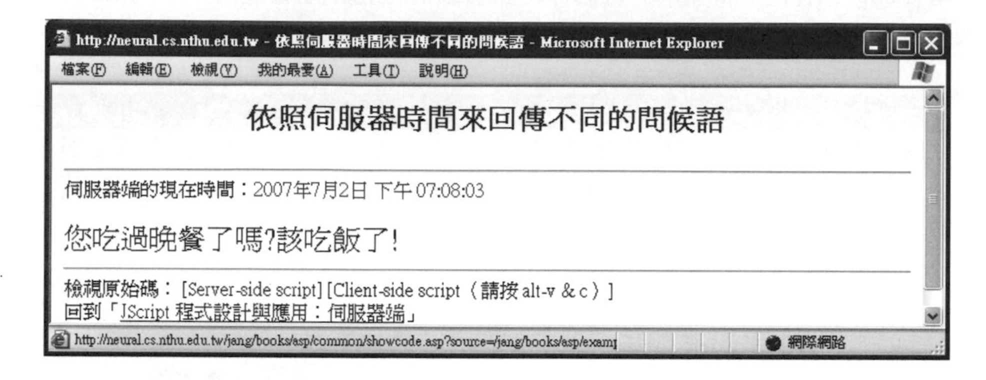

上述範例的原始檔如下：

 範例12-7（time03.asp）：

```
...
<% today=new Date(); %>
伺服器端的現在時間：<font
    color=green><%=today.toLocaleString()%></font><p>
<%
time=today.getHours();
if ((12<=time) && (time<2))
    greeting = "已經凌晨了，該睡了!";
else if ((2<=time) && (time<4))
    greeting = "您要撐到天亮嗎？快睡吧!"
else if ((4<=time) && (time<6))
    greeting = "天快亮了! 您是早起的鳥兒，還是晚睡的蟲兒?"
```

```
else if ((6<=time) && (time<8))
    greeting = "您早! 一大清早您就在研究 ASP，精神令人感動!"
else if ((8<=time) && (time<10))
    greeting = "您早! 早上研究 ASP 的效果最好，您說是嗎?"
else if ((10<=time) && (time<12))
    greeting = "吃飯時間快到了，您餓了嗎?"
else if ((12<=time) && (time<13))
    greeting = "吃飽了嗎?別忘了吃飯喔!"
else if ((13<=time) && (time<14))
    greeting = "午安...午睡時間，別吵嘛!"
else if ((14<=time) && (time<16))
    greeting = "午安! 您午覺睡夠嗎？別睡著了!"
else if ((16<=time) && (time<18))
    greeting = "運動時間，別工作了!"
else if ((18<=time) && (time<20))
    greeting = "您吃過晚餐了嗎?該吃飯了!"
else if ((20<=time) && (time<22))
    greeting = "晚安! 您吃過晚餐了嗎?"
else if ((22<=time) && (time<24))
    greeting = "晚安! 該睡覺了!"
else
    greeting = "您好!"
%>
<font size=+2><%= greeting %></font>
...
```

有關時間物件的方法，在伺服器和用戶端的 JavaScript 的用法是一致的，可見下列範例（time04.asp）：

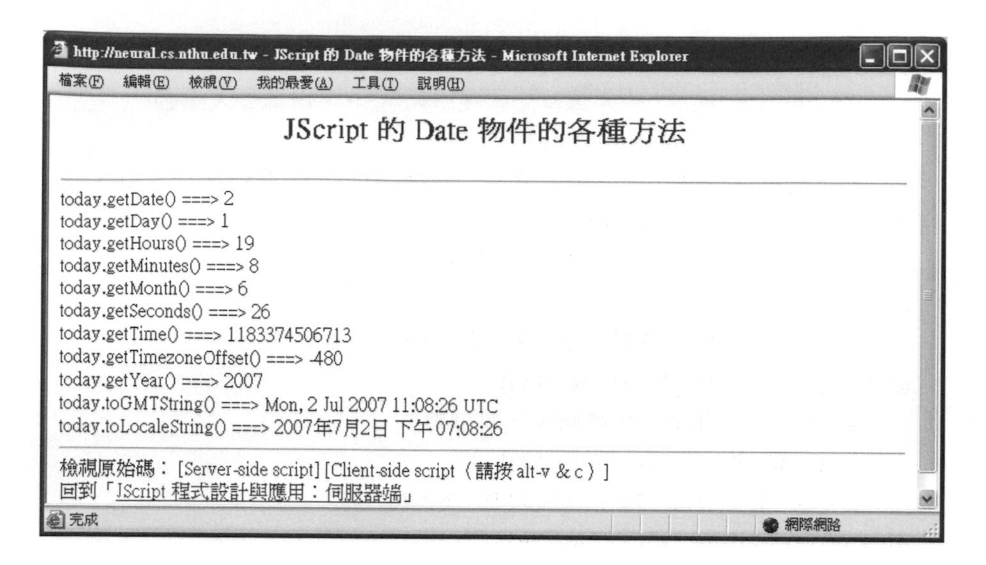

上述範例的原始檔如下：

範例12-8（time04.asp）：

```
...
<%
cmd=new Array();
i=0;
cmd[i++]="getDate()";
cmd[i++]="getDay()";
cmd[i++]="getHours()";
cmd[i++]="getMinutes()";
cmd[i++]="getMonth()";
cmd[i++]="getSeconds()";
cmd[i++]="getTime()";
cmd[i++]="getTimezoneOffset()";
cmd[i++]="getYear()";
cmd[i++]="toGMTString()";
cmd[i++]="toLocaleString()";

today=new Date();
```

```
for (i=0; i<cmd.length; i++){
    thisCmd="today."+cmd[i];
    Response.write(thisCmd+" ===> "+eval(thisCmd)+"<br>");
}
%>
...
```

提示：

» 在伺服器端的 JScript 完全沒有用戶端 DOM (Document Object Model) 的概念，這是要特別注意之處。

以上範例都是使用 JScript 於 ASP 環境之中。若有需要，我們也可以使用 VBScript 於 ASP 環境，以時間和日期的處理而言，VBScript 也提供了一些內建函數，例如 time、date、now 等，用以傳回現在的時間和日期。例如，若要顯示現在時間，可用

```
<%=time%>
```

若要顯示現在日期，可用

```
<%=date%>
```

若要使用 VBScript 來達成前述「依照伺服器時間的不同而回傳不同的問候語」的功能，範例可見 time03_vbs.asp，在此不再贅述。

12-5 習題

選擇題

1. 若沒有特別設定語言選項，則 ASP 的內建語言是？
   (1) JavaScript
   (2) VBScript
   (3) Jscript
   (4) 以上皆是
2. 有關 JavaScript/Jscript 的標籤，何者為誤？（假設沒有進行特殊語言設定。）

(1) 在用戶端的標籤為 <script>…</script>

(2) 在用戶端的標籤為 <script language=javascript>…</script>

(3) 在伺服器端的標籤為 <script runat=server>…</script>

(4) 在伺服器端的標籤為 <script runat=server language=javascript>…</script>

3. 下列那個物件不是 ASP 的內建物件？

(1) Request 物件

(2) Response 物件

(3) Document 物件

(4) Application 物件

4. 下列何者無法在用戶端及伺服器端都能執行？

(1) VBScript

(2) Perl/PerlScript

(3) JavaScript/JScript

(4) PHP

簡答題

1. 請說明在 ASP 印出「Hello World!」的四種方法。

2. ASP 提供哪六大物件，以便進行網頁程式設計？

第十三章

函數與程式碼的重複使用

本章重點

本章介紹 ASP 的函數，並說明如何將 JavaScript 函數或程式片段定義於一個檔案，以便重複使用。甚至，我們可以使用一個函數定義檔，同時可讓伺服器端和用戶端來呼叫，可達到事半功倍之效。

13-1　函數

若要能建立大型應用程式，程式碼就要模組化（Modularized）以便提高其重複使用度（Reusability）。因此在撰寫 ASP 的程式碼時，我們就應該注意程式碼的重複性，並設法將重複出現的部分寫成函數（或稱函式），以便重複使用。

以 JScript 為例，下述程式碼的功能是算出由 1 加到 n 的總和：

```
<%
function sum(n) {
	var i, total;
	total = 0;
	for (i=1; i<=n; i++)
		total = total + i
	return(total);
}
%>
```

在下列範例中，我們就是以上述函數來計算由 1 至 20 的總和（sum01.asp）：

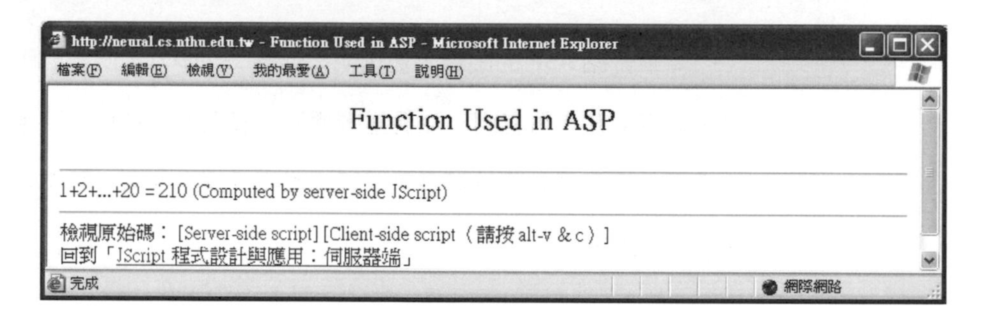

上述範例的原始檔如下：

範例13-1（sum01.asp）：

```
...
<%
```

```
function sum(n) {
    var i, total=0;
    for (i=1; i<=n; i++)
     total = total + i;
    return(total);
}

n = 20;
Response.write("1+2+...+" + n + " = " + sum(n) + "\n");
Response.write("(Computed by server-side JScript)");
%>
...
```

相同功能的函數，若用 VBScript 來撰寫，程式碼如下：

```
<%
function sum(n)
    dim i, total
    total = 0
    for i = 1 to n
        total = total + i
    next
    sum = total
end function
%>
```

此 VBScript 函數的呼叫方式可見下列範例（sum01_vbs.asp）：

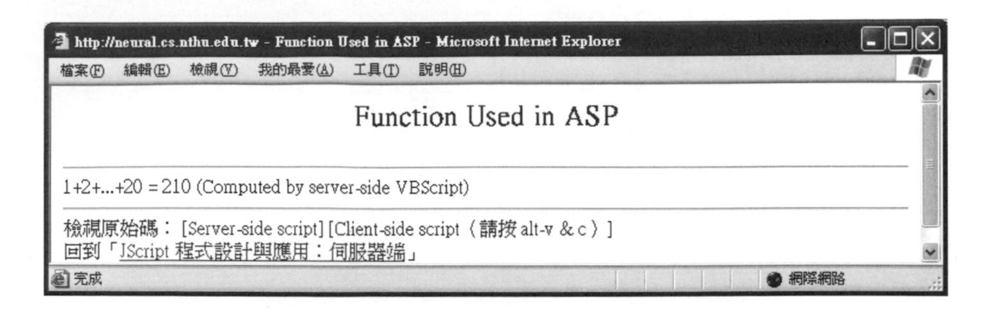

上述範例的原始檔如下：

範例13-2（sum01_vbs.asp）：

```
...
<%
function sum(n)
      dim i, total
      total = 0
      for i = 1 to n
       total = total + i
      next
      sum = total
end function

n = 20
response.write("1+2+...+" & n & " = " & sum(n) & chr(13) & chr(10))
response.write("(Computed by server-side VBScript)")
%>
...
```

在使用函數時，JScript 和 VBScript 也有一些不同之處，整理如下：

- JavaScript 或 JScript 使用 var 來定義局部變數，VBScript 則是使用 dim 來定義局部變數。
- 若函式沒有輸入引數，JScript 在呼叫此函式時，仍須在函式名稱後面加上小括弧，VBScript 則可以不加括弧。

13-2 函數定義檔的使用

若要一再重複使用多個函數，可以先將這些函式的定義寫在函式定義檔，然後再將此檔案導入 asp 網頁。

第一種方式，是使用 Server-side include (SSI) 的方式將函數的定義加入網頁，其格式如下：

```
<!--#include file="filename"-->
```

其中 filename 代表檔案的實體位置，可加上相對或絕對路徑。另一種方式是：

```
<!--#include virtual="URLpath"-->
```

其中 URLpath 代表檔案的網址，可以是相對或絕對的網址。換句話說，我們可將函數的定義寫在一個檔案中，若某一個網頁要用到這個函數，只要將相對應的檔案利用 SSI 的方式來加入網頁即可。

在下列範例中，我們分別使用 client-side include 和 server-side include 來加入一些與時間相關的函數（timeDisplay02.asp）：

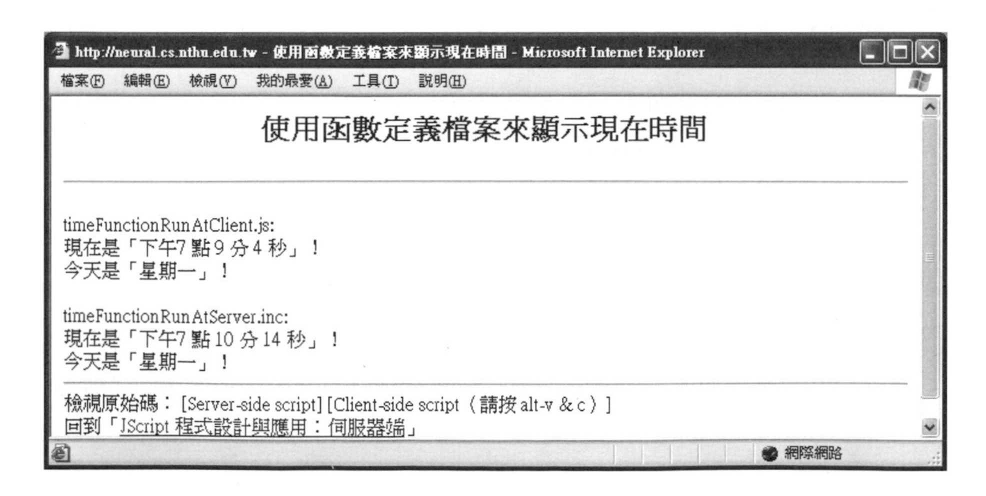

上述範例的原始檔如下：

範例13-3（timeDisplay02.asp）：

```
...
<p>timeFunctionRunAtClient.js:<br>
<script src="timeFunctionRunAtClient.js"></script>
<script>
document.write('現在是「' + currentTime()+ '」！<br>');
document.write('今天是「' + currentDay() + '」！<br>');
</script>

<p>timeFunctionRunAtServer.inc:<br>
<!--#include file="timeFunctionFunAtServer.inc"-->
<%
Response.write('現在是「' + currentTime()+ '」！<br>');
Response.write('今天是「' + currentDay() + '」！<br>');
%>
...
```

其中，使用 client-side include 所加入的檔案是 timeFunctionRunAtClient.js：

範例13-4（timeFunctionRunAtClient.js）：

```
function currentTime(){        // 回傳現在的時間
    var today = new Date();
    var hour = today.getHours();
    var minute = today.getMinutes();
    var second = today.getSeconds();
    var prepand = (hour>=12)? "下午":"上午";
    hour = (hour>=12)? hour-12:hour;
    return(prepand + hour + " 點 " + minute + " 分 " + second + " 秒");
}
```

```
function currentDay(){          // 回傳今天星期幾
    var today = new Date();
    var day = today.getDay();      // 取得今天是星期幾
    var conversion=["天", "一", "二", "三", "四", "五", "六"];
    return("星期"+conversion[day]);
}
```

而使用 server-side include 所加入的檔案是 timeFunctionRunAtServer.inc：

範例13-5（timeFunctionRunAtServer.inc）：

```
<%
function currentTime(){          // 回傳現在的時間
    var today = new Date();
    var hour = today.getHours();
    var minute = today.getMinutes();
    var second = today.getSeconds();
    var prepand = (hour>=12)? "下午":"上午";
    hour = (hour>=12)? hour-12:hour;
    return(prepand + hour + " 點 " + minute + " 分 " + second + " 秒");
}

function currentDay(){          // 回傳今天星期幾
    var today = new Date();
    var day = today.getDay();      // 取得今天是星期幾
    var conversion=["天", "一", "二", "三", "四", "五", "六"];
    return("星期"+conversion[day]);
}
%>
```

這兩個檔案的內容幾乎一樣，唯一不同的是，timeFunctionRunAtServer.inc 在函數前後各加上了 <% 和 %>。

提示：

⏩ SSI 檔案的內容，也可以包含 HTML 或用戶端的 JavaScript、VBScript 等。

在使用 SSI 時，有幾點要特別注意：

- SSI 並不是 ASP 的一部份，它是透過 IIS/PWS 的 ssinc.dll 來處理，而 ASP 則是由 asp.dll 來處理，此項資訊可由 IIS 的「Interne服務管理員/預設的Web站台/內容/主目錄/應用程式設定/設定」來檢視之。
- SSI 可以是巢狀的（Nested），亦即被包含的檔案仍可再包含其他檔案。
- SSI 是在 ASP 之前執行，因此不可使用 ASP 來產生被包含的檔案名稱。
- SSI 不可寫在 <% ... %> 的標記之內。
- 被 SSI 所導入的檔案，也可以包含 HTML 的標籤。

如果希望將某些常用的函數放在一個檔案，並讓客戶端及伺服器端都能執行這些函數，此時我們就可以使用第二種方式來讀入此函數定義檔，此方法很像 JavaScript 在用戶端所使用的 client-side include，其命令格式如下：

```
<script language=jscript runat=server src=timeFunction.js></script>
```

請見下列範例（timeDisplay03.asp）：

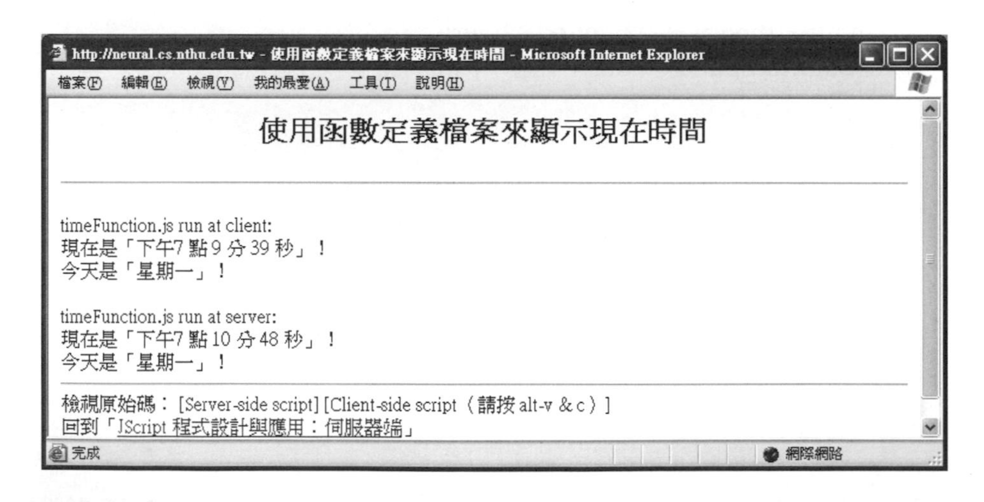

上述範例的原始檔如下：

範例13-6（timeDisplay03.asp）：

```
...
<p>timeFunction.js run at client:<br>
<script src="timeFunction.js"></script>
<script>
document.write('現在是「' + currentTime()+ '」！<br>');
document.write('今天是「' + currentDay() + '」！<br>');
</script>

<p>timeFunction.js run at server:<br>
<script language=jscript runat=server src="timeFunction.js"></script>
<%
Response.write('現在是「' + currentTime()+ '」！<br>');
Response.write('今天是「' + currentDay() + '」！<br>');
%>
...
```

在上述範例中，無論是 client-side include 或是 server-side include，所加入的函數定義檔案都是 timeFunction.js，其內容如下：

範例13-7（timeFunction.js）：

```
function currentTime(){        // 回傳現在的時間
    var today = new Date();
    var hour = today.getHours();
    var minute = today.getMinutes();
    var second = today.getSeconds();
    var prepand = (hour>=12)? "下午":"上午";
    hour = (hour>=12)? hour-12:hour;
    return(prepand + hour + " 點 " + minute + " 分 " + second + " 秒");
}

function currentDay(){        // 回傳今天星期幾
    var today = new Date();
    var day = today.getDay();     // 取得今天是星期幾
```

```
    var conversion=["天", "一", "二", "三", "四", "五", "六"];
    return("星期"+conversion[day]);
}
```

因此我們可以寫一個函數定義檔，同時在伺服器和用戶端都使用此檔案，如此就可以達到「一箭雙雕」（寫一份函數在伺服器和用戶端共用）的最高境界！

提示：

» 適用此方法的函數定義檔，不可以包含 HTML 或用戶端的 JavaScript、VBScript 等。

13-3 習題

簡答題

1. 請說明兩種方法，可將常用的 JavaScript 函式寫在一個檔案內，以便被不同的 ASP 網頁呼叫。

程式題

請使用本章所學到 Server-side JScript 有關函數的程式技巧來完成下列作業：

1. (**)**計算Fibonacci數列的遞迴函數：**請寫一個網頁 FiboRecursive.asp，包含一個遞迴函數 fibo(n)，可用來計算第 n 項的 Fibonacci 數列，此數列的定義如下：

   fibo(0)=0
   fibo(1)=1
   fibo(n)=fibo(n-1)+fibo(n-2)，當 n 大於或等於 2

   請呼叫此函數，並在網頁列出從 n = 0 到 n = 20 的 fibo(n) 值。

2. (**)**計算Fibonacci數列的非遞迴函數：**請重複上題，寫一個網頁FiboForLoop.asp，但改用迴圈方式（非遞迴）的函數來完成。

（提示：你可以在函數內宣告一個陣列，以便儲存 fibo[0], fibo[1], fibo[2] 等等的值。）

3. (***)**計算Fibonacci數列的遞迴函數，並計算在用戶端和伺服器端所花的計算時間：**請寫一個網頁 fiboSpeedTest.asp，裡面包含計算Fibonacci數列的遞迴函數（請見第一題），並分別呼叫此函數，在伺服器端和用戶端分別計時，最後在網頁列出從 n = 10 到 n = 20 時，在伺服器和用戶端計算此數列所花的時間，所列出的表格格式如下：

n	伺服器端的計算時間	用戶端的計算時間
10	[伺服器計算 fibo(10)所花的時間]	[用戶端計算 fibo(10)所花的時間]
11	[伺服器計算 fibo(11)所花的時間]	[用戶端計算 fibo(11 花的時間]
. . .	. . .	. . .
20	[伺服器計算 fibo(20 花的時間]	[用戶端計算 fibo(20 花的時間]

（提示：你可以寫兩個一模一樣的函數，分別用在伺服器端和用戶端。）

4.(***)**計算時間比較：**以「遞迴方式」和「迴圈方式」來產生Fibonacci數列：本題包含前面兩題。

a.請寫一個函數定義檔 fibonacci.js，裡面包含兩個函數，分別是遞迴fiboRecursive()和非遞迴函數（使用迴圈） fiboForloop()。

b.請寫一個網頁 fiboSpeedTest.asp，使用 SSI (Server-Side Include) 的方式來引入上述檔案，並分別呼叫此函數，進行計時，最後在網頁列出從 n = 20 到 n = 30 時，計算 fiboRecursive(n) 和 fiboForloop(n) 所花的時間，所列出的表格格式如下：

n	遞迴方式	迴圈方式
20	[伺服器計算 fiboRecursive (20)所花的時間]	[用戶端計算 fiboForloop (20)所花的時間]
21	[伺服器計算 fiboRecursive (21)所花的時間]	[用戶端計算 fiboForloop (21)所花的時間]
. . .	. . .	. . .
30	[伺服器計算 fiboRecursive (30)所花的時間]	[用戶端計算 fiboForloop (30)所花的時間]

第十四章

Request 物件

本章重點

本章介紹 ASP 的內建物件 Request，可以用來取得用戶對伺服器進行要求（Request）時，所傳送的各種資料。

14-1 Request物件簡介

Request 物件是 ASP 的內建物件之一，我們可以使用此物件來取得當用戶對伺服器進行要求（Request）時，對伺服器所送出的資訊，這些資訊包含用戶端的表單資訊、小餅乾資訊、認證資訊等，以及伺服器的環境變數等。事實上，這些資訊是經由 HTTP 的表頭（Headers）傳到伺服器端，經由伺服器解析後，存放於 Request 物件，並將之分成五個集合（Collections）：

1. Request.ClientCertificate：用戶端的認證資訊
2. Request.Cookies：用戶端硬碟所儲存的 Cookie 資訊
3. Request.Form：以 post 為傳送方法的表單資訊
4. Request.QueryString：以 get 為傳送方法的表單資訊
5. Request.ServerVariables：伺服器環境變數的值

Request 物件所包含的資訊很多，以下各小節將對常用到的各種資訊來進行說明。

14-2 讀取伺服器環境變數

Request 物件內含 Request.ServerVariables 集合，此集合包含了伺服器環境變數的值，這些環境變數涵蓋了用戶端和伺服器端的各種資訊。

例如，若要得知用戶端及伺服器端的 IP，可用下列方式取得：

- HTTP request 來源 IP: Request.ServerVariables("REMOTE_ADDR")
- HTTP request 伺服器 IP: Request.ServerVariables("LOCAL_ADDR")
- HTTP request 代理伺服器 IP: Request.ServerVariables("HTTP_VIA")
- HTTP request 原始來源 IP: Request.ServerVariables ("HTTP_X_FORWARDED_FOR")

範例如下（requestlp01.asp）：

上述範例的原始檔如下：

範例14-1（requestIp01.asp）：

```
...
<li>HTTP request 來源 IP: <font color=red>
    <%=Request.ServerVariables("REMOTE_ADDR")%></font>
<li>HTTP request 伺服器 IP: <font color=red>
    <%=Request.ServerVariables("LOCAL_ADDR")%></font>
<li>HTTP request 代理伺服器: <font color=red>
    <%=Request.ServerVariables("HTTP_VIA")%></font>
<li>HTTP request 原始來源 IP: <font color=red>
    <%=Request.ServerVariables("HTTP_X_FORWARDED_FOR")%></
font>
...
```

如果你得到的客戶端 IP 並不等於你的電腦的 IP，那麼可能是你的瀏覽器被設定成經由代理伺服器（Proxy Server）來取得網頁，因此 Request.ServerVariables（"REMOTE_ADDR"）就變成代理伺服器的 IP 了。在這種情況下，我們可由 Request.ServerVariables（"HTTP_VIA"）來顯示所用到的代理伺服器，並由 Request.ServerVariables（"HTTP_X_FORWARDED_FOR"）取得真正客戶端的 IP。當然，如果你的瀏覽器並沒有設定使用代理伺服器，那麼經由 Request 物件所抓到的變數 Request.ServerVariables（"HTTP_VIA"）和 Request.ServerVariables（"HTTP_X_FORWARDED_FOR")都只是空字串而已。

提示：

▸▸ 你可以設定或取消代理伺服器後，再看看上述範例的結果是否有變化。

一個簡單的應用，就是檢查來源 IP，而決定是否提供網頁瀏覽。例如，如果我們的線上教材只開放給清大的同學看，那我們就可以直接檢查原始來源 IP 是否為 140.114.xxx.xxx，若不是，則不傳送網頁，範例如下（requestIp02.asp）：

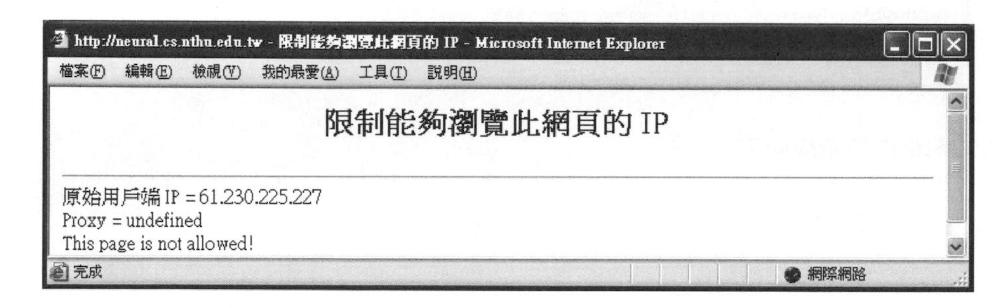

上述範例的原始檔如下：

範例14-2（requestIp02.asp）：

```
...
<%
ip=Request.ServerVariables("REMOTE_ADDR")+"";
proxy=Request.ServerVariables("HTTP_VIA")+"";
if (proxy!="undefined")          // 若有使用代理伺服器，則抓取原始用戶端 IP
    ip=Request.ServerVariables("HTTP_X_FORWARDED_FOR")+"";
Response.write("原始用戶端 IP = " + ip + "<br>");
Response.write("Proxy = " + proxy + "<br>");
domain="140.114.";
if (ip.indexOf(domain)!=0){
    Response.write("This page is not allowed!");
    Response.end;       // 停止網頁傳送！
}
%>
這是清大人能夠看到的正常網頁！
```

```
...
```

提示：

» 在使用 ASP 物件時，若要將物件內的字串設定到另一個字串變數時，我們通常使用「ip=Request.ServerVariables("REMOTE_ADDR")+""」的方式，如此強制轉型，才能避免因為 Request.ServerVariables("REMOTE_ADDR") 可能不是一個字串物件所帶來的困擾。

與伺服器相關的資訊，可以列出如下：

- 伺服器網域名稱：Request.ServerVariables("SERVER_NAME")
- 伺服器埠號：Request.ServerVariables("SERVER_PORT")
- 伺服器協定：Request.ServerVariables("SERVER_PROTOCOL")
- 網頁伺服器軟體名稱：Request.ServerVariables("SERVER_SOFTWARE")
- 伺服器加密：Request.ServerVariables("SERVER_PORT_SECURE")

範例如下（requestServer01.asp）：

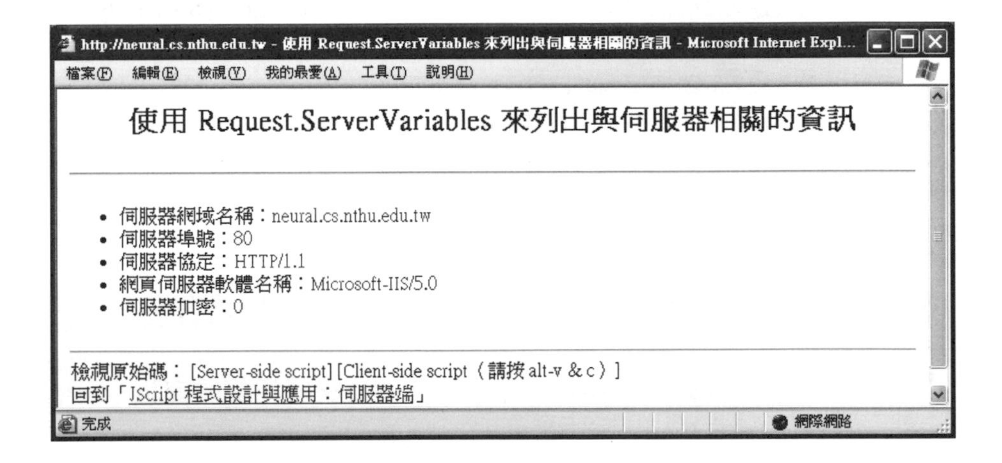

上述範例的原始檔如下：

範例14-3（requestServer01.asp）：

```
...
<ul>
```

```
<li>伺服器網域名稱：<font color=red>
    <%=Request.ServerVariables("SERVER_NAME")%></font>
<li>伺服器埠號：<font color=red>
    <%=Request.ServerVariables("SERVER_PORT")%></font>
<li>伺服器協定：<font color=red>
    <%=Request.ServerVariables("SERVER_PROTOCOL")%></font>
<li>網頁伺服器軟體名稱：<font color=red>
    <%=Request.ServerVariables("SERVER_SOFTWARE")%></font>
<li>伺服器加密：<font color=red>
    <%=Request.ServerVariables("SERVER_PORT_SECURE")%></fon
t>
</ul>
...
```

與網頁路徑相關的資訊，可以列出如下：

- 伺服器根目錄的硬碟位置：Request.ServerVariables("APPL_PHYSICAL_PATH")
- 網頁在實際硬碟的路徑：Request.ServerVariables("PATH_TRANSLATED")
- 網頁相對應於伺服器根目錄的路徑：Request.ServerVariables("PATH_INFO")
- 網頁相對應於伺服器根目錄的路徑：Request.ServerVariables("SCRIPT_NAME")
- 網頁相對應於伺服器根目錄的路徑：Request.ServerVariables("URL")

範例如下（requestPath01.asp）：

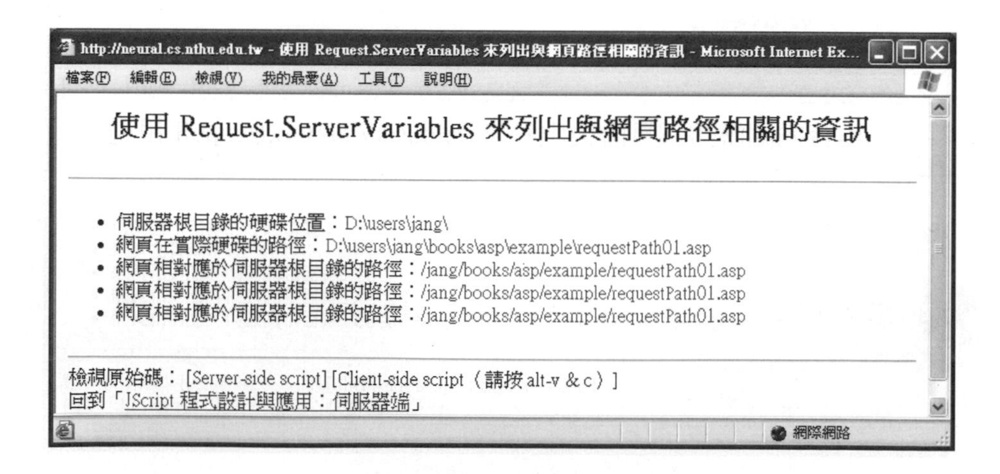

上述範例的原始檔如下：

範例14-4（requestPath01.asp）：

```
...
<ul>
<li>伺服器根目錄的硬碟位置：<font color=red>
    <%=Request.ServerVariables("APPL_PHYSICAL_PATH")%></font>
<li>網頁在實際硬碟的路徑：<font color=red>
    <%=Request.ServerVariables("PATH_TRANSLATED")%></font>
<li>網頁相對應於伺服器根目錄的路徑：<font color=red>
    <%=Request.ServerVariables("PATH_INFO")%></font>
<li>網頁相對應於伺服器根目錄的路徑：<font color=red>
    <%=Request.ServerVariables("SCRIPT_NAME")%></font>
<li>網頁相對應於伺服器根目錄的路徑：<font color=red>
    <%=Request.ServerVariables("URL")%></font>
</ul>
...
```

在上述範例中，Request.ServerVariables("PATH_INFO")、Request.ServerVariables("SCRIPT_NAME") 和 Request.ServerVariables("URL") 都會回傳一樣的結果。

其他有用的資訊也都可以由 Request.ServerVariables 取得，例如：

- 用戶端所用的瀏覽器：Request.ServerVariables("HTTP_USER_AGENT")
- 用戶端登錄至網頁的帳號：Request.ServerVariables("LOGON_USER")
- 連結至目前網頁的前一個網頁：Request.ServerVariables("HTTP_REFERER")

範例如下（requestHttpReferer01.asp）：

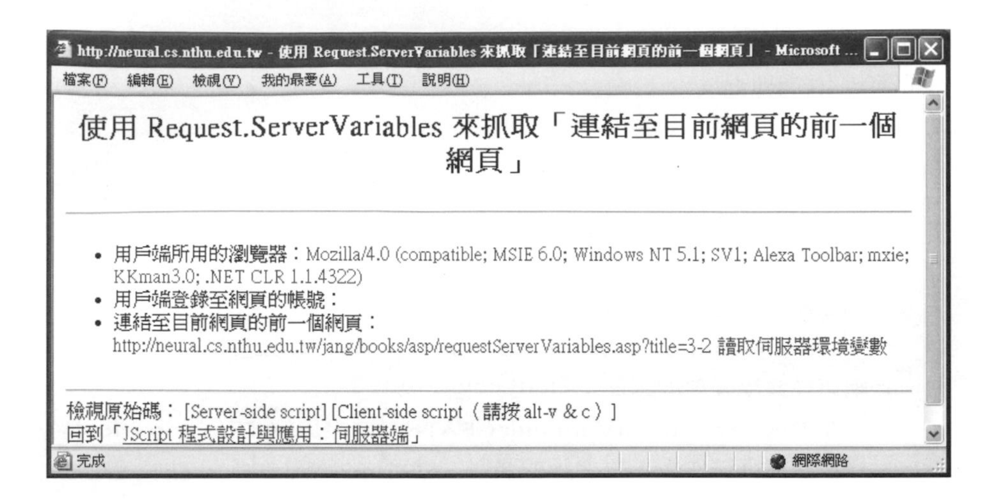

上述範例的原始檔如下：

範例14-5（requestHttpReferer01.asp）：

```
...
<ul>
<li>用戶端所用的瀏覽器：<font color=red>
    <%=Request.ServerVariables("HTTP_USER_AGENT")%></font>
<li>用戶端登錄至網頁的帳號：<font color=red>
    <%=Request.ServerVariables("LOGON_USER")%></font>
<li>連結至目前網頁的前一個網頁：<font color=red>
    <%=Request.ServerVariables("HTTP_REFERER")%></font>
</ul>
...
```

使用 Request.ServerVariables("HTTP_REFERER")，你可以得知下列事項：

- 你可以知道使用者是從哪一個友情贊助或廣告網頁連結而來，並進而知道你所花的廣告費有沒有物超所值。
- 你可以知道哪個網頁在偷偷地直接連結到你的網頁。事實上，你可以拒絕連結，並轉址到主要網頁。

若欲將 Request.ServerVariables 所有相關變數一次印出，可見下列範例

（request/serverVariables.asp）：

上述範例的原始檔如下：

範例14-6（request/serverVariables.asp）：

```
…
<!--#include file="../listdict.inc"-->
<% listdict(Request.ServerVariables, "Request.ServerVariables"); %>
…
```

此原始檔包含了 listdict.inc，其原始檔案如下：

範例14-7（listdict.inc）：

```
<script runat=server language=jscript>
function listdict(dict, dictname){
    Response.Write("<table border=1 align=center>\n");
    Response.Write("<tr><th colspan=2 bgcolor=cyan>" + dictname +
    "\n");
    Response.Write("<tr><th>Names<th>Values\n");
    var Enum=new Enumerator(dict);
    for (Enum.moveFirst(); !Enum.atEnd(); Enum.moveNext()){
        Response.Write("<tr><td>");
        Response.Write(dictname+"(\""+Enum.item()+"\")\n");
        Response.Write("<td>");
        Response.Write(dict(Enum.item())+" ");
    }
    Response.write("</table>\n");
}
</script>

<script runat=server language=vbscript>
function listdict(dict, dictname)
    dim key
    response.write("<table border=1 align=center>" & vbcrlf)
    response.write("<tr><th colspan=2 bgcolor=cyan>" & dictname &
    vbcrlf)
    response.write("<tr><th>Names<th>Values" & vbcrlf)
    For Each key in dict
        response.write("<tr>" & newline)
        response.write("<td>" & dictname & "(""" & key & """)</td>")
        response.write("<td> " & dict(key) & "</td>")
        response.write("</tr>" & vbcrlf)
    next
    response.write("</table>" & vbcrlf)
end function
```

```
</script>
```

listdict.inc 包含兩個函數，分別用於對付 JScript 和 VBScript，可列印出任何 Dictionary 變數，例如上述範例的 Request.ServerVariables。在 JScript 的 listdict() 函數中，我們用到了 Enumerator 的物件，此物件是類似於 VBScript 的 Dictionary 變數，可用字串來索引另一個字串。

若要知道 Request.ServerVariables 所包含變數的意義，可以直接查看下列網頁：

http://www.devguru.com/index.asp?page=/technologies/asp/quickref/request_servervariables.html

瞭解並善用這些伺服器環境變數，可使你的 Web 程式設計事半功倍。

上述列印所有 Request.ServerVariables 的方法，是用 JScript 來達成，我們也可以使用 VBScript 來達到相同功能，請見範例程式碼「example/request/serverVariables_vbs.asp」，此程式碼也包含了相同的 listdict.inc，以便列出所有的伺服器變數。

14-3 傳送表單資料

Request.Form 和 Request.QueryString 都是用來存放用戶端在表單填入的資訊。若表單的傳輸方式是 post，則我們可在 ASP 程式碼內以下列方式讀出表單的輸入值：

```
輸入資料 = Request.Form("欄位名稱")
```

若表單的傳輸方式是 get，則我們可用下列方式讀出表單輸入值：

```
輸入資料 = Request.QueryString ("欄位名稱")
```

事實上，無論是 post 或 get，只要欄位名稱不重複，我們都可以用下列簡寫方式讀出表單的輸入值：

```
輸入資料 = Request ("欄位名稱")
```

這是因為 Request("欄位名稱") 在未給定 Collection 時，會嘗試先讀取 Request.QueryString("欄位名稱")，若成功，則停止；若失敗，則會再嘗試讀取 Request.Form("欄位名稱")。

下列範例說明如何經由 Request.Form 或 Request.QueryString 取得表單資料，你可以選用不同的傳輸方式（get 或是 post），並檢視由 ASP 程式碼讀取的表單輸入值，範例如下（request/formData.asp）：

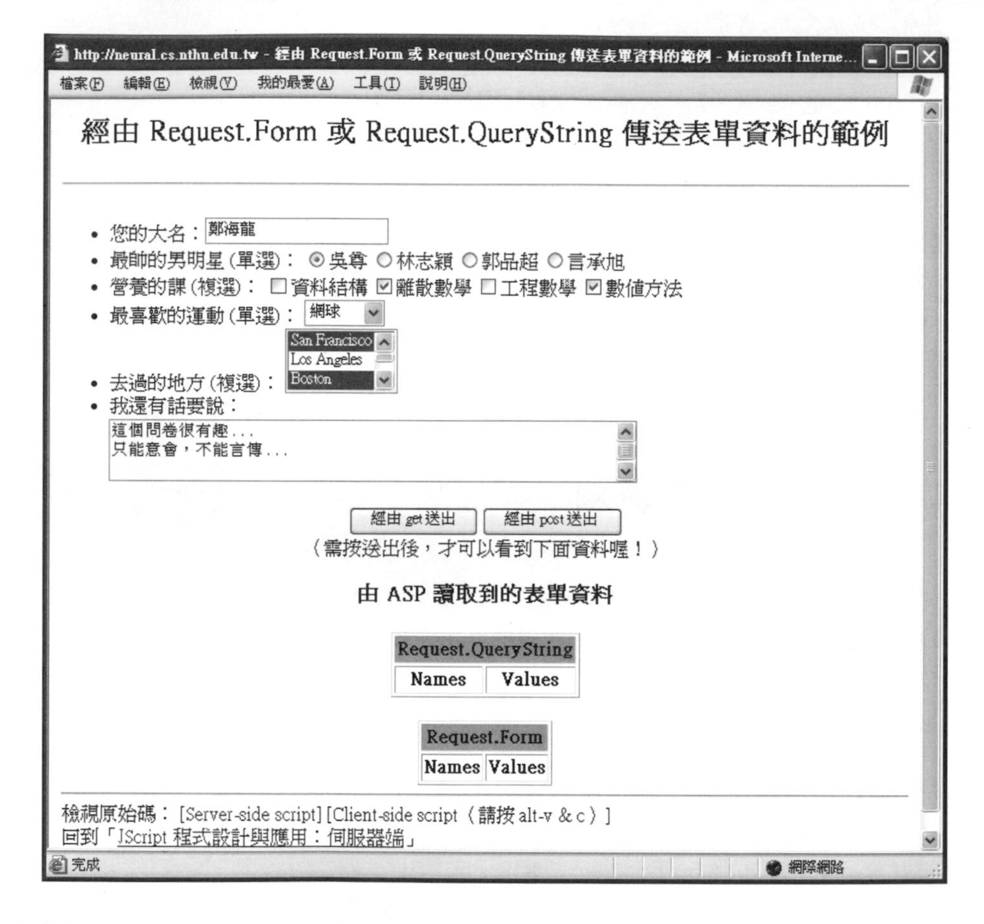

上述範例的原始檔如下：

範例14-8（request/formData.asp）：

```
...
<form action="formData.asp?xxx=yyy&aaa=bbb" name="myform">
<ul>
<li>您的大名：<input name="your_name" value="鄭海龍">
<li>最帥的男明星（單選）：
    <input type="radio" name="singer" value="吳尊" checked>吳尊
    <input type="radio" name="singer" value="林志穎">林志穎
    <input type="radio" name="singer" value="郭品超">郭品超
    <input type="radio" name="singer" value="言承旭">言承旭
<li>營養的課（複選）：
    <input type="checkbox" name="course" value="資料結構">資料結構
    <input type="checkbox" name="course" value="離散數學" checked>
    離散數學
    <input type="checkbox" name="course" value="工程數學">工程數學
    <input type="checkbox" name="course" value="數值方法" checked>
    數值方法
<li>最喜歡的運動（單選）：
    <select name="single_choice">
    <option value="網球" selected>網球
    <option value="蝦球">蝦球
    <option value="鉛球">鉛球
    <option value="Yoyo 球">Yoyo 球
    </select>
<li>去過的地方（複選）：
    <select name="multiple_choice" size=3 multiple>
    <option value="San Francisco" selected>San Francisco
    <option value="Los Angeles">Los Angeles
    <option value="Boston" selected>Boston
    <option value="Seoul">Seoul
    <option value="Tokyo">Tokyo
    </select>
<li>我還有話要說：<br>
<textarea name="comments" cols=60 rows=3>
這個問卷很有趣...
```

```
只能意會，不能言傳...
</textarea>
</ul>
<center>
<input type="button" value="經由 get 送出"
    onClick="this.form.method='get'; this.form.submit()">
<input type="button" value="經由 post 送出"
    onClick="this.form.method='post'; this.form.submit()"><br>
（需按送出後，才可以看到下面資料喔！）
</center>
</form>

<h3 align=center>由 ASP 讀取到的表單資料</h3>
<!--#include file="../listdict.inc"-->
<p><% listdict(Request.QueryString, "Request.QueryString"); %>
<p><% listdict(Request.Form, "Request.Form"); %>
...
```

在上述範例中，我們可以觀察到下列事項：

- 如果經由 get 送出：
  1. 網址列會列出表單相關的選項
  2. 原先 action 網址所附加的選項（xxx=yyy&aaa=bbb）會消失
- 如果經由 post 送出：
  1. 網址列不會列出表單相關的選項
  2. 原先 action 網址所附加的選項（xxx=yyy&aaa=bbb）不會消失
  3. 由此可知，post 和 get 可以以此方式來並行

提示：

» 如果你的表單同時用到 get 和 post 兩種傳送方法，就最好不要用 Request("欄位名稱") 的簡寫方式，以免造成錯誤。

如果你的欄位名稱在表單中有所重複，那麼可用下列方法讀出：

```
Request.QueryString(name)(index)
```

或

```
Request. Form (name)(index)
```

其中

- name：欄位名稱
- index：欄位索引值，從 1 至 Request.Form(name).Count

提示：

▸ 請特別注意，這裡的索引值是從 1 開始，而不是 0。

若有重複欄位，但未採用 index 來指定所要讀取的值時，則 ASP 會讀到多個值所形成的字串，其中每一個值都以逗點分開。例如，下列網頁是執行

```
example/request/parseQueryString.asp?xyz=777&xyz=888&xyz=999&abc=111&abc=222&pqr=333
```

的結果（request/parseQueryString.asp）：

http://neural.cs.nthu.edu.tw - 如何解析 Request.QueryString 表單資料的重複欄位 - Microsoft Internet Explorer

檔案(F) 編輯(E) 檢視(V) 我的最愛(A) 工具(T) 說明(H)

如何解析 Request.QueryString 表單資料的重複欄位

Name	出現次數	解析結果
xyz	3	Request.QueryString(xyz)=777, 888, 999 Request.QueryString(xyz)(1)=777 Request.QueryString(xyz)(2)=888 Request.QueryString(xyz)(3)=999
abc	2	Request.QueryString(abc)=111, 222 Request.QueryString(abc)(1)=111 Request.QueryString(abc)(2)=222
pqr	1	Request.QueryString(pqr)=333 Request.QueryString(pqr)(1)=333

檢視原始碼：[Server-side script] [Client-side script（請按 alt-v & c）]
回到「JScript 程式設計與應用：伺服器端」

完成　　網際網路

上述範例的原始檔如下：

範例14-9（request/parseQueryString.asp）：

```
...
<table border=1 align=center>
<tr>
<th bgcolor=999999>Name<th bgcolor=999999>出現次數<th
    bgcolor=999999>解析結果</tr>
<%
var Enum=new Enumerator(Request.QueryString);
for (Enum.moveFirst(); !Enum.atEnd(); Enum.moveNext()){
    Response.Write("<tr>");
    Response.Write("<td>"+Enum.item());
    Response.Write("<td>"+Request.QueryString(Enum.item()).count);
    Response.Write("<td>Request.QueryString("+Enum.item()+
        ")="+Request.QueryString(Enum.item())+"<br>");
    for (i=1; i<=Request.QueryString(Enum.item()).count; i++)
        Response.Write("Request.QueryString("+Enum.item()+")("+i+"
        )="+Request.QueryString(Enum.item())(i)+"<br>");
}
%>
</table>
...
```

14-4 傳送小餅乾

小餅乾（Cookies）是 Netscape 公司所發展出來的概念，其目的就是要克服 Http Protocals 的 Stateless 的特性，企圖在客戶端存取一些資訊，使得在 Http Requests 之間，能保留一些共通的資訊。我們可以使用客戶端的 JavaScript 來讀寫小餅乾，有關此部分的細節，請讀者參閱參考本書前面的相關章節。本節主要是討論如何以 ASP 來對小餅乾進行各種處理。

嚴格的說，小餅乾並不是 ASP 裡面一個單獨的物件，它是由 Request.Cookies 及 Response.Cookies 兩部分所構成，前者可用來讀取小餅乾的內容，後者可用來設定小餅乾的內容。

我們可以使用 Request.Cookies(Name) 來讀取當用戶對伺服器進行要求時，所傳送的相關小餅乾資訊。由於 Request.Cookies 是一個 Dictionary 變數，所以我們可以對其內容進行一一列表，例如（request/listCookie01.asp）：

上述範例的完整原始檔案如下：

範例14-10（request/listCookie01.asp）：

```
<%@Language=JScript%>
<%
Response.Cookies("111") = "aaa";
Response.Cookies("222") = "bbb";
%>
...
<!--#include file="../listdict.inc"-->
<% listdict(Request.Cookies, "Request.Cookies"); %>
...
```

在上述範例中，我們為了要使印出來的小餅乾不是空的，所以我們先使用 Response.Cookies("111") = "aaa" 以及 Response.Cookies("222") = "bbb" 來設定了兩個小餅乾，接著我們使用 listdict() 函數來印出來存放於 Request.Cookies 的所有小餅乾的值。（有關於 Response 物件，會在下一章說明。）

一般讀者會對於小餅乾的設定和列表的順序有所混淆不清，以下是一個簡單的驗證範例，驗證程序如下：

1. 先發生的事：我們先使用 Request.Cookes 來列出與本頁相關的小餅乾。
2. 後發生的事：我們再使用用戶端的 JavaScript 來設定小餅乾，名稱是 lastLoadTime，記錄網頁載入時間。

範例如下（request/setCookieViaJs01.asp）：

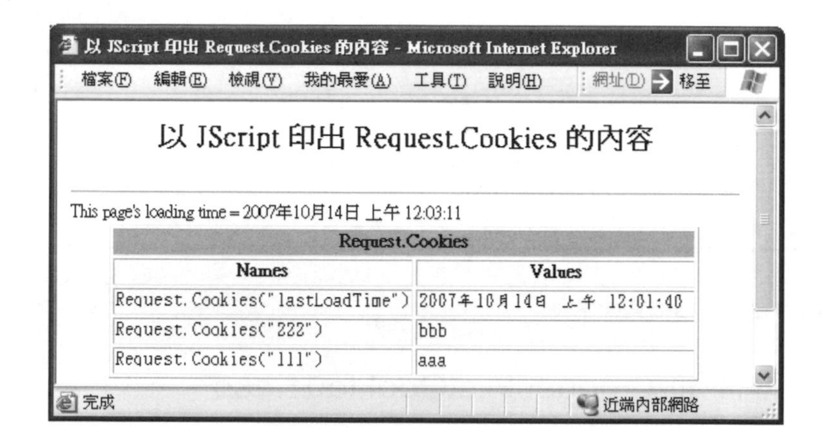

當您反覆重載此網頁時，可以觀察到以下事項：

- 用戶第一次要求此網頁時，Request.Cookies 並沒有 lastLoadTime，因為此小餅乾必須在網頁被載入後才存在。
- 第二次以後再要求此網頁時，lastLoadTime 已經存在於 Request.Cookies，但是都是儲存上一次網頁載入的時間，因為 Request.Cookies 只會傳送目前此網頁相關的小餅乾。換句話說，上述範例中的 Request.Cookies(“lastLoadTime”) 是上次載入網頁的時間，而 This page's loading time 則是這次網頁載入的時間，兩者是不同的。

換句話說，Request.Cookies 會先傳送目前此頁相關的小餅乾至伺服器，網頁下載後，才會經由用戶端的 JavaScript 來更新此頁的小餅乾，這個時間的先後順序，請特別注意。本範例的原始碼如下：

範例14-11（request/setCookieViaJs01.asp）：

```
...
<script src="cookieUtility.js"></script>
<script>
today = new Date();
todayString = today.toLocaleString();
// 後在用戶端做的事：設定小餅乾
setCookie("lastLoadTime", todayString);
document.write("<p>This page's loading time = " + todayString);
</script>
<!--#include file="../listdict.inc"-->
<!--先在伺服器做的事：列出本頁的小餅乾-->
<% listdict(Request.Cookies, "Request.Cookies"); %>
...
```

請特別注意，在上述範例原始碼中，雖然看起來我們是先使用用戶端的 JavaScript 來設定小餅乾、再用 Request.Cookies 來列出所有小餅乾的內容，但在執行順序上，會先由 ASP 來列出 Request.Cookies 的內容，然後再傳到用戶端，由用戶端的 JavaScript 來設定小餅乾。

提示：

- 所有 ASP 的網頁，都是先在伺服器端執行 server-side scripts，然後才到用戶端執行 client-side scripts，這個順序不會因為 server-side scripts 和 client-side scripts 在網頁中的位置不同而有所改變。

Request.Cookies 只負責傳送小餅乾資訊至伺服器，若要從伺服器設定小餅乾，可以使用 Response.Cookies，這會在下一章說明。

提示：

⏩ Request.Cookeis 只負責傳送小餅乾，所以是唯讀的，你並無法修改 Request.Cookies 的值。

14-5 習 題

簡答題

1.請簡單說明下列伺服器變數的意義：

a. Request.ServerVariables("REMOTE_ADDR")

b. Request.ServerVariables("LOCAL_ADDR")

c. Request.ServerVariables("HTTP_VIA")

d. Request.ServerVariables("HTTP_X_FORWARDED_FOR")

2.請簡單說明下列伺服器變數的意義：

a. Request.ServerVariables("SERVER_NAME")

b. Request.ServerVariables("SERVER_PORT")

c. Request.ServerVariables("SERVER_PROTOCOL")

d. Request.ServerVariables("SERVER_SOFTWARE")

e. Request.ServerVariables("SERVER_PORT_SECURE")

3.請簡單說明下列伺服器變數的意義：

a. Request.ServerVariables("APPL_PHYSICAL_PATH")

b. Request.ServerVariables("PATH_TRANSLATED")

c. Request.ServerVariables("PATH_INFO")

d. Request.ServerVariables("SCRIPT_NAME")

e. Request.ServerVariables("URL")

4.請簡單說明下列伺服器變數的意義：

a. Request.ServerVariables("HTTP_USER_AGENT")

b. Request.ServerVariables("LOGON_USER")

c. Request.ServerVariables("HTTP_REFERER")

5.請列舉兩個應用，都使用 Request.ServerVariables("HTTP_REFERER")。

6.要將用戶端的表單資料送到伺服器，

a. http protocal 支援哪兩種不同的方法？

b. 各有什麼特性？

c. 在伺服器端要分別用什麼變數接收？

d. 伺服器如何決定 Request("欄位名稱") 的變數值？

7.請說明如何並行使用 get 及 post 這兩種方法，來傳送表單資料到伺服器？

8.如果你的欄位名稱在表單中有所重複，那麼在伺服器端要用什麼方法讀出相關資料？

程式題

請使用本章所學到的 JavaScript/JScript 程式技巧（用於伺服器端）來完成下列作業：

1.(*)**依排序方式列出Request.ServerVariables**：請寫一個網頁 orderedRequestServerVariables.asp，可以使用排序的方式（依「變數值」來排序）列出 Request.ServerVariables 的所有變數名稱和變數值。（原先預設的方式，是以「變數名稱」來排序。）

2.(*)**根據使用者IP而回傳不同網頁內容**：請寫一個網頁 ipRestriction.asp，可以根據使用者的 IP 來限制瀏覽內容：

- 如果使用者的 IP 不是 140.114 開頭，就回傳「抱歉，此網頁內容只開放給清大同學！」。
- 如果使用者的 IP 是 140.114 開頭，就回傳「歡迎來到此清大同學專屬的網頁！」。

（提示：可使用 Request.ServerVariables("REMOTE_ADDR")。）

3.(**)**根據來源網頁而有不同行為**：請寫兩個網頁 main.asp 和 slave.asp，其中 main.asp 包含可連到 slave.asp 的連結，可以滿足下列要求：

- 如果使用者經由 main.asp 來連結到 slave.asp，則顯示 slave.asp 的內容。
- 如果使用者不經由 main.asp 來連結到 slave.asp(譬如直接在瀏覽器打入 slave.asp 的網址，或是經由其它網頁連結至 slave.asp），則在顯示「抱歉，此網頁不允許直接連結或他頁連結！」五秒之後，瀏覽器會直接轉址到 main.asp。

（提示：可使用 Request.ServerVariables("REFERER")。）

第十五章

Response 物件

本章重點

本章介紹 ASP 的內建物件 Response，可以用來取得伺服器對用戶要求之回應(Response)，並控制網頁資料回傳的方式。

15-1 物件簡介

ASP 的內建 Response 物件，記錄了伺服器收到了用戶的請求後，對用戶端的回應（Response）資訊，而且也可以控制網頁資料的回傳方式，以及寫入小餅乾等。此物件包含了一個集合（Collections）、五個性質（Properties）及八個方法（Methods），可說明如下。

Response 物件的集合只有 Cookies 一項，Response.Cookies 可傳送 cookies 並將其寫入用戶端電腦的記憶體或硬碟內。

Response 物件有下列五種性質，可列表如下：

整理：

性質	值域說明	功能說明
Buffer	True 或 False（預設值為 False）	設定伺服器傳送資料的方式，是一邊處理一邊送（False），或是完全處理完畢後，再一次送回用戶端（True）
ContentType	字串	設定伺服器傳回資料的內容型態（Content type）。例如： • 若是傳回純文字，則為「text/plain」。 • 若是傳回 HTML，則為「text/html」（此為預設值）。 • 若是傳回 *.jpg 影像檔，則是「image/jpeg」。
Expires	字串	設定網頁在用戶端的的逾期時間（以相對時間為準，以分鐘為單位）
ExpiresAbsolute	字串	設定網頁在用戶端的的逾期時間（以絕對時間為主）
Status	數字	傳回 HTTP 協定的狀態碼（Status code）至用戶端

Response 物件有下列八種方法，可列表如下：

性質	功能說明
AddHeader(name, value)	設定 HTTP 新表頭（Header）的名稱和對應值。
AppendToLog(string)	加一個字串到伺服器記錄檔的結尾處。
BinaryWrite(binaryData)	傳送不經字元轉換（Character-set conversion）的二進位資料到用戶端。
Clear	清除緩衝區域的內容
End	立刻停止伺服器對 ASP 檔案的處理，並傳送緩衝區域的內容。
Flush	立刻傳送現存於緩衝區域的內容
Redirect(urlString)	轉接到指定的網址
Write(string)	印出字串

以下我們用幾個簡單的範例來說明 Response 物件中，比較重要的集合、性質及方法的使用方式。

15-2 對表頭資訊的處理

當伺服器將網頁資訊回傳至用戶端時，通常會在網頁資料之前，先傳送一些表頭資訊，這些資訊可以讓用戶端的瀏覽器知道如何呈現所收到的資料。

下面這個範例，使用 Response.Redirect 來進行轉址（response/redirect.asp）：

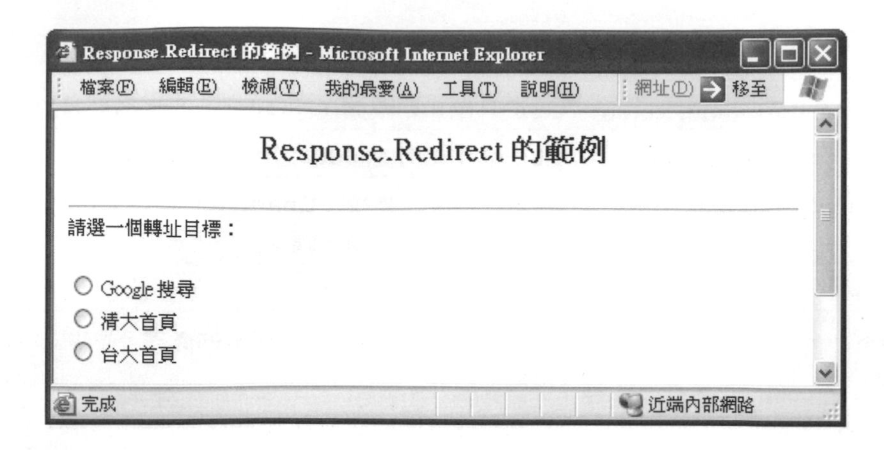

在上述範例中，只要使用者任選一個選項，網頁即會轉址到相關的網址。上述範例的原始檔如下：

範例15-1（response/redirect.asp）：

```
<%@language=JScript%>
<%
x=Request.Form("url")+"";            // 轉成字串
if (x!="undefined")                  // 由點選表單來載入此頁
    Response.Redirect(Request.Form("url"));
%>
...
請選一個轉址目標：
<form method>
<input type=radio name=url value=http://www.google.com
    onClick="this.form.submit()">Google 搜尋<br>
<input type=radio name=url value=http://www.nthu.edu.tw
    onClick="this.form.submit()">清大首頁<br>
<input type=radio name=url value=http://www.ntu.edu.tw
    onClick="this.form.submit()">台大首頁<br>
</form>
...
```

特別要注意的是：Response.Redirect 所包含的資訊都是屬於表頭資訊，在 Response.Buffer=false 的情況下，這些表頭資訊必須出現在任何網頁內容之前，否則就會造成錯誤。（後續會有詳細說明）

下面這個範例，使用 Response.Charset 傳送網頁文件的編碼資訊（response/charset.asp）：

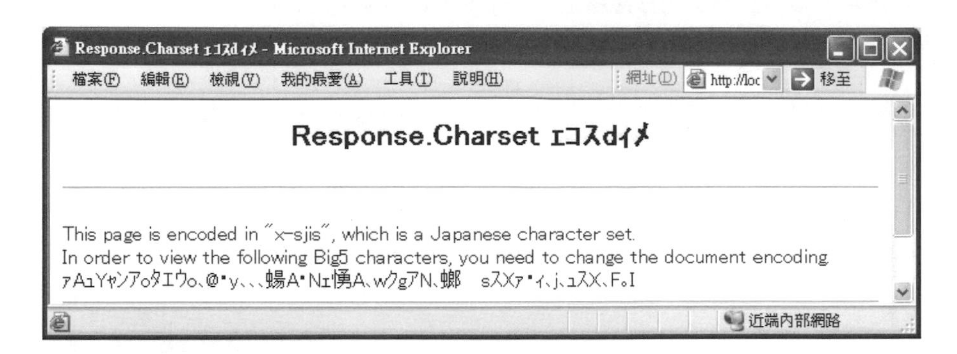

上述範例的原始檔如下：

範例15-2（response/charset.asp）：

```
<%@language=JScript%>
<% Response.Charset="x-sjis" %>
<%title="Response.Charset 的範例"%>
<!--#include file="../head.inc"-->
<hr>

<p>This page is encoded in "x-sjis", which is a Japanese character set.
<br>In order to view the following Big5 characters, you need to change
    the document encoding.
<br>你若看得懂這一句中文，代表你已經將文件編碼改成大五碼了！
...
```

在上述範例中，我們經由 Response.Charset="x-sjis" 將文件編碼設定成日文編碼，所以看不到中文。（如果你的系統沒有安裝日文字形，IE 也會詢問是否要安裝日文字形。）只有經由手動將瀏覽器的編碼方式改成大五碼，才能看得到網頁中的中文。

其實，在上述範例中，網頁所包含的檔案 head.inc 已經有在 meta 標籤內註明 charset=big5，由此可見 IIS 伺服器會以 ASP 程式碼內的 Response.Charset 為主，而忽略 meta 標籤內的設定。

我們也可以使用 Response 物件的 AddHeader 方法來加入表單資訊，例如，在下個範例中，我們在表單資訊定義三秒後轉址，因此下列範例會在三秒後直接轉址到清華大學的首頁，如下（response/addHeader.asp）：

上述範例的原始檔如下：

範例15-3（response/addHeader.asp）：

```
<%@language=JScript%>
<%Response.AddHeader("Refresh", "3;
    URL=http://www.cs.nthu.edu.tw");%>
...
此網頁在三秒後會連到清大資訊系首頁！
...
```

在上述範例中，使用 AddHeader 所得到的效果，是和下列 HTML 網頁中的 <meta> 標籤所得到的轉址效果是一樣的：

```
<meta http-equiv="Refresh" content="3; URL=http://www.cs.nthu.edu.tw">
```

下面這個範例列印出 Response 物件的各個性質的預設值（response/listResponse.asp）：

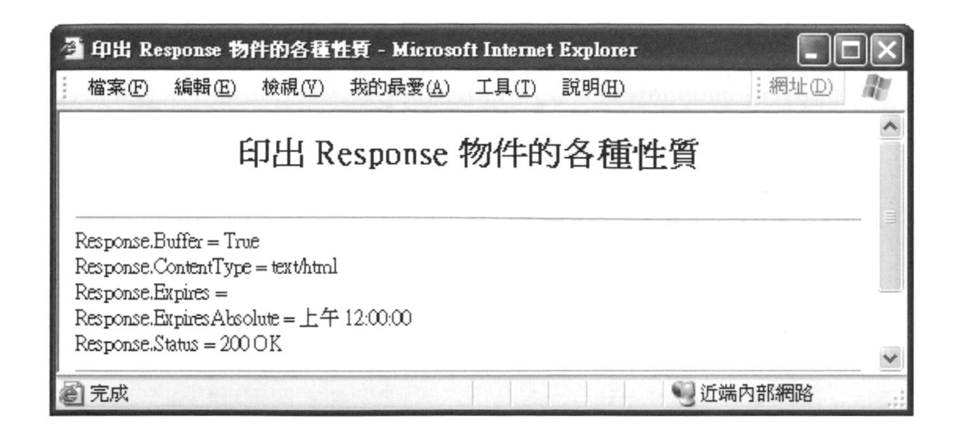

上述範例的原始檔如下：

範例15-4（response/listResponse.asp）：

```
...
Response.Buffer = <%=Response.Buffer%><br>
Response.ContentType = <%=Response.ContentType%><br>
Response.Expires = <%=Response.Expires%><br>
Response.ExpiresAbsolute = <%=Response.ExpiresAbsolute%><br>
Response.Status = <%=Response.Status%><br>
...
```

其中 Response.Status 紀錄網頁回傳的狀態，若是「200 OK」，代表一切無誤。其他可能的訊息及相關的說明，請見下列表格：

整理：

狀態碼	英文說明	中文說明
2xx	Success	網頁傳送完成送達之工作之狀況
200	OK; the request was fulfilled.	網頁傳送完成
201	OK; following a POST command.	網頁傳送完成，以 post command 格式傳送
202	OK; accepted for processing, but	網頁傳送已送達，但程序有問題，

	processing is not completed.	無法完整執行程序
203	OK; partial information--the returned information is only partial.	網頁傳送已送達，但因某些因素只能回傳部分資訊
204	OK; no response--request received but no information exists to send back.	網頁傳送已送達，但因某些因素無法回傳資訊
3xx	Redirection	建議轉址！
301	Moved--the data requested has a new location and the change is permanent.	您所要求的網址已永久遷移
302	Found--the data requested has a different URL temporarily.	您所要求的網址暫時遷移
303	Method--under discussion, a suggestion for the client to try another location.	您所要求的網址目前有所爭議，建議您試試別的位址
304	Not Modified--the document has not been modified as expected.	要傳送資料不合規定
4xx	Error seems to be in the client	用戶端疑有錯誤
400	Bad request--syntax problem in the request or it could not be satisfied.	在您 request 的 語法中有問題，建議您修正，否則可能無法執行
401	Unauthorized--the client is not authorized to access data.	用戶端未經授權，無法傳接資料
402	Payment required--indicates a charging scheme is in effect.	目前執行此處需付費
403	Forbidden--access not required even with authorization.	目前此處完全關閉(即使通過認證亦無法通行)
404	Not found--server could not find the given resource.	伺服器無法尋獲資源
5xx	Error seems to be in the server	伺服器端疑有錯誤
500	Internal Error--the server could not fulfill the request because of an	因不明原因，伺服器無法執行用戶端要求

	unexpected condition.	
501	Not implemented--the sever does not support the facility requested.	伺服器端在技術上不支援用戶端要求
502	Server overloaded--high load (or servicing) in progress.	伺服器因付載過重，目前無法執行
503	Gateway timeout--server waited for another service that did not complete in time.	伺服器因處理其他 process 或等待時間過久而超出時間

15-3 控制網頁資料的回傳

一般而言，伺服器會將執行 ASP 網頁的結果先存放在一個暫存區或緩衝區（Buffer），等到執行結束後，再將結果一併送到用戶端。但是，如果網頁的執行時間太久，可能造成使用者等待過久，甚至以為伺服器已經掛了，要解決這個問題，最快的方法，就是將 Response.Buffer 設定成 false，此時只要執行的過程中有任何輸出，就會被立刻送到用戶端，範例如下（response/buffer01.asp）：

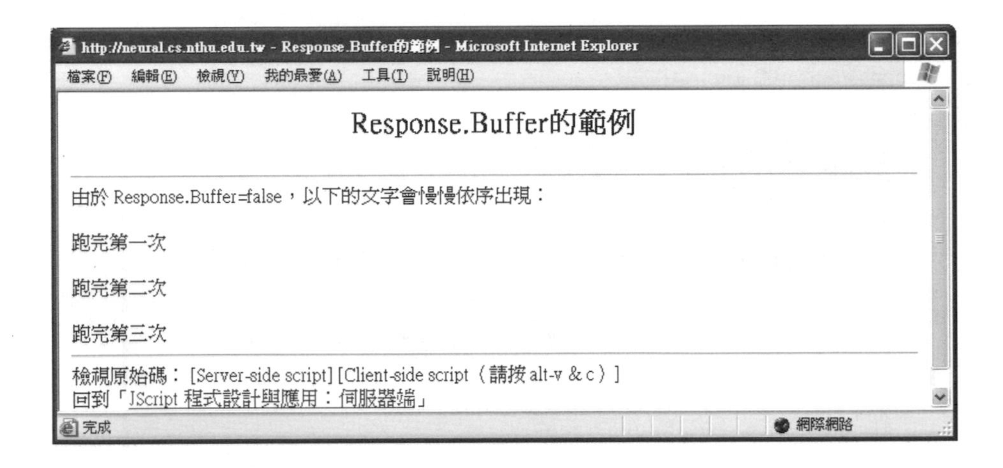

上述範例的原始檔如下：

範例15-5（response/buffer01.asp）：

```
<%@language=JScript%>
<%Response.Buffer=false%>
...
<%
function delayFunction(n){
    for (var j=0; j<n; j++);    // 延遲時間的空迴圈
}
n=1000000;
%>
由於 Response.Buffer=false，以下的文字會慢慢依序出現：
<% delayFunction(n) %><p>跑完第一次
<% delayFunction(n) %><p>跑完第二次
<% delayFunction(n) %><p>跑完第三次
...
```

特別要注意的是：Response.Buffer 所包含的資訊也是屬於表頭資訊，因此它必須出現在任何網頁內容之前，否則就會造成錯誤。

下面這個範例，使用 Buffer、Flush、Clear、End 等方法來控制伺服器對緩衝區資料的傳送（response/buffer02.asp）：

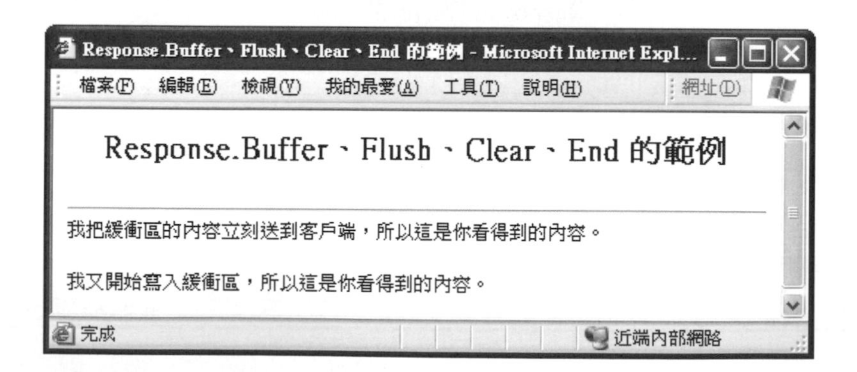

上述範例的原始檔如下：

範例15-6（response/buffer02.asp）：

```
<%@language=JScript%>
<%Response.Buffer=true%>
...
我把緩衝區的內容立刻送到客戶端，所以這是你看得到的內容。
<%Response.Flush;%>

<p>我把緩衝區的內容清掉了，所以這是你看不到的內容。
<%Response.Clear;%>

<p>我又開始寫入緩衝區，所以這是你看得到的內容。


<%Response.End;%>
<p>這些都看不到，因為伺服器看到 Response.End，就不再傳送資料了！
```

在上述範例中，我們把伺服器回傳的資料放置於緩衝區（Buffer）中，並利用不同的方法來控制緩衝區的資料。

提示：

▸ 請務必瞭解上述範例中，哪些資料會傳回用戶端、哪些資料不會傳回用戶端。

15-4　設定小餅乾

Response.Cookies可以用來設定用戶端的小餅乾。對於任一個小餅乾 Name 而言，Response.Cookies(Name) 有下列性質：

整理：

性質	說明
Expires	指定 Cookies 資料的有效期限
Domain	讓 Cookies 存在於特定的 Domain 下

Path	讓 Cookies 存在於特定的路徑下
Secure	值域為 True 或 False，代表 Cookies 資料是否以 SSL (Secure Socket Layer) 的方式傳送

下面是一個使用 Cookies 的基本範例（response/cookie01.asp）：

在上述範例中，只要填過大名，網頁就會顯示上次來訪時間，上述範例的完整原始檔案如下：

範例15-7（response/cookie01.asp）：

```
<%@Language=JScript%>
<%
now = new Date();
expDate = new Date();
expDate.setTime(now.getTime()+365*24*60*60*1000);    // 資料將被保留一年
x = Request.Form("userName")+"";
if (x!="undefined"){      // 由表單點選來載入此頁 ==> 設定小餅乾
    Response.Cookies("userName") = Request("userName");
    Response.Cookies("userName").Expires = expDate.getVarDate();
    Response.Cookies("userTime") = now;
    Response.Cookies("userTime").Expires = expDate.getVarDate();
```

```
}
%>
...
<%
// 取得小餅乾所記錄的 userName 資訊
userName = Request.Cookies("userName")+"";
if (userName == ""){ %>
    您好像是第一次造訪本頁喔！請填入您的大名，謝謝！
<% } else { %>
    <%=userName%></font> 您好！
    <br>您上次登錄時間為 <%=Request.Cookies("userTime")%>。
    <br>如果您的大名不是 <%=userName%>，請重新登錄。
<% } %>

<form method=post>
大名：<input name="userName"> <input type=submit>
</form>
（您填入的資訊將會被保留在您的硬碟中的 Cookies，保留期限一年。）
...
```

如上一節所述，由於 Request.Cookies 是一個 Dictionary 變數，所以我們可以對其內容進行一一列表，例如（response/listCookie01.asp）：

上述範例的原始檔如下：

範例15-8（response/listCookie01.asp）：

```
<%@Language=JScript%>
<%
Response.Cookies("111") = "台北";
Response.Cookies("222") = "高雄";
%>
...
<!--#include file="../listdict.inc"-->
<% listdict(Request.Cookies, "Request.Cookies"); %>
...
```

在上述範例中，我們可以看出，一旦我們設定 Response.Cookies，對應的 Request.Cookies 也會立刻被改掉，這是比較特別之處。

對於 Request.Cookies 和 Response.Cookies 的 Name-Value Pairs，有幾點特別要注意：

1. Request.Cookies 是不能修改的，你只能對 Response.Cookies 進行設定和修改
2. 未設定 Response.Cookie 前，Response.Cookies 和 Request.Cookies 具有相同的 Names
3. 一旦設定 Response.Cookies，新增或修改的 Name 和 Value 會立刻被拷貝至 Request.Cookies，同時 Response.Cookies 的 Value 也會被清空。

為驗證上述第二、三點，請見下列範例（response/listCookie02.asp）：

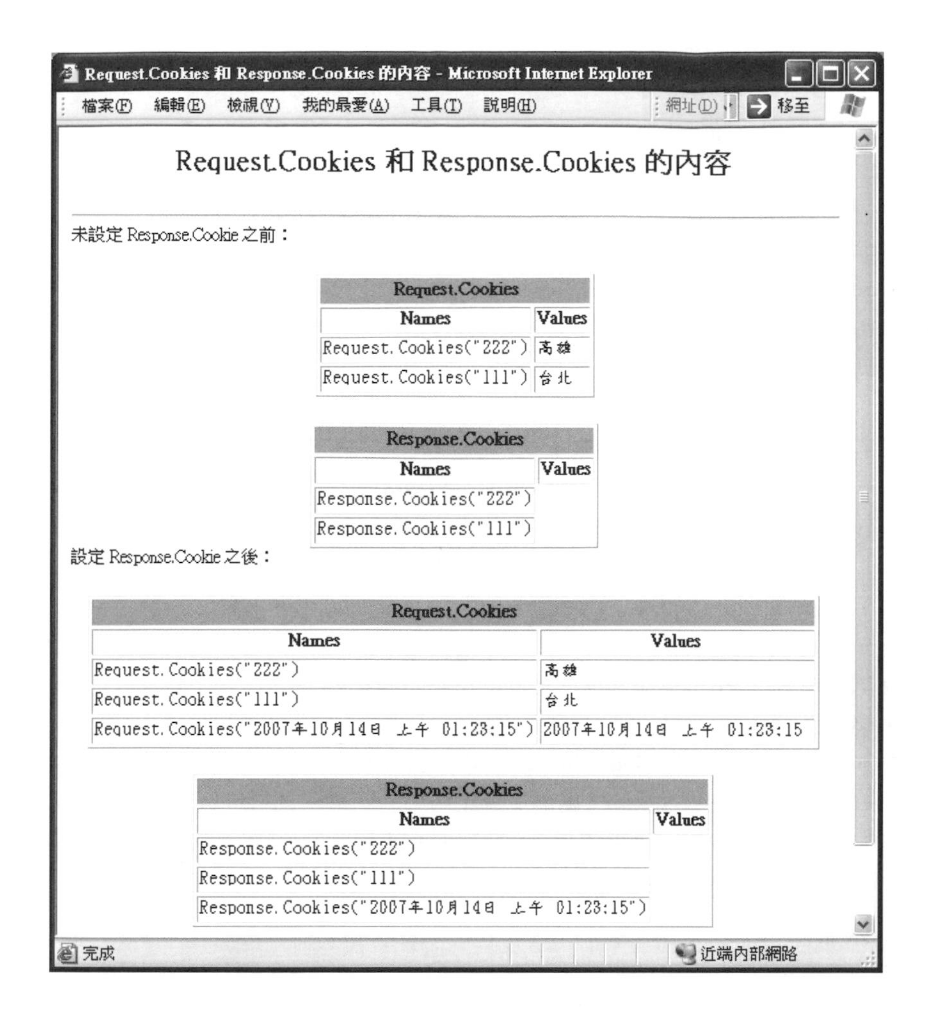

上述範例的完整原始檔案如下：

範例15-9（response/listCookie02.asp）：

```
<%@Language=JScript%>
<%Response.buffer=true%>
...
<!--#include file="../listdict.inc"-->
未設定 Response.Cookie 之前：
<p><% listdict(Request.Cookies, "Request.Cookies"); %>
```

```
<p><% listdict(Response.Cookies, "Response.Cookies"); %>

<%
// 載入此網頁後，每次都設定新的小餅乾
today = new Date();
todayStr = today.toLocaleString();
Response.Cookies(todayStr) = todayStr;
%>

設定 Response.Cookie 之後：
<p><% listdict(Request.Cookies, "Request.Cookies"); %>
<p><% listdict(Response.Cookies, "Response.Cookies"); %>
...
```

基本上，Cookies 是經由 HTTP Header 來傳送。當用戶端向伺服器要求網頁時，事實上這個送到伺服器的 Request 就包含著和此網頁相關的 Cookies，因此伺服器可以根據這些資訊，來建立出 Request.Cookies 的物件。當伺服器要送網頁給用戶端時，在傳送網頁內容之前，會先傳送相關的表頭（Header）或標題資訊，以 Response.Cookies 所設定的 Cookies 內容，就是被放在表頭（標題）資訊內，一起被送到用戶端。如果妳的 ASP 檔案先寫出網頁內容，然後再使用 Response.Cookies 來設定 Cookies，就會得到含有錯誤訊息的網頁（response/cookie02.asp）：

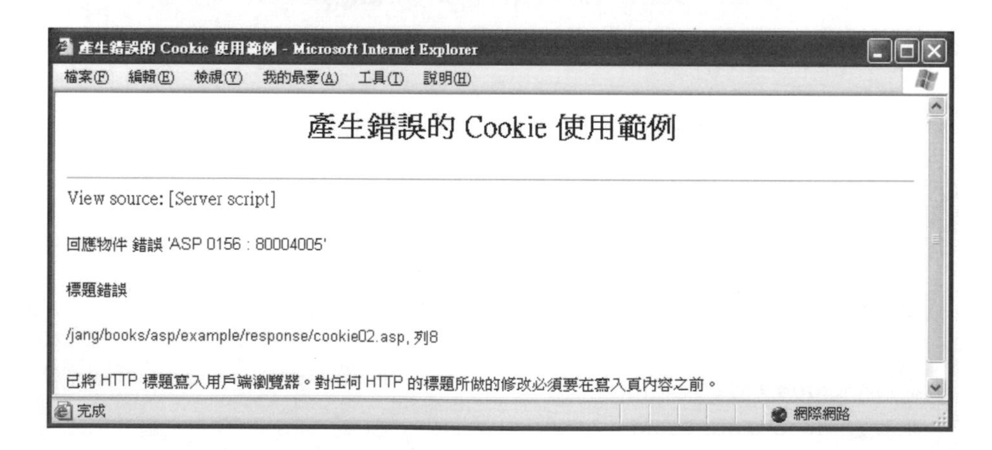

在上述範例中，由於 Response.Cookies 的設定是出現在網頁內容之後，但由於 Response.Buffer 被設定成 False，所以一旦伺服器開始送出網頁資訊，就不可能再傳送 Cookie 等表頭資訊，所以才會產生上述的錯誤訊息。上述範例的完整原始檔案如下：

範例15-10（response/cookie02.asp）：

```
<%@Language=JScript%>
<% Response.buffer = false %>
<% title = "產生錯誤的 Cookie 使用範例" %>
<!--#include file="../head.inc"-->
<hr>

這是網頁內容。
<% Response.Cookies("xyz") = "abc"; %>
...
```

提示：

- Response.Buffer 的預設值通常是 true，但是你也可以直接從伺服器的設定改成 false。因此為了保險起見，我們最好不要依賴預設值，而應該直接在 ASP 程式碼中設定我們所要的值。

若要避免此錯誤的發生，基本上有兩種方法：

1. 在送出任何網頁內容前，先執行 Response.Cookies 相關指令。請見此範例 example/response/cookie03.asp。
2. 設定 Response.Buffer 為 true，確保網頁內容先全部送到緩衝區後，伺服器再將表頭資訊及網頁內容一起送到用戶端。請見此範例 example/response/cookie04.asp。（需注意的是，Response.Buffer=true 必須放在輸出任何 HTML 之前。）

Cookies 若沒有設定有效期限，則此 Cookies 只存在用戶端的記憶體，將隨著瀏覽器的關閉而消失。如果我們有設定 Cookies 的有效期限，則此 Cookies 將會被寫入用戶端的硬碟。此外，在設定有效期限之後，同一台電腦的多個瀏覽器（例如多個 IE）都會看到同一個 Cookies，但若沒設定有效期限，則 Cookies 只屬於特定的某一個瀏覽器。此外，各家瀏覽器對 Cookies 的支援方式亦不盡相同，故無法共用。

15-5 習題

簡答題

1. 請根據下列網頁原始碼回答問題：

範例15-11（cookie/cookieErrorExample.asp）：

```
<%@Language=JScript%>
<% Response.buffer = false %>
<html>
<body>
<% Response.Cookies("xyz") = "abc"; %>
這是網頁內容。
</body>
</html>
```

a. 此網頁無法正常呈現於瀏覽器，請問發生了什麼問題？

b. 有兩種方法可以解決此問題，請說明之。

程式題

請使用本章所學到的 JScript 程式技巧（用於伺服器端）來完成下列作業：

1. (**)**使用ASP測試 Cookie 的極限長度：**請寫一個網頁 cookieMaxLength.asp，來測試一個 Cookie 的最大長度。

2. (**)**使用ASP測試 Cookie 的極限個數：**請寫一個網頁 cookieMaxCount.asp，來測試一個網頁能夠寫入 Cookie 的最大個數。

第十六章

Application 和 Session 物件

本章重點

本章介紹 Application 和 Session 物件的應用，並以計數器和網頁認證來進行範例說明。

16-1 Application物件

HTTP 是 stateless 的 connection，換句話說，若無特殊設定，伺服器對每一個 request ，除了 log 記錄外，並不會留下其他特別的記錄，而是對每一個 request 一視同仁。因此，如果我們希望能在不同的 request 之間傳送相同的變數，就必須靠一些特殊的方法。這些保存或傳送變數的方法，可以整理如下：

整理：

方法	溝通對象
Cookies	同一個用戶端和伺服器之間的資料傳遞和保存
Form	經由表單來進行網頁間的資料傳遞和保存
Application 物件	一個 Web 應用程式和各個用戶端之間的資料傳遞和保存
Session 物件	一個用戶端和各個 Web 應用程式之間的資料傳遞和保存

在前面幾章的介紹中，我們已經說明了 Cookies 和 表單（Forms）的用法，本節及下節將著重於 Application 和 Session 物件如何用來存放與傳送變數。

對於 Web 伺服器的執行環境而言，一個虛擬目錄（即由用戶端看到 Web 伺服器的第一層目錄）之下的所有 ASP 程式，即構成了一個 Web 的應用程式（Application），來自世界各地的用戶端，都可以經由 Internet 來呼叫同一個應用程式，如果希望這些呼叫同一個應用程式的用戶端能夠「看到」一些共用的資訊，就必須靠 Application 物件。

提示：

- Application 物件是由網頁伺服器存放在伺服器記憶體之中，同一個 Web 應用程式都可以存取這些 Application 物件。但如果網頁伺服器重開，這些 Application 物件就消失了。

Application 物件提供四種方法（Methods）、兩個事件（Events）與兩個集合（Collections），列表如下：

整理：Application 物件提供的方法

方法	說明
Lock	鎖住 Application 物件，不讓其他使用者改變 Application 物件的任何資訊
Unlock	解除 Lock 狀態
Contents.Remove (item or index)	從 Contents 集合中刪除一個項目
Contents.RemoveAll	從 Contents 集合中刪除所有項目

整理：Application 物件提供的事件

事件	說明
OnStart	啟動一個 Application 物件時所觸發的函數，此函數必須放在 global.asa 檔案
OnEnd	結束一個 Application 物件時所觸發的函數，此函數必須放在 global.asa 檔案

整理：Application 物件提供的集合

集合	說明
Contents	以程式碼加在 Application 物件的所有變數的集合
StaticObjects	以 Object 標籤加在 Application 物件的所有物件的集合

我們以訪客計數器來來說明 Application 物件的應用，可分兩部分說明：

1. 在第一次啟動 Application 物件時，將 Application("Counter") 設定為零。
2. 在被計數的網頁中，將 Application("Counter") 的值加一。換句話說，只要每次有使用這瀏覽此網頁，Application("Counter") 的值就會加一，其值即代表此網頁被點選的次數。

提示：

▸▸ Application("Counter") 是 Application.Contents("Counter") 的簡寫。

當伺服器啟動後，在 Web 應用程式（即虛擬目錄下的 ASP 檔案）中，若有任一網頁被點選，即代表相關 Application 物件的啟動，此時 ASP 解譯器會在虛擬目錄下尋找 global.asa 的檔案（其中副檔名 ASA 代表 Active Server Application），並執行此檔案中的 Application_OnStart() 函數。以訪客計數器而言，我們可在 global.asa 內的 Application_OnStart() 函數中，將變數 Application("Counter") 的值預設為零，之後若有計數網頁，就可以將此變數值加 1。此範例的 global.asa 可列出如下：

範例16-1（application/global.asa）：

```
' Application 物件啟動時該做的事
Sub Application_OnStart()
    Application("Counter") = 0
End Sub

' Application 物件結束時該做的事
Sub Application_OnEnd()
    ' Nothing to do here
End Sub
```

提示：

- 請注意：global.asa 的預設語言是 VBScript，但我們仍可使用 JavaScript 來取用共通的 Application 物件。

若不使用 global.asa，也可以寫出一個簡單的計數網頁，請見下列範例（application/pagehit01.asp）：

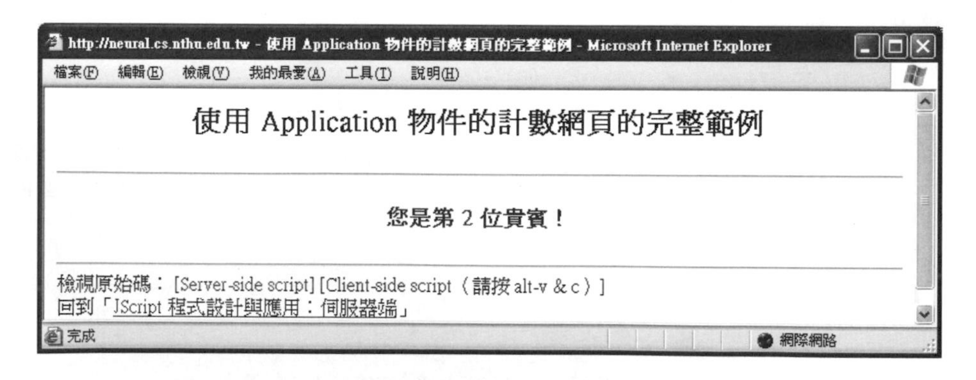

上述範例的原始檔如下

範例16-2（application/pagehit01.asp）：

```
...
<%
if (Application("Counter")==null)          // 若物件不存在，則設定為 0。
     Application("Counter") = 0;

function PageHitCounter(){
     Application.Lock;    // 鎖住 Application 物件，不讓其他使用者改變
     Application("Counter")++;
     Application.UnLock;               //解除 Lock 狀態
     return(Application("Counter"));
}
%>
<h3 align=center>您是第 <font
     color=red><%=PageHitCounter()%></font> 位貴賓！</h3>
...
```

在上述範例中，Application.Lock 可以鎖住 Application 物件，不讓其他使用者改變 Application 物件的任何資訊，如此可避免兩個同時的 Requests 可能對 Application 造成錯誤動作。

事實上，由於計數器只是一個小程式，發生少許誤差也無所謂，因此上述範例可改寫成更簡單的形式，如下（application/pagehit02.asp）：

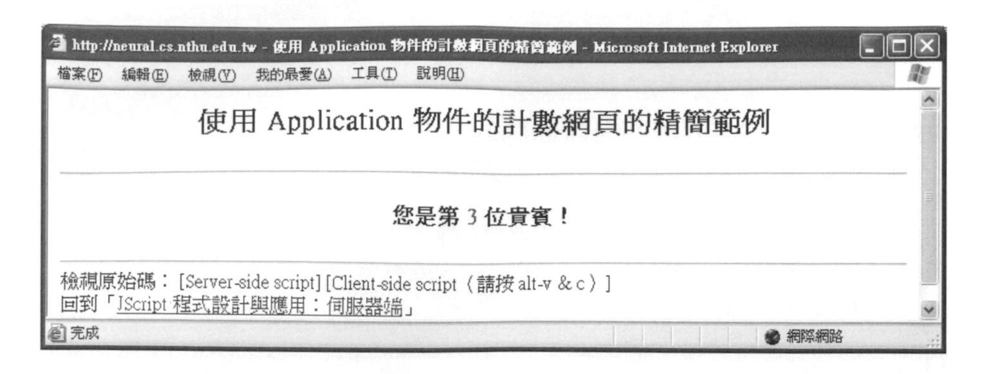

上述範例的原始檔如下

範例16-3（application/pagehit02.asp）：

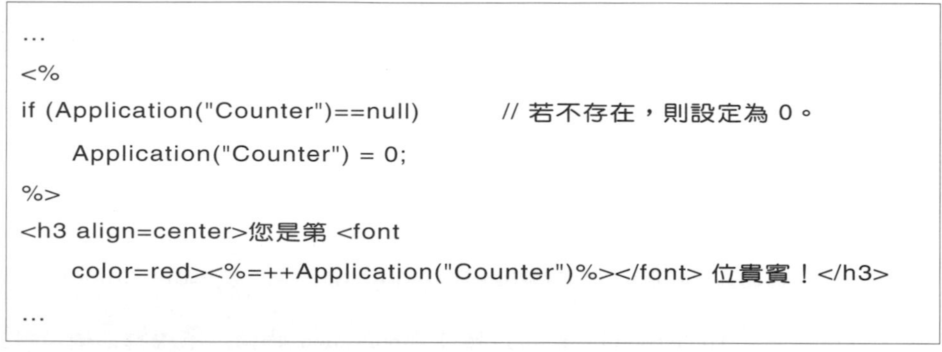

```
...
<%
if (Application("Counter")==null)        // 若不存在，則設定為 0。
    Application("Counter") = 0;
%>
<h3 align=center>您是第 <font
    color=red><%=++Application("Counter")%></font> 位貴賓！</h3>
...
```

若希望將上述程式碼反覆用在不同的網頁，而且每一個網頁都有獨立的計數功能，最簡單的方法，就是將 "Counter" 代換為隨網頁而不同的變數，例如網頁的網址 Request.ServerVariables("URL")，例如（application/pagehit03.asp）：

上述範例的原始檔如下：

範例16-4（application/pagehit03.asp）：

```
...
<%
url = Request.ServerVariables("URL");
if (Application(url) == null)          // 若物件不存在，則設定為 0。
    Application(url) = 0;
%>
<h3 align=center>您是第 <font
    color=red><%=++Application(url)%></font> 位貴賓！</h3>
...
```

如果要知道計數器的啟動時間，就可以在計數變數為 Null（用於 JavaScript）或 Empty（用於 VBScript）時，將時間以另外一個 Application 變數記錄下來，如下例（application/pagehit04.asp）：

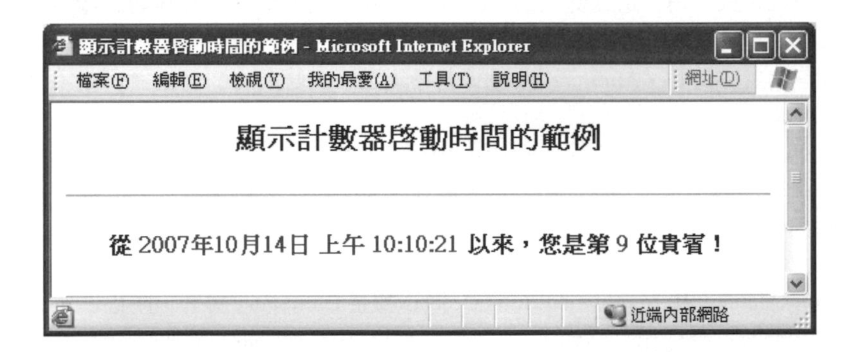

上述範例的原始檔如下

範例16-5（application/pagehit04.asp）：

```
...
<%
url = Request.ServerVariables("URL");
startTime = "Start time of " + url;
if (Application(startTime) == null){
```

```
        Application(url) = 0;
        now = new Date();
        Application(startTime) = now.toLocaleString();
}
%>
<h3 align=center>從 <font
        color=green><%=Application(startTime)%></font> 以來，您是第 <font
        color=red><%=++Application(url)%></font> 位貴賓！</h3>
...
```

提示：

▸ 無論是使用 JScript 或 VBScript，都可以存取到相同的 Application 物件與變數。

上述範例是較簡單的網頁點選計數方法，但有下列缺點：

1. 用戶端只要一再點選瀏覽器的 Reload（重新整理）按鈕，計數器就會一直累加，所以不是很準。
2. 伺服器重開機時，Application 物件會被清除，因此所有的計數資料就不見了，一切歸零。

要解決第一個問題，可用 Session 物件，將在下章介紹。要解決第二個問題，則要將計數資料寫入檔案，後面再詳細介紹。

Application.Contents 和 Application.StaticObjects 都是 Dictionary 變數，所以都可以直接用程式碼將其內容一一印出，例如（application/listAppVar01.asp）：

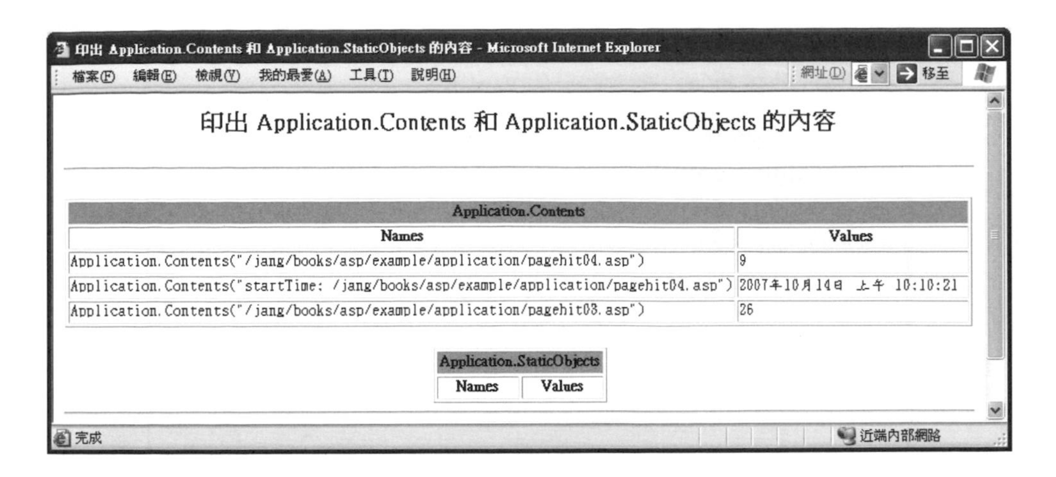

上述範例的原始檔如下

範例16-6（application/listAppVar01.asp）：

```
...
<!--#include file="../listdict.inc"-->
<p><% listdict(Application.Contents, "Application.Contents"); %>
<p><% listdict(Application.StaticObjects, "Application.StaticObjects");
    %>
...
```

我們可以使用 Application.Contents.Remove() 或 Application.Contents.Removeall() 來刪除 Application 變數，範例如下（application/listAppVar02.asp）：

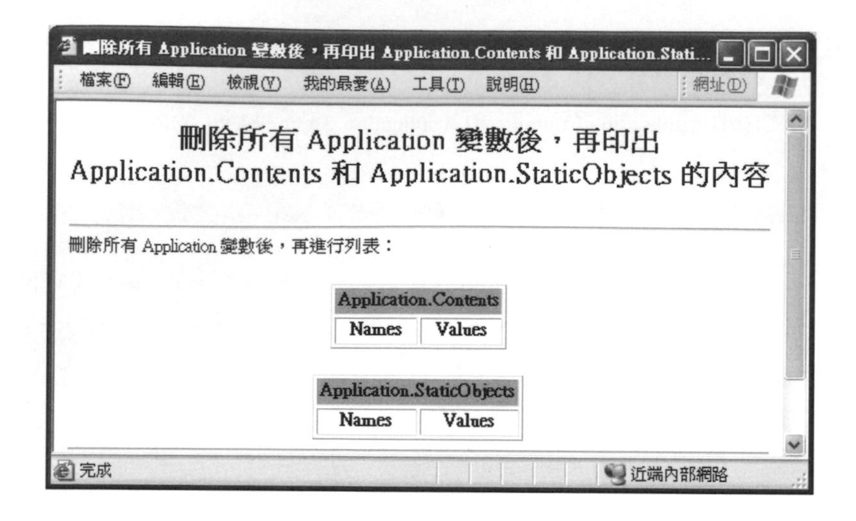

上述範例的原始檔如下

範例16-7（application/listAppVar02.asp）：

```
...
<% Application.Contents.Removeall()%>
<!--#include file="../listdict.inc"-->
<p><% listdict(Application.Contents, "Application.Contents"); %>
<p><% listdict(Application.StaticObjects, "Application.StaticObjects");
    %>
...
```

和 Application 變數相關的常見應用如下：

1. 網頁計數器。
2. 線上投票區。
3. 更新正確上線人數（如聊天室）。

16-2 Session物件

Application 物件可讓同一個 Web 應用程式共用資訊，而 Session 物件可讓同一個使用者在不同的 Web 應用程式中共用資訊。換句話說，同一個使用者在不同的 Request 中，可用 Session 物件來保存資訊，而其保存資訊的方法，則是靠 Cookies 來達成。因此，要能夠使用 Session 物件的首要條件，就是用戶端的 Cookies 功能必須是開啟的。

Session 物件提供四種性質（Properties）、一種方法（Method）、兩個事件（Events）與兩個集合（Collections），列表如下：

整理：Session 物件的性質

性質	說明
CodePage	語言識別碼（例：950 代表代表繁體中文、936 代表簡體中文、65001 代表 UTF-8）
LCID	地區識別碼（例：1028 代表台灣地區、3076 代表香港地區、2052 代表大陸地區）
SessionID	用戶端的 SessionID
Timeout	Session 物件的有效時間（以分鐘為單位），預設為 20 分鐘

整理：Session 物件提供的方法

方法	說明
Abandon	刪除 Session 物件所含的所有資訊
Contents.Remove(item or index)	刪除 Contents 集合中的某一個項目
Contents.RemoveAll	刪除 Contents 集合中的所有項目

整理：Session 物件提供的事件

事件	說明
OnStart	啟動一個 Session 物件時所觸發的函數，此函數必須放在 global.asa 檔案
OnEnd	結束一個 Session 物件時所觸發的函數，此函數必須放在 global.asa 檔案

整理：Session 物件提供的集合

集合	說明
Contents	所有加在 Session 物件的變數集合
StaticObjects	所有在使用者層級（Session Scope）所宣告的物件集合

當使用者點選某一個網頁時，微軟的 IIS 伺服器就會對此使用者分配一個 session ID，並以 cookie 的方式記錄在用戶端。此 session ID 的有效期間是 20 分鐘，這些資訊都可由下列網頁來呈現（session/sessionId01.asp）：

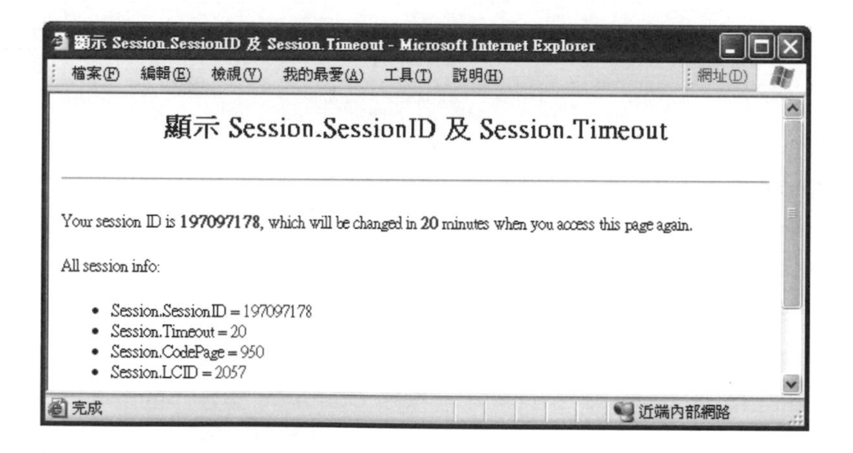

在上述範例中，Session.CodePage=950 代表用戶端的預設語言是繁體中文（大五碼），Session.LCID=2057 代表用戶端所在的區域是台灣地區，此範例的原始檔如下：

範例16-8（session/sessionId01.asp）：

```
...
<p>
Your session ID is <b><font
    color=green><%=Session.SessionID%></font></b>, which will be
    changed in
<b><font color=green><%=Session.Timeout%></font></b> minutes
    when you access this page again.
<p>
All session info:
    <ul>
    <li>Session.SessionID =
         <font color=green><%=Session.SessionID%></font>
    <li>Session.Timeout =
        <font color=green><%=Session.Timeout%></font>
    <li>Session.CodePage =
        <font color=green><%=Session.CodePage%></font>
    <li>Session.LCID =
        <font color=green><%=Session.LCID%></font>
    </ul>
...
```

由於 Session 物件是用來指定每一個使用者的相關資訊，因此我們可以根據使用者的語言或地區的不同，來顯示不同的資訊。例如 Session.LCID 是用來指定區域代碼，根據不同的區域代碼，我們就可以產生不同的日期字串，範例如下（session/ sessionLcid01.asp）：

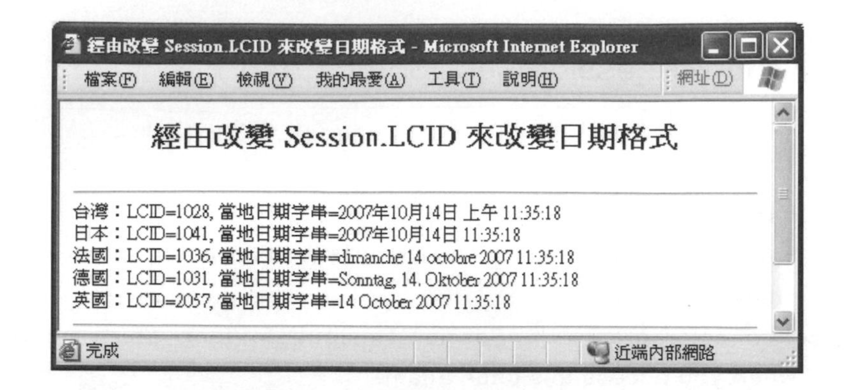

此範例的原始檔如下：

範例16-9（session/ sessionLcid01.asp）：

```
...
<%
today=new Date();
currentLcid=Session.LCID;  // 記錄目前的 LCID
Session.LCID=1028;
Response.write("台灣：LCID="+Session.LCID + ", 當地日期字串
    ="+today.toLocaleString());
Session.LCID=1041;
Response.write("<br>日本：LCID="+Session.LCID + ", 當地日期字串
    ="+today.toLocaleString());
Session.LCID=1036;
Response.write("<br>法國：LCID="+Session.LCID + ", 當地日期字串
    ="+today.toLocaleString());
Session.LCID=1031;
Response.write("<br>德國：LCID="+Session.LCID + ", 當地日期字串
    ="+today.toLocaleString());
Session.LCID=2057;
Response.write("<br>英國：LCID="+Session.LCID + ", 當地日期字串
    ="+today.toLocaleString());
Session.LCID=currentLcid;  // 改回原來的 LCID
%>
```

```
...
```

提示：

» 在上述範例中，你必須將 Session.LCID 設定回原來的預設值，否則與地區相關的顯示（如日期等）就會發生錯誤。

Session 和 Application 物件一樣，都有 OnStart 和 OnEnd 兩個事件，這兩個事件對應的函式是 Session_OnStart() 和 Session_OnEnd()，也都必須存放在 global.asa 檔案中。若 Application 和 Session 同時啟動，ASP 會先執行 Application_OnStart()，再執行 Session_OnStart()。若兩者同時結束，ASP 會先執行 Session_OnEnd()，再執行 Application_OnEnd()。這些執行順序可列出如下：

1. Application_OnStart()
2. Session_OnStart()
3. ASP scripts
4. Session_OnEnd()
5. Application_OnEnd()

以下我們將使用「加強版的訪客計數器」，來說明如何使用 Session 及 Application 物件，使得用戶端在點選「重新整理」時，計數器的值不會一再累加。

其方法可說明如下：在被計數的網頁 ASP 程式碼中，檢查 Session("PreviouslyOnLine") 的值，若是 true，則不做任何事。若是 false，則將其值改為 true，並將 Application("Counter") 的值加一。換句話說，只要每次有人瀏覽此網頁，而且 Session("PreviouslyOnLine") 的值是 false，Application("Counter") 的值就會加一，其值即代表此網頁被點選的次數，它並不會因為使用者在短期（20分鐘）內點選「重新整理」而盲目增加。請見以下範例（session/pagehit01.asp）：

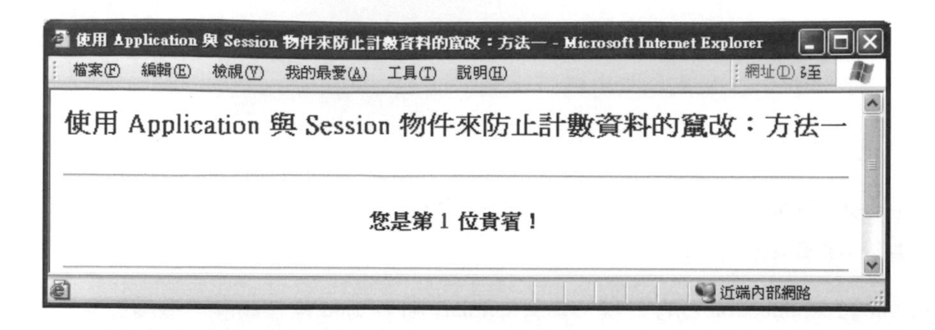

上述範例的原始檔如下

範例16-10（session/pagehit01.asp）：

```
...
<%
if (Application("Counter")==null)
    Application("Counter") = 0;          // 若不存在，則設定為 0。
if (Session("PreviouslyOnLine")!=true){
    Application("Counter")++;
    Session("PreviouslyOnLine") = true;
}
%>
<h3 align=center>您是第 <font
    color=red><%=Application("Counter")%></font> 位貴賓！</h3>
...
```

此外，我們可以再加上「獨立計數」、「計數器啟用時間」等功能，得到一個較完整的範例（session/pagehit02.asp）：

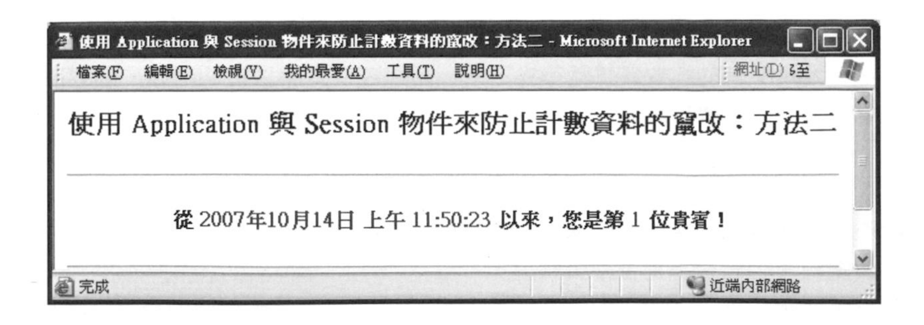

上述範例的原始檔如下

範例16-11（session/pagehit02.asp）：

```
...
<%
//Application.Contents.Removeall();    // 清除變數以便測試此網頁
//Session.Contents.Removeall();        // 清除變數以便測試此網頁
url = Request.ServerVariables("URL");
startTime = "Start time of "+url;
if (Application(startTime)==null){ // 啟始變數及時間
    Application(url)=0;          // 開始計數
    now = new Date();
    Application(startTime)=now.toLocaleString();
}
if (Session(url)==null){  // Session(url) 不存在
    Application(url)++;
    Session(url)=true;
} else {%>
    <script>alert("你想竄改計數器？沒那麼容易喔！");</script>
<%}%>
<h3 align=center>從 <font
    color=green><%=Application(startTime)%></font> 以來，您是第 <font
    color=red><%=Application(url)%></font> 位貴賓！</h3>
...
```

上述計數器範例雖然有許多功能，但仍有一個缺點：伺服器重開機時，Application 物件會被清除，因此所有的計數資料就不見了，一切歸零。要解決這個問題，則要將計數資料寫入檔案，一個簡單的方式，就是每隔一天就將計數器的資料寫入檔案，這樣的好處是：

- 不會由於伺服器當機，而造成所有計數資料的流失。（當然，還是會流失當天少數資料，但至少不是全部資料。）
- 寫檔的動作不是很頻繁，只有一天一次，所以不會造成伺服器的效能降低。

範例如下（session/pagehit03.asp）：

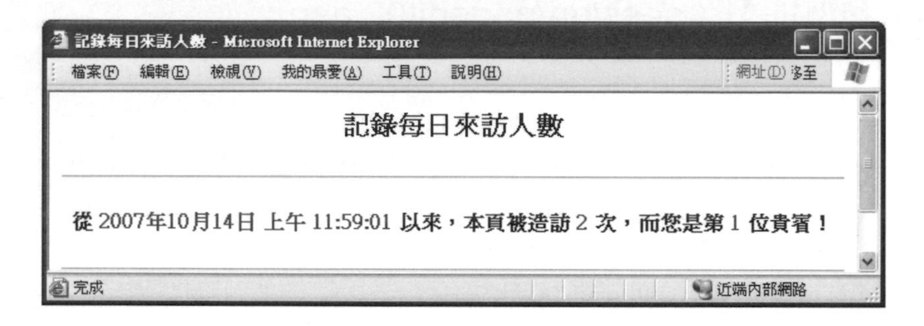

上述範例的原始檔如下

範例16-12（session/pagehit03.asp）：

```
...
<%
// 下列程式碼可以將每天訪客的人數（含頁次和人次）記錄於 counter.txt
//Application.Contents.RemoveAll();    // 清除變數以便測試此網頁
//Session.Contents.RemoveAll();        // 清除變數以便測試此網頁
if (Application("counterDate")==null){
    Application("counter1") = 0;
    Application("counter2") = 0;
    today=new Date();
    Application("counterDate") = today.getDate();
    Application("lastRecordTime") = today.toLocaleString();
}
```

```
Application("counter1")++;          // 更新頁次計數
if (Session("PreviouslyOnLine")!=true){
    Application("counter2")++;      // 更新人次計數
    Session("PreviouslyOnLine") = true;
}

// Write to a file if necessary
fso = new ActiveXObject("Scripting.FileSystemObject");
today=new Date();
counterFile="counter.txt";
// 若不在同一天，則將資料寫入檔案
if (today.getDate()!=Application("counterDate")){
    // 下列指令中，8 代表附加資料於檔案，true 代表若無檔案則新增
    fid = fso.OpenTextFile(Server.MapPath(counterFile), 8, true);
    fid.WriteLine(today.toLocaleString());
    fid.WriteLine("頁次："+Application("counter1"));
    fid.WriteLine("人次："+Application("counter2"));
    fid.Close();
    Application("counter1")=0;
    Application("counter2")=0;
    Application("counterDate")=today.getDate();;
    Application("lastRecordTime")=today.toLocaleString();
}
%>

<h3 align=center>
從 <font color=green><%=Application("lastRecordTime")%></font>
以來，本頁被造訪 <font color=red><%=Application("counter1")%>
</font> 次，而您是第 <font color=red>
<%=Application("counter2")%></font> 位貴賓！
</h3>
...
```

而本範例所用來儲存計數資料的檔案可列出如下：

```
2007年7月5日 上午 01:42:34
頁次：10
人次：3
2007年7月6日 上午 02:07:44
頁次：18
人次：5
2007年7月7日 上午 01:35:11
頁次：31
人次：9
```

在上述範例中，我們將計數資料分為「頁次」和「人次」：

- 頁次：網頁被點選的次數。
- 人次：網頁被不同的訪客點選的次數。此部分的做法同前，我們使用 session 變數來防止 20 分鐘內的重複計算，因此可以得到訪客的大約數量。

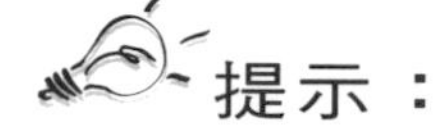

提示：

▸▸ 有關於檔案讀寫的部分，會在後續章節說明。

Session 物件是一個很好用的保存資訊方法，其他相關應用有：

- 購物網站的購物車的應用：利用 Session 變數來記錄使用者所購買的物品、數量、價格等。
- 認證一次就能悠遊各個網頁：使用 Session 變數記錄認證是否成功，之後在不同的網頁就檢查此變數即可，因此不需重複認證。
- 強迫一定要從網站的首頁進入：當使用者從網站的首頁進入時，必須設定某一個特定的 Session 變數。若直接進入非首頁的網頁，系統會檢查此 Session 是否存在，若非，則轉址到網站的首頁。

特別必須注意的是：Session 物件的正常運作必須倚賴用戶端開啟 Cookies 功能，因此如果妳的網頁使用到 Session 物件，最好必須在網頁之前加上測試 Cookies 是否開啟的測試，若未開啟，可提醒使用者開啟 Cookies 以確保網頁正常運作。

16-3 應用範例：任意網頁的密碼認證

本節將使用「密碼認證」為範例，來說明如何整合 client-side script 及 server-side script，來達到方便的密碼認證功能。本範例的特點如下：

1. 完全不需要用到 IIS 或伺服器作業系統本身的認證功能，所以不需管理者（Administrator）權限，也可使用。
2. 使用方便，只需在被密碼保護的網頁導入（Include）一個檔案即可。
3. 使用 session 變數，每次認證後，有效時間為 20 分鐘。

為簡化說明，我們使用「目標網頁」來代表「被密碼保護的網頁」，並使用「來源網頁」來代表包含「目標網頁」連結的網頁。下列網頁（password/source.asp）是本範例的進入點：

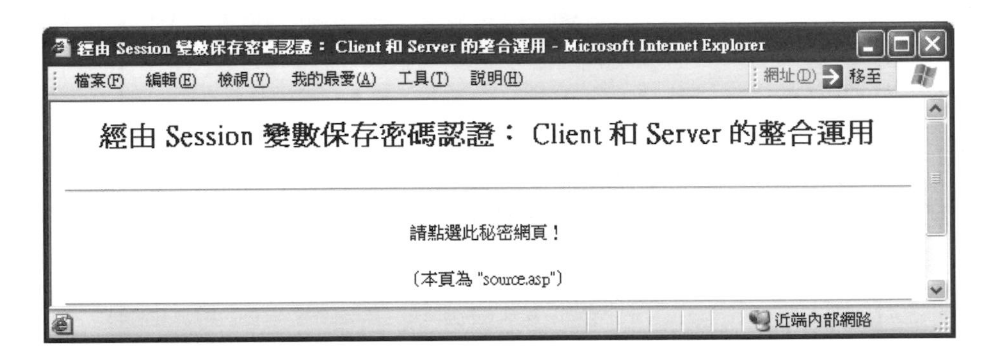

上述範例的完整原始檔案如下：

範例16-13（password/source.asp）：

```
...
<p align=center>請點選此<a href="target.asp">秘密網頁</a>！
<p align=center>（本頁為 "source.asp"）
...
```

在上述範例中，只要使用者點選「秘密網頁」，就會開啟密碼認證視窗，如下：

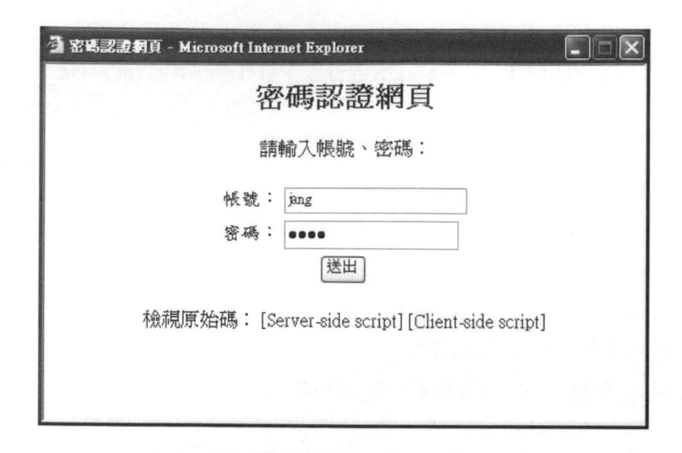

此網頁已經將正確的帳號和密碼填在文字欄位，因此只要點選「送出」，此認證視窗就會被關掉，並在原視窗顯示「秘密網頁」：

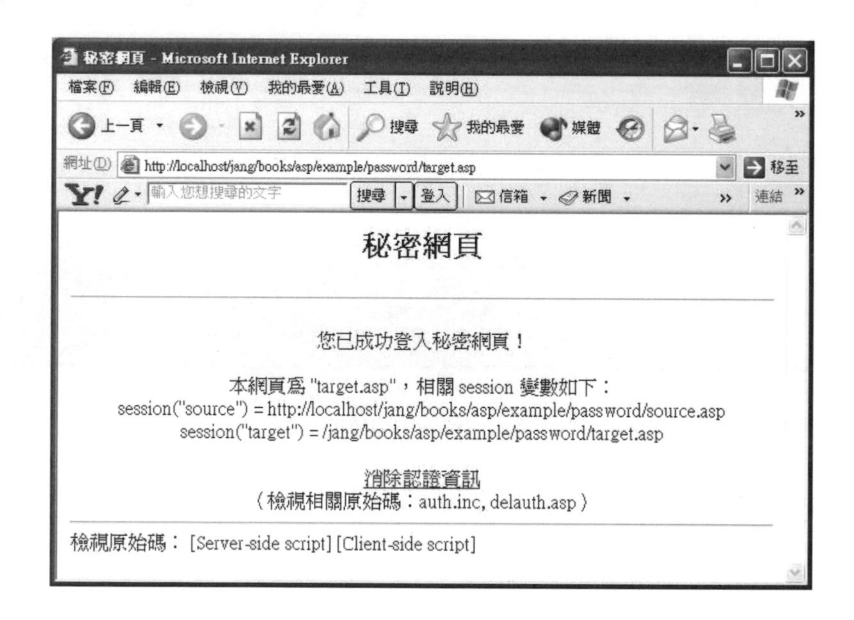

我們現看看此「秘密網頁」的原始碼：

範例16-14（password/target.asp）：

```
...
<p align=center>您已成功登入秘密網頁！</h3>
```

```
<p align=center>本網頁為 "target.asp"，相關 session 變數如下：
<br>Session("source") = <%=Session("source")%>
<br>Session("target") = <%=Session("target")%>
...
```

此原始碼和一般 ASP 網頁並無特異之處，唯一的差別是在原始檔案的第一列，包含了另一個檔案 auth.inc 來負責認證，這是本範例的關鍵所在，其內容如下：

範例16-15（password/auth.inc）：

```
<%
// 本頁之任務為檢驗認證資訊是否存在：
// 1. 若存在，則不做任何事。
// 2. 若不存在，則跳出認證視窗（auth.asp），請求輸入密碼，
//    並在原視窗載入原網頁（source.asp）。
// 任何需要密碼保護之網頁，只需要 include 此檔案，即可達到保護功能。
%>

<script language=javascript>
function getPassword(){       // 顯示認證視窗
    var toURL = "auth.asp";
    win1 = window.open(toURL, "getPassword", "height=300,
          width=500, alwaysRaised");
}
</script>

<% // 定義認證函數，以確認認證資訊是否存在
function authentication(sessionVariable){
    if((Request.ServerVariables("HTTP_REFERER")+"")!="undefined")
     // 來源網頁
     Session("source") =
         (Request.ServerVariables("HTTP_REFERER")+"");
    // 目標網頁
    Session("target") = Request.ServerVariables("URL")+"";
```

```
    // 加入原有的 Query string
    if (Request.ServerVariables("QUERY_STRING")!="")
        Session("target") = Session("target") + "?" +
            Request.ServerVariables("QUERY_STRING");
    if (!sessionVariable){ %>
        <script>
        getPassword();          // 顯示認證視窗
        history.go(-1);         // 載入來源網頁
        </script>
        <% Response.End()
    }
}

authentication(Session("secret")); %>
```

在此原始檔中，我們定義了兩個函數，分別在用戶端與伺服器端執行，茲說明如下：

- getPassword：開啟新視窗，載入 auth.asp，以取得使用者的認證資訊。這是在用戶端執行的函數，只有在認證資訊不存在時，才會在用戶端被呼叫。
- authentication：在伺服器確認認證資訊是否已經存在於 sessionVariable。若存在，則直接回傳目標網頁；若不存在，則在回傳的網頁內加入用戶端的 JavaScript 程式碼，以便跳出認證視窗，並讓原瀏覽器顯示原來的網頁。

此外，若認證資訊不存在，我們必須開啟認證視窗，內容如下：

範例16-16（password/auth.asp）：

```
...
<%
// 此頁之目的為進行密碼認證：
// 1. 若通過，則於原視窗開啟被保護之 target.asp 網頁
// 2. 若不通過，則請求重新輸入帳號、密碼
login=Request("login")+"";
password=Request("password")+"";
if ((login=="jang") && (password=="jang")){// 認證資訊正確
```

```
    Session("secret") = true;
%>
    <script>
    // 於原視窗開啟目標網頁
    window.opener.document.location="<%=Session("target")%>";
     window.close();                  // 關閉此密碼認證視窗
    </script>
<% } else {            // 認證資訊錯誤，顯示認證畫面
%>
    <form method=post>
    <table border=0 align=center>
    <tr><td align=right>帳號：<td><input name="login" value="jang">
    <tr><td align=right>密碼：<td><input type=password
    name="password" value="jang">
    <tr><td align=center colspan=2><input type=submit></a>
    </table>
    </form>
<% } %>
…
```

此網頁之功能可以說明如下：

1. 若使用者輸入正確的帳號密碼，則設定 Session("secret") 為 true，同時在原視窗開啟目標網頁，並關閉認證視窗。
2. 若帳號密碼不正確，則在認證視窗顯示原來的認證畫面。

欲瞭解此範例，請各位同學直接開啟此範例，並到處點選看看，以熟悉其運作。上述範例的流程，可說明如下：

1. 使用者從 source.asp （來源網頁）中點選 target.asp（目標網頁）。
2. target.asp 會檢查是否已經過正確認證（且時間不超過 20 分鐘），此資訊保留在 session("secret")。若此變數為 True，則顯示 target.asp。
3. 若 session("secret") 為 False，代表需要認證，此時則跳出密碼認證網頁，並在原視窗載入 source.asp。

4. 使用者在認證視窗輸入認證資訊，若錯誤，保持認證視窗開啟，並繼續要求認證資訊。
5. 若獲得正確認證資訊，則關閉認證視窗，設定 session("secret") 為 True，並在原視窗開啟 target.asp。

上述說明，可用流程圖顯示如下：

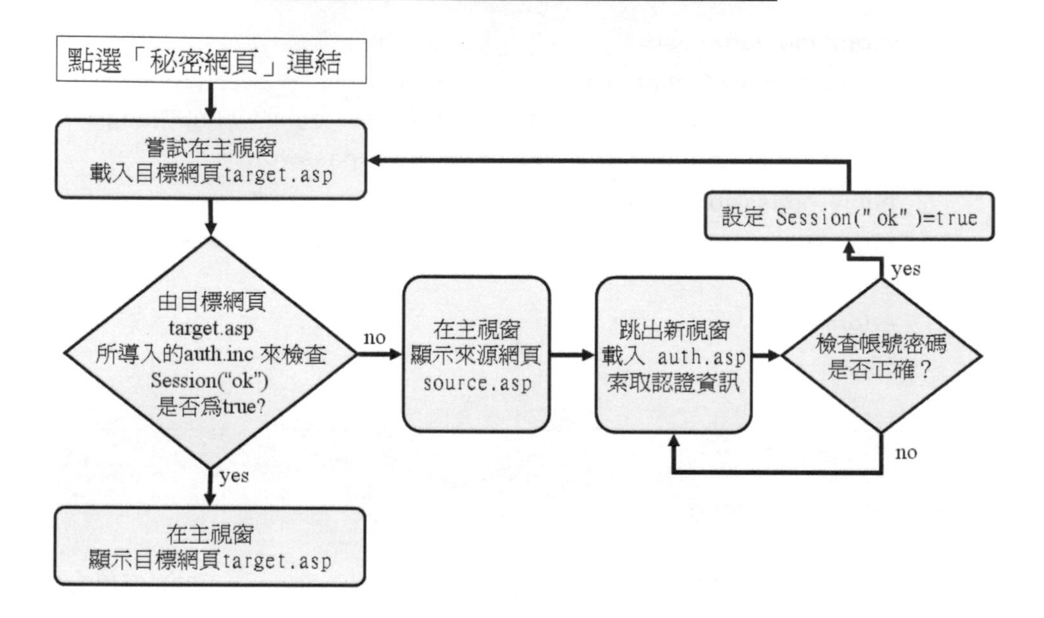

在此範例中，總共牽涉到五個檔案，為了協助讀者瞭解此範例，我們將此五個檔案的功能分別說明如下：

source.asp

　　此網頁包含目標網頁（target.asp）的連結。

target.asp

　　此為目標網頁（即被密碼保護之網頁），其第一列程式碼即導入 auth.inc，以達到被密碼保護功能。

auth.inc

　　本頁之任務為檢驗認證資訊是否存在：

1. 若存在，則不做任何事。
2. 若不存在，則跳出認證視窗（auth.asp），請求輸入密碼，並在原視窗載入來源網頁（source.asp）。

任何需要密碼保護之網頁，只需要導入此檔案，即可達到保護功能。

auth.asp

此頁之目的為進行密碼認證：

1. 若通過，則於原視窗開啟目標網頁（target.asp）。
2. 若不通過，則請求重新輸入帳號、密碼。

delauth.asp

本頁之任務為消除認證資訊（即將變數 session("secret")設定為 False），並載入來源網頁（source.asp）。

16-4 習題

選擇題

1. 下列哪個物件可讓同一個 Web 應用程式共用資訊？
   (1) Application
   (2) Session
   (3) Response
   (4) Request
2. 有關於使用 Application 物件來進行網頁的計數，下列敘述何者有誤？
   (1) 運算速度會比「利用檔案來記錄計數資料」還慢。
   (2) 可和 Session 物件並用，以避免計數資料被灌水。
   (3) 伺服器若意外當機，所有計數資料均會遺失。
   (4) 若是人為關機，可於 global.asa 進行特殊設定，將計數資料寫到檔案，以避免資料遺失。

程式題

請使用本章所學到的 JavaScript/JScript 程式技巧（用於伺服器）來完成下列作業：

1. (**)**統計用戶端IP：**請寫一個網頁 ipStatistics.asp，可以統計客戶端 IP 連到此網頁的統計資料。請以表格方式列表，第一欄是用戶端 IP，第二欄是連接次數：

用戶端 IP	連接次數
140.114.76.148	23
210.66.38.89	19
140.113.75.35	12
…	…

（提示：用戶端 IP 可用 Request.ServerVariables("REMOTE_ADDR") 取得即可，換句話說，我們將代理伺服器 IP 也視為用戶端 IP。請用 Application 變數來記錄這些 IP 資料。）

2.(**)**統計用戶端IP並排序：**寫一個網頁 ipStatisticsOrdered.asp，功能如同上一題，但是在列出的表格中，是以連接次數由大而小來進行排序。

3.(**)**統計代理伺服器IP：**請寫一個網頁 proxyStatistics.asp，可以統計代理伺服器 IP 連到此網頁的統計資料。請以表格方式列表，第一欄是代理伺服器 IP，第二欄是連接次數：

代理伺服器 IP	連接次數
140.114.76.148	25
210.66.38.91	15
140.113.75.46	12
…	…

（提示：代理伺服器 IP 可用 Request.ServerVariables("HTTP_VIA") 取得即可。請用 Application 變數來記錄這些 IP 資料。）

4.(**)**統計來源網頁：**請寫一個網頁 refererStatistics.asp，可以統計來源網頁的資料。請以表格方式列表，第一欄是來源網頁的網址，第二欄是連接次數，並請以第二欄來進行由大至小的排列：

來源網頁	連接次數
http://neural.cs.nthu.edu.tw/jang/template.asp	25
http://neural.cs.nthu.edu.tw/jang/index.asp	3
http://www.cs.nthu.edu.tw/~karen/index.asp	2
…	…

（提示：來源網頁可用 Request.ServerVariables("HTTP_VIA") 取得即可。請用 Application 變數來記錄這些 IP 資料。））

5.(***)**用戶端和伺服器端的比較：**請列舉出 JavaScript/JScript 在客戶端及伺服器端的不同點，並加以說明，例如：

   a. 語法的不同（例如要印出文字所用的語法）

   b. 支援資料型態的不同（例如在客戶端的 JavaScript/JScript 不支援 Enumerator 物件）

   c. 內建物件的不同

   d. ...

   你可以從各大搜尋網站找到各種相關資料。

第十七章

Access 資料庫簡介

本章重點

本章介紹 MS Access 資料庫的建立及查詢，並說明關聯性資料表的操作及特性，以及如何使用 GUI 介面來產生查詢資料庫所用的 SQL 指令。後續我們若要在 ASP 網頁和資料庫進行溝通，都必須瞭解資料庫的特性以及 SQL 指令，所以對於「網頁與資料庫整合」而言，這一章是很重要的入門基礎。

17-1　資料庫簡介

資料庫（Databases）是由數個資料表（Tables）所形成的集合，而資料表則是由數筆記錄（Record）所成的集合，每筆記錄都包含數個不同的欄位（Fields）。一個儲存歌曲資料的典型資料表，可以表示如下：

序號	歌曲名稱	主唱者	年份
1	用心良苦	張宇	1993
2	聽海	張惠妹	1998
4	牽手	張惠妹	2001
6	最熟悉的陌生人	蕭亞軒	2000
8	戀人未滿	S.H.E	2002
9	I.O.I.O.	S.H.E	2002
11	每次都想呼喊你的名字	永邦	2002
13	原來你什麼都不要	張惠妹	1999
14	窗外的天氣	蕭亞軒	1999
16	野百合也有春天	永邦	2002

在上述資料表中，每一個橫列稱為一筆記錄，每一個直行稱為欄位，每一筆記錄在某個特定欄位的值稱為「欄位值」，例如，序號為 4 的記錄，當欄位是「主唱者」時，所對應的欄位值是「張惠妹」。

我們在顯示上列資料表時，是以序號來進行排序顯示，但在資料庫的內部儲存方式中，並不會有特定的排序，所以：

- 記錄沒有先後次序之分。
- 欄位也沒有先後次序之分。

一般而言，當我們從資料表中抓出資料，欄位的順序是根據欄位創造日期的先後，而記錄的順序是根據「主索引」（Primary Key）的欄位來進行排序，每個資料表可以選定一個欄位來做為主索引，而且主索引欄位的欄位值是不能重覆的。以上述歌曲資料表而言，主索引可以是序號，這是對每一首歌獨一無二的數值，可以用來代表某一首特定的歌曲。同理，對於某一屆的同學，我們可以將學號設定成主索引，因為每個學號可用來代表某位學生，而且是不會重複的。

我們先來看一個簡單的資料庫，這是一個微軟的 Access 資料庫，檔案位置是在 asp/example/database/song01.mdb，開啟後，外觀如下：

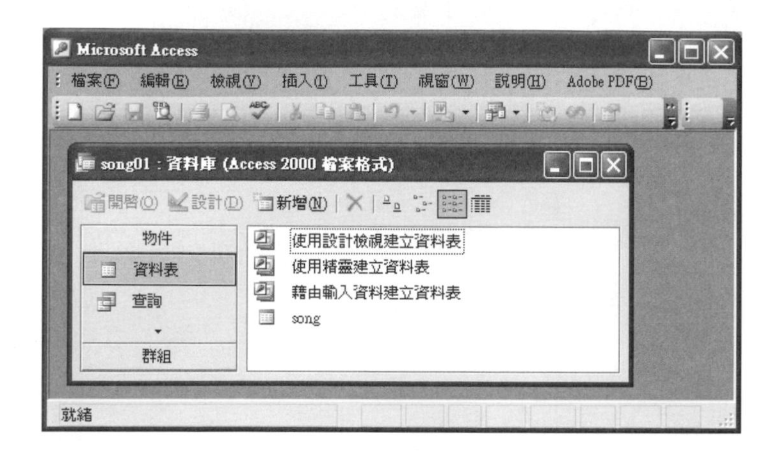

如果我們點選 song 的資料表，就可以開啟此表：

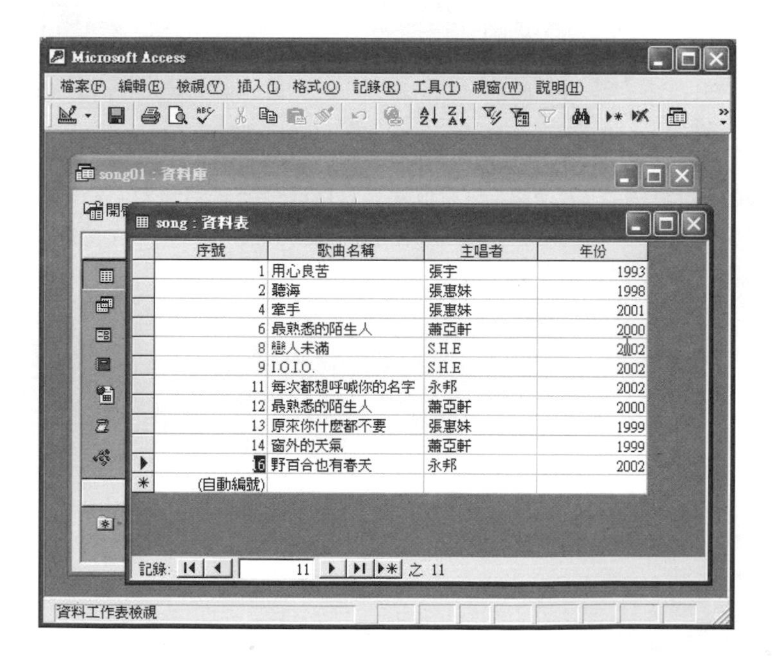

在上述資料表中，你可以看到 11 筆記錄，每筆記錄有 4 個欄位，欄位名稱分別是「序號」、「歌曲名稱」、「主唱者」、「年份」，事實上，每個欄位都有特定的資料型態，這些資料型態可以由資料表的「設計檢視」來開啟，我們先關掉資料表，再用右鍵點選 song 資料表的圖示，如下：

開啟資料表的「設計檢視」選項後，你可以看到每個欄位的資料類型，例如「自動編號」、「文字」、「數值」等，如果你將游標放在第二列的「文字」，就可以看到和「文字」類型相關的選項，如下：

你也可以點選「文字」右方的小倒三角形，就可以改變這個欄位的資料類型，如下：

由此可知可選用的資料類型約有 10 種，可以列表說明如下：

整理：

資料類型	說明
文字	用來儲存文字資料，例如姓名、身份證字號、密碼、地址等。最大長度只有 255 字元。
備忘	也是用來儲存文字資料，最大長度可達 64,000 字元，但是不支援排序功能。
數字	儲存數值資料，又可分為位元組、整數、長整數、單精準數、雙精準數、複製編號與小數點等 7 類。
日期/時間	儲存時間和日期的資料，可以選用不同的呈現方式。
貨幣	儲存貨幣或金額，例如售價、定金等。
自動編號	此欄位值都是不重複的正整數，由資料庫自動產生，每新增一筆記錄，資料庫就會以加 1 的方式產生此欄位值，因此不會重複。若有記錄被刪

	除，此欄位就不會形成連續的整數。通常我們會指定使用具有此種資料類型的欄位為主索引，以便獨一無二地指到某一筆特定的記錄。
是/否	此資料類型只能有兩種值：「是」或「否」。可用於記錄是否註冊、是否付款、是否過期等。
OLE 物件	可存放各類型的檔案，例如圖片、聲音、動畫、Excel 試算表、Word 文件等。
超連結	可以存放超連結或網址。
查閱精靈	嚴格地說，這並不是一種資料類型，而是方便輸入文字資料的一種功能。

因此，你可以使用「設計檢視」來新增或刪除欄位，然後再打開資料表，就可以將一筆一筆的資料輸入到資料表內了。最後，別忘了要存檔，再關閉此資料庫。

在本章的其他各節中，我們將說明資料表的查詢、資料表之間的關聯，以及這些關聯對於資料處理的影響。

17-2　資料庫查詢：單一資料表

資料庫可以儲存大量的資料，但是我們必須能夠有一套有效的方法來搜尋我們所要的資料，才能發揮資料庫的最大功效。本小節將說明如何對 Access 資料庫進行單一資料表的查詢，特別著重在「圖形使用者介面」（Graphic User Interface，簡稱 GUI）的使用。

我們還是以 song01.mdb 來說明。首先開啟資料庫，同時點選「查詢」物件，可以得到下列畫面：

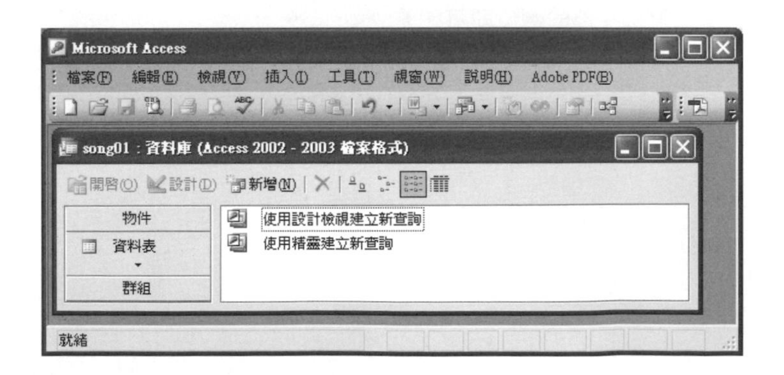

點選「使用設計檢視建立新查詢」，可得

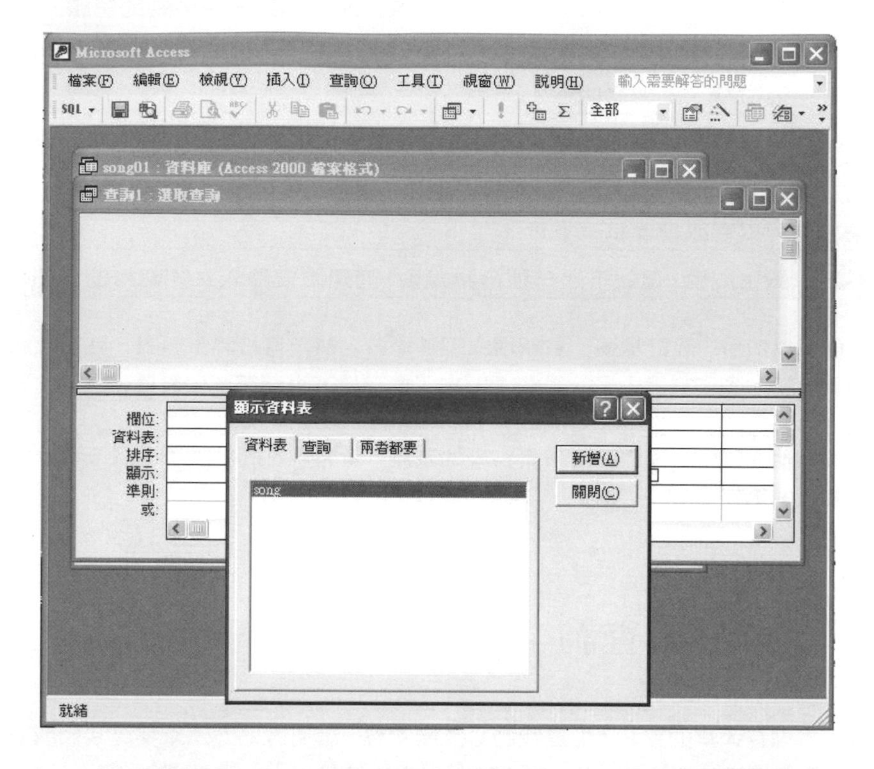

此時按「新增」，就可以將資料表「song」加入目前的查詢，然後按「關閉」。如果要找「張惠妹所唱的歌曲」，可以分兩步驟：

1. 選取相關欄位：我們可以點選上半部的「歌曲名稱」，然後拖放到下半部的第一個欄位，再點選上半部的「主唱者」，然後拖放到下半部的第二個欄位。（或是可以直接雙擊上半部的欄位即可。）
2. 設定欄位選取準則：將「主唱者」欄位的「準則」空格填入「張惠妹」。

所呈現的畫面如下：

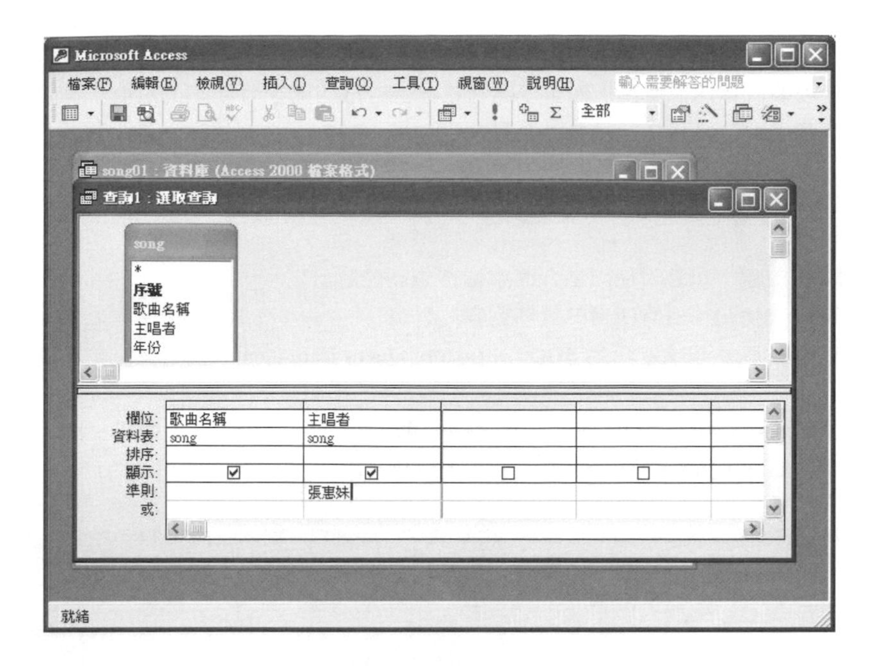

若要執行查詢，可以直接點選工具列的驚嘆號，得到結果如下：

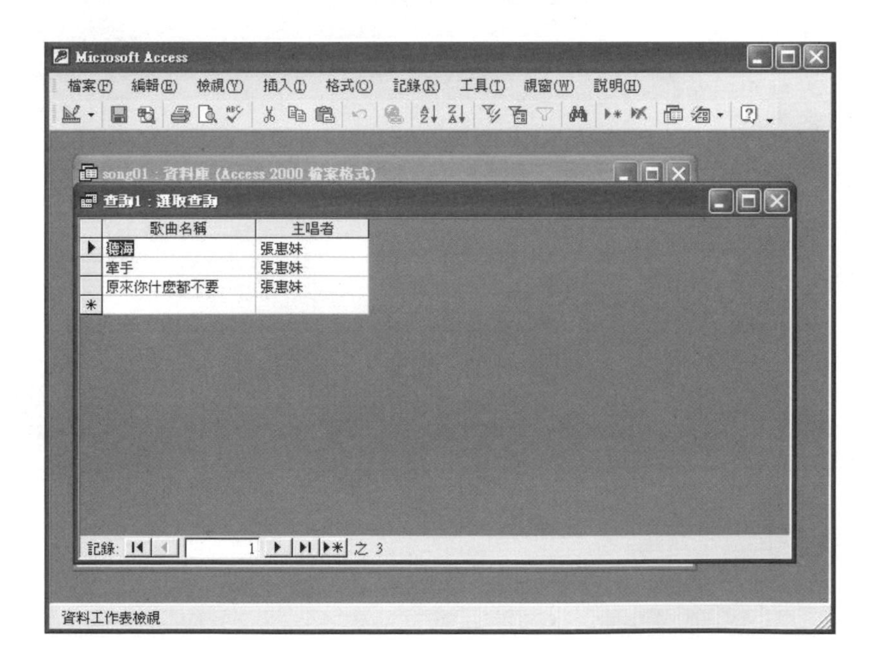

很明顯地，所列出來的資料就是張惠妹所唱的歌。當你要關掉這個查詢結果時，Access 會詢問你是否要儲存這個查詢，你可以將它直接儲存成「張惠妹所唱的歌曲」。下次只要你點選這個查詢，系統自然就會從資料表中，抓出並顯示符合查詢準則的資料。

事實上，一個查詢可以有不同的檢視方式，例如：

- 設計檢視：以圖形使用者介面來進行查詢的設計
- 資料表檢視：查詢所得的資料列表
- SQL 檢視：以文字化的 SQL（Structure Query Language）指令來指定查詢

若要顯示此查詢對應的 SQL 指令，只要在打開查詢後（使用「設計檢視」或「資料表檢視」），點選工具列的第一個按鈕，並下拉至「SQL 檢視」，如下：

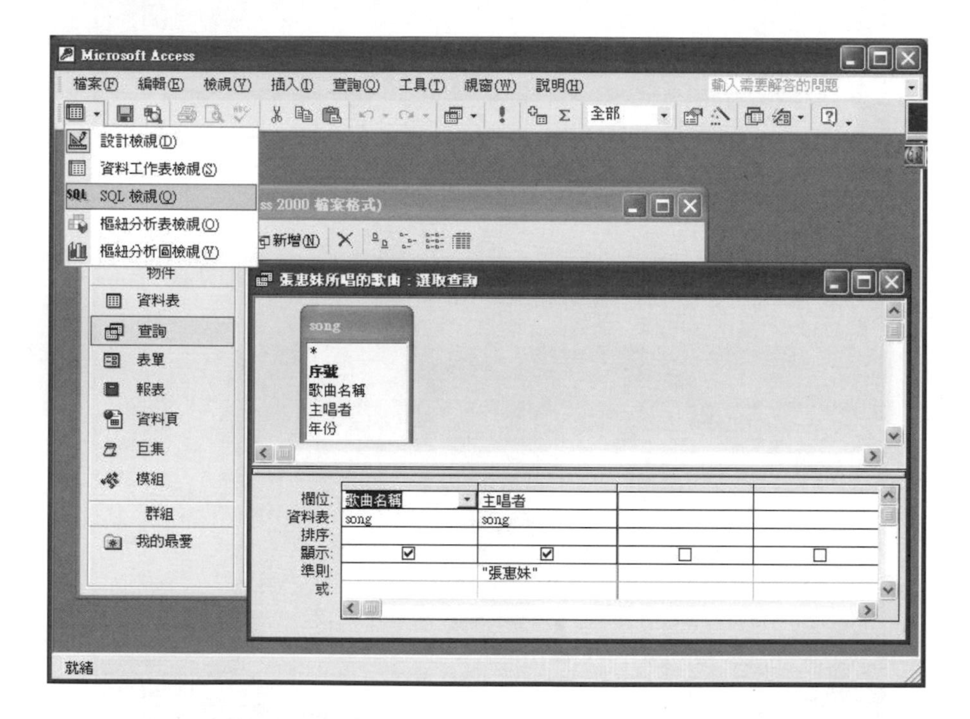

這時候 Access 就會顯示對應於此查詢的 SQL 指令：

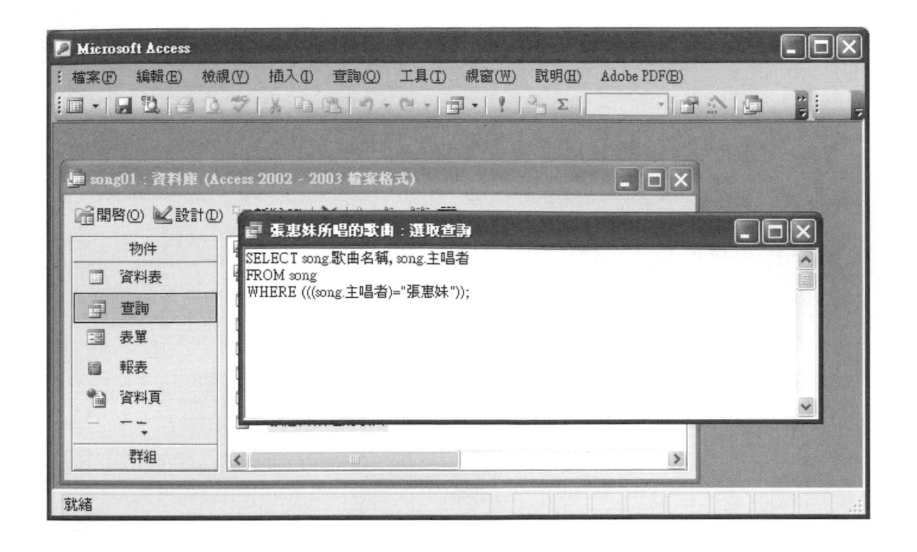

提示：

» Access 由「設計檢視」產生 SQL 指令時，有時候會在資料表名稱或欄位名稱加上中括弧，以避開資料表名稱或欄位名稱中，可能出現的空白或其它特殊字元。

在使用 ASP 與資料庫進行整合時，對資料庫的處理都必須倚賴 SQL 指令，因此你可以先用「設計檢視」產生你要的查詢，再將此查詢轉換成 SQL 指令，就應該可以直接貼到 ASP 的程式碼裡面了！有關於 SQL 指令的用法，本節只有簡略介紹，下一章將有更完整的說明。

若要查詢「張惠妹所唱的歌（依年代由近而遠排序）」，則可以在查詢加入「年份」欄位後，並點選「排序」，下拉選擇「遞減排序」，畫面如下：

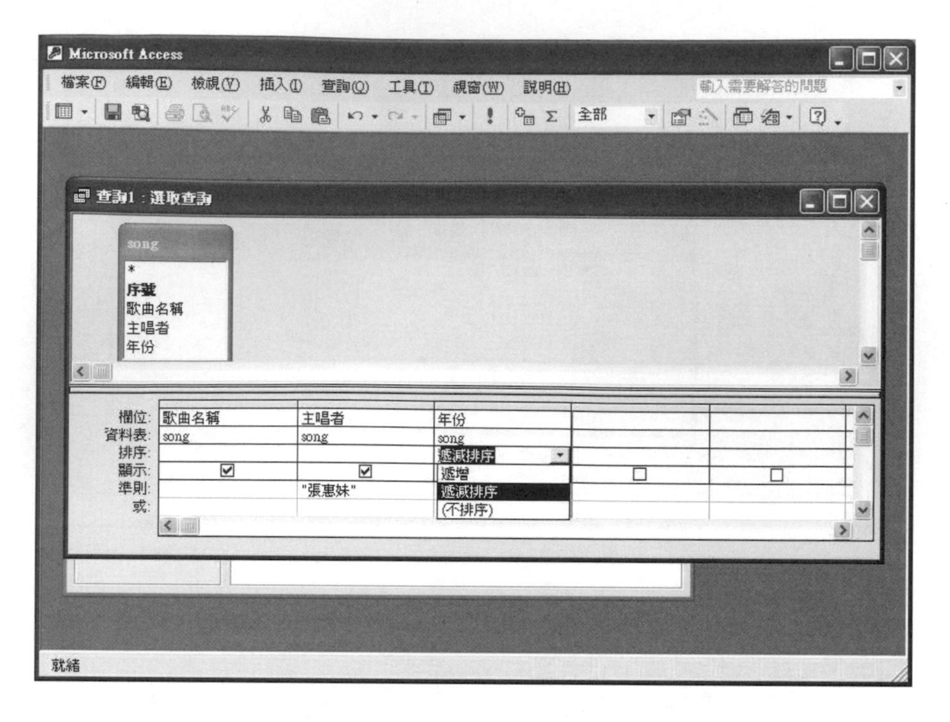

此時只要再點選工具列的驚嘆號，就會顯示查詢結果。

若要查詢「張惠妹在 1998 年所唱的歌」，則可以在「年份」欄位新增準則，畫面如下：

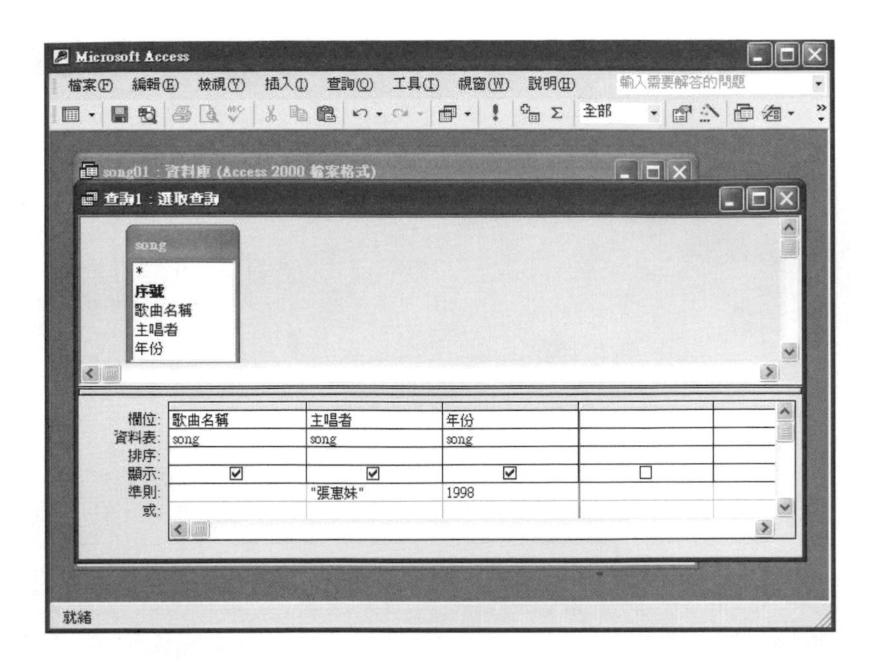

相對應的 SQL 指令如下：

```
頁次：31SELECT song.歌曲名稱, song.主唱者, song.年份
FROM song
WHERE (((song.主唱者)="張惠妹") AND ((song.年份)=1998));
```

以上的查詢條件都是以「且」為主，若要看看「或」的範例，考慮下列查詢：「2002年的歌曲或是由張惠妹主唱的歌曲」，查詢畫面如下：

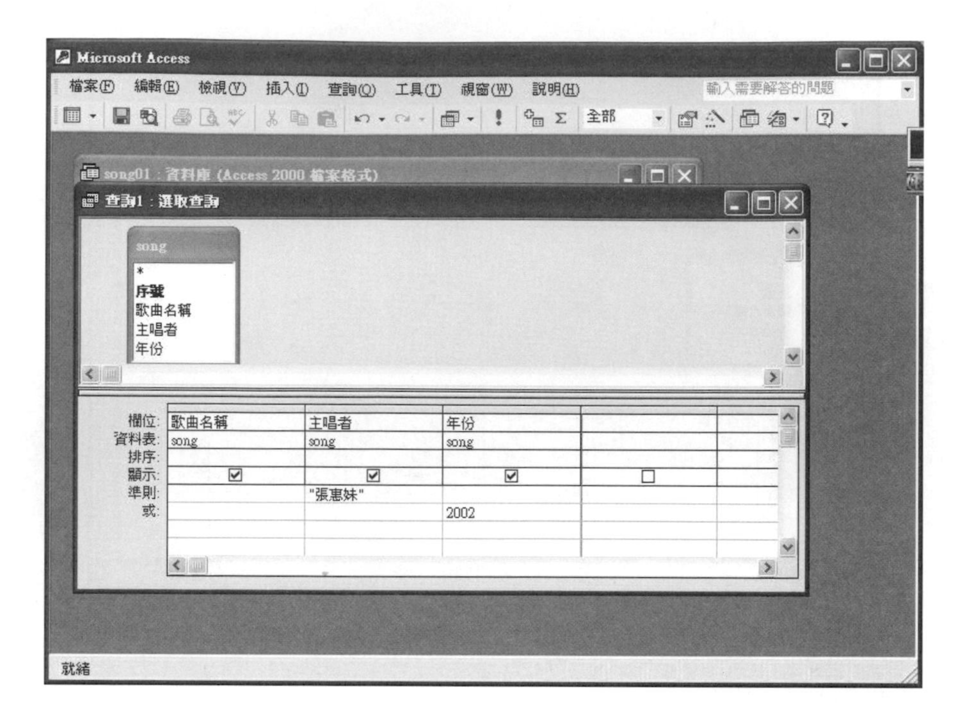

換句話說，如果有數個條件必須同時成立（「且」，And），我們就要將比對字串或數值放在「準則」的同一列。如果這些條件只要一個成立即可（「或」，Or），我們就要將這些條件放在「準則」以下的不同列。以 Access 的圖形使用者介面來進行查詢，只能用於當所有的比對條件都是「且」或都是「或」的情況，若有較複雜的邏輯判斷式，就必須靠 SQL 指令來達成。

在上述查詢中，相對應的 SQL 指令如下：

```
SELECT song.歌曲名稱, song.主唱者, song.年份
FROM song
WHERE (((song.主唱者)="張惠妹")) OR (((song.年份)=2002));
```

若要查詢「歌星列表」，可以使用滑鼠右鍵先點選查詢視窗的下半部任意處，再選取「合計」功能，如下：

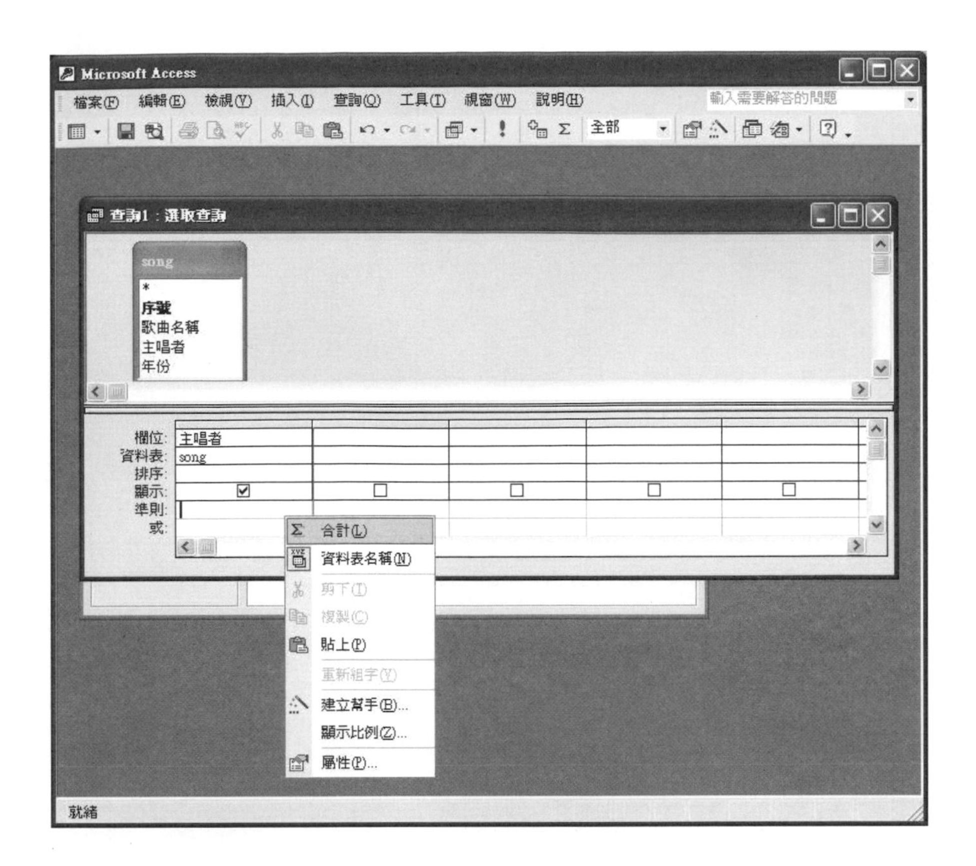

此時會在查詢畫面多一個名稱為「合計」橫列，其內容為「群組」，此功能可以將相同的紀錄先排序後，再將相同的數筆紀錄合併成一筆，查詢畫面如下：

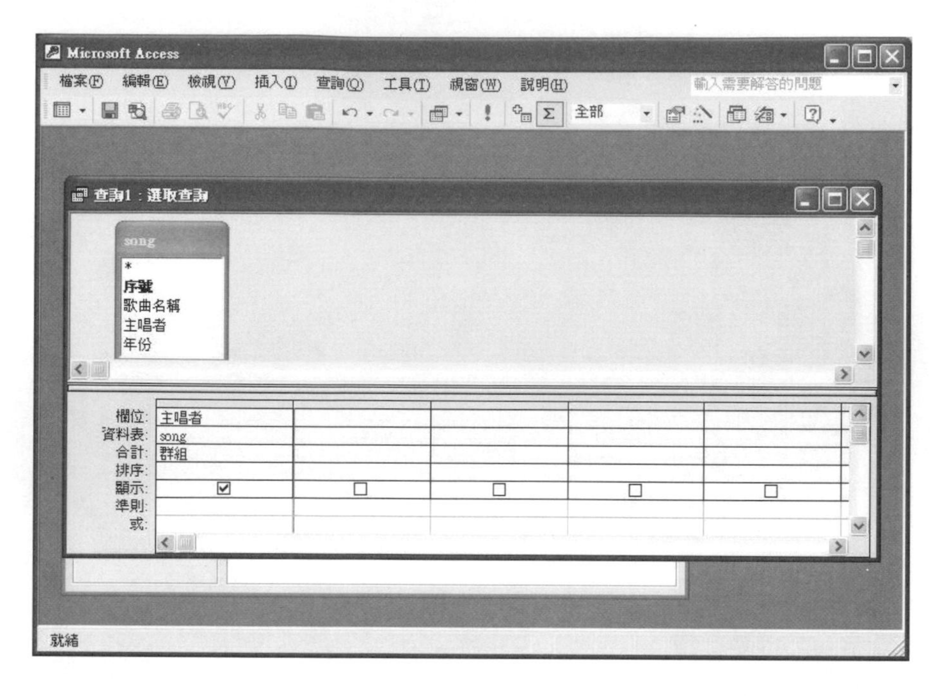

執行查詢後，結果如下：

主唱者
SHE
永邦
張宇
張惠妹
蕭亞軒

記錄: 1 之 5

資料工作表檢視

因為使用「群組」功能，所以上述結果是已經排序過的結果。相對應的 SQL 指令如下：

```
SELECT song.主唱者
FROM song
GROUP BY song.主唱者;
```

其中的 "GROUP BY" 就是「群組」功能，可以將相同的數筆紀錄合併成一筆。另一個功能相同的 SQL 指令如下：

```
SELECT DISTINCT song.主唱者
FROM song;
```

此查詢可得到相同結果，但是卻無法由「設計檢視」看到 DISTINCT 的功能，只能由「SQL 檢視」來指定之。

如果是要查詢「歌曲總數」，可以在產生「合計」橫列後，將滑鼠焦點移到「群組」，就可以顯示下拉選單的按鈕，按下後，請選擇「筆數」，如下：

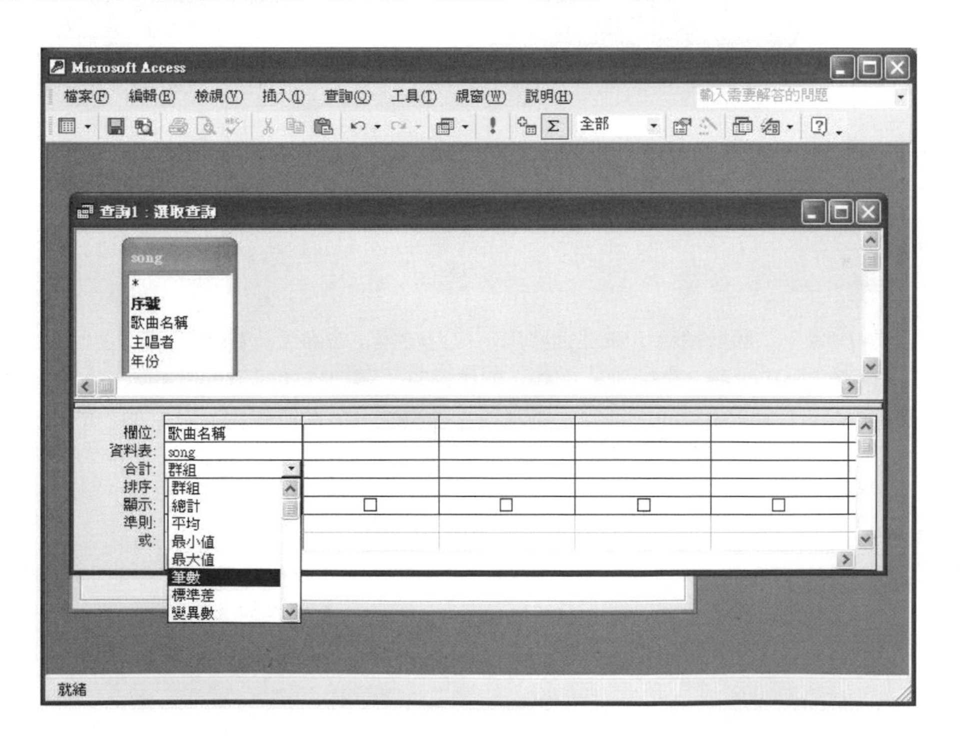

執行查詢後，結果如下：

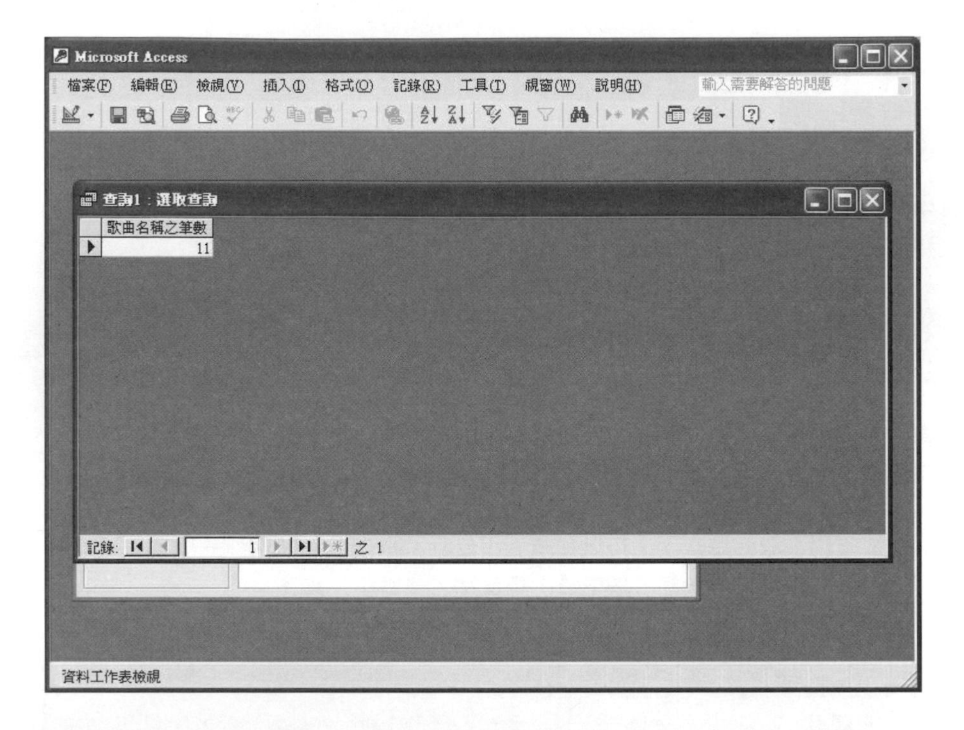

代表資料表中共有 11 筆資料。相對應的 SQL 指令如下：

```
SELECT Count(song.歌曲名稱) AS 歌曲名稱之筆數
FROM song;
```

在設計查詢時，「設計檢視」雖然很好用，但有時候也會發生「指定不周詳」的錯誤，此時還得靠「SQL檢視」來補強。例如，如果要查「張惠妹所唱歌曲的總數」，一般直覺的做法是將「主唱者」的「準則」設定成「張惠妹」，並選取「合計」的「群組」功能，如下：

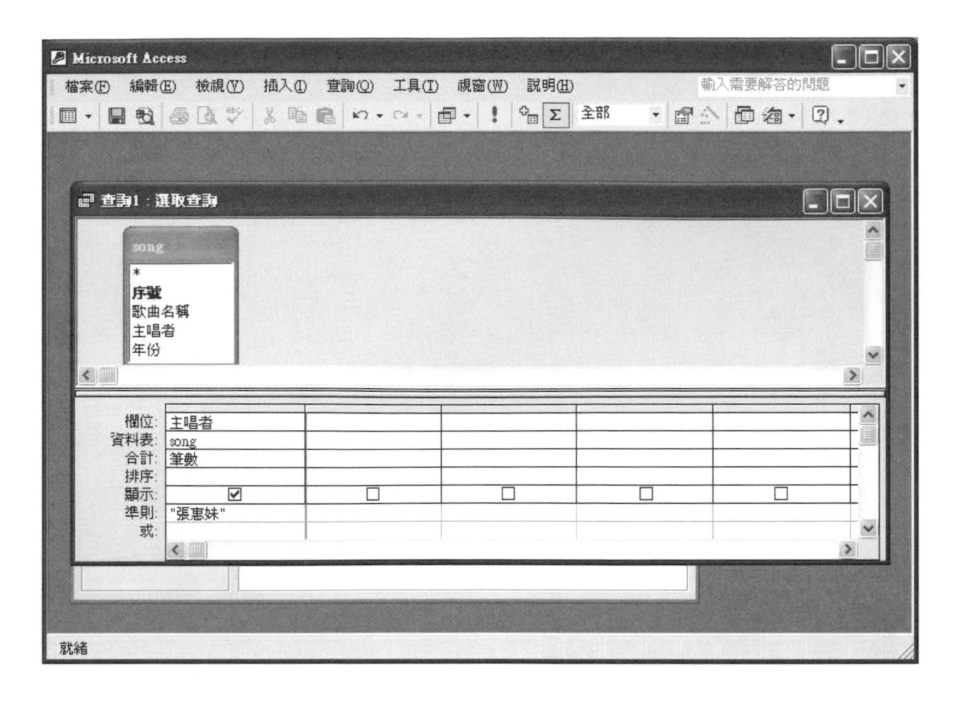

可是當你執行查詢時，會產生「準則運算式的資料類型不符合」的錯誤訊息，若選用「SQL 檢視」，可看到相對應的 SQL 指令，如下：

```
SELECT Count(song.主唱者) AS 主唱者之筆數
FROM song
HAVING (((Count(song.主唱者))="張惠妹"));
```

很明顯的，錯誤發生在最後一列的條件，因為 Count 是一個函數，只能用來計算資料的筆數，所以我們可以用手動改成：

```
SELECT Count(song.主唱者) AS 主唱者之筆數
FROM song
HAVING (((song.主唱者)="張惠妹"));
```

然後再選用「設計檢視」，得到的畫面如下：

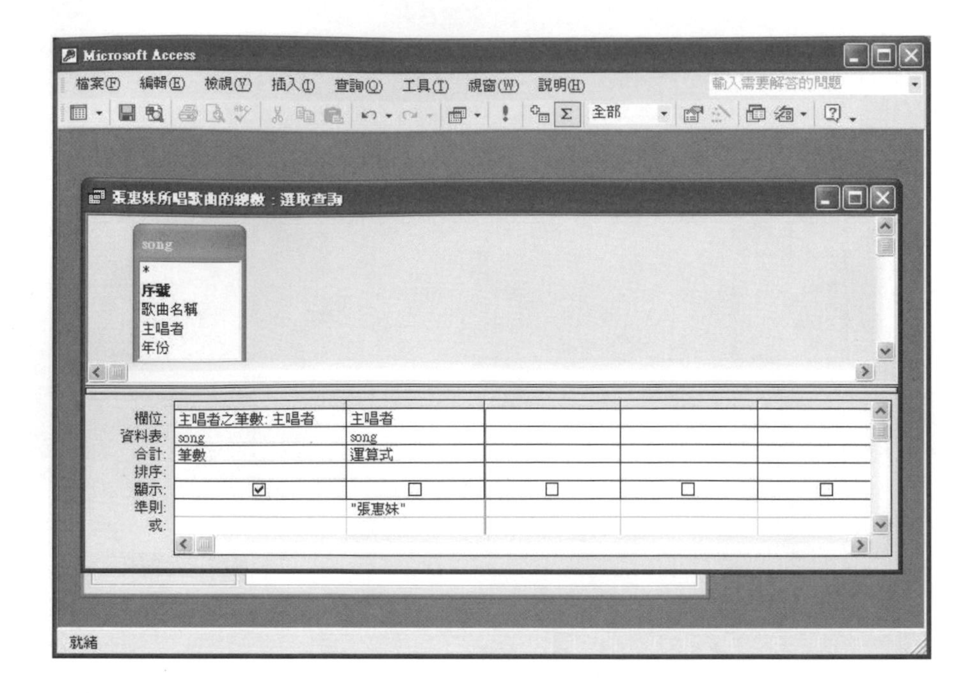

提示：

- 上述的「設計檢視」畫面事實上有點亂，而且不容易懂，這也顯示有一些簡單的查詢可能還是用 SQL 命令最適合，若要用簡單易懂的圖形介面來表示，反而有困難。

查詢結果如下：

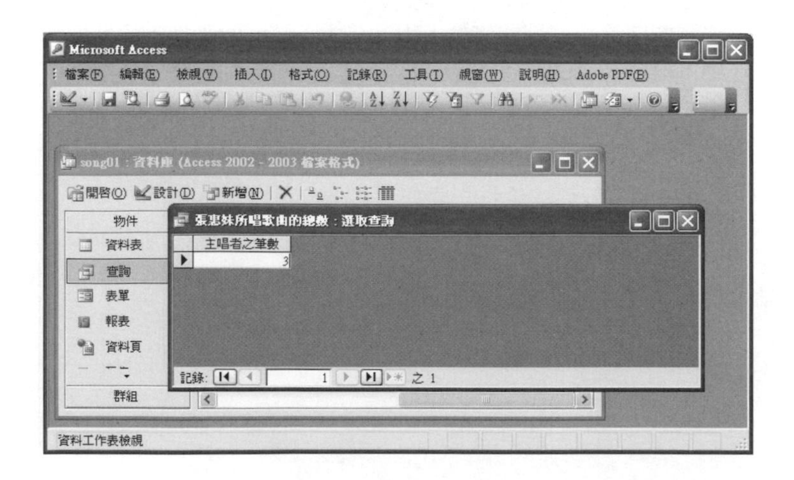

若要查詢「每一位歌手唱過的歌曲數目」，則可以在「主唱者」欄位選取「合計/群組」，然後在「歌曲名稱」欄位選取「合計/筆數」，設計檢視的畫面如下：

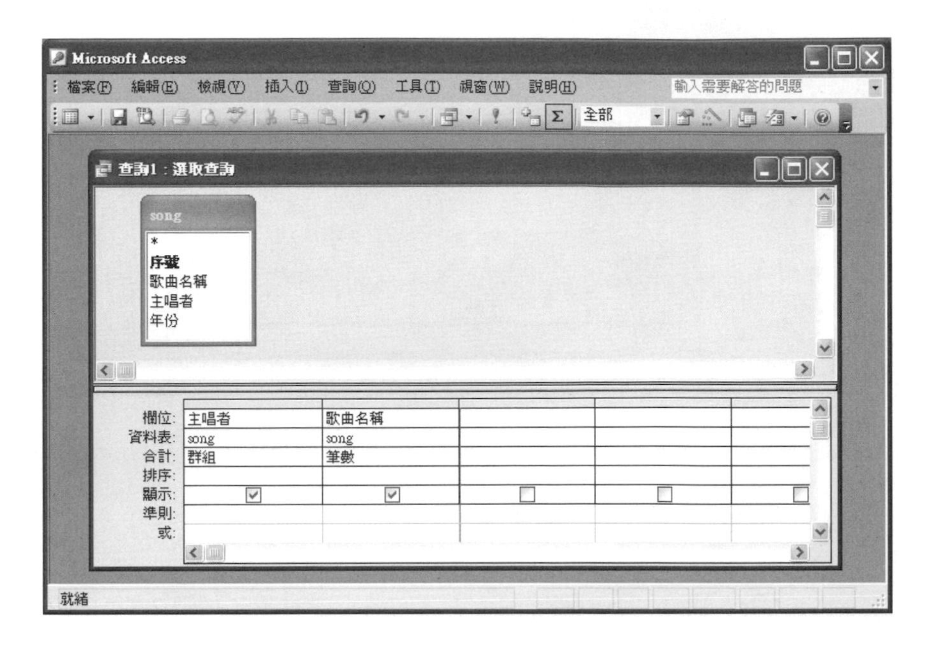

若選用「SQL檢視」，可看到相對應的 SQL 指令，如下：

```
SELECT song.主唱者, Count(song.歌曲名稱) AS 歌曲名稱之筆數
FROM song
GROUP BY song.主唱者;
```

查詢結果如下：

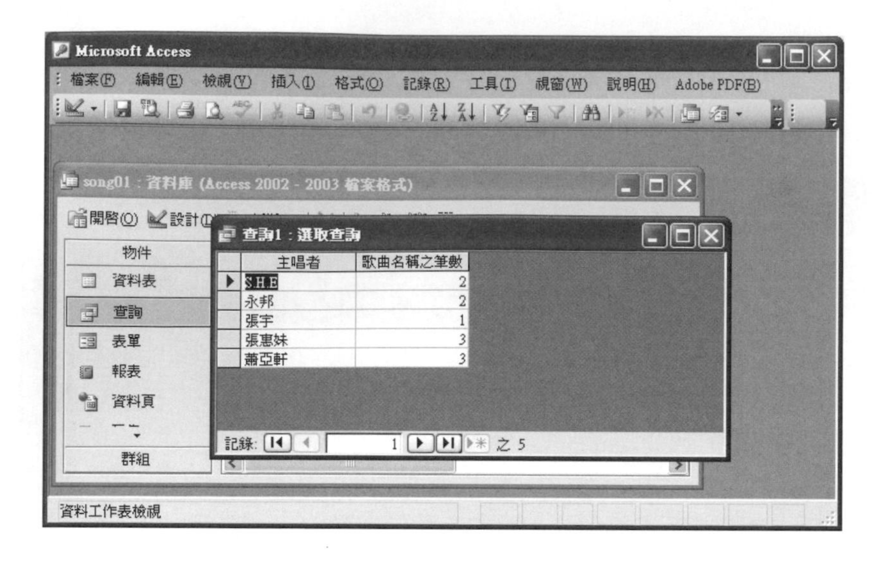

本小節只有說明對單一資料表的查詢，下一小節將說明兩個資料表之間可能產生的關聯性。

17-3　資料庫查詢：關聯性資料表

資料庫可以包含數個資料表，不同資料表之間的欄位可以有關聯姓，我們可以根據這些資料欄位的關聯性來使資料庫的資料更符合實際世界的狀況，此種具有關聯性的資料庫，即稱為關聯性資料庫（Relational Databases）。

我們首先以 asp/example/database/song01.mdb 內的 song 資料表來說明，其內容如下：

序號	歌曲名稱	主唱者	年份
1	用心良苦	張宇	1993
2	聽海	張惠妹	1998
4	牽手	張惠妹	2001
6	最熟悉的陌生人	蕭亞軒	2000
8	戀人未滿	S.H.E	2002

9	I.O.I.O.	S.H.E	2002
11	每次都想呼喊你的名字	永邦	2002
13	原來你什麼都不要	張惠妹	1999
14	窗外的天氣	蕭亞軒	1999
16	野百合也有春天	永邦	2002

很明顯地，「主唱者」的欄位中，很多資料都是重複的，如果我們還要增加和「主唱者」相關的資料，例如「出道年份」、「身高」、「嗜好」等，就會增加更多重複的資料，因此，我們可以將和主唱者相關的資料放到另一個資料表 singer，並指定每首歌曲（在 song 資料表）所對應的歌手（在 singer 資料表），這樣做的好處是：

- 減少資料的重複：例如「張惠妹」的資料不會出現很多次。
- 保持資料的一致性：「張惠妹」只有一筆資料，因此不需要輸入「張惠妹」很多次，也比較不會出現把「張惠妹」誤輸入成「張蕙妹」的情況。
- 保持資料的完整性：例如我們可以規定，沒有對應歌手的歌曲資料，不允許登錄到 song 資料庫。

為方便說明起見，我們使用一個資料較少的檔案 asp/example/database/song02.mdb 來進行以下說明，其中 song 資料表的內容如下：

序號	名稱	歌手序號	年份
1	用心良苦	1	1993
2	聽海	4	1998
8	戀人未滿	9	2002
9	I.O.I.O.	9	2002
17	神話	0	1983
18	花心	0	1993

singer 資料表的內容如下：

序號	姓名	類別	出道年份
1	張宇	男歌手	1973

4	張惠妹	女歌手	1975
6	蕭亞軒	女歌手	1971
9	S.H.E	女團體	1960
11	永邦	男歌手	1969

由上述列表可以知道，每一首歌有一個欄位是「歌手序號」，指到 singer 資料表的「序號」欄位，就可以找到對應的歌手資料。我們可以使用 SQL 查詢來列出歌手和歌曲的所有可能組合，所用的 SQL 指令為：

```
SELECT song.名稱, singer.姓名 FROM song, singer;
```

所得到的結果是：

名稱	姓名
用心良苦	張宇
聽海	張宇
戀人未滿	張宇
I.O.I.O.	張宇
神話	張宇
花心	張宇
用心良苦	張惠妹
聽海	張惠妹
戀人未滿	張惠妹
I.O.I.O.	張惠妹
神話	張惠妹
花心	張惠妹
用心良苦	蕭亞軒
聽海	蕭亞軒
戀人未滿	蕭亞軒
I.O.I.O.	蕭亞軒
神話	蕭亞軒
花心	蕭亞軒

用心良苦	S.H.E
聽海	S.H.E
戀人未滿	S.H.E
I.O.I.O.	S.H.E
神話	S.H.E
花心	S.H.E
用心良苦	永邦
聽海	永邦
戀人未滿	永邦
I.O.I.O.	永邦
神話	永邦
花心	永邦

這個列表共有 30 筆資料，代表由第一個資料表（6 筆資料）和第二個資料表（5 筆資料）的所有可能組合，但是我們並沒有用到兩個資料表之間的關聯，所以得到的結果當然不正確。我們可以把有關連性的欄位（在此例是 song 資料表的「歌手序號」以及 singer 資料表的「序號」欄位）加入條件式，得到下列的 SQL 指令：

```
SELECT song.名稱, singer.姓名 FROM singer, song WHERE (song.歌手序號=singer.序號);
```

對應的「設計檢視」畫面是：

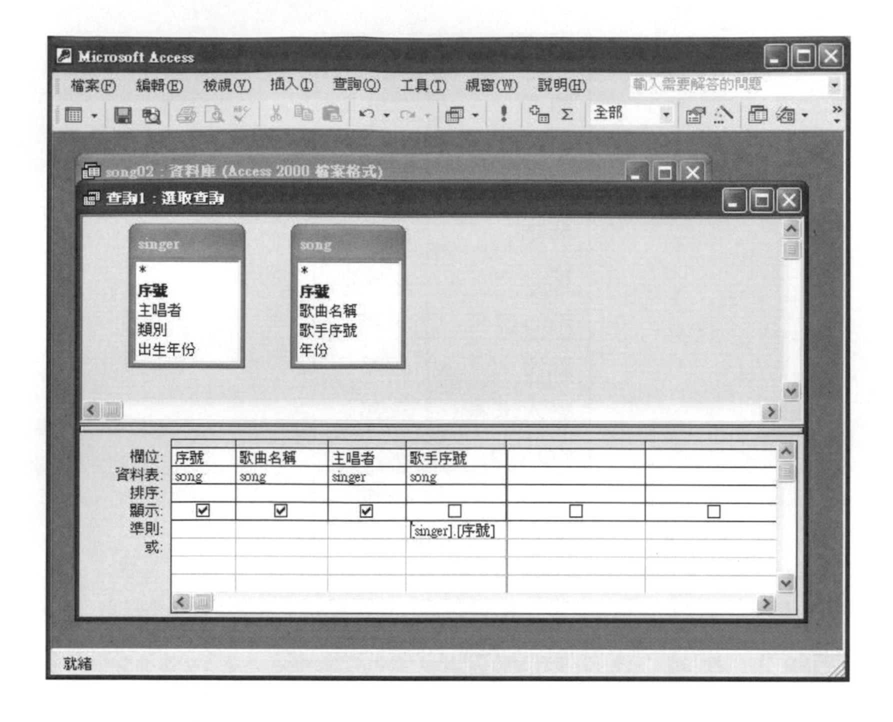

所得到的結果是：

名稱	姓名
用心良苦	張宇
聽海	張惠妹
戀人未滿	S.H.E
I.O.I.O.	S.H.E

上述的做法是以 where 子句來指定資料所必須具備的特性，另一種做法則是直接在「設計檢視」中指定資料表之間的關聯，例如再將 song 和 singer 資料表加入「設計檢視」的查詢時，畫面如下：

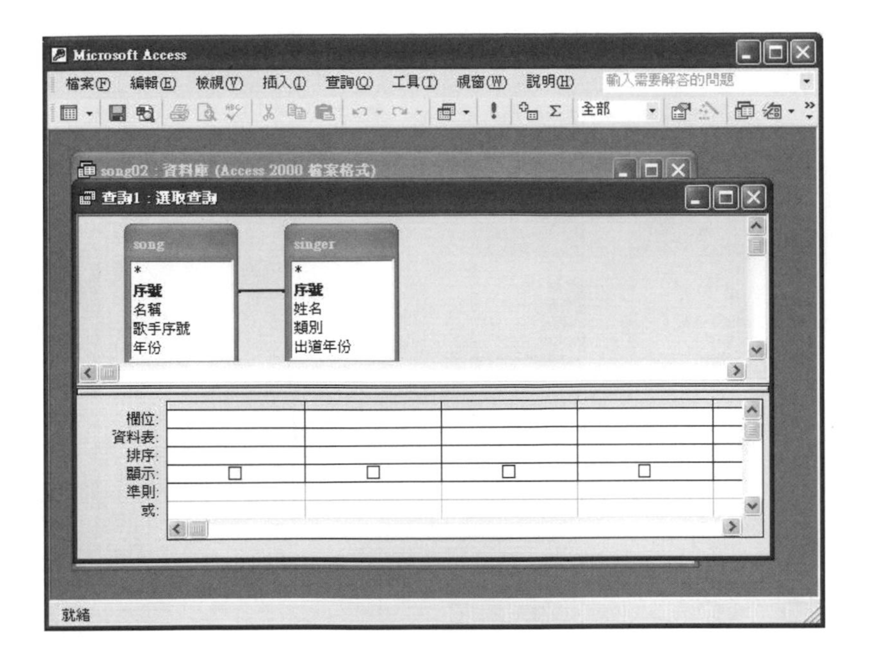

Access 會自作聰明將兩個資料表的「序號」欄位連結在一起，但是這是錯誤的關聯，我們可以選取連結線後，再按下 Del 鍵，就可以刪除此關聯。正確的關聯是由 song 資料表的「歌手序號」欄位連結到 singer 資料表的「序號」，我們可以選取 song 資料表的「歌手序號」欄位後，拖放到 singer 資料表的「序號」欄位，就可以建立這兩個資料表的關連性（會產生關聯線段以連接有關聯性的欄位），然後再加入需要查詢的欄位名稱，顯示畫面如下：

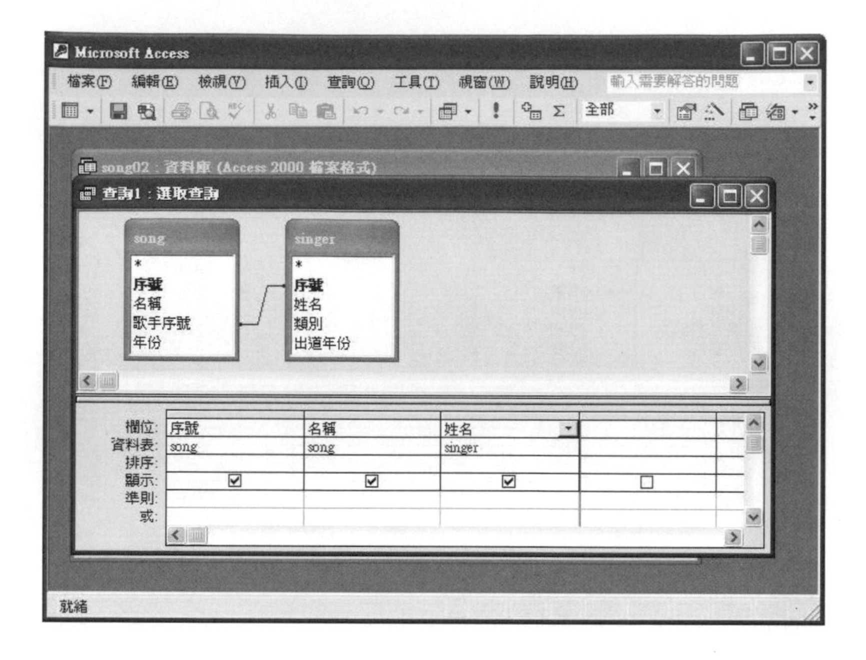

對應的 SQL 指令如下：

```
SELECT song.序號, song.名稱, singer.姓名 FROM song INNER JOIN singer ON song.歌手序號 = singer.序號;
```

所得到的結果是：

序號	名稱	姓名
1	用心良苦	張宇
2	聽海	張惠妹
8	戀人未滿	S.H.E
9	I.O.I.O.	S.H.E

在上述範例中，SQL 指令使用了 INNER JOIN。事實上，對於資料表的連接（Join），可以分成三類：

1. Inner Join：只會列出來兩個資料表連接欄位的資料相同的記錄。
2. Left Join：列出所有來自左資料表的記錄，以及連接欄位相等的右資料表的記錄

3. Right Join：列出所有來自右資料表的記錄，以及連接欄位相等的左資料表的記錄

文字說明事實上不容易瞭解，讓我們來看看範例。如果我們雙擊連接關聯性欄位的線段，就會跳出「連接屬性」的視窗，如下：

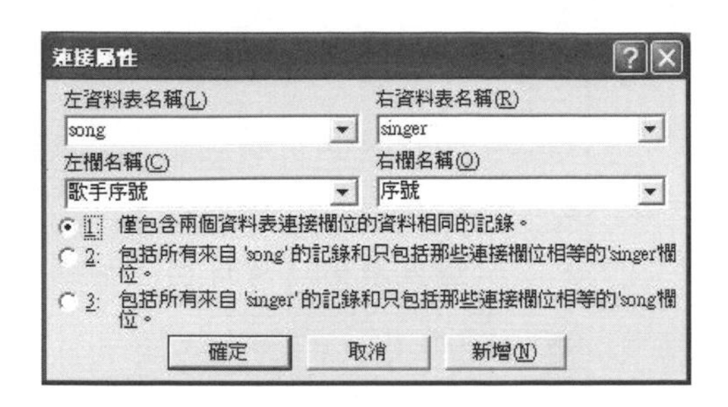

此視窗的預設值就是「僅包含兩個資料表連接欄位的資料相同的記錄」，這就是 Inner Join。如果我們點選第 2個選項（「包括所有來自'song'的記錄和只包括那些連接欄位相等的'singer'欄位」），這就是 Left Join，按「確定」之後，查詢畫面如下：

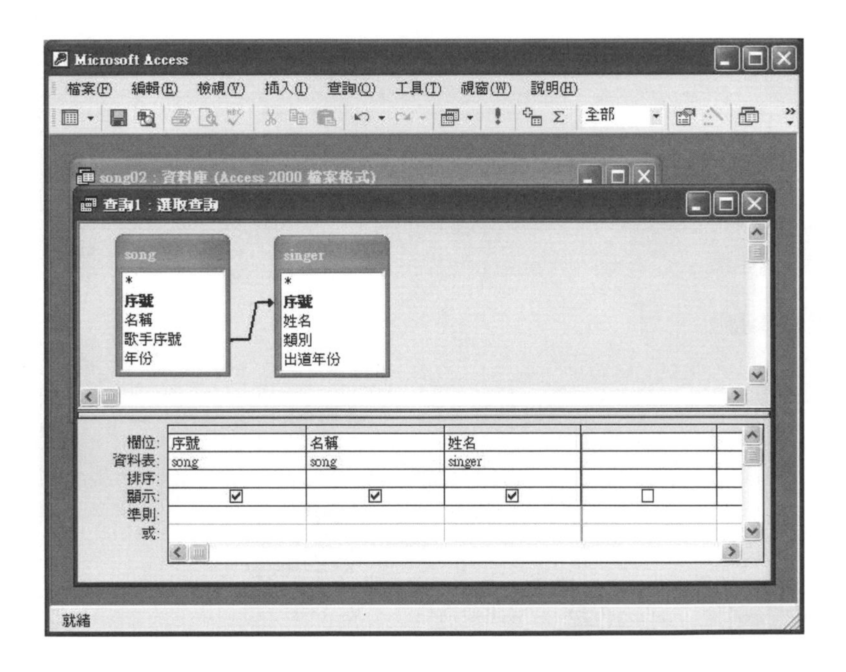

其中關聯線段被加上了一個由左向右的箭頭，代表 Left Join，相對應的 SQL 命令如下：對應的 SQL 指令如下：

```
SELECT song.序號, song.名稱, singer.姓名 FROM song LEFT JOIN singer ON song.歌手序號 = singer.序號;
```

所得到的結果是：

序號	名稱	姓名
1	用心良苦	張宇
2	聽海	張惠妹
8	戀人未滿	S.H.E
9	I.O.I.O.	S.H.E
17	神話	null
18	花心	null

提示：

» 「null」代表沒有資料存在。

如果我們點選第 3 個選項（「包括所有來自'singer'的記錄和只包括那些連接欄位相等的'song'欄位」），這就是 Right Join，對應的 SQL 命令如下：

```
SELECT song.序號, song.名稱, singer.姓名 FROM song RIGHT JOIN singer ON song.歌手序號 = singer.序號;
```

所得到的結果是：

序號	名稱	姓名
1	用心良苦	張宇
2	聽海	張惠妹
null	null	蕭亞軒
9	I.O.I.O.	S.H.E
8	戀人未滿	S.H.E
null	null	永邦

提示：

- 有關於 Outer Join，說明如下：
  - Left Join 又稱為 Left Outer Join；Right Join 又稱為 Right Outer Join。
  - Full Outer Join 就是 Left Join 和 Right Join 的聯集，但是 Access 目前並不支援。

以上的做法，是在建立查詢時，才建立起資料表之間的關聯，另一個方式，則是事先就建立好資料表的關聯，這是永久性的關聯，所以在進行查詢時，也會將此關聯包含進來。以資料庫 song02.mdb 為例，我們可以開啟「工具/資料庫關聯圖」，看到的畫面如下：

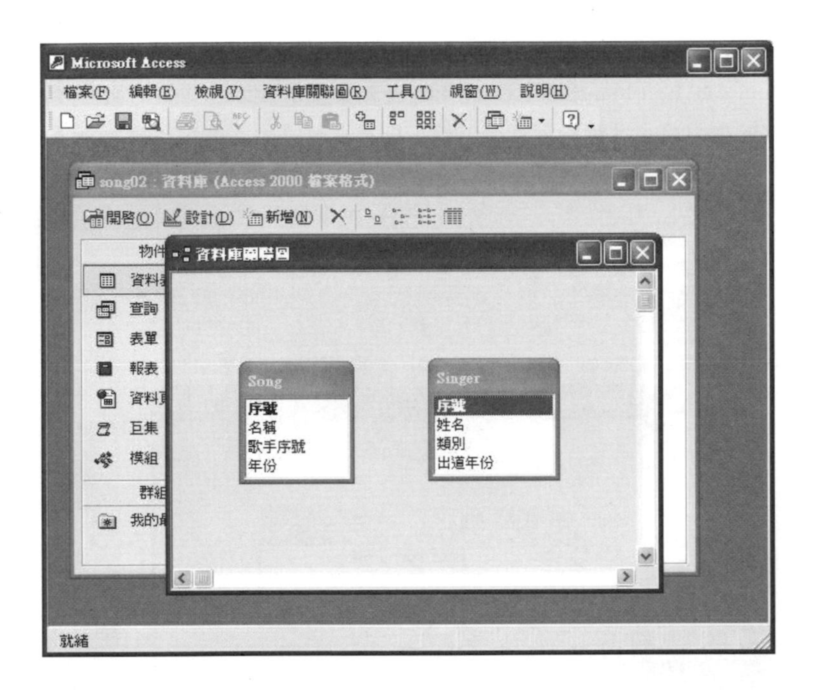

我們可以選取 song 資料表的「歌手序號」欄位後，拖放到 singer 資料表的「序號」欄位，就可以建立這兩個資料表的永久關連，此時會跳出來「編輯關聯」的畫面，如下：

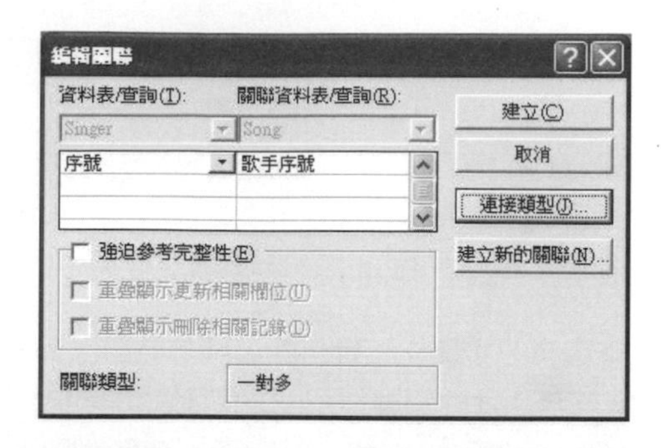

有關這個畫面的選項「強迫參考完整性」，我們會在下一節說明。目前你只要按下「建立」，即可建立根基於 Inner Join 的永久關聯，你也可以按下「連接類型」，來設定其他類別的 Join，如 Left Join 或是 Right Join。此新建立的關聯，會在「資料庫關聯圖」以線段的方式顯示出來，此線段所連結的欄位即是互有關聯的欄位，畫面如下：

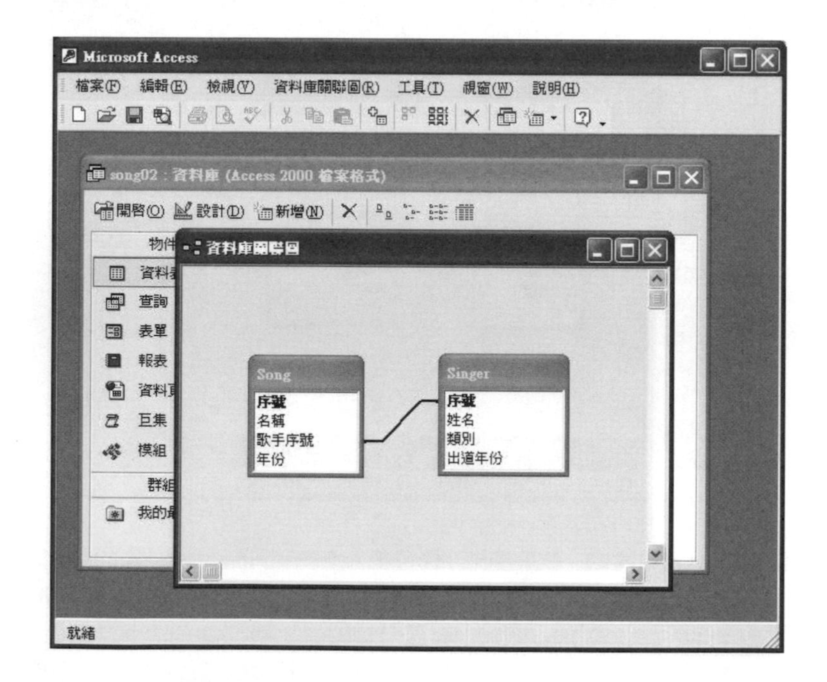

若要編輯關聯，可以雙擊此線段，即可開啟「編輯關聯」的視窗。

一旦建立永久關聯後，在「設計檢視」模式下編輯查詢時，只要加入相關的資料表，即可反應此永久關聯，而不需要再自行手動加入。

17-4 關聯對資料處理的影響

在前一小節已經說明，資料庫包含資料表，不同資料表之間的欄位可以有關連姓，以保證資料的完整性和一致性。本小節說明如何在 Access 資料庫設定資料庫關聯後，進一步設定關聯對於資料的新增、修改、刪除的影響。

本節將以 asp/example/database/song03.mdb 的資料庫來說明。開啟此資料庫後，點選「工具/資料表關聯圖」，可以看到 song 和 singer 資料表之間已經有關聯存在：

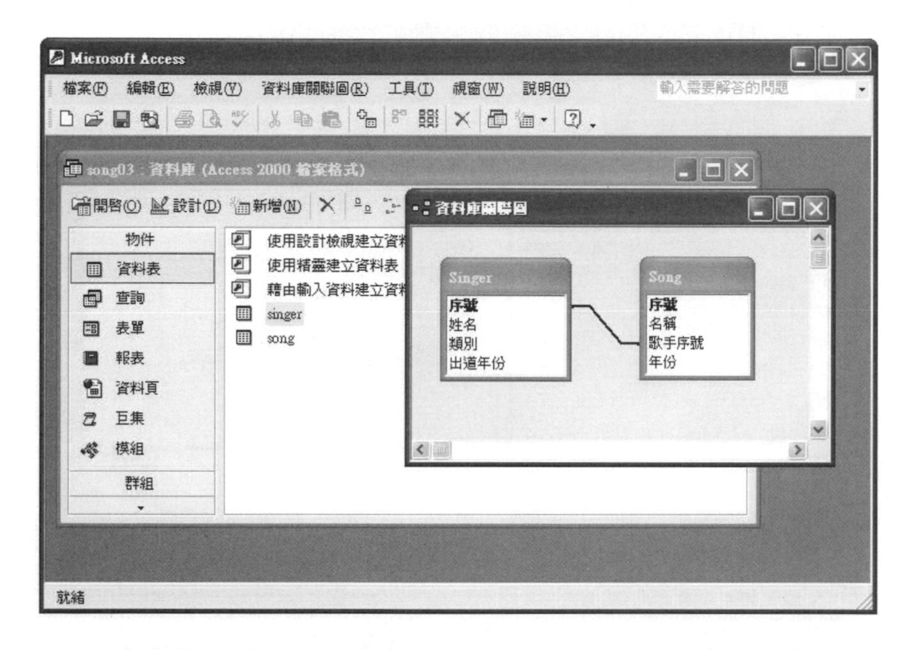

點選關聯線段後，可以開啟「編輯關聯」畫面，我們可以勾選「強迫參考完整性」，但不勾選「重疊顯示更新相關欄位」和「重疊顯示刪除相關記錄」，如下：

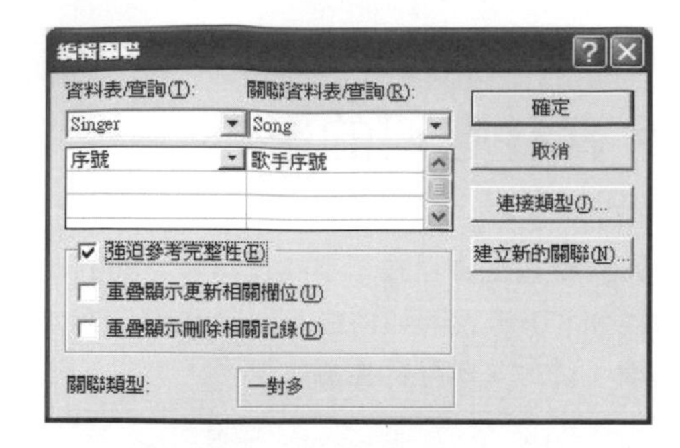

此時資料庫關聯圖已被修改，如下：

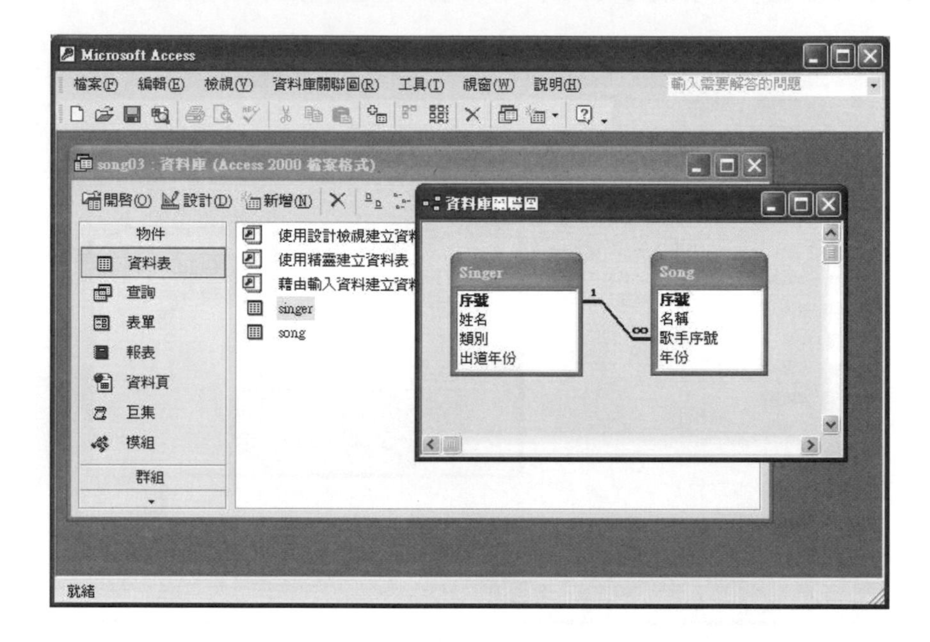

其中關聯線端的兩端分別被加上「1」和「∞」，代表這兩個欄位的關聯是「一對多」，也就是一個歌星可以唱很多首歌，但是一首歌只能有一個歌星來唱。Access 是根據 song 資料表的「序號」是不可重複的主索引，因此自動決定這個關聯是「一對多關聯」。

此時打開 singer 資料表，可以看到每筆資料都有一個「+」號，畫面如下：

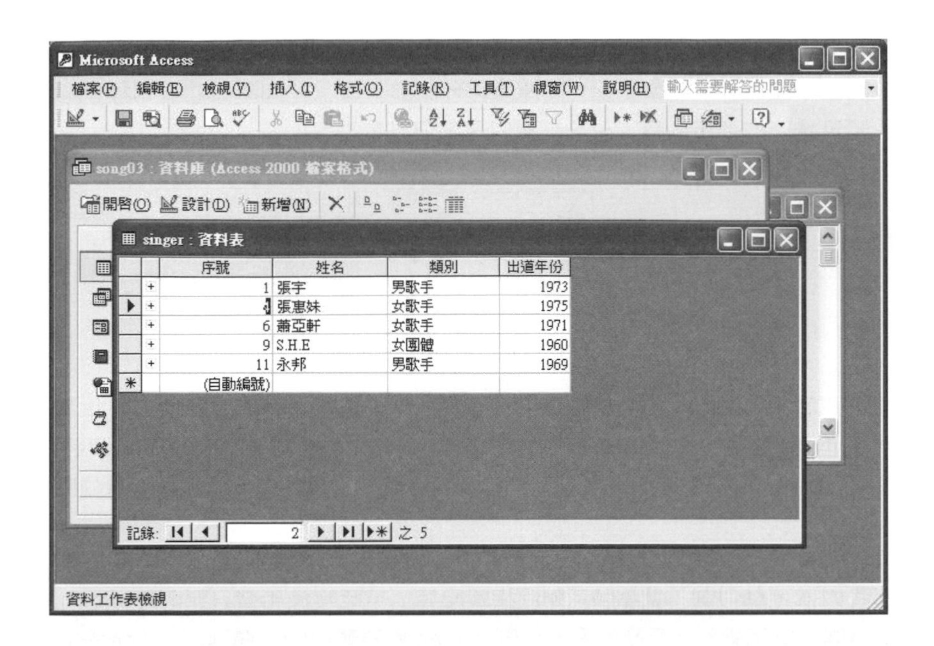

表示此資料表是「父資料表」，不可任意刪除資料，否則將會影響到「子資料表」，也就是 song 資料表。例如，我們可以點選包含「張惠妹」的記錄的正號，顯示如下：

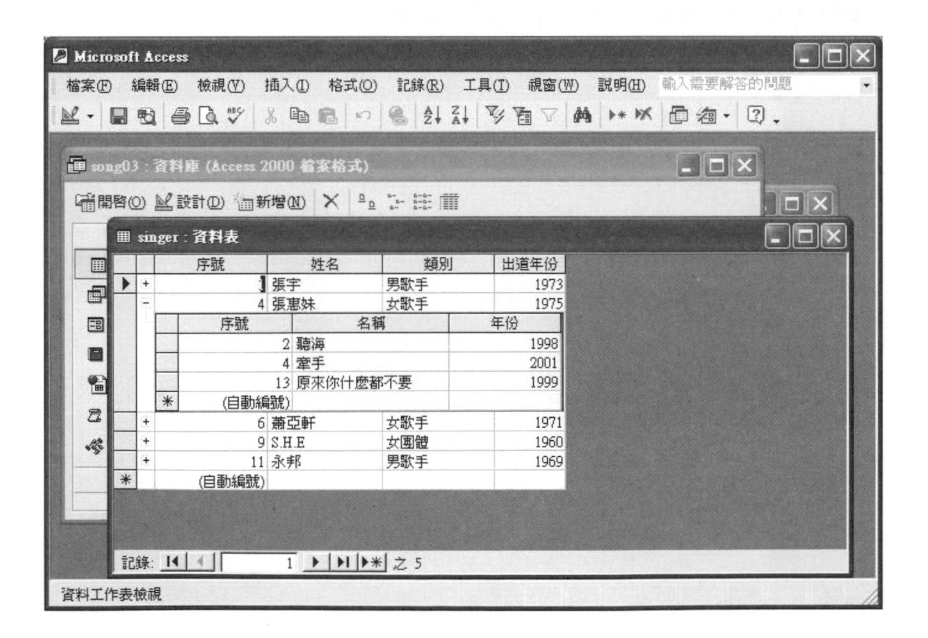

由上述畫面可以知道，「張惠妹」這筆資料和 song 資料表的三筆記錄有關聯，這三筆資料分別是「聽海」、「牽手」、「原來你什麼都不要」。如果我們要刪掉 singer 資料表中「張惠妹」的這筆資料，Access 會回覆下列訊息視窗：

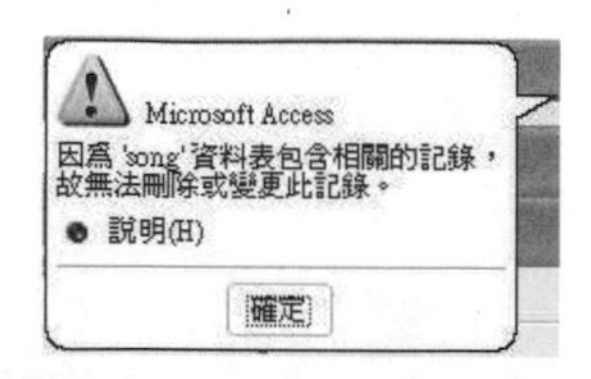

這個情況表示系統不允許使用者刪除「張惠妹」此筆資料，因為若直接刪除此筆資料，會使得 song 資料表中的「聽海」、「牽手」、「原來你什麼都不要」三筆資料變成孤兒，找不到對應的歌手，這就是勾選「強迫參考完整性」的效果，會保持資料的完整性。

若我們執意要刪除父資料表中的記錄，並對於相關聯的子資料表的記錄也希望一併刪除，那我們就可以勾選「重疊顯示刪除相關記錄」，此時使用者只要刪除 singer 資料表的「張惠妹」這筆資料，系統即會一併刪除 song 資料表中的「聽海」、「牽手」、「原來你什麼都不要」三筆資料。

若我們要修改父資料表中的某一個關聯欄位，並對於相關聯的子資料表的記錄也希望能自動一併修改，那我們就可以勾選「重疊顯示更新相關欄位」，即可達到此功能，讀者可以自行試看看。

第十八章

使用 SQL 整合網頁與資料庫

本章重點

本章說明如何使用 SQL 來進行 ASP 網頁與 Access 資料庫的整合，並有大量的實用範例，讓讀者知道如何經由網頁進行對資料庫的檢視、新增、修改、刪除等基本操作。

18-1 OBDC與DSN簡介

當你的網頁資料量越來越多時，你就會發覺靜態的網頁實在不敷需求，而且維護不易，一個自然的解決方案，就是將資料放在資料庫中，並隨時將資料庫的資料即時調出，呈現於用戶端的網頁。同時，用戶端的輸入資料也可以即時送入資料庫，以便進行各種統計與運算。

將資料置於資料庫的好處很多，可列舉如下：

- 資料的維護較為容易，可以使用標準的 SQL（Structure Query Language）指令來進行資料庫的各種資料處理，含查詢、新增、修改、刪除等運算。
- 資料之間的關連也可以使用關連式資料庫（Relational Databases）來保證資料的正確、完整和一致性，並同時減少不必要的資料量。
- 一般應用程式可以使用 ODBC（請見下列說明）來對資料庫進行標準的處理。
- 資料在不同資料庫之間的轉換較為容易，一般資料庫廠商都有提供相關的轉換程式。
- 資料與網頁的呈現是獨立的，可以分開進行，互不干擾。

要學習 ASP 與資料庫整合，最主要有三大要點：

1. 瞭解資料庫的基本概念。
2. 瞭解 ASP 如何經由 ODBC 與資料庫溝通。
3. 瞭解 如何使用 SQL 來對資料庫進行查詢、新增、修改等動作。

本章將針對第二及第三點來進行說明，至於第一點，則請各位讀者參考前一章。

首先我們來說明什麼是 ODBC，以及如何使用 ASP 來經由 ODBC 與資料庫溝通。ODBC 是 Open DataBase Connectivity 的簡稱，它是一個工業界的標準，可以看成是各家資料庫廠商所提供的一個「應用程式介面」（Application Program Interface，簡稱 API），可讓其他軟體或程式根據這個標準一致的程式介面，來對資料庫進行新增、讀取、修改、刪除等動作。這些對資料進行的動作，在資料庫的術語來講都是「查詢」（Query），而這些查詢動作都是根據 SQL 的標準資料庫語言來完成。有關 SQL 指令的詳細說明，我們會在本章後續小節詳述。

要讓 ASP 經由 ODBC 與資料庫溝通，有兩種基本方式：

1. 直接指定資料庫在本機硬碟的路徑：此種方法較具彈性，整個應用程式目錄可在不同的伺服器中搬動，但能對資料庫做的設定比較有限。
2. 指定DSN：我們必須在控制台設定「資料來源名稱」（Data Source Name，簡稱 DSN)，以指定可經由 ODBC 連結的資料庫。此種作法較不具彈性，但卻能經由本機對資料庫進行比較完整的設定。

以這兩種方式來顯示資料庫於網頁的範例，將在下一節說明。下面將先說明如何建立 DSN。

若要使用 DSN 來連結資料庫，首先我們必須再伺服器設定 DSN。以 Windows XP 而言，我們可以先從「控制台」開啟「系統管理工具」，如下：

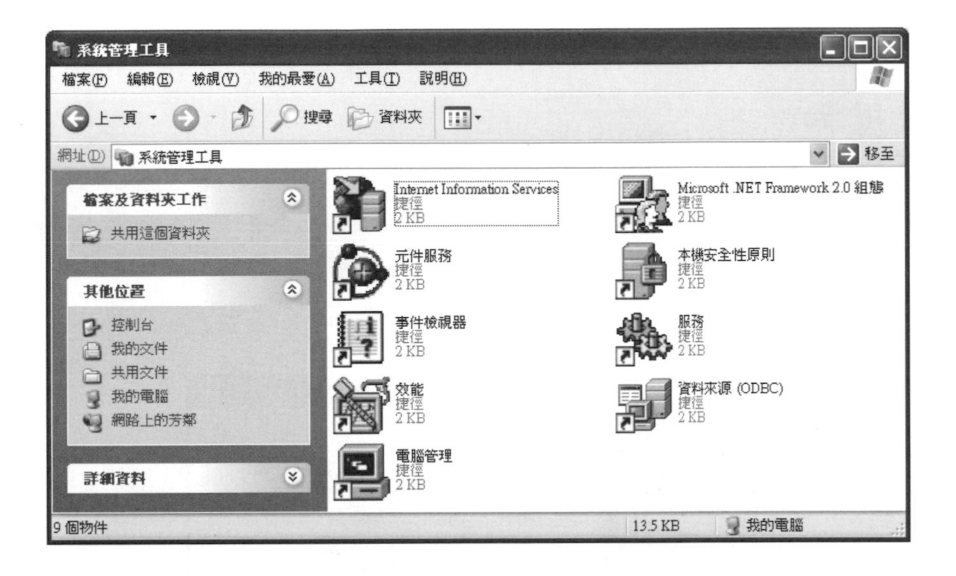

此時我們先點選「資料來源(ODBC)」，開啟視窗後，再點選「系統資料來源名稱」，可以開啟下列畫面：

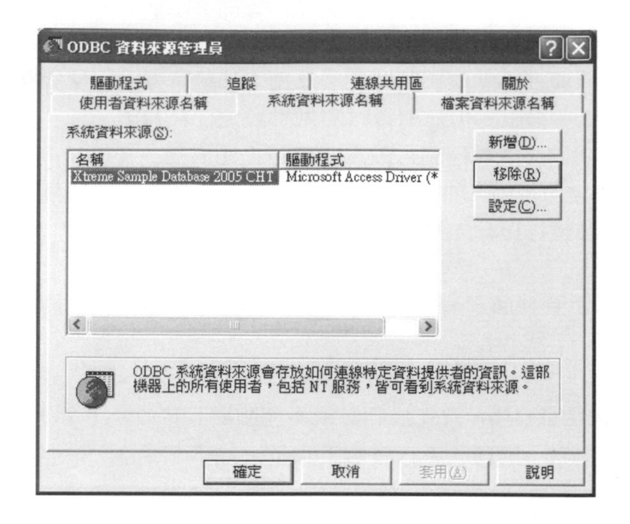

提示：

» 由「系統資料來源名稱」所設定的 DSN，是屬於系統級的 DSN，因此其他使用者（含網頁瀏覽者）也可以使用此 DSN。若要使用個人級的 DSN，那麼就可以使用「使用者資料來源名稱」，但此設定並不適用於網頁瀏覽。

此時點選「新增」，再選擇「Microsoft Access Driver (*.mdb)」，如下：

按下完成後，可以輸入「資料來源名稱」，假設我們輸入的字串是 dsn4test，畫面如下：

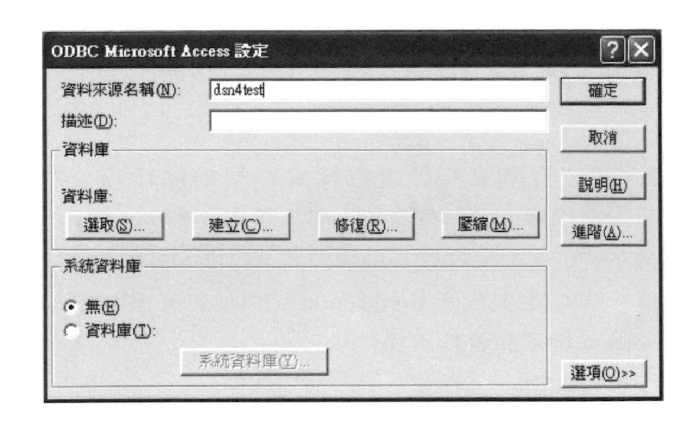

此時再按下「選取」，就可以選取對應的 Access 資料庫：

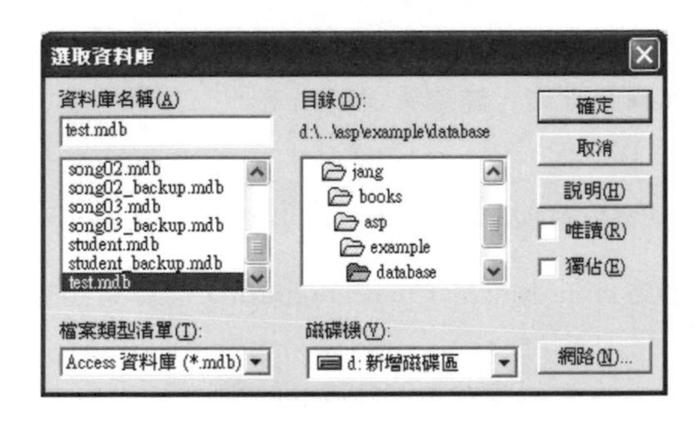

之後再一路點選「確定」，即可完成 DSN 的設定。

一旦設定完成，我們就可以在 ASP 內經由 DSN 來指定資料庫（可以是近端或是遠端），詳細說明及用法，請見下一小節。

有關資料庫的選擇，可說明如下：

- MS Access 並不是企業專用的資料庫引擎，因此效率並不是很好，而且也不支援許多大型的資料庫應有的功能，但是對於小型的網路應用而言（例如同時上線人數少於10人左右），Access 還算堪用。
- MS SQL Server 是微軟推出的資料庫引擎，專門對付大型網路應用，是一般中小企業較常採用的資料庫。

18-2 網頁與資料庫整合的基本範例

在ASP程式設計裡，用來存取資料庫或表格資料的物件統稱 ADO（ActiveX Data Objects），這是一個ASP內建的資料庫存取元件，可以經由JavaScript/JScript、VBScript等語言來控制資料庫的存取，並可連接多種資料庫，包括SQL Server、Oracle、Access等支援ODBC的資料庫。ADO主要包含Connection、Recordset及Command三種物件，本小節將介紹與Connection相關的資料庫操作。

使用ADO的Connection物件來進行資料庫的檢視查詢，主要有以下四個步驟：

1. 建立資料庫連結，然後開啟資料庫：
   使用「Server.CreateObject」定義一個ADO的Connection物件，然後使用其「Open」的方法來開啟資料庫來源，範例程式碼如下：

```
conn = Server.CreateObject("ADODB.Connection");
```

   接著我們可以設定conn物件的ConnectionString性質來指定資料庫，共有四種作法：

   a. 直接指定Access資料庫在本機硬碟的路徑：

```
conn.ConnectionString = "DBQ=資料庫檔案;Driver={Microsoft Access Driver
(*.mdb)};DriverId=25;FIL=MS Access;UID=**;PWD=**";
```

   b. 指定DSN（資料來源名稱）：

```
conn.ConnectionString = "資料來源名稱";
```

   c. 直接連結至SQL Server資料庫：

```
conn.ConnectionString = "Driver={SQL Server};Datebase=資料庫名稱;Server=位
址;UID=**;PWD=**";
```

   d. 直接連結至UNIX的MySQL資料庫：

```
conn.ConnectionString = "Driver={MySQL};Datebase=資料庫名稱;Server=位
址;UID=**;PWD=**";
```

使用以上任一方法即可連結到你想要連結的本機或遠端資料庫。最後再用 conn 物件的 Open 方法，來開啟資料庫：

```
conn.Open();
```

2. 執行SQL指令，並將查詢結果儲存於 Recordset 中：若是檢視查詢，我們可將結果存至 RecordSet 物件變數「rs」中，以便後續取用，典型程式碼如下：

```
sql = "Select * from testTable";
rs = conn.Execute(sql);
```

以上的程式碼將 SQL 指令所查詢到的結果儲存到 Recordset 物件 rs 中。若不是檢視查詢，則不需要將結果存放於變數 rs。

3. 取得欄位名稱及內容：若是檢視查詢，我們可以使用下列的方式來取得欄位名稱及內容等資訊：

- rs.EOF：是否已指到最後一筆資料，是為True，反之為False
- rs.Fields.Count：RecordSets的欄位數
- rs(i).Name：第i個欄位的欄位名稱
- rs("欄位名稱")：讀取某個特定欄位名稱的資料
- rs(i)：第i個欄位的資料
- rs.MoveNext：將指標移到下一筆
- rs.MovePrev：將指標移到上一筆
- rs.MoveFirst：將指標移到第一筆
- rs.MoveLast：將指標移到最後一筆

例如，若要印出欄位名稱，可以使用下列典型程式碼：

```
for (i=0; i<rs.Fields.Count;i++)
        Response.write(rs(i).Name+"<br>");
```

若要印出每一筆資料的每一個欄位值，可以使用下列典型程式碼：

```
while (!rs.EOF){
	for (i=0; i<rs.Fields.Count;i++)
		Response.write(rs(i) +" ");
	Response.write("<br>\n");
	rs.MoveNext();
}
```

以上的程式碼由 rs(i) 讀取資料庫欄位的資料，rs.MoveNext() 將 Recordset 的資料指標移到下一筆，經由 rs.EOF 來判斷是否已到了最末筆資料，並配合 while 迴圈即可得到所有查詢結果的資料。

4. 關閉 RecordSet 及資料庫連結：範例程式碼如下：

```
rs.Close();
conn.Close();
```

例如，我們可以在網頁中印出 Access 資料庫 asp/example/database/test.mdb 裡面的資料表 testTable 的內容（database/listdb01.asp）：

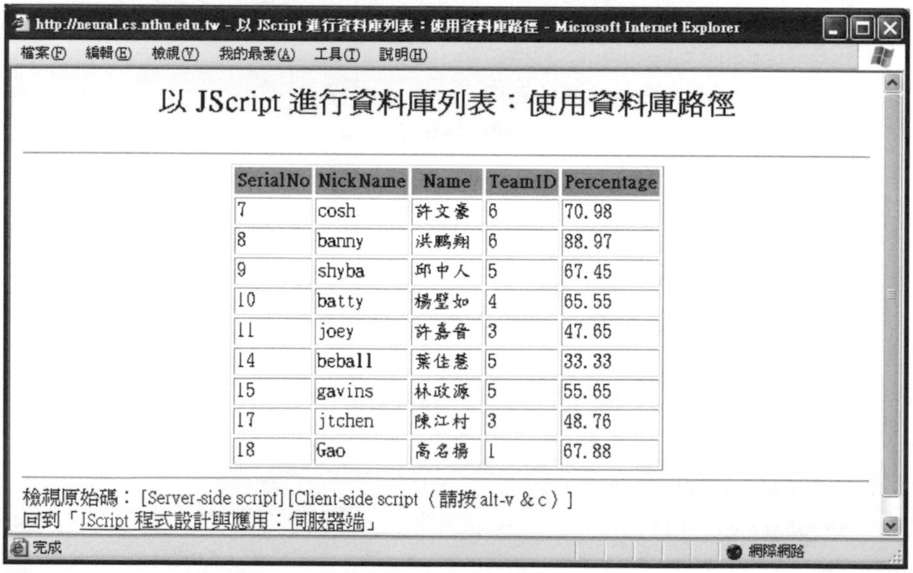

http://neural.cs.nthu.edu.tw - 以 JScript 進行資料庫列表：使用資料庫路徑 - Microsoft Internet Explorer

檔案(F) 編輯(E) 檢視(V) 我的最愛(A) 工具(T) 說明(H)

以 JScript 進行資料庫列表：使用資料庫路徑

SerialNo	NickName	Name	TeamID	Percentage
7	cosh	許文豪	6	70.98
8	banny	洪鵬翔	6	88.97
9	shyba	邱中人	5	67.45
10	batty	楊璧如	4	65.55
11	joey	許嘉晉	3	47.65
14	beball	葉佳慧	5	33.33
15	gavins	林政源	5	55.65
17	jtchen	陳江村	3	48.76
18	Gao	高名揚	1	67.88

檢視原始碼：[Server-side script] [Client-side script（請按 alt-v & c）]
回到「JScript 程式設計與應用：伺服器端」

完成 網際網路

上述範例的原始檔如下：

範例18-1（database/listdb01.asp）：

```
...
<%
//====== Step 1：建立資料庫連結，然後開啟資料庫
conn = Server.CreateObject("ADODB.Connection");
conn.ConnectionString = "DBQ=" + Server.MapPath("test.mdb") +
    ";Driver={Microsoft Access Driver (*.mdb)};DriverId=25;FIL=MS
    Access;";
conn.Open();

//====== Step 2：執行 SQL 指令，並將查詢結果儲存於 Recordset 中
sql = "SELECT * FROM testTable";    //從資料表 testTable 取出所有資料
rs = conn.Execute(sql);
%>

<table border=1 align=center>
<tr bgcolor="cyan">
<%
//====== Step 3：透過 RecordSet 集合取得欄位的內容
//印出欄位名稱
for (i=0; i<rs.Fields.Count; i++)
    Response.write("<th>"+rs(i).Name+"</th>\n");
%>
</tr>
<%
//印出每一筆資料
while (!rs.EOF) {
    Response.write("<tr>\n");
    for (i=0; i<rs.Fields.Count; i++)
        Response.write("<td>"+rs(i)+" </td>\n");
    rs.MoveNext();
}
```

```
%>
</table>

<%
//====== Step 4：關閉 RecordSet 及資料庫連結
rs.Close();
conn.Close();
%>
...
```

在上述範例中，我們使用「直接指定資料庫在本機硬碟的路徑」的方式來連結資料庫，其中的 SQL 指令「SELECT * FROM testTable」代表「從資料表 testTable 取出所有資料」。其它說明皆以註解的方式寫在程式碼中，所以在此不再贅述。若讀者對 VBScript 比較熟悉，也可以使用 VBScript 來進行類似的工作，其流程完全一樣，可參考此範例：asp/example/database/listdb01_vbs.asp。

提示：

» 在上述範例中的最後一筆資料，其中的 RealName 欄位和 Email 欄位都未填入資料，但是 RealName 欄位的並無預設值，因此由資料庫抓回來的資料顯示為 null；另，Email 欄位的預設值是空字串，所以沒有印出任何東西。這些欄位的屬性可由 Access 資料表的「設計檢視」選單來設定。

若要使用 DSN 連結資料庫，首先我們必須先在伺服器設定 DSN（詳細流程請見上一小節），然後就可以在 ASP 內經由 DSN 來指定資料庫（可以是近端或是遠端）。以上一個範例而言，若要由 DSN 來連結資料庫，而不直接指定資料庫，只要把下一列敘述：

```
Conn.ConnectionString = "DBQ=" + Server.MapPath("test.mdb") + ";Driver={Microsoft
Access Driver (*.mdb)};DriverId=25;FIL=MS Access;";
```

改成下一列即可：

```
Conn.ConnectionString = "dsn4test";
```

其中 dsn4test 必須已被設定為指向 test.mdb 的 ODBC 資料來源。相關 JScript 範例可見 asp/example/database/listdb02.asp，VBScript 範例則可見 asp/example/database/listdb02.asp。

對於資料庫的檢視和列印，是常被用到的功能，因此我們將此功能寫成一個函數 listQueryResult()，並存放於 listQueryResult.inc 中，其內容如下：

範例18-2（listQueryResult.inc）：

```
<!-- List a table in a given database -->
<!-- "database" is the full path to a database -->
<!-- "table" is the table to be listed -->

<script runat=server language=jscript>
function listQueryResult(database, sql){
var Conn = Server.CreateObject("ADODB.Connection");
Conn.ConnectionString = "DBQ=" + Server.MapPath(database) +
     ";Driver={Microsoft Access Driver (*.mdb)};DriverId=25;FIL=MS
     Access;";
Conn.Open();
var RS = Conn.Execute(sql);

Response.write("<table border=1 align=center>");
Response.write("<tr align=center bgcolor=cyan>");

for (i=0; i<RS.Fields.Count; i++)
     Response.write("<th>"+RS(i).Name+"</th>\n");
Response.write("</tr>")

color=["#ffffdd", "#ffeeee", "#eeffee", "#e0e0f9", "#eeeeff"];     // 顏色矩
     陣
k=0;
while (!RS.EOF) {
     Response.write("<tr bgcolor=" + color[k] + ">");
     for (i=0; i<RS.Fields.Count; i++)
          Response.write("<td>" + RS(i) + " </td>");
```

```
    Response.write("</tr>");
    k=k+1;
    if (k==color.length)
        k=0;
    RS.MoveNext();
}
RS.Close();
Conn.Close();
Response.write("</table>");
}
</script>


<script runat=server language=vbscript>
Function listQueryResult(database, sql)
set Conn = Server.CreateObject("ADODB.Connection")
Conn.Open "DBQ=" & Server.MapPath(database) & ";Driver={Microsoft
    Access Driver (*.mdb)};DriverId=25;FIL=MS Access;"
Set RS = Conn.Execute(sql)

Response.Write("<table border=1 align=center>")
Response.Write("<tr align=center bgcolor=cyan>")
For i=0 to RS.Fields.Count-1
    Response.Write("<th>" & RS(i).Name & "</th>")
next
Response.Write("</tr>")

color=Array("#ffffdd", "#ffeeee", "#eeffee", "#e0e0f9", "#eeeeff")    ' 顏
    色矩陣
k=0
Do While NOT RS.EOF
    Response.Write("<tr bgcolor=" & color(k) & ">")
    For i=0 to RS.Fields.Count-1
     Response.Write("<td>" & RS(i) & " </td>")
```

```
        next
        Response.Write("</tr>")
        k=k+1
        If k=ubound(color)+1 Then
            k=0
        End If
        RS.MoveNext
Loop
RS.Close
Conn.Close
Response.Write("</table>")
End Function
</script>
```

在上述原始碼中，我們分別寫了適用於 JScript 和 VBScript 的函數，因此無論是使用 JScript 或 VBScript 的 ASP 網頁，都可以使用此包含檔來列出資料庫查詢的結果。使用上述的函數來進行資料庫列表，程式碼就會乾乾淨淨，範例如下（database/listdb03.asp）：

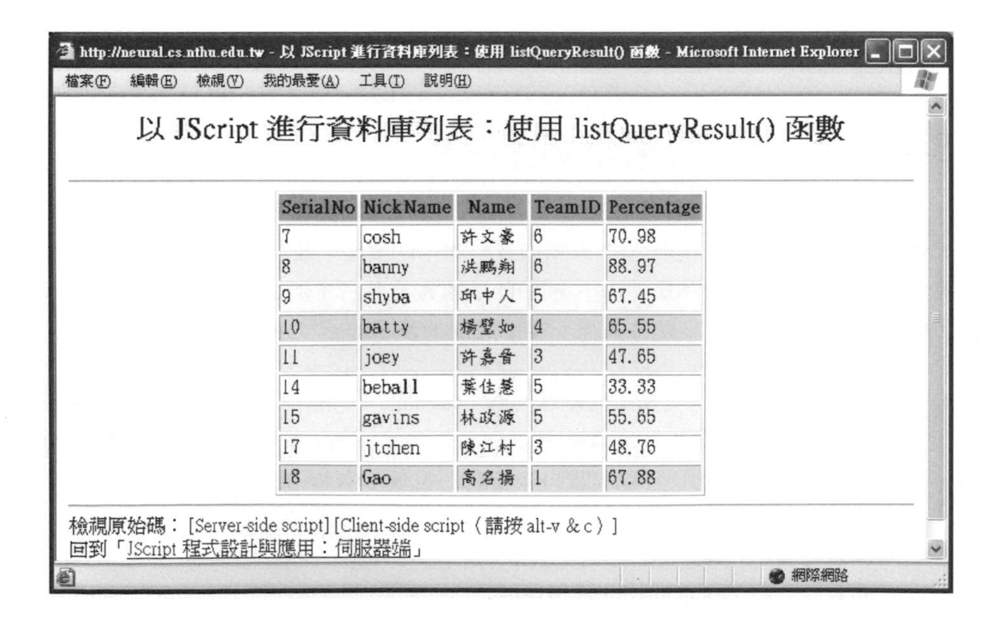

其原始碼如下：

範例18-3（database/listdb03.asp）：

```
...
<!--#include file="../listQueryResult.inc"-->
<%
database="test.mdb";
sql="select * from testTable";
listQueryResult(database, sql);
%>
...
```

若使用 VBScript，則可見此範例：asp/example/database/listdb03_vbs.asp

前述的範例說明了如何進行資料庫的檢視查詢，並將結果顯示於 ASP 網頁。一般而言，SQL 指令已經具有對資料庫進行檢視、新增、修改、刪除等功能（後續兩小節有詳細說明），因此只要使用適當的 SQL 指令，再加上前述的方法，即可對資料庫進行完全的處理。

18-3　使用SQL來檢視資料

我們在上一節介紹了如何使用 ASP 來讀取資料庫中的資料，並將其呈現於網頁中。ASP 與資料庫溝通的標準語言就是 SQL，經由此種語言，我們才能在 ASP 程式碼對資料庫進行檢視、新增、修改、刪除等動作。本節將對 SQL 進一步介紹其用法。

SQL 是「結構化查詢語言」（Structured Query Language）的簡稱，是由 IBM 公司於 1970 年代所發展出來，用於關連式資料庫 (Relational Databases) 當中的一種資料庫查詢語言，利用 SQL 可以用來進行各種與資料庫相關的處理，例如：

- 產生資料庫內的資料表
- 定義資料表內的欄位與相關資料型態
- 建立表格之間的關連性

- 對資料進行處理：新增、修改、刪除、查詢
- 對資料進行統計

由於 SQL 功能定義完整，所以已經成為一個查詢資料庫的標準語言。雖然各家資料庫所提供的 SQL 語言在功能上會略有差異，但基本的功能是一致的。本單元將 ASP 與資料庫整合最常用到的SQL語法做一個整理，由於 SQL 的語法相當平易近人，所以讀者只要對以下的語法稍做了解之後，即可馬上進入 ASP 與資料庫整合的世界。

任何資料庫都有四個基本查詢動作，即檢視、新增、修改、刪除，以下將逐一介紹這四種基本功能的 SQL 語法，以及相關的範例。

若要檢視資料庫的資料，使用的 SQL 主要指令是「SELECT」，基本語法如下：

```
SELECT 欄位名稱 1, 欄位名稱 2, ...
FROM 資料表名稱 1, 資料表名稱 2, ...
[WHERE 條件式]
[ORDER BY 欄位名稱 1, 欄位名稱 2, ...]
```

說明如下：

- SELECT 其後所接的欄位名稱為待查資料庫的欄位名稱。
- FROM 其後所接的資料表名稱為待查資料庫的資料表名稱。
- WHERE 其後所接的條件式為設定查詢的條件式。（加上中括弧，表示這是選擇性的敘述。）
- ORDER BY 其後所接的欄位名稱為欲排序的欄位，可將查詢的資料根據這些欄位來排序。指定多個欄位時，則以「欄位名稱1」排序，若其資料相同則再依「欄位名稱2」排序，依此類推。（加上中括弧，表示這是選擇性的敘述。）

SQL 的設計基本上是模仿英文的自然語法，因此在入門上較為容易。接著我們來看看幾個範例，就可以瞭解 SQL 的精髓。

首先，我們以資料庫 asr/example/database/basketball.mdb 為例，這個資料庫包含兩個資料表，說明如下：

- Player 包含球員的資料，其中 TeamID 是球員所隸屬的籃球隊代號（載明在 Team 資料表），Percentage 是投籃的命中率。

- Team 包含籃球隊的資料，其中 WinNo 是本季的贏球次數。

相關內容如下：

資料庫 "example/database/basketball.mdb"

資料表 "Player" 的內容

ID	NickName	Name	TeamID	Percentage
1	jean	吳志銘	1	38.25
2	jones	張秤嘉	5	49.77
3	ben	陳致彬	1	50.26
4	asser	林惠娟	3	37.22
5	window	李宜揚	1	36.67
6	roger	張智星	2	25.88
7	cosh	許文豪	6	70.98
8	banny	洪鵬翔	6	88.97
9	shyba	邱中人	5	67.45
10	batty	楊璧如	4	65.55
11	joey	許嘉晉	3	47.65
12	roland	吳瑞千	1	55.87
13	sony	林頌華	1	54.77
14	beball	葉佳慧	5	33.33
15	gavins	林政源	5	55.65
16	jojo	陳俊傑	5	44.65
17	jtchen	陳江村	3	48.76
18	Gao	高名揚	1	67.88
19	Wayne	陳智偉	7	65.87
20	chingz	陳晴	5	57.28

資料表 "Team" 的內容

ID	Name	WinNo
1	台北隊	12
2	新竹隊	7
3	台中隊	10
4	南投隊	12
5	台南隊	17
6	高雄隊	16
7	澎湖隊	11

以下是幾個檢視指令的基本範例，都只有牽涉到單一資料表。（讀者可以只看 SQL 指令，猜猜它的意義，再看看中文解譯。）

1. SQL指令：SELECT * FROM Team

意義：所有球隊資料

說明：「*」代表 Team 資料表中所有的欄位。

查詢結果：

ID	Name	WinNo
1	台北隊	12
2	新竹隊	7
3	台中隊	10
4	南投隊	12
5	台南隊	17
6	高雄隊	16
7	澎湖隊	11

2. SQL指令：SELECT TOP 3 * FROM Team

意義：所有球隊資料，但只抓前三筆

說明：「TOP 3」代表只抓取前三筆資料。也可以使用「TOP 25 percent」等，代表抓取所有資料的前百分之二十五。

查詢結果：

ID	Name	WinNo
1	台北隊	12
2	新竹隊	7
3	台中隊	10

3. SQL指令：SELECT Name, Percentage FROM Player WHERENickName='gavins'

意義：所有球隊資料，但只抓前三筆

說明：「TOP 3」代表只抓取前三筆資料。也可以使用「TOP 25 percent」等，代表抓取所有資料的前百分之二十五。

查詢結果：

Name	Percentage
林政源	55.65

4. SQL指令：SELECT * FROM Team WHERE Name like '台%'

意義：隊名以「台」開頭的球隊資料

說明：「%」代表任意長度的字串。

查詢結果：

ID	Name	WinNo
1	台北隊	12
3	台中隊	10
5	台南隊	17

5. SQL指令：SELECT Name, Percentage FROM Player WHERE Name like '陳__'

意義：「姓陳且名字有三個字」的球員姓名及命中率

說明：「_」代表任意單一字元。

查詢結果：

Name	Percentage
陳致彬	50.26
陳俊傑	44.65
陳江村	48.76
陳智偉	65.87

6. SQL指令：SELECT Name, WinNo FROM Team WHERE WinNo>10

意義：「勝場數大於10」的球隊名稱及其勝場數

查詢結果：

Name	WinNo
台北隊	12
南投隊	12
台南隊	17
高雄隊	16
澎湖隊	11

7. SQL指令：SELECT Name, WinNo FROM Team WHERE WinNo>10 ORDER BY WinNo DESC

意義：「勝場數大於10」的球隊名稱及其勝場數，並根據勝場數由大到小排列

說明：若不加入 DESC，則會進行由小到大的排序。

查詢結果：

Name	WinNo
台南隊	17
高雄隊	16
南投隊	12
台北隊	12
澎湖隊	11

8. SQL指令：SELECT TeamID, Name, Percentage FROM Player WHERE TeamID=5 ORDER BY Percentage DESC

意義：「球隊代碼為5」的球員命中率排行榜

查詢結果：

TeamID	Name	Percentage
5	邱中人	67.45
5	陳晴	57.28
5	林政源	55.65
5	張秤嘉	49.77
5	陳俊傑	44.65
5	葉佳慧	33.33

9. SQL指令：SELECT * FROM Player ORDER BY TeamID, Percentage DESC

意義：每一隊的球員命中率排行榜

說明：列出結果會先按 TeamID 由小到大排序，再按 Percentage 由大到小排序。

查詢結果：

ID	NickName	Name	TeamID	Percentage
18	Gao	高名揚	1	67.88
12	roland	吳瑞千	1	55.87

13	sony	林頌華	1	54.77
3	ben	陳玫彬	1	50.26
1	jean	吳志銘	1	38.25
5	window	李宜揚	1	36.67
6	roger	張智星	2	25.88
17	jtchen	陳江村	3	48.76
11	joey	許嘉晉	3	47.65
4	asser	林惠娟	3	37.22
10	batty	楊璧如	4	65.55
9	shyba	邱中人	5	67.45
20	chingz	陳晴	5	57.28
15	gavins	林政源	5	55.65
2	jones	張秤嘉	5	49.77
16	jojo	陳俊傑	5	44.65
14	beball	葉佳慧	5	33.33
8	banny	洪鵬翔	6	88.97
7	cosh	許文豪	6	70.98
19	Wayne	陳智偉	7	65.87

10. SQL指令：SELECT count(*) FROM Team WHERE WinNo>10

意義：「勝場數大於10」的球隊總數

說明：count()函數會計算資料筆數，資料庫會自動產生暫時的欄位名稱Expr1000。

查詢結果：

Expr1000
5

11. SQL指令：SELECT max(Percentage) as 最高命中率 FROM Player

意義：所有球員的最高命中率

說明：max(Percentage)函數會計算命中率最大值。由於使用了「as 最高命中率」，資料庫會自動產生暫時的欄位名稱「最高命中率」。

查詢結果：

最高命中率
88.97

12. SQL指令：SELECT TOP 1 Name, Percentage FROM Player ORDER BY Percentage DESC

意義：具有最高命中率的球員資料

查詢結果：

Name	Percentage
洪鵬翔	88.97

13. SQL 指令：SELECT Name, Percentage FROM Player WHERE Percentage in (SELECT max(Percentage) FROM Player)

意義：具有最高命中率的球員資料

說明：功能同前一個範例，但是改用兩個 SQL 指令組合來達成同樣的效果。

查詢結果：

Name	Percentage
洪鵬翔	88.97

在上述範例中，我們已經知道如何使用 count 或是 max 函數來進行統計，但若要根據欄位值不同來進行統計，就必須用到群組指令「GROUP BY」，若還要指定相關條件，就必須用到群組條件「HAVING」，因此 SQL 所使用的 SELECT 指令格式就會比較複雜，如下：

```
SELECT 欄位名稱 1, 欄位名稱 2, ...
FROM 資料表名稱 1, 資料表名稱 2, ...
[WHERE 條件式]
[GROUP BY 欄位名稱 1, 欄位名稱 2, ...]
[HAVING 條件式]
[ORDER BY 欄位名稱 1, 欄位名稱 2, ...]
```

我們針對新增的敘述來說明如下：

- GROUP BY 其後所接的欄位名稱為需要聚合的欄位名稱。（所謂「聚合」，就是將相同欄位值的數筆資料合成一筆新資料。）

- HAVING 其後所接的條件式，則會用在聚合後的資料篩選。

以下是幾個使用到 GROUP BY 及 HAVING 的 SQL 範例：

1. SQL指令：SELECT TeamID, count(*) as 球員人數, avg(Percentage) as 平均命中率 FROM Player GROUP BY TeamID

   意義：每個球隊的球員人數及平均命中率

   說明：avg(Percentage) 可以計算命中率平均值，類似的 SQL 聚合函數有 Avg（平均值）、Count（筆數）、Max（最大值）、Min（最小值）、StDev（母群體樣本標準差）、StDevp（母群體標準差）、Sum（總和）、Var（母群體樣本變異數）、VarP（母群體變異數）等。由於這是對於每個球隊的統計數字，所以必須用到群組指令「GROUP BY」。

   查詢結果：

TeamID	球員人數	平均命中率
1	6	50.6166666666667
2	1	25.88
3	3	44.5433333333333
4	1	65.55
5	6	51.355
6	2	79.975
7	1	65.87

2. SQL指令：SELECT TeamID, count(*) as 球員人數 FROM Player GROUP BY TeamID HAVING count(*)>2

   意義：每個球隊的球員人數，但只顯示球員人數大於 2 位的資料

   說明：avg(Percentage) 可以計算命中率平均值。由於這是對於每個球隊的統計數字，所以必須用到群組指令「GROUP BY」，相關的條件則必須使用「HAVING」來指定。

   查詢結果：

TeamID	球員人數
1	6
3	3
5	6

以上範例都是只有針對一個資料表來進行檢視查詢，下列的範例則是根據這兩個資料表的關聯性來進行檢視查詢。

1. SQL指令：SELECT Team.Name, Player.Name, Percentage FROM Player, Team WHERE ((Team.Name='台北隊') and (Player.TeamID=Team.ID))

意義：台北隊的球員資料

說明：由於兩個資料表都有 Name 欄位，所以我們必須使用 Team.Name 及 Player.Name 來區分不同資料表的欄位。另外，這兩個資料表的關聯性是由(Player.TeamID=Team.ID) 所建立，所以在後續的範例中，我們會不斷使用這個查詢條件。

查詢結果：

Name	Name	Percentage
台北隊	陳致彬	50.26
台北隊	高名揚	67.88
台北隊	李宜揚	36.67
台北隊	林頌華	54.77
台北隊	吳瑞千	55.87
台北隊	吳志銘	38.25

2. SQL指令：SELECT Team.Name, Player.Name, Percentage FROM Player, Team WHERE (Player.TeamID=Team.ID) and (Team.Name IN ('高雄隊', '台中隊')) ORDER BY Team.Name, Percentage DESC

意義：高雄隊和台中隊的射手排行榜

查詢結果：

Name	Name	Percentage
台中隊	陳江村	48.76
台中隊	許嘉晉	47.65
台中隊	林惠娟	37.22
高雄隊	洪鵬翔	88.97
高雄隊	許文豪	70.98

3. SQL指令：SELECT Team.Name as 球隊名稱, Team.WinNo as 贏場次數, count(*) as 球員人數, max(Percentage) as 最高命中率, min(Percentage) as 最低命中率, avg(Percentage) as 平均命中率 FROM Player, Team WHERE ((Player.TeamID=Team.ID)) GROUP BY Team.Name, Team.WinNo

意義：每個球隊的相關統計數字

說明：由於這是對於每個球隊的統計數字，所以必須用到群組指令「GROUP BY」。

查詢結果：

球隊名稱	贏場次數	球員人數	最高命中率	最低命中率	平均命中率
台中隊	10	3	48.76	37.22	44.5433333333333
台北隊	12	6	67.88	36.67	50.6166666666667
台南隊	17	6	67.45	33.33	51.355
南投隊	12	1	65.55	65.55	65.55
高雄隊	16	2	88.97	70.98	79.975
新竹隊	7	1	25.88	25.88	25.88
澎湖隊	11	1	65.87	65.87	65.87

另外還有一些使用 SQL 來檢視資料的範例，可見 asp/example/database/selectQuery01.asp，請讀者自行試看看。

下一小節將說明如何使用 SQL 指令來對資料庫進行新增、修改、刪除資料等動作。

18-4 使用SQL來新增、修改、刪除資料

在上一節中，我們已經介紹了如何使用 SQL 來檢視資料，這一節將說明如何使用 SQL 指令來對資料庫進行新增、修改、刪除資料等動作。

- 新增資料表：使用的 SQL 指令是「CREATE TABLE」，基本語法如下：

```
CREATE TABLE 資料表名稱(欄位名稱 1 欄位 1 資料型態, 欄位名稱 2 欄位 2 資料型態, ...)
```

- 新增資料：使用的 SQL 指令是「INSERT」，基本語法如下：

```
INSERT INTO 資料表名稱(欄位名稱 1, 欄位名稱 2, ...)
VALUES(欄位 1 的資料, 欄位 2 的資料, ...)
```

如果欄位名稱沒有指定完全，則資料庫會自動取用此欄位之預設值，我們可由 Access 資料庫的「設計檢視」來檢視每一個欄位的預設值，請見前一章的說明。

- 修改資料：使用的 SQL 指令是「UPDATE」，基本語法如下：

```
UPDATE 資料表名稱
SET 欄位名稱 1=欄位 1 的資料, 欄位名稱 2=欄位 2 的資料,...
WHERE 條件式
```

- 刪除資料：使用的 SQL 指令是「DELETE」，基本語法如下：

```
DELETE FROM 資料表名稱
WHERE 條件式
```

- 刪除資料表：使用的 SQL 指令是「DROP TABLE」，基本語法如下：

```
DROP TABLE 資料表名稱
```

在下列範例中，我們在 ASP 網頁中使用 SQL 來對資料庫進行下列處理：

1. 建立一個資料表 friend。
2. 插入兩筆資料。
3. 刪除一筆資料。
4. 更新一筆資料。
5. 刪除資料表 friend。

範例如下（database/dbAllQuery01.asp）：

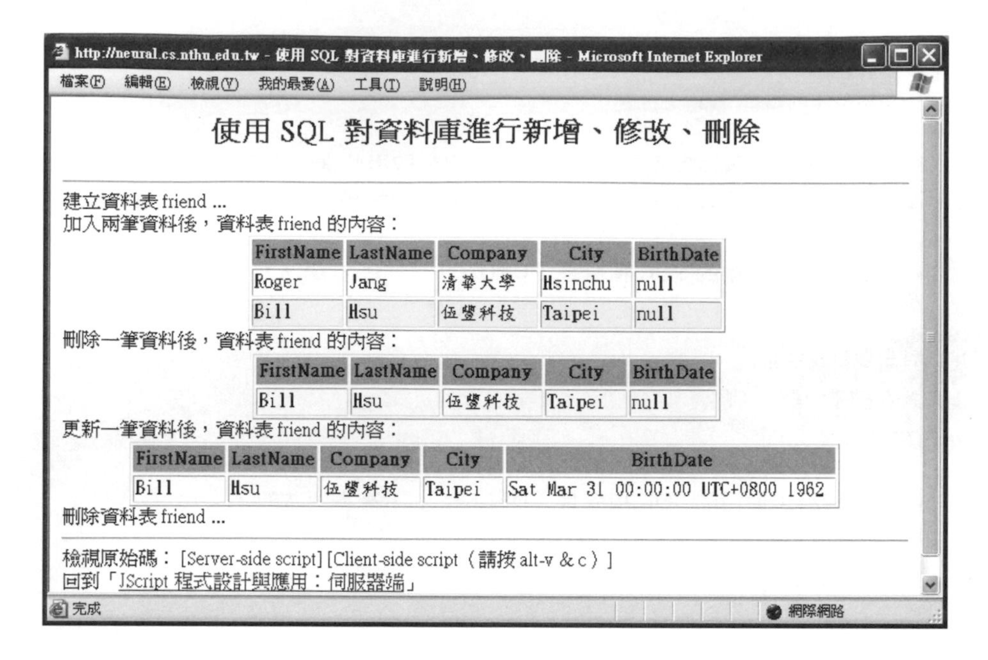

其原始碼如下：

範例18-4（database/dbAllQuery01.asp）：

```
...
<!--#include file="../listQueryResult.inc"-->
<%
// 建立資料庫連結
database="test.mdb";
myConn = Server.CreateObject("ADODB.Connection");
myConn.ConnectionString = "DBQ=" + Server.MapPath(database) +
    ";Driver={Microsoft Access Driver (*.mdb)};DriverId=25;FIL=MS
    Access;";

// 建立資料表 friend
Response.Write("建立資料表 friend ...<br>");
myConn.Open();
sql = "CREATE TABLE friend (FirstName char(50), LastName char(50),
    Company char(100), City char(50), BirthDate date)";
```

```
myConn.Execute(sql);
// 插入第一筆資料
sql = "INSERT INTO friend (FirstName, LastName, City, Company)
    VALUES ('Roger', 'Jang', 'Hsinchu', '清華大學')";
myConn.Execute(sql);
// 插入第二筆資料
sql = "INSERT INTO friend (FirstName, LastName, City, Company)
    VALUES ('Bill', 'Hsu', 'Taipei', '伍豐科技')";
myConn.Execute(sql);
myConn.Close();
Response.Write("加入兩筆資料後，資料表 friend 的內容：<br>");
listQueryResult(database, "select * from friend");    // 印出資料表

// 刪除一筆資料
myConn.Open();
sql = "DELETE FROM friend where LastName='Jang'";
myConn.Execute(sql);
myConn.Close();
Response.Write("刪除一筆資料後，資料表 friend 的內容：<br>");
listQueryResult(database, "select * from friend");    // 印出資料表

// 更新一筆資料
myConn.Open();
sql = "UPDATE friend SET BirthDate = #3/31/62# WHERE
    LastName='Hsu'";
myConn.Execute(sql);
myConn.Close();
Response.Write("更新一筆資料後，資料表 friend 的內容：<br>");
listQueryResult(database, "select * from friend");    // 印出資料表

// 刪除資料表 friend
Response.Write("刪除資料表 friend ...<br>");
myConn.Open();
sql = "DROP TABLE friend";
```

```
myConn.Execute(sql);
myConn.Close();
%>
...
```

在上述範例中，如果顯示的欄位值是 null，代表我們當初在新增資料時，並沒有設定相關欄位值，資料庫也沒有預設值，所以才會回傳 null。

學習 SQL 最快的方法，就是看看幾個現成的例子。下面這個範例，可以讓你在網頁上嘗試各種查詢動作，例如新增、修改、刪除等，請試看看（database/modifyDb01.asp）：

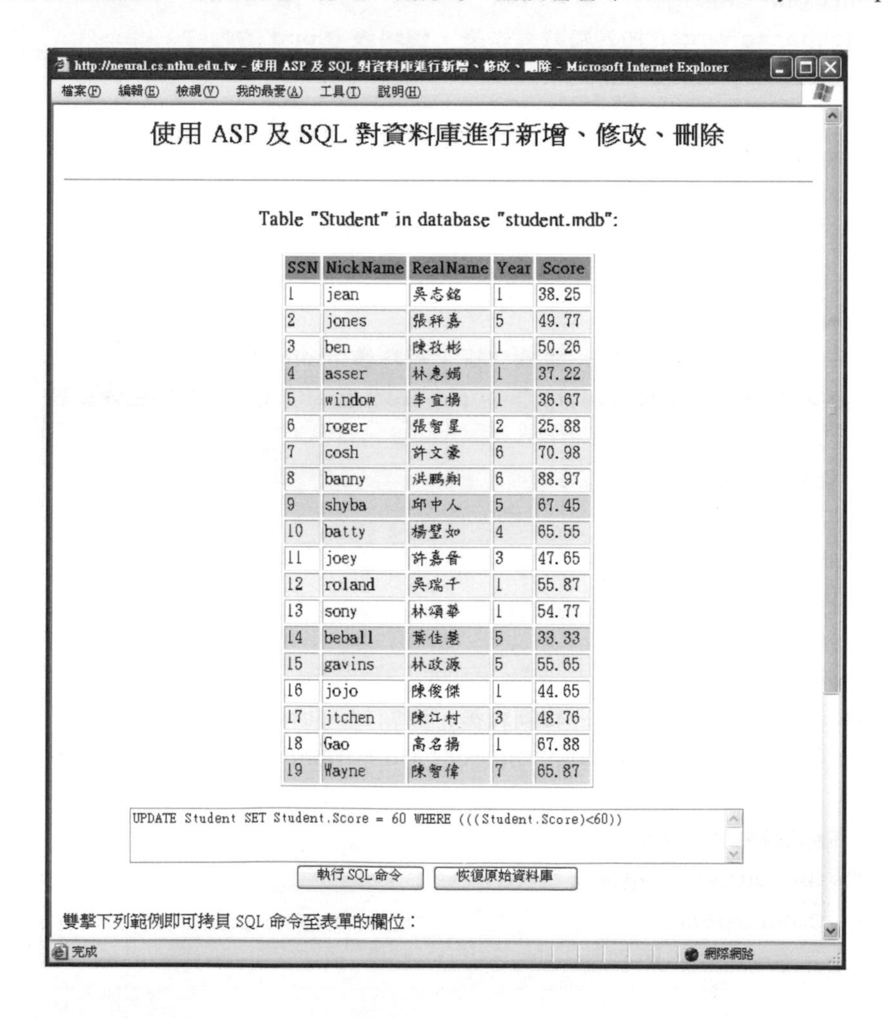

使用 Access 資料庫的另一個好處是，它提供了一個圖形化的查詢介面，你可以使用這個查詢介面產生的要的查詢結果，再將此查詢方法轉成 SQL 的語法，此時你就可以將此 SQL 語法直接貼到你的 ASP 程式碼，此方法對於產生複雜的 SQL 語法非常好用，詳細說明請見前一章，讀者不妨一試。

使用 ASP 整合資料庫時，可參考下列小秘訣：

- 資料庫內的資料表名稱及欄位名稱，最好是英文，且中間不可留白。
- 欄位名稱最好比較複雜，以免和資料庫的內建關鍵字相衝。（例如 index 和 group 就都不是適合的欄位名稱，因為它們和 Access 資料庫的內建關鍵字相衝，因此在執行 SQL 指令時會有錯誤產生。）
- 文字欄位的預設值最好是空字串，不要不設定預設值。
- 在 Access 內，除非你的欄位資料量超過255個字元，否則盡量不要用到 memo 欄位，因為 memo 欄位不支援排序，也不支援萬用字元（如「*」或「?」等）。

另外要特別注意的是：在 Access 內執行 SQL 指令時，有兩個最重要的萬用字元：

- 「?」：比對一個字元
- 「*」：比對多個字元

但若要在 ASP 的程式碼內使用 SQL 的萬用字元，必須將「?」改為「_」，「*」改為「%」，以符合一般 SQL 語言的標準規範。（在 SQL Server 內執行 SQL 指令時，就是用「_」來比對一個字元，「%」來比對多個字元。）

18-5 資料隱碼（SQL Injection）

當你學會了資料庫與 ASP 的整合，一定很高興，而且急著把所有的資料都放到資料庫，以便進行更好的資料管理。在下面這個範例中，我們將使用者的密碼存放在資料庫中，以對使用者的帳號和密碼進行有效的管理（database/password01.asp）：

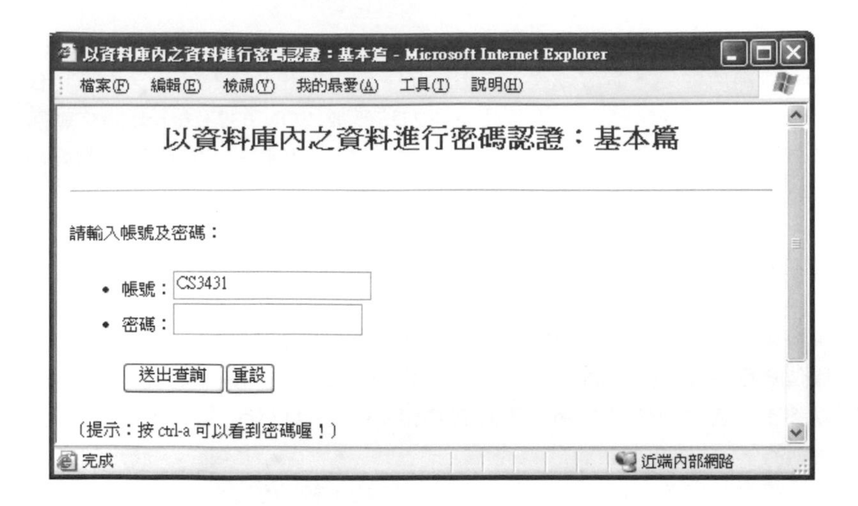

其原始碼列出如下，以供讀者比較：

範例18-5（database/password01.asp）：

```
...
<% //利用 ASP 內建的 Request 物件取得表單欄位的「帳號」及「密碼」，'
    並判斷是否為空白。
x=Request("user")+"";
y=Request("passwd")+"";
if ((x=="undefined") && (y=="undefined")){ %>
    <% //顯示原有的表單欄位 %>
    <form method="post">
    請輸入帳號及密碼：
    <ul>
    <li>帳號：<Input name="user" value="CS3431"><br>
    <li>密碼：<Input type="password" name="passwd"><font
    color=white>密碼是：CS3431</font>
     <p><input type=submit><input type=reset>
    </ul>
    </form>
    （提示：按 ctrl-a 可以看到密碼喔！）
    <hr>
```

```
    <!--#include file="../foot.inc"-->
    <% Response.End();        // 結束網頁 %>
<%}%>

<% //顯示查詢資料庫結果
//======建立 ADO Connection，然後開啟 Access 資料庫
Conn = Server.CreateObject("ADODB.Connection");
database = "password.mdb";
Conn.ConnectionString = "DBQ=" + Server.MapPath(database) +
    ";Driver={Microsoft Access Driver (*.mdb)};DriverId=25;FIL=MS
    Access;";
Conn.Open();
//======從資料表中比較 userid 與 passwd 兩個欄位，看看是否和表單欄位
    user 及 passwd 相同。
SQL = "select * from password where userid='" + Request("user") + "' and
    passwd='" + Request("passwd") + "'";
//======執行 SQL 指令，並將結果儲存於 Recordset 中
RS=Conn.Execute(SQL);
//======透過 RecordSet 集合取得欄位的內容
if (RS.EOF) {%>
    <p align=center>帳號或密碼錯誤！<br>SQL 指令 = <u><font
    color=green><%=SQL%></font></u>
<%} else {%>
    <p align=center>帳號及密碼正確！<br>SQL 指令 = <u><font
    color=green><%=SQL%></font></u>
<%}
//======關閉資料庫
RS.Close();
Conn.Close();
%>
...
```

看起來一切沒問題，但是如果你想「駭」（Hack!） 這個網站，事實上只要輸入下列資料就可以了：

- 帳號：*****（亂打一通）
- 密碼：' or 'a'='a

（請趕快試試看！）這是為什麼呢？事實上這就是惡名昭彰的「資料隱碼」（SQL Injection）臭蟲，簡單地說，就是將「帳號」和「密碼」填入具有單引號的特殊字串，造成伺服器端在接合這些欄位資料時，會意外地產生合格的 SQL 指令，造成密碼認證的成功。要特別注意的是，SQL Injection 的問題不限只發生在哪種特定平台或語言，只要是使用 SQL 指令存取資料庫內的資料，都有可能產生這個問題。

我們再來仔細看看上面這個範例，其中產生 SQL 指令的敘述如下：

```
SQL = "select * from password where userid='" + Request("user") + "' and passwd='" +
Request("passwd") + "'";
```

看起來邏輯完全正確，例如當輸入帳號和密碼分別是「林政源」和「gavins」時，所得到的 SQL 指令是：

```
SQL = "select * from password where userid='林政源' and passwd='gavins'";
```

所以可以從資料庫中查到一筆資料，代表帳號和密碼正確。但是當我們的帳號和密碼分別是「xyz」和「' or 'a'='a」時，所得到的 SQL 指令是

```
SQL = "select * from password where userid='xyz' and passwd='' or 'a'='a'";
```

很不幸的，所產生的 SQL 指令也會執行成功（因為 'a'='a' 是一定成立的），因而從資料庫中抓出多筆資料，這種剪接手法彷彿是在 SQL 指令中「灌注」一些惡意的字串，所以稱為「SQL Injection」。

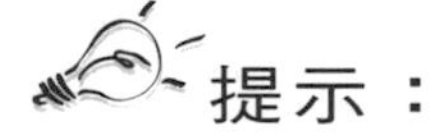

提示：

» 在 SQL 語法的條件式中，會先執行 and，再執行 or。

如何避免 SQL Injection 呢？最簡單的作法，就是在取用客戶端送進來的資料前，先刪除所有可能造成問題的特殊字元，這些字元包括單引號（'）、雙引號（"）、問號（?）、星號（*）、底線（_）、百分比（%）、Ampersand（&）等，這些特殊字元都不應該出現在使用者輸入的資料中。另外，刪除特殊字元的動作務必要在伺服器端進行，因為用

戶端的 JavaScript 表單驗證的檢查是只能防君子，不能防小人，別人只要做一個有相同欄位的網頁，就一樣可以呼叫你的 ASP 程式碼來取用資料庫，進而避開原網頁的表單驗證功能。

若要刪除這些危險字元，可以使用 JavaScript 的字串的 replace() 方法，或是使用 VBScript 的 Replace 函數，例如（database/sqlInjection01.asp）：

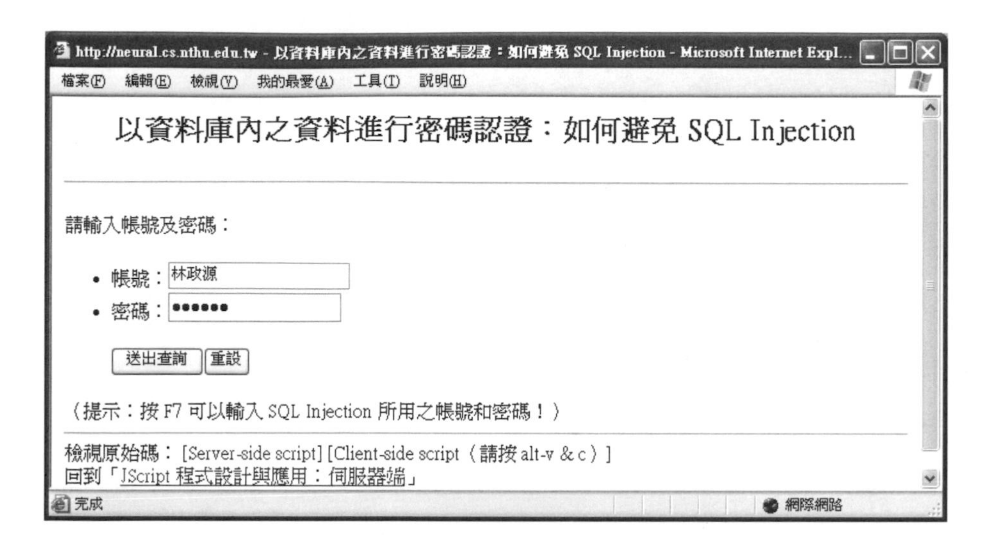

其原始碼列出如下：

範例18-6（database/sqlInjection01.asp）：

```
...
<% //利用 ASP 內建的 Request 物件取得表單欄位的「帳號」及「密碼」，'
    並判斷是否為空白。
x=Request("user")+"";
y=Request("passwd")+"";
if ((x=="undefined") && (y=="undefined")){ %>
    <% //顯示原有的表單欄位 %>
    <form method="post">
    請輸入帳號及密碼：
    <ul>
    <li>帳號：<Input name="user" value="林政源"><br>
```

```
    <li>密碼：<Input type="password" name="passwd" value="gavins">
     <p><input type=submit><input type=reset>
    </ul>
    </form>
    （提示：按 F7 可以輸入 SQL Injection 所用之帳號和密碼！）
    <script>
    function fillForm() {
     if (event.keyCode==118) {
          document.forms[0].user.value="' or 'a'='a"
          document.forms[0].passwd.value="' or 'a'='a"
     }
    }
    </script>
    <script>document.onkeydown=fillForm;</script>
    <hr>
    <!--#include file="../foot.inc"-->
    <% Response.End();      // 結束網頁 %>
<%}%>

<% //顯示查詢資料庫結果
//=======取得表單欄位內容
user = Request("user")+"";
passwd = Request("passwd")+"";
user = user.replace(/'/g, "");        //刪除單引號以避免 SQL Injection
passwd = passwd.replace(/'/g, "");      //刪除單引號以避免 SQL Injection
//=======建立 ADO Connection，然後開啟 Access 資料庫
Conn = Server.CreateObject("ADODB.Connection");
database = "password.mdb";
Conn.ConnectionString = "DBQ=" + Server.MapPath(database) +
    ";Driver={Microsoft Access Driver (*.mdb)};DriverId=25;FIL=MS
    Access;";
Conn.Open();
//=======從資料表中比較 userid 與 passwd 兩個欄位，看看是否和表單欄
    位 user 及 passwd 相同。
```

```
SQL = "select * from password where userid='" + user + "' and passwd='"
      + passwd + "'";
RS=Conn.Execute(SQL);
if (RS.EOF) {%>
      <p align=center>帳號或密碼錯誤！<br>SQL 指令 = "<u><font
      color=green><%=SQL%></font></u>"
<%} else {%>
      <p align=center>帳號及密碼正確！<br>SQL 指令 = "<u><font
      color=green><%=SQL%></font></u>"
<%}
//======關閉資料庫
RS.Close();
Conn.Close();
%>
...
```

在上述原始碼中，因為 Request("userid") 和 Request("passwd") 的資料是無法修改的，所以在取代前要先存到另一個個變數。由此範例可以知道，只要刪除使用者輸入字串中的所有單引號，就可以避免 SQL Injection 的問題。

事實上，可以形成 SQL Injection 的惡意字串還不少，但大部分是針對微軟的 SQL Server 資料庫來進行破壞。若有興趣，讀者可自行參考下列參考資料：

- 『資料隱碼』SQL Injection的源由與防範之道：
  http://www.microsoft.com/taiwan/sql/SQL_Injection.htm （近端備份：asp/download/『資料隱碼』SQL Injection 的因應與防範之道.mht）
- SQL Injection (資料隱碼)– 駭客的 SQL填空遊戲(上)：
  http://www.microsoft.com/taiwan/sql/SQL_Injection_G1.htm （近端備份：asp/download/SQL Injection (資料隱碼)– 駭客的 SQL填空遊戲(上).mht）
- SQL Injection (資料隱碼)– 駭客的 SQL填空遊戲(下)：
  http://www.microsoft.com/taiwan/sql/SQL_Injection_G2.htm （近端備份：asp/download/SQL Injection (資料隱碼)– 駭客的 SQL填空遊戲(下).mht）

如果你到 Google 打入「登入」，再對需要登入的網站進行 SQL Injection 的測試，就應該可以找到一些不設防的網站。請千萬不要作惡，若找到這些不設防的網站，將下列文字寄給此網站的維護者（也可將副本寄給我）：

> 敬啟者：
>
> 我們研習張智星老師的「JavaScript 程式設計與應用」，對網路上的網頁進行 SQL Injection 的測試，發覺您的登入網頁（網址是 http://xxx.xxx.xxx）並無法對抗 SQL Injection 的入侵，只要帳號和密碼都設定為「' or 'a'='a」，即可登入。
>
> 這是一封善意的信，我們僅測試是否可以登入，並未對資料進行任何修改，請查照，謝謝。
>
> （請寫出你的全名）

謝謝您的努力，這些網站的管理者會感謝你們的善心！

18-6 習 題

簡答題

1. 請列舉三點，說明將網頁資料儲存於資料庫的好處。
2. 要讓 ASP 程式碼和資料庫溝通，首先要知道資料庫所在位置以及其相關資訊，有兩種方法可以達成此任務，請簡單說明，並解釋這兩個方法的優缺點。
3. SQL 的全名為何？此程式語言的功能與特性？
4. 在 Access 資料庫中，text 欄位和 memo 欄位有什麼重要差異？
5. 在 Access 軟體內執行 SQL 指令時，如何比對一個字元？如何比對多個字元？
6. 在 ASP 程式碼內執行 SQL 指令時，如何比對一個字元？如何比對多個字元？
7. 有關於「資料隱碼」（SQL Injection）：
    a. 請簡單說明（不超過五句）什麼是「資料隱碼」？
    b. 請簡單說明（不超過五句）如何避免這個問題？
8. 對於一般的帳號密碼認證，如何使用資料隱碼的方式來進行駭客任務？
9. 假設我們有一個資料庫，內含三個資料表，他們的關連圖如下：

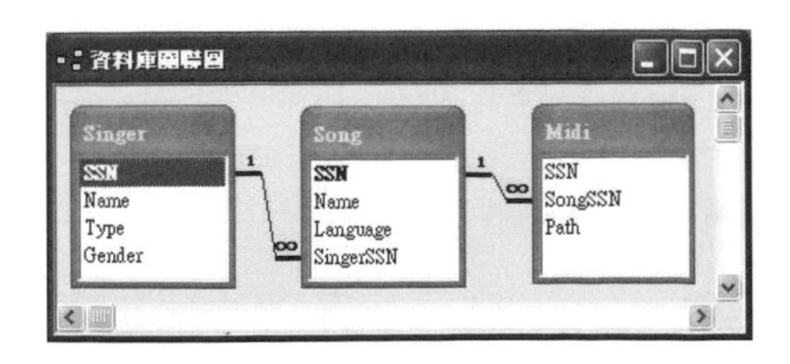

請寫出最簡潔的 SQL 指令，以執行以下查詢。

a. 列出所有的國語歌曲
b. 所有歌曲共包含哪幾種不同語言（不可重複）
c. 歌曲共包含幾種不同語言
d. 唱過台語歌的歌星（不可重複）

程式題

請使用本章所學到的 JavaScript/JScript 程式技巧（用於伺服器端）來完成下列作業：

1. (***)**利用SQL從資料庫抓資料**：本題作業的目的，是讓同學熟悉 Access 資料庫的使用以及 SQL 的語法，並將 SQL 命令所回傳的資料顯現在網頁上。所用到的資料庫是 example/databsae/song.mdb，共包含三個資料表 (Singer, Song, Midi)， 表和表之間有關連性存在，此關連性可由「工具/資料庫關連圖」來顯示。 每個表的欄位名稱應可望文生義， 其中 SSN 代表 System Serial Number，是每筆資料在資料表中獨一無二的編號。你的工作，就是產生一個網頁 selectQuery01.asp，包含下列連結，當使用者點選某一個連結時，你的程式碼就會自動從資料庫中取出下列資料，並顯示在另一個網頁上。

   a. 歌曲共包含哪幾種不同語言
   b. 唱過台語歌的歌星
   c. 伍佰所唱的台語歌
   d. 伍佰所唱的國語歌的總數
   e. 唱過台語歌曲的女藝人及所唱的台語歌
   f. 張宇所唱的國語歌及其 Midi 檔案的路徑
   g. 張宇所唱的國語歌的 Midi 檔案的總數
   h. 歌曲共包含幾種不同語言
   i. Song 中重複的歌名
   j. 有歌曲卻沒有 Midi 檔的資料（提示：此題會用到 Outer Join）

注意事項：

- 可以使用 listQueryResult() 函數來進行資料列表。

- 資料庫中「查詢」的部份，包含前三小題作業要用到的 SQL 命令，同學可參考之。
- 大部分的作業，都可以經由一個 SQL 命令來取出所要的資訊。
- 我們用的資料庫是 Office 2000 中的 Access，如果你還在用 Office 97，那就該升級了。
- 助教在測試你的程式時，會以另一個資料庫（欄位相同但資料不同）來進行測試。

2.(***) **設計有用的查詢：** 如果你做過上一題，應該就會對 SQL 指令及 example/databsae/song.mdb 資料庫有基本的瞭解。請延續上題的查詢及相關的 SQL 指令，創造出五個更複雜且「有意義」的查詢，並將此查詢的中文意義及相關的 SQL 指令列在一個 ASP 網頁 selectQuery02.asp，當使用者點選時，可將查詢結果顯示在另一個新開啟的視窗。（本題並沒有標準答案，請各位盡量發揮創意！）

3.(***)**SQL 語法在 MS Access 與 MS SQL Server 的差異：** 雖然說 SQL 是一個標準化的資料庫程式語言，但是在不同的軟體，也會有些差異。本作業麻煩各位同學到 Google 大師搜尋一下，比較看看 SQL 語法在 MS Access 與 MS SQL Server 這兩個資料庫軟體的差異，並以列表方式，逐一說明其差異所在及可能造成的影響。

4.(***)**以資料庫設計留言版：** 本作業之目的是讓同學更進一步瞭解 ASP 與資料庫的整合，並能對資料庫的資料進行各種處理，含列表及新增。本作業的成品是一個 Web 留言版，你必須從讀者（或伺服器）取得下列資訊，並將之顯示在你的留言版：

- 由使用者輸入：
  - 貴姓大名
  - 性別
  - 伊媚兒
  - 個人網址
  - 留言內容
- 由 ASP 程式碼自動抓取：
  - 登錄時間和日期
  - 訪客 IP (是真正的 IP，而非代理伺服器的 IP，可由 Request.ServerVariables("REMOTE_ADDR") 或 Request.ServerVariables("HTTP_X_FORWARDED_FOR") 來取得。)
  - 訪客所用的瀏覽器 (由 Request.ServerVariables("HTTP_USER_AGENT"))
  - 來源網頁 (由 Request.ServerVariables("HTTP_REFERER"))

注意事項：

- 本次作業需用 ASP 完成（你可以任選 JScript 或 VBScript 或 PerlScript），但不可以使用 CGI 來完成。
- 留言版資料必須存在資料庫之中，網頁必須具備「新增」及「列表」的功能。
- 必須防範別人留下一些亂七八糟的標籤，造成網頁格式的混亂。（可使用 Server.HTMLEncode() 函數。）
- 不需要對姓名及留言進行基本的表單驗證。
- 我相信你可以在網路上找到很多相關範例及原始碼。這裡是一個不完全的範例：
  ◦ 這裡有一個半成品，請多加利用，並歡迎測試！
  ◦ 所有的程式碼都放在 guestBook.zip，請多加抄襲！

5.(***)**以資料庫設計留言版之二：**除了滿足前一題的要求外，你的網頁還需要具備下列功能：

a. 加上留言管理功能：可讓管理員不需開啟資料庫，直接經由網頁輸入密碼後，即可有「修改」及「刪除」的權限。（進行修改時，必須把原資料列出在表單之中。）

b. 自動分頁功能，當留言數量龐大時，可允許使用者選擇使用分頁功能來瀏覽留言， 並可允許使用者設定每一頁留言的數目。

c. 加入搜尋功能，允許使用者找出含有搜尋字串的留言資料。為簡化起見，可以只使用一個搜尋字串，尋找所有的欄位。（為便於察看結果，建議在回傳內容中將符合的字串變色。）

d. 利用 cookie 功能記錄使用者留言時所登錄的基本資料， 並於下次使用者欲留言時，由系統預先將資料放置於 input 欄位中。

6.(***)**以資料庫設計線上通訊錄：**作業之目的是讓同學更進一步瞭解 ASP 與資料庫的整合，並能對資料庫的資料進行各種處理，含查詢、新增、修改、刪除。本作業的成品是一個 Web 的個人通訊錄，你必須從使用者（應該就是你自己）取得下列資訊，存入資料庫，並將之顯示在你的通訊錄：

◦ 由使用者輸入的聯絡人資訊：
  - 貴姓大名
  - 性別
  - 伊媚兒
  - 網址
  - 電話
  - 大哥大
  - 地址
  - 類別（例如高中同學、親戚、社團同學等）

◦ 由 ASP 程式碼自動抓取：

- 登錄時間和日期
- 訪客 IP (是真正的 IP，而非代理伺服器的 IP，可由 Request.ServerVariables("REMOTE_ADDR") 或 Request.ServerVariables("HTTP_X_FORWARDED_FOR") 來取得。)
- 訪客所用的瀏覽器 (由 Request.ServerVariables("HTTP_USER_AGENT"))
- 來源網頁 (由 Request.ServerVariables("HTTP_REFERER))

請注意：

- 本次作業需用 ASP 完成（你可以任選 JScript 或 VBScript 或 PerlScript），但不可以使用 CGI 來完成。
- 無論顯示或修改通訊錄等，都需經過密碼認證。
- 必須具有四大功能：列表、新增、修改、刪除。（進行修改時，必須把原資料列出在表單之中。）
- 不需要進行表格驗證。（自己輸入的東西，自己負責就可以了！）
- 我相信你可以在網路上找到很多相關範例及原始碼。這裡是留言版的範例，其功能和個人通訊錄非常接近：
  - 這裡有一個半成品，請多加利用，並歡迎測試！
  - 所有的程式碼都放在 guestBook.zip，請多加抄襲！

7. (***)**以資料庫設計線上通訊錄之二：**除了滿足前一題的要求外，你的網頁還需要具備下列功能：

- 分頁功能:：當通訊錄資料數量龐大時，可允許使用者選擇使用分頁功能來瀏覽留言。
- 排序功能：可根據不同的欄位（如類別、性別、姓名等）來進行排序顯示。
- 搜尋功能：允許使用者根據不同欄位來進行搜尋。

第十九章

AJAX 與非同步傳輸

本章重點

本章介紹如何進行網頁的非同步傳輸，特別是著重於 AJAX 的原理及範例，並說明如何以 JavaScript Framework 中最常被用到的 Prototype.js 來簡化 AJAX 的設計及應用。

19-1 簡介

Web 基本上是一個分散的系統，所有的計算和處理，都由用戶端和伺服器來共同完成，用戶端的電腦執行的是網頁中的 Client-side Scripts，而伺服器則是執行網頁中的 Server-side Scripts。在 http 的協定下，每當使用者發出一個 Request 之後，伺服器就像執行網頁中的 Server-side Scripts（如 ASP），並將結果傳回給用戶端，再由用戶端的瀏覽器來執行網頁中的 Client-side Scripts（如 JavaScript 或 VBScript），並將結果顯示在螢幕上。如果還要存取伺服器端的資料，就必須再一次經由表單的送出，才能指揮伺服器做事，並將結果以新的網頁資料回傳，造成換頁，因此要保存原先網頁的資訊（或狀態）就比較麻煩。

在這種不斷換頁的情況下，網頁設計較繁瑣，流程也會比較不順。因此，我們是否能由 Client-side Scripts 所接收的事件（如滑鼠點選某一按鈕）來指揮 Server-side Scripts 做事，並在不換頁的情況下，將 Server-side Scripts 的執行結果悄悄地送回 Client-side Scripts 並顯示結果於同一個網頁？答案是肯定的，而且方法不只一種，本章將說明如何使用下列兩種方式來達成此種「非同步傳輸」的功能：

- 使用隱藏式的 iframe：這是一種比較傳統的方式，但是使用方式也比較受限。
- 使用 AJAX：這是一種比較常用的方式，使用方式也比較有彈性。

提示：

» 事實上，我們也可以採用微軟的 Remote Scripting 來達到非同步傳輸的功能，但是這需要近端的機器安裝 Java，對使用者造成多一層負擔，因此比較不實用。讀者可由 Google 來查詢 Remote Scripting 的相關資訊。

AJAX 的全名是「Asynchronous JavaScript And XML」，翻成中文是「非同步式的 JavaScript 與 XML」，但這並不是一個全新的技術，而是由數種既有的技術所形成的網頁設計方式，包含

- HTML 及 CSS：負責顯示結果。
- JavaScript：負責近端的事件擷取及資料處理，並大量運用 DOM (Document Object Model) 來讀取由伺服器回傳的資料，資料格式可能是 XML 或是 HTML。
- XMLHttpRequest物件：負責以非同步的方式來執行遠端的程式，並接收相關的結果。

早在 AJAX 這個名詞出現前，這種非同步網頁傳送方式已經被應用在各個網站，只是在 Google 大量運用此技術於 Gmail、Google Maps 等應用程式等後，才造成 AJAX 的一股風潮。採用 AJAX 可以提供下列好處：

- 簡化網頁流程設計。
- 降低網路資料流量。

但是，它也有下列幾項缺點：

- 因為不換頁，因此無法使用「上一頁」、「下一頁」來顯示所需的網頁。
- 搜尋引擎無法直接對動態資料建立索引，因此不利於搜尋。

19-2 使用隱藏式iframe的非同步傳輸

事實上，非同步傳輸的功能，並非一定必須靠 AJAX 來達成。本小節將說明如何使用隱藏式的 iframe 的方式來達到類似的功能。

首先，我們先看一個範例（ajax/asyncVialFrame01.htm）：

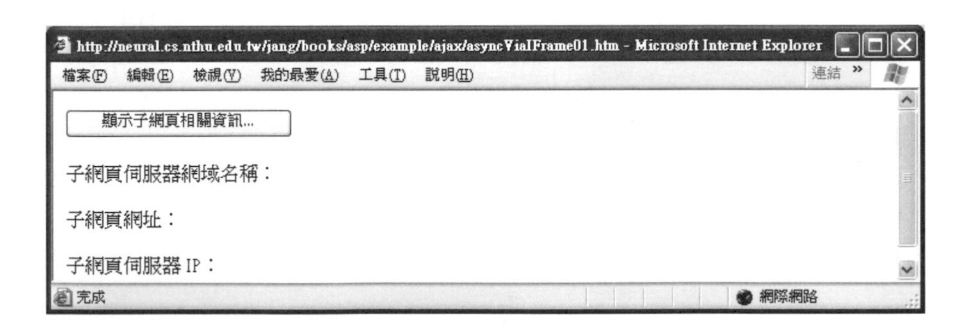

在上述範例中，當你點選「顯示子網頁相關資訊...」後，就會看到伺服器的相關資訊已經顯示在網頁上，如下：

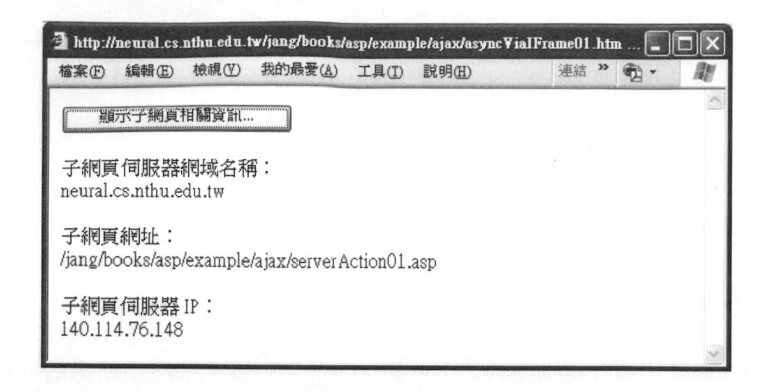

而這整個過程並沒有經由網頁的重載來達成。此範例的原始碼如下：

範例19-1（ajax/asyncVialFrame01.htm）：

```
...
<script>
// 顯示從伺服器回傳的資訊，此函數只會被隱藏的子網頁所呼叫。
function showRetrievedInfo(serverName, serverUrl, serverIp) {
    document.getElementById('show01').innerHTML=serverName;
    // 顯示 serverName
    document.getElementById('show02').innerHTML=serverUrl;
    // 顯示 serverUrl
    document.getElementById('show03').innerHTML=serverIp;        // 顯
    示 serverIp
    document.getElementById('myHiddenFrame').src='';        // 清除
    iframe 的網址
}

// 母網頁表單的回應函數，只被母網頁呼叫。
function mainCallBack(){
    var iframe = document.getElementById('myHiddenFrame');// 取得
    iframe 物件
    iframe.src = "serverAction01.asp";// 設定 iframe 的網址為
    serverAction01.asp 並執行此 asp 網頁
}
```

```
</script>

<input type="button" value="顯示子網頁相關資訊..."
    onClick="mainCallBack()">
<p>子網頁伺服器網域名稱：<div id="show01"></div>
<p>子網頁網址：<div id="show02"></div>
<p>子網頁伺服器 IP：<div id="show03"></div>

<iframe id="myHiddenFrame" style="display:none"></iframe>
...
```

在上述原始碼的尾端，我們可以看到一個隱藏的 iframe：

```
<iframe id="myHiddenFrame" style="display:none"></iframe>
```

這個隱藏的 iframe 就是我們偷偷請伺服器執行程式碼之處。為方便說明，我們將原範例網頁稱為「母網頁」，而將 iframe 所執行的網頁稱為「子網頁」，由於 iframe 是隱藏的，所以子網頁的結果並不會顯示出來。整個網頁進行非同步傳輸的工作流程如下：

1. 當使用者點選「顯示子網頁相關資訊...」，瀏覽器會呼叫 mainCallBack()，以設定 iframe 的網頁為 serverAction01.asp，換句話說，此時伺服器將會執行 serverAction01.asp，原始碼如下：

範例19-2（ajax/serverAction01.asp）：

```
<%@language=jscript%>
<%//用於隱藏子網頁的程式碼，負責抓取 ServerVariables%>
<%
// 進行伺服器端的運算
serverName=Request.ServerVariables("SERVER_NAME")
serverUrl = Request.ServerVariables("URL");
serverIp = Request.ServerVariables("LOCAL_ADDR");
%>
<script>
// 呼叫母網頁的函數 showRetrievedInfo()，以便在母網頁顯示相關資訊
```

```
window.parent.showRetrievedInfo('<%=serverName%>',
    '<%=serverUrl%>', '<%=serverIp%>');
</script>
```

此 ASP 程式碼會設定 serverName（子網頁伺服器網域名稱）、serverUrl（子網頁網址）、serverIp（子網頁伺服器 IP）三個變數的值，並將此值送到瀏覽器的 JavaScript 函數 window.parent.showRetrievedInfo()。

2. 當隱藏式的 iframe 收到伺服器回傳的資料後，瀏覽器將會執行 window.parent.showRetrievedInfo()，亦即呼叫母網頁的函數 showRetrievedInfo()。
3. 母網頁執行 showRetrievedInfo()，並將結果顯示於母網頁內，其中

```
document.getElementById('show01').innerHTML=serverName;
```

的功能是將 id 為 show01 的物件的內容填入 serverName 變數的值，換句話說，母網頁的

```
<div id="show01"></div>
```

就會被代換成

```
<div id="show01">neural.cs.nthu.edu.tw</div>
```

而我們就可以立刻看到由伺服器回傳的網域名稱，依此類推。

使用 iframe 來進行非同步傳輸，是一個簡單可行的方式，足以對付一般基本應用。但是此方法最大的缺點，是子網頁無法支援 post 的資料傳送方式，若要解決這個問題，可以使用後續小節所要說明的 AJAX 方法來達成。

在下面這個範例中，我們說明如何使用類似的方法，來對資料庫進行查詢，並以非同步的方式將查詢結果顯示於同一個網頁。由於下達查詢時，子網頁必須取得相關的 SQL 指令，此部分我們是採用 get 的方式來將 SQL 指令傳送至子網頁。範例如下（ajax/asyncVialFrame02.asp）：

在上述範例中，我們先列出資料庫 ajax/basketball.mdb 的內容，共包含兩個資料表，分別是 Player 和 Team。我們可以直接在文字欄位輸入 SQL 指令，就可以直接利用隱藏式 iframe 的方式來顯示資料庫查詢結果，而不必經由網頁重載來達成此功能。例如，若我們直接點選「進行查詢」，所得到的結果如下：

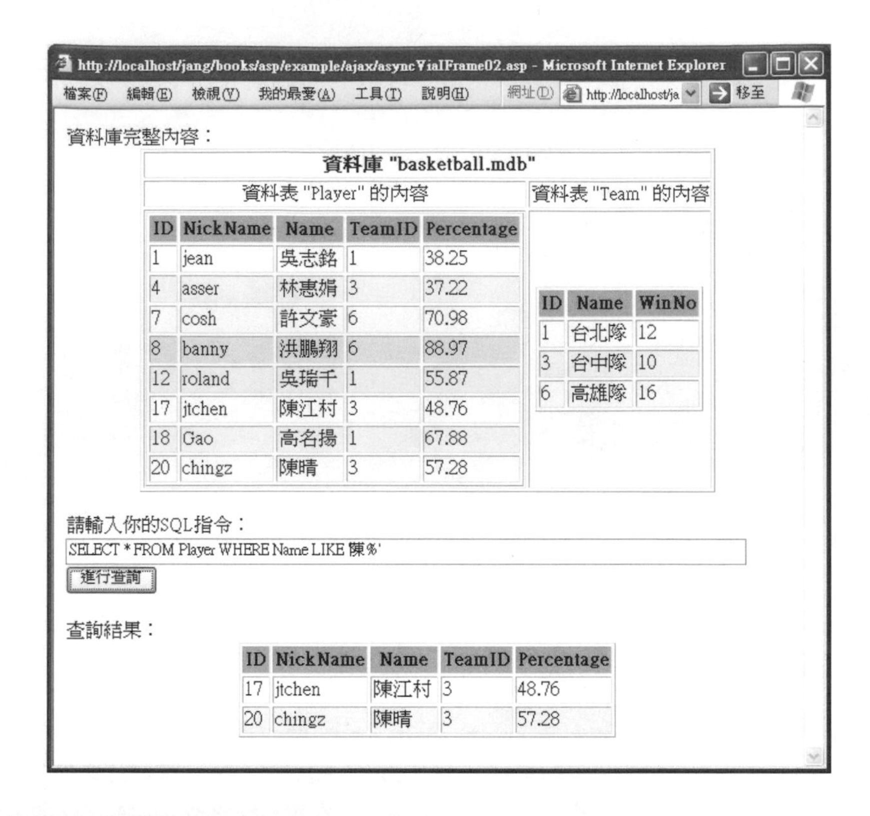

ID	NickName	Name	TeamID	Percentage
1	jean	吳志銘	1	38.25
4	asser	林惠娟	3	37.22
7	cosh	許文豪	6	70.98
8	banny	洪鵬翔	6	88.97
12	roland	吳瑞千	1	55.87
17	jtchen	陳江村	3	48.76
18	Gao	高名揚	1	67.88
20	chingz	陳晴	3	57.28

ID	Name	WinNo
1	台北隊	12
3	台中隊	10
6	高雄隊	16

ID	NickName	Name	TeamID	Percentage
17	jtchen	陳江村	3	48.76
20	chingz	陳晴	3	57.28

此範例母網頁的原始碼如下：

範例19-3（ajax/asyncVialFrame02.asp）：

```
...
<script>
// 顯示從伺服器回傳的資訊，此函數只會被隱藏的子網頁所呼叫。
function showQueryResult(result){
    document.getElementById('showSqlResult').innerHTML=result; // 顯
    示查詢結果
    document.getElementById('hiddenIFrame').src='';       // 清除 iframe
    的網址
}

// 母網頁表單的回應函數，只被母網頁呼叫。
```

```
function sendQuery(){
    var sqlCommand = document.getElementById('sqlCommand');
    var sql=sqlCommand.value;
    var iframe = document.getElementById('hiddenIFrame');    // 取得
    iframe 物件
    iframe.src = "serverAction02.asp?sql="+escape(sql); // 設定 iframe
    的網址，其中 sql 必須先經過 escape() 函數的編碼
}
</script>

<script language=jscript runat=server src=sqlUtility.fun></script>
<% database = "basketball.mdb"; %>
資料庫完整內容：
<center>
<table border=1>
<tr>
<th colspan=2 align=center>
資料庫 "<%=database%>"
<tr>
<td align=center> 資料表 "Player" 的內容
<td align=center> 資料表 "Team" 的內容
<tr>
<td> <%=getQueryResult(database, "select * from Player")%>
<td> <%=getQueryResult(database, "select * from Team")%>
</table>
</center>
<p>
請輸入你的 SQL 指令：<br>
<input id=sqlCommand size=80 type=text value="SELECT * FROM
    Player WHERE Name LIKE '陳%'"><br>
<input type="button" value="進行查詢" onClick="sendQuery()">
<p>
查詢結果：<div id="showSqlResult"></div>
```

```
<iframe id="hiddenIFrame" style="display:none"></iframe>
...
```

在此範例中，請特別注意兩點：

- 由於 SQL 指令含有空格，因此在使用 get 方式來設定網址時，我們必須先將 SQL 指令送到 escape() 函數，以便進行適當之編碼來避開可能造成錯誤之字元（例如空白）。
- 由於我們必須反覆用到資料庫的查詢，達成此功能的相關函數是 getQueryResult()，定義於 sqlUtility.fun，以下列方式導入於母網頁：

```
<script runat=server language=javascript src="sqlUtility.fun"></script>
```

（事實上，子網頁也導入同樣的 sqlUtility.fun。）

而子網頁的原始碼如下：

範例19-4（ajax/serverAction02.asp）：

```
<%@language=jscript%>
<%//用於隱藏子網頁的程式碼，負責查詢資料庫%>
<script language=jscript runat=server src=sqlUtility.fun></script>
<%
database="basketball.mdb";
sql=Request("sql")+"";
if (sql.search(/^select/i)<0)   // 檢查是否以 select 開頭
    outStr="<font color=red>SQL command not started with SELECT is
    disabled!</font>";
else
    outStr=getQueryResult(database, sql);
%>
<script>
// 呼叫母網頁的函數 showQueryResult()，以便在母網頁顯示相關資訊
window.parent.showQueryResult('<%=outStr%>');
</script>
```

由於我們不希望使用者去修改資料庫，因此我們會使用通用運算式來檢查 SQL 指令，若不是以 "select" 開頭，則認定是不合法的 SQL 指令並回傳警告訊息「SQL command not started with SELECT is disabled!」。

19-3 基本AJAX原理與範例

本小節將說明如何使用基本 AJAX 概念來達成非同步傳輸的功能。AJAX 的使用方式，主要包含三個基本步驟：

1. 近端（用戶端）的發送函數：負責在接收主網頁的事件後，設定 AJAX 物件，並對伺服器發送 request 以啟動伺服器端程式碼的執行。
2. 遠端（伺服器端）的程式碼：通常是一個 ASP 網頁，負責在伺服器執行必要之步驟，例如檢查帳號密碼，或是對資料庫進行查詢等。
3. 近端（用戶端）的接收函數：負責接收伺服器的執行結果，並將結果以非同步的方式顯示在主網頁上。

無論 AJAX 的應用方式如何複雜，上述三個步驟是不會變化的基本要素。以下我們將使用一個簡單的範例來說明這三個基本步驟（ajax/asyncViaAjax01.htm）：

在上述範例中，當你點選「使用 AJAX 顯示伺服器的時間」後，就會看到伺服器的時間已經顯示在主網頁上，如下：

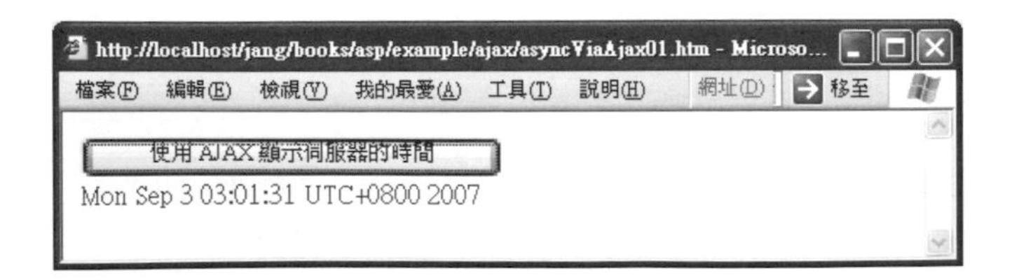

而這整個過程並沒有經由網頁的重載來達成。此範例的原始碼如下：

範例19-5（ajax/asyncViaAjax01.htm）：

```
...
<script>
// 用戶端的接收函數，負責以非同步方式來接收伺服器回傳的資料並顯示在網
    頁上
function displayTime() {
    if (ajax.readyState==4)
     if (ajax.status==200)
          document.getElementById('showResult').innerHTML =
    ajax.responseText;
     else
          alert ("伺服器發生錯誤，無法回傳資料！");
}

// 用戶端的發送函數，負責設定 AJAX 物件並觸發伺服器網頁的執行
function getServerTime(url) {
    ajax = new ActiveXObject("Msxml2.XMLHTTP");
    ajax.onReadyStateChange=displayTime;    // 設定接收伺服器資料的
    回應函數
    ajax.open("GET", url, true);        // 設定 ajax 物件的參數
    ajax.send("");                      // 執行 ajax
}
</script>

<input type="button" value="使用 AJAX 顯示伺服器的時間"
    onClick="getServerTime('showTime.asp')">
<div id="showResult"></div>
...
```

對應於前述的三個基本步驟，我們可以列出相關的函數或網頁，如下：

1. 近端的發送函數：getServerTime()。

2. 遠端的程式碼：showTime.asp。
3. 近端的接收函數：displayTime()。

以下將說明這幾個函數或網頁的流程。

1. 近端的發送函數是 getServerTime()，主要負責當使用者點選按鈕後，產生 AJAX 物件並設定之，然後對伺服器發出 request，說明如下：

a. 首先，我們使用

```
ajax = new ActiveXObject("Msxml2.XMLHTTP");
```

來產生一個 AJAX 物件，利用此物件，我們可以達到非同步傳輸的功能。

提示：

▸ 但必須特別注意的是，產生 AJAX 物件的方式，在不同的瀏覽器（如 IE 及 FireFox）有不同的方法，甚至同樣是 IE 瀏覽器，不同的版本也有不同的方式來產生 AJAX 物件，本範例所使用的方式，適用於 IE 6.0 之後的版本。為了處理這些相容性的問題，我們建議直接採用 JavaScript Framework，例如 Prototype.js，有關這些細節，會在下一小節介紹。

b. 產生 AJAX 物件之後，我們即可對此物件設定各種性質。首先，我們使用

```
ajax.onReadyStateChange=displayTime;
```

來設定接收伺服器回應的函數，在此範例中，此接收函數是 displayTime()。

c. 其次，我們使用下列方式來設定 AJAX 物件的其它性質：

```
ajax.open("GET", url, true);
```

其中 "GET" 代表資料傳遞的方式，url 代表伺服器程式碼所在的網頁（在此例為 showTime.asp），而 true 則代表使用非同步傳輸。（若是 false，代表使用同步傳輸。）

d. 最後，我們使用

```
ajax.send("");
```

來送出 AJAX 的命令，換句話說，此時會先啟動伺服器的程式碼（在此例為 showTime.asp），然後再啟動用戶端的接收函數（在此例為 displayTime()），將結果以非同步的方式顯示在目前網頁內。

2. 遠端的程式碼位於 showTime.asp，以本例而言，其功能相當簡單，只是印出現在的時間，內容如下：

範例19-6（ajax/showTime.asp）：

```
<%@language=jscript%>
<%//負責讀取目前時間的 AJAX 遠端程式%>
<%
today=new Date();
time=today.toString();
Response.write("<font color=red>"+time+"</font>");
%>
```

3. 近端的接收函數是 displayTime()，它的流程稍微複雜一些：

a. 檢查伺服器程式碼是否執行完畢：

```
if(ajax.readyState==4)
```

readyState 代表 ajax 目前的狀態，列表如下：

整理：

readyState 的值	說明
0	尚未啟始
1	已經建立連結
2	遠端已經收到要求
3	遠端程式碼處理中
4	處理完畢

b. 此外，此函數也必須檢查伺服器回應函數是否執行無誤：

```
if(ajax.status==200)
```

也就是說，只有當網頁 showTime.asp 回傳的狀態碼是 200 時，才代表 showTime.asp 的執行無誤。

c. 一切無誤後，我們才將 AJAX 回傳的文字資訊（存放於 ajax.responseText）指定給 id 為 showResult 的區塊內容：

```
document.getElementById('showResult'). innerHTML = ajax.responseText;
```

此時我們就可以在主網頁看到遠端的時間。

提示：

▸ 伺服器程式碼回傳的原始資訊，會原封不動地放到 responseText 此性質中。如果伺服器回傳的資訊是 XML 文件格式，我們可以由另一個性質 responseXML 來讀取 XML 文件內的各個物件。

19-4 使用Prororype.js來進行AJAX網頁設計

目前在網路上最常被用到的 JavaScript framework，就是 prototype.js，可由下列網址下載：

http://prototype.conio.net

所謂的 framework，可以看成是原先 JavaScript 的應用程式介面（API，或是 Appliation Program Interface），可以根基於基本的 JavaScript 來提供更先進的功能。本小節所用的 prototype.js 版本是 1.5.1.1（2007/06/19 發行），所提供的擴充功能如下：

- AJAX：提供對於 AJAX 的支援，簡化了使用方式及流程，也提高了 AJAX 在各種不同瀏覽器的相容性。
- DOM：延伸了 DOM 的物件和功能。
- JSON（JavaScript Object Notation）：支援 JSON 的資料格式，比 XML 易於瞭解與讀寫。

在前一小節我們已經說明了 AJAX 的基本使用方式及範例，本小節將說明如何使用 prototype.js 來進行 AJAX 的網頁設計。首先，我們直接看看一個簡單的範例（ajax/ajaxViaPrototype01.htm）：

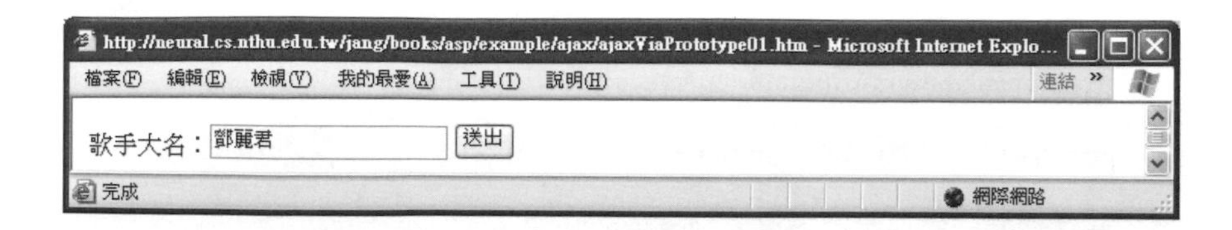

這是一個查詢歌手的網頁，只要你在文字欄位輸入歌手名字，就可以使用 AJAX 的非同步傳輸方式，立即對資料庫 ajax/test.mdb 進行查詢，並將歌手資訊顯示在文字欄位下方。例如，當我們輸入「鄧麗君」並按下「送出」時，就會看到鄧麗君的資訊已經顯示在網頁下方：

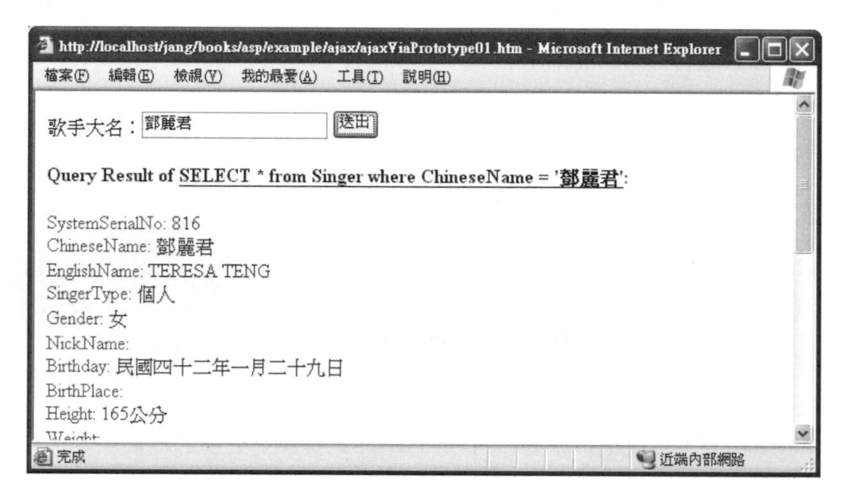

提示：

» 這是一個比較老的資料庫，你也可以輸入其他歌手看看，例如周華健、巫啟賢、林憶蓮、莫文蔚、陶晶瑩等。

而這整個過程並沒有經由網頁的重載來達成。此範例的原始碼如下：

範例19-7（ajax/ajaxViaPrototype01.htm）：

```
...
<script src="prototype.js"></script>
<script>
// 顯示查詢結果
function showQueryResult(xmlHttpObj){
    Element.update('queryResult', xmlHttpObj.responseText);
}
// 送出對資料庫的查詢
function sendQuery() {
    var url = 'queryDb01.asp';                    // 伺服器的程式網頁
    var queryString = 'singerName=' + $F('singerName'); // 參數列
    var ajax = new Ajax.Request(url, {method:'post',
    parameters:queryString, onComplete:showQueryResult});
}
</script>

歌手大名：<input type="text" id="singerName" value="鄧麗君">
<input type="button" onClick="sendQuery()" value="送出">
<div id="queryResult"></div>
...
```

基本上，Prototype.js 只是將 XMLHttpRequest 「包起來」，基本的流程還是沒有變，以上一節所說的三個基本步驟來看，對應檔案及說明如下：

1. 近端的發送函數：sendQuery()

   此函數定義了遠端的程式碼網頁（此例為 queryDb01.asp），同時也加入了參數列（此例為 singerName=鄧麗君），最後產生 AJAX 物件並定義相關參數，送到遠端執行。其中有幾點要注意：

- 「$F('singerName')」是 Prototype.js 所提供的簡化語法，其功能全等於「document.getElementById('singerName').value」。同樣地，我們也可以使用「$('singerName')」來代表 id 為 singerName 的物件，其功能全等於「document.getElementById('singerName')」。

提示：

▸▸ 如果我們在 $() 之內輸入多個 id，此函數會回傳對應這些 id 的物件所成的陣列。

- 產生 AJAX 物件的第二個參數是「{method:'post', parameters:queryString, onComplete:showQueryResult}」，此參數全等於一個具有三個欄位的物件，因此我們甚至可以將 sendQuery() 函數的第三列敘述：

```
var ajax = new Ajax.Request(url, {method: 'post', parameters:queryString,
onComplete:showQueryResult});
```

改成下列程式碼：

```
var ajaxParam = new Object();
ajaxParam.method='post';
ajaxParam.parameters=queryString;
ajaxParam.onComplete=showQueryResult;
var ajax = new Ajax.Request(url, ajaxParam);
```

所得到的結果是一樣的。

2. 遠端的程式碼：queryDb01.asp
   此程式碼如下：

範例19-8（ajax/queryDb01.asp）：

```
<%@language=jscript%>
<%//AJAX remot program in charge of database query%>
<%
// 傳回查詢資料庫的第一筆資料
function getFirstRecordFromQueryResult(database, sql){
    var Conn = Server.CreateObject("ADODB.Connection");
    Conn.ConnectionString = "DBQ=" + Server.MapPath(database) +
    ";Driver={Microsoft Access Driver (*.mdb)};DriverId=25;FIL=MS
    Access;";
    Conn.Open();
```

```
    var RS = Conn.Execute(sql);
    var out="<p><b>Query Result of <u>"+sql+"</u>:</b><p>";
    if (RS.EOF)
     return(out+"No data found!");
    for (i=0; i<RS.Fields.Count; i++)
     out=out+"<font color=red>"+RS(i).Name+"</font>: <font
    color=blue>"+RS(i)+"</font><br>";
    RS.Close();
    Conn.Close();
    return(out);
}

database="test.mdb";          // 資料庫名稱
sql="SELECT * from Singer where ChineseName =
    '"+Request("singerName")+"'";      // 造出 SQL 指令
outStr=getFirstRecordFromQueryResult(database, sql);
     // 回傳第一筆查詢結果
Response.write(outStr);       // 印出查詢結果
%>
```

其功能很簡單，即是接收使用者輸入的歌手名字，造出 SQL 命令，並送入資料庫查詢，並將查詢結果印出來。

3. 近端的接收函數：showQueryResult()

在此函數中，我們只使用一列程式碼：

```
Element.update('queryResult', xmlHttpObj.responseText);
```

這也是 Prototype.js 所提供的簡化語法，其功能全等於

```
document.getElementById('queryResult').innerHTML=xmlHttpObj.responseText
```

另外還有一點要特別注意：由於資料庫和網頁編碼的不一致，常會導致亂碼的產生，因此我們這個範例的兩個檔案（ajaxViaPrototype01.htm 和queryDb01.asp），都是採用 UTF-8 的編碼，因此讀者在開啟這些檔案時，要注意你的文字編輯器是否有支援 UTF-8 編碼的檔案編輯功能。

提示：

- 一般常用的文字編輯器，例如記事本（notepad.exe）及 UltraEdit，都支援 UTF-8 文字檔的檢視和編輯。

事實上，上述的範例還可以更簡單，如果我們只是將查詢結果顯示在網頁上，可以改用另一個 Prototype.js 對於 AJAX 所提供的函數 Ajax.Updater()，使用範例如下（ajax/ajaxViaPrototype02.htm）：

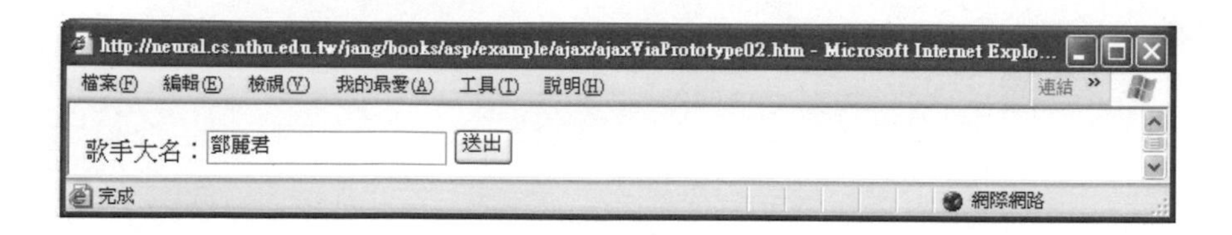

此範例和前一個範例的功能完全相同，甚至連遠端的程式碼都是放在 queryDb01.asp，唯一不同的是，我們改用了 Ajax.Updater()，所以可以直接指定回傳資料所必須呈現的位置，範例原始碼如下：

範例19-9（ajax/ajaxViaPrototype02.htm）：

```
...
<script src="prototype.js"></script>
<script>
// 送出對資料庫的查詢
function sendQuery() {
    var url = 'queryDb01.asp';                          // 伺服器的程式網頁
    var queryString = 'singerName=' + $F('singerName'); // 參數列
    var ajax = new Ajax.Updater('queryResult', url, {method:'post',
    parameters:queryString});
}
</script>

歌手大名：<input type="text" id="singerName" value="鄧麗君">
<input type="button" onClick="sendQuery()" value="送出">
<div id="queryResult"></div>  ...
```

在上述原始碼中，Ajax.Updater() 的第一個參數是 'queryResult'，這就是代表回傳資料將會被指定到 document.getElementById('queryResult').innerHTML，因此我們就不必另外再寫一個負責顯示結果的函數，換句話說，和前一個範例比較，我們已經不需要 showQueryResult() 這個函數了，所以整個網頁原始碼看起來更加簡潔。

若要對 AJAX 流程進行進一步的控制，我們可以使用 Ajax.Responders.register 來註冊幾個函數，以便顯示 AJAX 的工作流程。例如，在查詢資料庫時，若時間過久，我們通常希望能夠在網頁顯示「資料處理中...」等字樣，以免讓使用者以為是遠端伺服器當機了。以下這個簡單的範例，就能達到此功能（ajax/ajaxViaPrototype03.htm）：

當我們點擊「送出」時，網頁會先顯示「資料處理中，請稍後...」等字樣，如下：

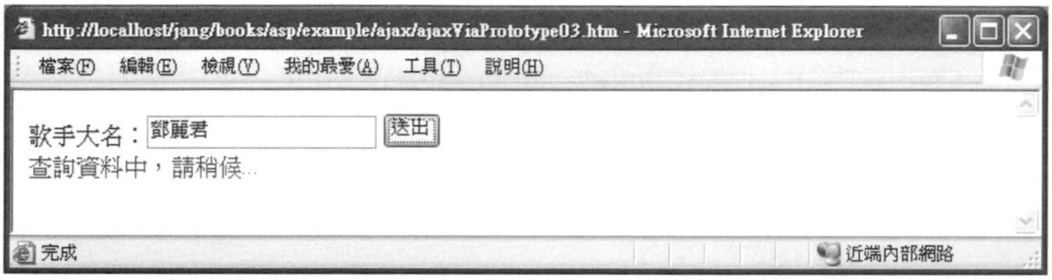

等查詢完畢後，所回傳的資料就會顯示在網頁上。此範例的原始碼如下：

範例19-10（ajax/ajaxViaPrototype03.htm）：

```
...
<script src="prototype.js"></script>
<script>
// 送出對資料庫的查詢
function sendQuery(){
     // 註冊 AJAX 某些事件所對應的函數
     Ajax.Responders.register ({
      onLoading:
```

```
        function(){
            Element.update('queryResult', '<font color=red>查詢資料
    中，請稍候...</font>');
        },
    onComplete:
        function(junk, xmlHttpObj){
            Element.update('queryResult', xmlHttpObj.responseText);
        }
    });
    var url = 'queryDb03.asp';                    // 伺服器的程式網頁
    var queryString = 'singerName=' + $F('singerName'); // 參數列
    var ajax = new Ajax.Request(url, {method:'post',
    parameters:queryString});
}
</script>

歌手大名：<input type="text" id="singerName" value="鄧麗君">
<input type="button" onClick="sendQuery()" value="送出">
<div id="queryResult"></div>
...
```

在此範例中，我們使用 Ajax.Responders.regiter() 來註冊了兩個函數，對應到 onLoading 事件的函數可以不斷印出「資料處理中，請稍後...」之訊息，而對應至 onComplete 事件的函數則可以顯示最後查詢結果。

第二十章

檔案與目錄

本章重點

本章說明如何使用 JScript 來進行檔案和目錄的處理，並說明三個實際應用的範例。

20-1　檔案與路徑處理

在 ASP 中，對於檔案與目錄的處理，主要是靠 FileSystemObject 物件，此物件可以提供對於檔案和目錄的建立、刪除、複製等功能。

首先，我們看看在處理檔案或目錄的路徑時，FileSystemObject 物件所提供的一些方法，請見下列範例（fileAccess/pathFunction01.asp）：

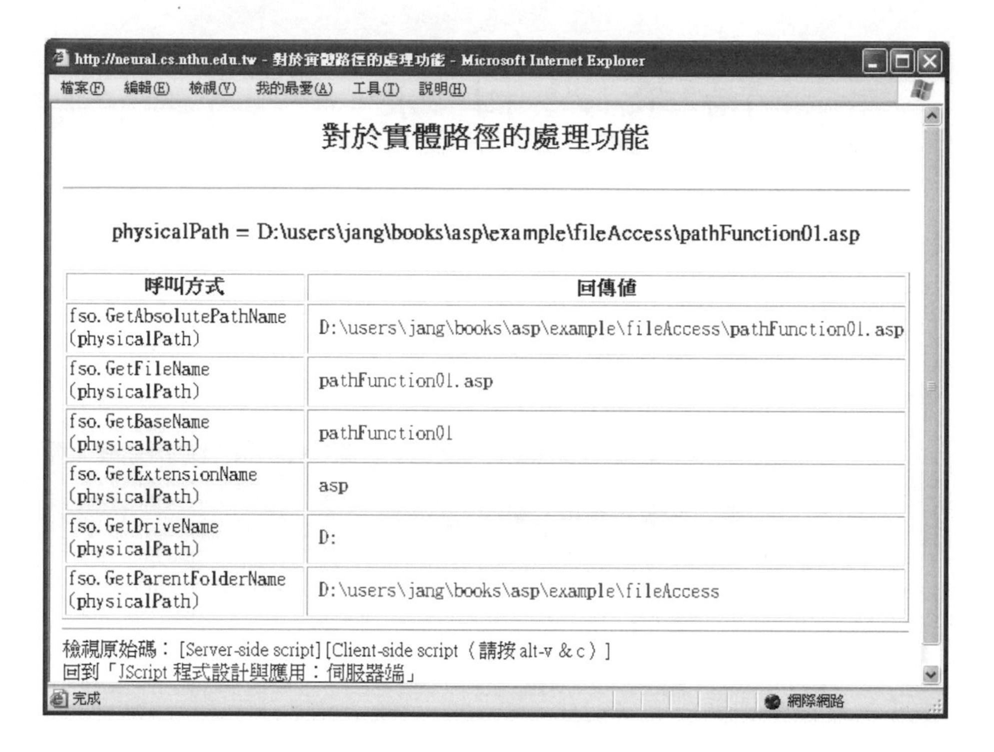

呼叫方式	回傳值
fso.GetAbsolutePathName(physicalPath)	D:\users\jang\books\asp\example\fileAccess\pathFunction01.asp
fso.GetFileName(physicalPath)	pathFunction01.asp
fso.GetBaseName(physicalPath)	pathFunction01
fso.GetExtensionName(physicalPath)	asp
fso.GetDriveName(physicalPath)	D:
fso.GetParentFolderName(physicalPath)	D:\users\jang\books\asp\example\fileAccess

在上述範例中，我們先用 physicalPath = Request.ServerVariables("PATH_TRANSLATED") 來取出範例檔案的實體路徑，然後再使用各種函數來取出此路徑的相關資訊，此範例的原始碼如下：

範例20-1（fileAccess/pathFunction01.asp）：

```
...
<%
```

```
physicalPath=Request.ServerVariables("PATH_TRANSLATED");
fso = Server.CreateObject("Scripting.FileSystemObject");
methods = [
    "GetAbsolutePathName",
    "GetFileName",
    "GetBaseName",
    "GetExtensionName",
    "GetDriveName",
    "GetParentFolderName"];
%>
<h3 align=center>physicalPath = <%=physicalPath%></h3>
<table border=1 align=center>
<tr><th>呼叫方式<th>回傳值
<% for (i=0; i<methods.length; i++){%>
    <tr><td><%cmd="fso." + methods[i] +
    "(physicalPath)";%><%=cmd%><td> <font
    color=green><%=eval(cmd)%></font>
<%}%>
</table>
...
```

（本範例也有 VBScript 的版本，請見 fileAccess/pathFunction01_vbs.asp）

提示：

» 名詞說明：

- 實體路徑：本機作業系統所看到的路徑。
- Web 路徑：網頁伺服器所看到的路徑。

一般而言，我們在 ASP 程式碼中所用的路徑名稱都是伺服器所看到的 Web 路徑，我們可以使用 Server.MapPath() 函數來將 Web 路徑轉換成實體路徑，此時才能對檔案進行各種處理。

上述範例是以實體路徑舉例，同樣的函數，也可以用在 Web 路徑，但是得到的結果大同小異，範例如下（fileAccess/pathFunction02.asp）：

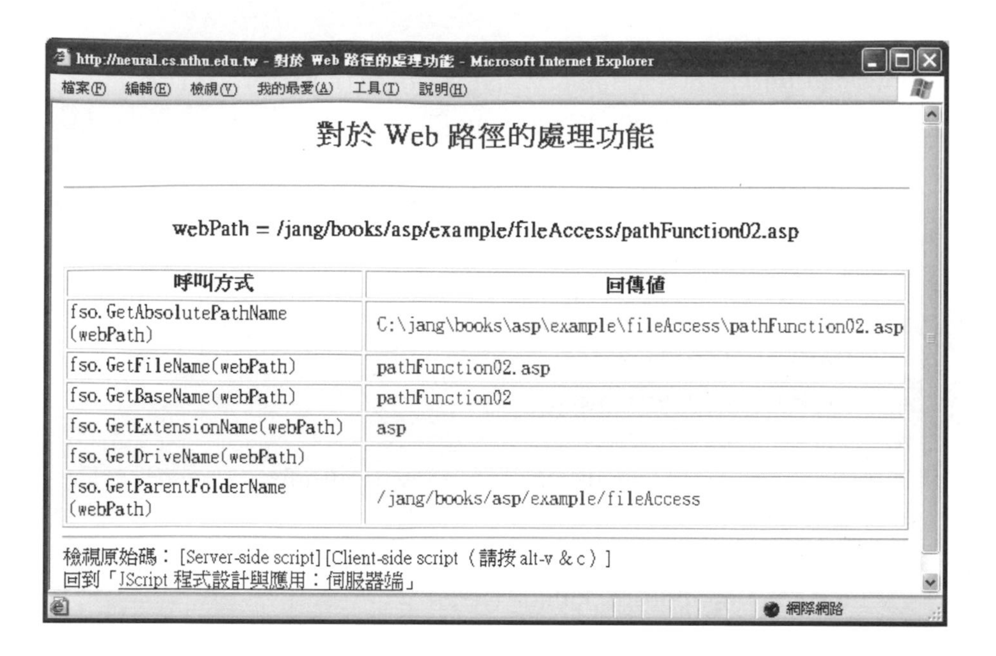
http://neural.cs.nthu.edu.tw - 對於 Web 路徑的處理功能 - Microsoft Internet Explorer

檔案(F) 編輯(E) 檢視(V) 我的最愛(A) 工具(T) 說明(H)

對於 Web 路徑的處理功能

webPath = /jang/books/asp/example/fileAccess/pathFunction02.asp

呼叫方式	回傳值
fso.GetAbsolutePathName(webPath)	C:\jang\books\asp\example\fileAccess\pathFunction02.asp
fso.GetFileName(webPath)	pathFunction02.asp
fso.GetBaseName(webPath)	pathFunction02
fso.GetExtensionName(webPath)	asp
fso.GetDriveName(webPath)	
fso.GetParentFolderName(webPath)	/jang/books/asp/example/fileAccess

檢視原始碼：[Server-side script] [Client-side script（請按 alt-v & c）]
回到「JScript 程式設計與應用：伺服器端」

網際網路

在上述範例中，我們先用 webPath = Request.ServerVariables("SCRIPT_NAME"); 來取出範例檔案的 Web 路徑，然後再使用各種函數來取出此路徑的相關資訊。特別要注意的是，由於 Web 路徑並沒有磁碟機的概念，所以 fso.GetAbsolutePathName(webPath) 和 fso.GetDriveName(webPath) 的回傳值都是錯誤的。此範例的原始碼如下：

範例20-2（fileAccess/pathFunction02.asp）：

```
...
<%
webPath=Request.ServerVariables("SCRIPT_NAME");
fso = Server.CreateObject("Scripting.FileSystemObject");
methods = [
    "GetAbsolutePathName",
    "GetFileName",
    "GetBaseName",
    "GetExtensionName",
    "GetDriveName",
    "GetParentFolderName"];
%>
```

```
<h3 align=center>webPath = <%=webPath%></h3>
<table border=1 align=center>
<tr><th>呼叫方式<th>回傳值
<% for (i=0; i<methods.length; i++){%>
	<tr><td><%cmd="fso." + methods[i] + "(webPath)";%><%=cmd%>
		<td> <font color=green><%=eval(cmd)%></font>
<%}%>
</table>
...
```

若要存取現有的磁碟機、檔案或資料夾，可使用 FileSystemObject 的方法來取得相關物件，列舉如下：

- GetDrive()：取得磁碟機物件
- GetFolder()：取得資料夾物件
- GetFile()：取得檔案物件

這三個函式的輸入都是一個路徑，輸出則是相關的物件，我們就可以使用此物件來取得相關的性質或是呼叫相關的方法。

例如，我們可以使用 FileSystemObject 物件的 GetFile() 方法，抓出檔案物件，然後列舉此檔案物件的屬性。例如（fileAccess/fileProp01.asp）：

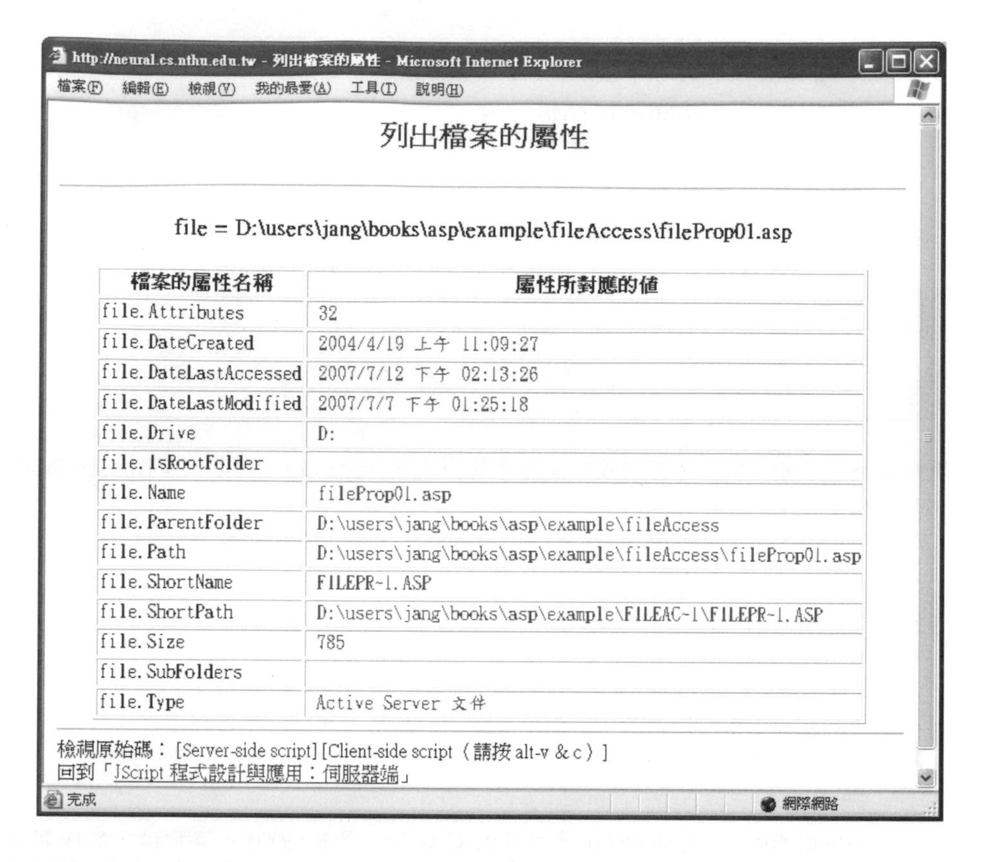

此範例的原始碼如下：

範例20-3（fileAccess/fileProp01.asp）：

```
...
<%
fso = Server.CreateObject("Scripting.FileSystemObject");
fullPath = Request.ServerVariables("PATH_TRANSLATED");
file = fso.GetFile(fullPath);
methods = [
    "Attributes",
    "DateCreated",
    "DateLastAccessed",
    "DateLastModified",
```

```
    "Drive",
    "IsRootFolder",
    "Name",
    "ParentFolder",
    "Path",
    "ShortName",
    "ShortPath",
    "Size",
    "SubFolders",
    "Type"];
%>
<h3 align=center>file = <%=file%></h3>
<table border=1 align=center>
<tr><th>檔案的屬性名稱<th>屬性所對應的值
<% for (i=0; i<methods.length; i++){
    cmd = "file." + methods[i]; %>
    <tr><td><%=cmd%><td> 
        <font color=green><%=eval(cmd)%></font>
<%}%>
</table>
...
```

若要創造一個檔案並進行讀寫，可以使用 FileSystemObject 物件的 OpenTextFile() 方法，請見下列範例（fileAccess/openTextFile01.asp）：

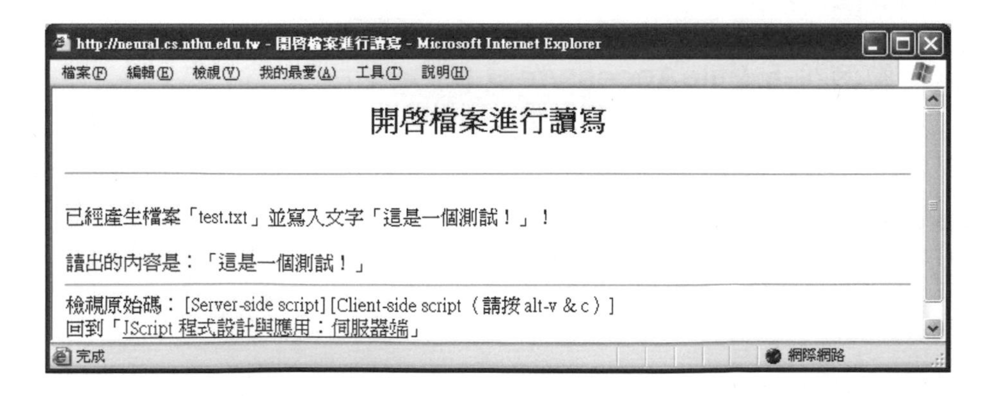

此範例的原始碼如下：

範例20-4（fileAccess/openTextFile01.asp）：

```
...
<%
fileName = "test.txt";
fso = new ActiveXObject("Scripting.FileSystemObject");
// 寫入檔案
fid = fso.OpenTextFile(Server.MapPath(fileName), 2, true);     // 2 代表
    寫入，true 代表若檔案不存在，則自動產生新檔案
string = "這是一個測試！";
fid.WriteLine(string);
fid.Close();
Response.Write("<p>已經產生檔案「" + fileName + "」並寫入文字「" + string
    + "」！");
// 讀出檔案
fid = fso.OpenTextFile(Server.MapPath(fileName), 1);     // 1 代表唯讀
output = fid.ReadAll();
fid.Close();
Response.Write("<p>讀出的內容是：「" + output + "」");
%>
...
```

所產生的檔案內容如下：

範例20-5（fileAccess/test.txt）：

```
這是一個測試！
```

若要檢查硬碟空間，可見此範例（fileAccess/diskSpace01.asp）：

此範例的原始碼如下：

範例20-6（fileAccess/diskSpace01.asp）：

```
...
<%
function showDriveInfo(drivePath){
    var fso = Server.CreateObject("Scripting.FileSystemObject");
    var d = fso.GetDrive(drivePath);
    s = "Volume name = " + d.VolumeName + ", FreeSpace = " +
    d.FreeSpace/1024 + " KB";
    return(s);
}
%>
<%Response.write("c:/ ===> "+showDriveInfo("c:/")+"<br>");%>
<%Response.write("d:/ ===> "+showDriveInfo("d:/")+"<br>");%>
...
```

20-2 目錄處理

我們也可以使用 FileSystemObject 物件的 GetFolder() 方法，抓出目錄物件，然後列舉此目錄物件的屬性。例如（fileAccess/dirProp01.asp）：

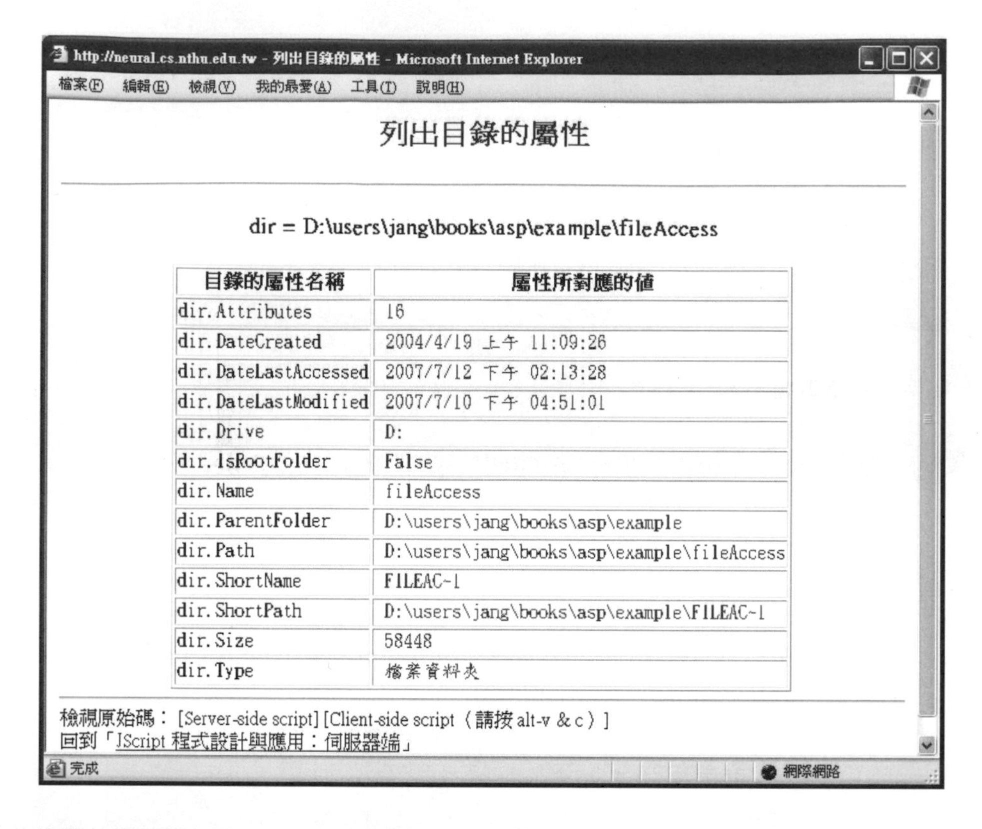

此範例的原始碼如下：

範例20-7（fileAccess/dirProp01.asp）：

```
...
<%
fso = Server.CreateObject("Scripting.FileSystemObject");
fullPath = Request.ServerVariables("PATH_TRANSLATED");
parentDir = fso.GetParentFolderName(fullPath);
dir = fso.GetFolder(parentDir);
methods = [
    "Attributes",
    "DateCreated",
    "DateLastAccessed",
    "DateLastModified",
```

```
    "Drive",
    "IsRootFolder",
    "Name",
    "ParentFolder",
    "Path",
    "ShortName",
    "ShortPath",
    "Size",
//  "SubFolders",
    "Type"];
%>
<h3 align=center>dir = <%=dir%></h3>
<table border=1 align=center>
<tr><th>目錄的屬性名稱<th>屬性所對應的值
<% for (i=0; i<methods.length; i++){
    cmd = "dir." + methods[i]; %>
    <tr><td><%=cmd%><td> <font
    color=green><%=eval(cmd)%></font>
<%}%>
</table>
...
```

另外在某些情況下，我們希望能開放目錄的瀏覽權限，讓使用者看到目錄裡的檔案名稱，這也可以用 JavaScript 程式碼來達成。事實上，「開放目錄瀏覽權限」的功能可經由 Web 伺服器的管理系統來達成，但是要修改此選項，你必須具有管理者的權限。我們的範例是直接使用 JavaScript 程式碼來達成此功能，因此不需要修改伺服器的設定。請見此範例（fileAccess/fileList01.asp）：

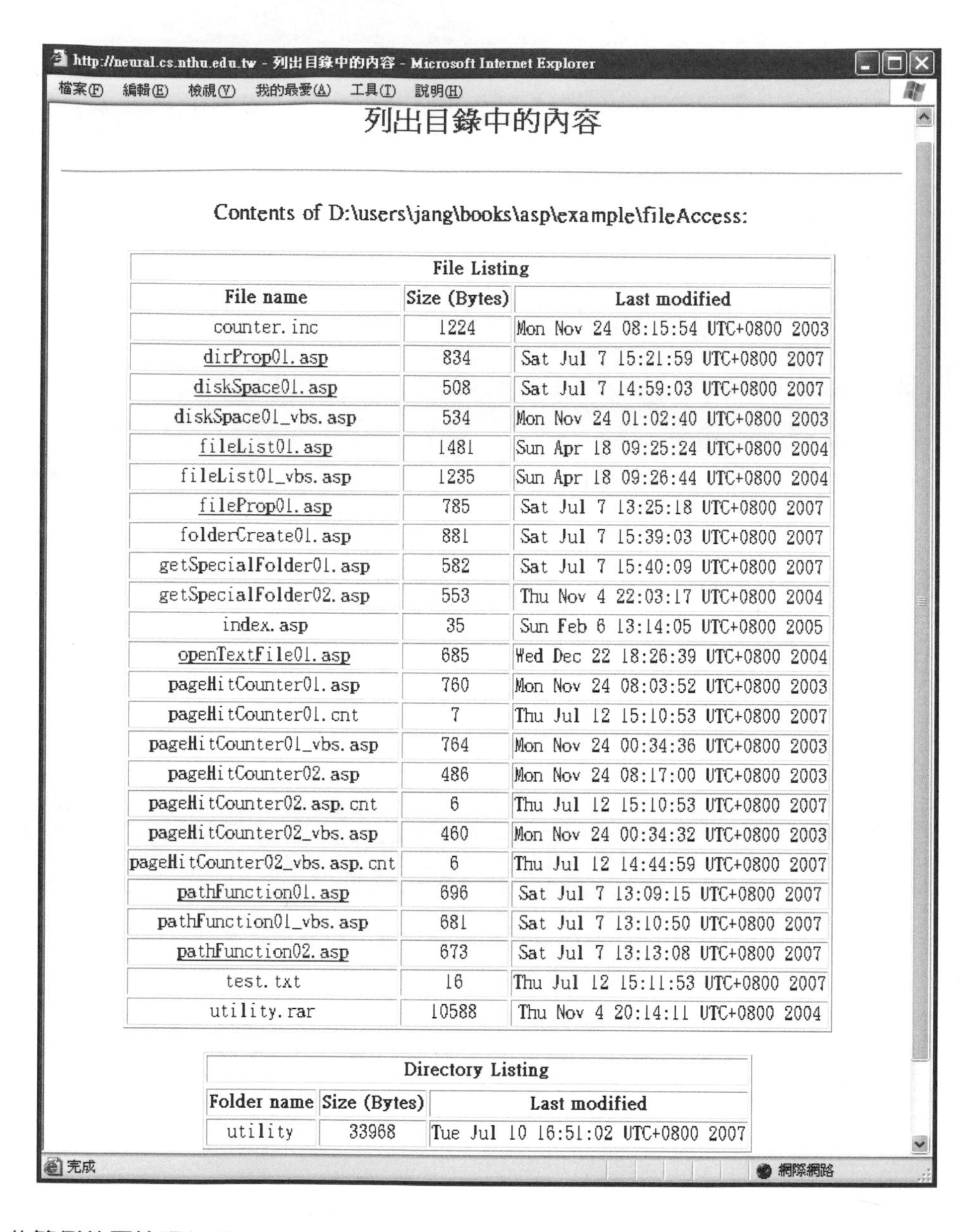

列出目錄中的內容

Contents of D:\users\jang\books\asp\example\fileAccess:

File Listing		
File name	Size (Bytes)	Last modified
counter.inc	1224	Mon Nov 24 08:15:54 UTC+0800 2003
dirProp01.asp	834	Sat Jul 7 15:21:59 UTC+0800 2007
diskSpace01.asp	508	Sat Jul 7 14:59:03 UTC+0800 2007
diskSpace01_vbs.asp	534	Mon Nov 24 01:02:40 UTC+0800 2003
fileList01.asp	1481	Sun Apr 18 09:25:24 UTC+0800 2004
fileList01_vbs.asp	1235	Sun Apr 18 09:26:44 UTC+0800 2004
fileProp01.asp	785	Sat Jul 7 13:25:18 UTC+0800 2007
folderCreate01.asp	881	Sat Jul 7 15:39:03 UTC+0800 2007
getSpecialFolder01.asp	582	Sat Jul 7 15:40:09 UTC+0800 2007
getSpecialFolder02.asp	553	Thu Nov 4 22:03:17 UTC+0800 2004
index.asp	35	Sun Feb 6 13:14:05 UTC+0800 2005
openTextFile01.asp	685	Wed Dec 22 18:26:39 UTC+0800 2004
pageHitCounter01.asp	760	Mon Nov 24 08:03:52 UTC+0800 2003
pageHitCounter01.cnt	7	Thu Jul 12 15:10:53 UTC+0800 2007
pageHitCounter01_vbs.asp	764	Mon Nov 24 00:34:36 UTC+0800 2003
pageHitCounter02.asp	486	Mon Nov 24 08:17:00 UTC+0800 2003
pageHitCounter02.asp.cnt	6	Thu Jul 12 15:10:53 UTC+0800 2007
pageHitCounter02_vbs.asp	460	Mon Nov 24 00:34:32 UTC+0800 2003
pageHitCounter02_vbs.asp.cnt	6	Thu Jul 12 14:44:59 UTC+0800 2007
pathFunction01.asp	696	Sat Jul 7 13:09:15 UTC+0800 2007
pathFunction01_vbs.asp	681	Sat Jul 7 13:10:50 UTC+0800 2007
pathFunction02.asp	673	Sat Jul 7 13:13:08 UTC+0800 2007
test.txt	16	Thu Jul 12 15:11:53 UTC+0800 2007
utility.rar	10588	Thu Nov 4 20:14:11 UTC+0800 2004

Directory Listing		
Folder name	Size (Bytes)	Last modified
utility	33968	Tue Jul 10 16:51:02 UTC+0800 2007

此範例的原始碼如下：

範例20-8（fileAccess/fileList01.asp）：

```
...
<%
fso = Server.CreateObject("Scripting.FileSystemObject");
fullPath = Server.MapPath(".");
fd = fso.GetFolder(fullPath);
%>

<h3 align=center>
Contents of <%=fullPath%>:
</h3>
<table border=1 align=center>
<tr>
<th colspan=3>File Listing</th>
<tr>
<th>File name</th><th>Size (Bytes)</th><th>Last modified</th>
<%
var fileList=new Enumerator(fd.files);
for (fileList.moveFirst(); !fileList.atEnd(); fileList.moveNext()){
    Response.Write("<tr align=center>");
    Response.Write("<td><a href=\"" + fileList.item().name + "\">" +
    fileList.item().name + "</a></td>");
    Response.Write("<td>" + fileList.item().size + "</td>");
    Response.Write("<td>" + fileList.item().DateLastModified + "</td>");
    Response.Write("</tr>");
}
%>
</table>
<br>
<table border=1 align=center>
<tr>
<th colspan=3>Directory Listing</th>
<tr>
```

```
<tr>
<th>Folder name</th><th>Size (Bytes)</th><th>Last modified</th>
<%
var dirList=new Enumerator(fd.SubFolders);
for (dirList.moveFirst(); !dirList.atEnd(); dirList.moveNext()){
     Response.Write("<tr align=center>");
     Response.Write("<td><a href=\"" + dirList.item().name + "\">" +
     dirList.item().name + "</a></td>");
     Response.Write("<td>" + dirList.item().size + "</td>");
     Response.Write("<td>" + dirList.item().DateLastModified + "</td>");
     Response.Write("</tr>");
}
%>
</table>
...
```

若在伺服器預設此檔案為目錄中的主文件，則當使用者連結到目錄時，會自動開啟此檔案，使用者就會看到所有目錄內容的列表。

我們也可以使用 JavaScript 來建立及刪除目錄，可見此範例（fileAccess/folderCreate01.asp）：

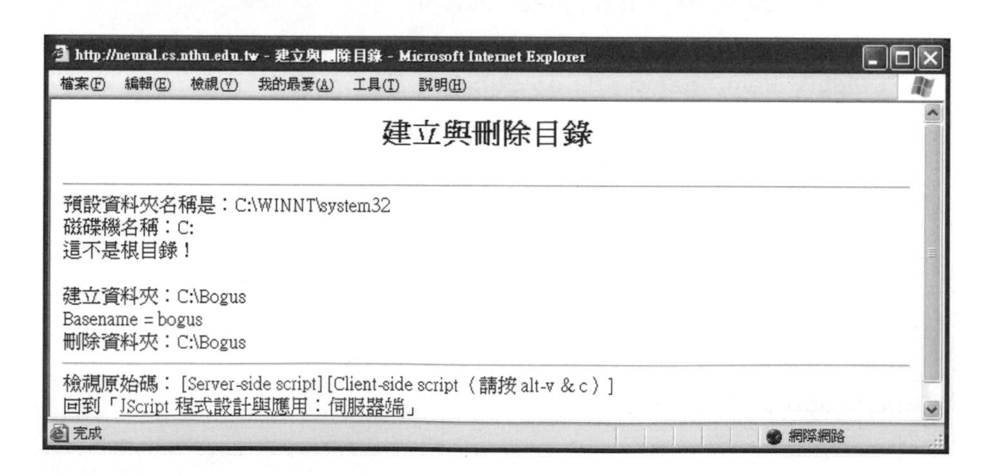

此範例的原始碼如下：

範例20-9（fileAccess/folderCreate01.asp）：

```
...
<%
fso = new ActiveXObject("Scripting.FileSystemObject");
folder = fso.GetFolder("c:");                    // 取得 Folder 物件
Response.Write("預設資料夾名稱是：" + folder + "<br>");      // 列印預
    設資料夾名稱
Response.Write("磁碟機名稱：" + folder.Drive + "<br>");      // 列印磁
    碟名稱
if (folder.IsRootFolder)                         // 檢查是否是根目錄
    Response.Write("這是根目錄！");
else
    Response.Write("這不是根目錄！");

Response.Write("<br><br>");
fso.CreateFolder ("C:\\Bogus");                           // 建立一個資
    料夾
Response.Write("建立資料夾：C:\\Bogus" + "<br>");
Response.Write("Basename = " + fso.GetBaseName("c:\\bogus") +
    "<br>");  // 列印資料夾的基底名稱。
fso.DeleteFolder ("C:\\Bogus");                           // 刪除資料夾。
Response.Write("刪除資料夾：C:\\Bogus" + "<br>");
%>
...
```

我們可以使用 GetSpecialFolder() 函式來取用特殊的目錄，對於不同的輸入參數，會回傳不同的特殊目錄，列表如下：

整理：

輸入參數值	回傳目錄	典型值
0	Windows 資料夾，包含由 Windows 作業	C:\WINDOWS

	系統所安裝的檔案	
1	System 資料夾，包含程式庫、字型和週邊設備驅動程式	C:\WINDOWS\system32
2	暫存資料夾，是用來儲存暫存檔。它的路徑設在 TMP 環境變數中	C:\WINDOWS\Temp

GetSpecialFolder() 的使用範例如下（fileAccess/getSpecialFolder01.asp）：

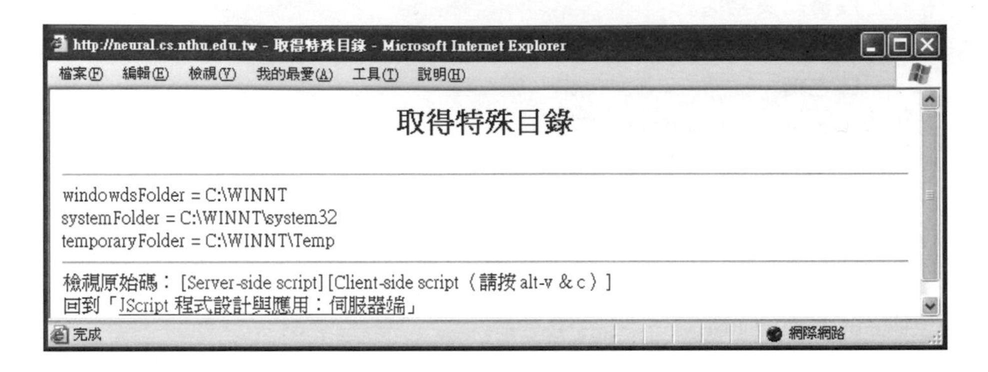

此範例的原始碼如下：

範例20-10（fileAccess/getSpecialFolder01.asp）：

```
...
<%
fso = new ActiveXObject("Scripting.FileSystemObject");
windowsFolder = fso.GetSpecialFolder(0);  // Windows 資料夾
systemFolder = fso.GetSpecialFolder(1);          // System 資料夾
temporaryFolder = fso.GetSpecialFolder(2);       // 暫存資料夾
Response.Write("windowdsFolder = " + windowsFolder.Path + "<br>");
Response.Write("systemFolder = " + systemFolder.Path + "<br>");
Response.Write("temporaryFolder = " + temporaryFolder.Path + "<br>");
%>
...
```

有時候在程式處理過程中，需要寫入一個暫存檔案，此時我們就可以使用 GetSpecialFolder(2) 來取得系統預設的暫存資料夾，並用 GetTempName() 來取得暫存檔案名稱，可見此範例（fileAccess/getSpecialFolder02.asp）：

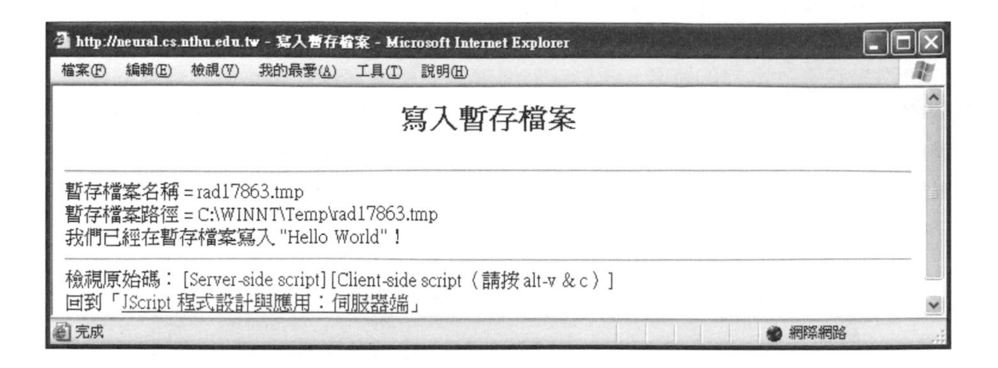

當你重新載入此網頁時，將會發覺每次暫存檔案名稱都會不同，因此不會蓋掉原有的檔案名稱。你可以到此範例網頁所印出的暫存檔案路徑，看看此檔案內容是否為「Hello World」。此範例的原始碼如下：

範例20-11（fileAccess/getSpecialFolder02.asp）：

```
...
<%
fso = new ActiveXObject("Scripting.FileSystemObject");
tempFile = fso.GetTempName();
Response.Write("暫存檔案名稱 = " + tempFile + "<br>");
tempDir = fso.GetSpecialFolder(2);
Response.Write("暫存檔案路徑 = " + tempDir.Path + "\\" + tempFile +
    "<br>");
fid = tempDir.CreateTextFile(tempFile);
fid.writeline("Hello World");
fid.close();
Response.Write("我們已經在暫存檔案寫入 \"Hello World\"！<br>");
%>
...
```

20-3 應用範例一：計數網頁

本節將使用兩個小範例來說明如何使用 JavaScript 進行檔案讀取與目錄讀取的應用。

首先我們先看看計數器的範例。我們在前面幾個小節也曾經介紹過計數網頁的範例，那些範例是利用 Application 和 Session 變數來達到計數的功能，由於這些變數都儲存在記憶體中，因此這些計數資料會因伺服器的重開機而流失。而本小節中的計數網頁，是將計數資料儲存在一個計數檔案之中，比較穩定，請見此範例（fileAccess/pageHitCounter01.asp）：

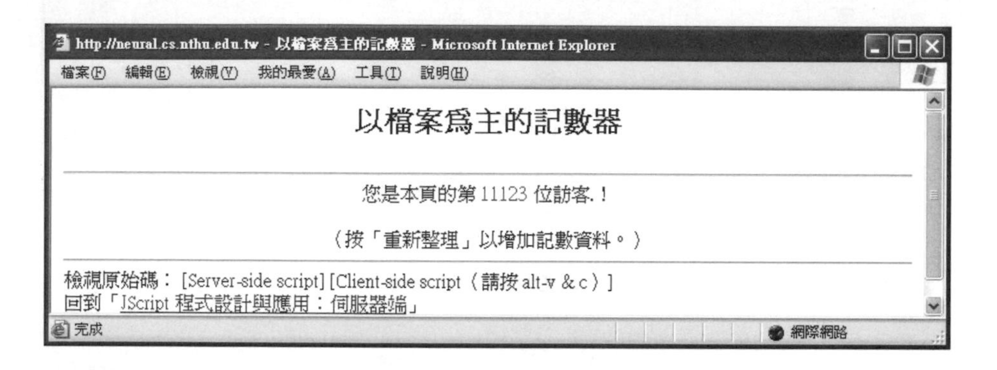

在上述範例中，只要使用者按下瀏覽器的「重新整理」，計數器就會加 1。此範例的原始碼如下：

範例20-12（fileAccess/pageHitCounter01.asp）：

```
...
<%
fso = new ActiveXObject("Scripting.FileSystemObject");
countFile = Server.MapPath("pageHitCounter01.cnt");      // 找出計數檔
    案在硬碟中的實際位置
fid = fso.OpenTextFile(countFile, 1);              // 開啟唯讀檔案
count = fid.ReadLine();                        // 從檔案讀出計數資料
fid.Close();                              // 關閉檔案
count++;                              // 增加計數資料
fid = fso.OpenTextFile(countFile, 2);              // 開啟檔案並允許寫入
```

```
fid.WriteLine(count);                          // 寫入檔案
fid.Close();                                   // 關閉檔案
%>

<center>
您是本頁的第 <font color=green><%=count%></font> 位訪客.！
<p>（按「<a href="javascript:history.go(0)">重新整理</a>」以增加計數資
    料。）
</center>
...
```

由上述程式碼可看出，我們必須先產生一個 FileObject 的物件，再經由此物件的 OpenTextFile 方法來開啟計數檔案並回傳檔案指標 Out，然後再經由 Out 的 ReadLine 和 WriteLine 方法來對檔案進行讀取和寫入。但在使用此計數網頁之前，我們必須先準備一個計數檔案（在此例是 pageHitCounter.cnt），以便儲存計數資料。由於計數資料室儲存在檔案之中，因此並不會因為伺服器的重開機而造成計數資料的流失。

我們也可以將計數功能寫成一個函數，並讓程式碼自動去尋找計數檔案，這時候只要網頁導入包含此函數的檔案，就可以具備計數功能。例如（fileAccess/pageHitCounter02.asp）：

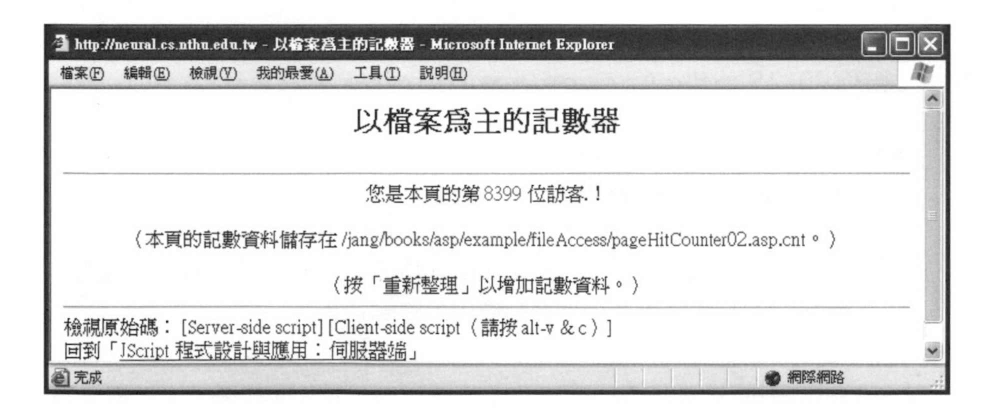

在上述範例中，只要使用者按下瀏覽器的「重新整理」，計數器就會加 1。此範例的原始碼如下：

範例20-13（fileAccess/pageHitCounter02.asp）：

```
...
<center>
您是本頁的第 <font color=green><%=pageHitCounter()%></font> 位訪
    客.！
<%counterFile=Request.ServerVariables("URL") + ".cnt";%>
<p>（本頁的計數資料儲存在 <a
    href="<%=counterFile%>"><%=counterFile%></a>。）
<p>（按「<a href="javascript:history.go(0)">重新整理</a>」以增加計數資
    料。）
</center>
...
```

記錄計數資料的檔案則是在：

範例20-14（fileAccess/pageHitCounter02.asp.cnt）：

```
8399
```

而 counter.inc 的原始碼如下：

範例20-15（fileAccess/counter.inc）：

```
<script runat=server language=jscript>
function pageHitCounter(){
    fso = new ActiveXObject("Scripting.FileSystemObject");
    counterFile = Request.ServerVariables("PATH_TRANSLATED") +
    ".cnt";     // 找出計數檔案在硬碟中的實際位置
    fid = fso.OpenTextFile(counterFile, 1);            // 開啟唯讀檔案
    count = fid.ReadLine();                        // 從檔案讀出計數資料
    fid.Close();                               // 關閉檔案
    count++;                               // 增加計數資料
    fid = fso.OpenTextFile(counterFile, 2);            // 開啟檔案並允許寫
    入
```

```
    fid.WriteLine(count);                         // 寫入檔案
    fid.Close();                          // 關閉檔案
    return(count);
}
</script>

<script runat=server language=vbscript>
Function pageHitCounter
    Set fso = Server.CreateObject("Scripting.FileSystemObject")
    counterFile=Request.ServerVariables("PATH_TRANSLATED") &
    ".cnt"     ' 找出計數檔案在硬碟中的實際位置
    'Response.Write(counterFile)
    Set Out= fso.OpenTextFile(counterFile, 1, FALSE, FALSE)     ' 開
    啟唯讀檔案
    count = Out.ReadLine                          ' 從檔案讀出計數資料
    Out.Close                         ' 關閉檔案
    count= count+1                                ' 增加計數資料
    Set Out= fso.CreateTextFile (counterFile, TRUE, FALSE)  ' 開啟檔案
    並允許寫入
    Out.WriteLine(count)                          ' 寫入檔案
    Out.Close                         ' 關閉檔案
    pageHitCounter=count                          ' 回傳資料
End Function
</script>
```

在上述範例中，計數檔案的名稱都是原網頁檔案名稱再加上 ".cnt"，因此只要在原網頁導入 count.inc，此網頁就具有個別計數功能。此外，此檔案包含兩個函數，可以分別用在 JScript 和 VBScript。

20-4 應用範例二：線上檔案修改

一般而言，若要從遠方修改伺服器端的網頁，有下列兩種方式：

1. 經由「遠端桌面」或 telnet 連上伺服器，然後再修改檔案。
2. 經由 ftp 連上伺服器，下載相關檔案並修改後，再經由 ftp 上傳檔案至伺服器。（UltraEdit 就有此內建的功能。）

事實上，我們也可以經由 Web 程式的技術，經由瀏覽器來修改遠端的伺服器檔案，請見此範例（editfile/example.asp）：

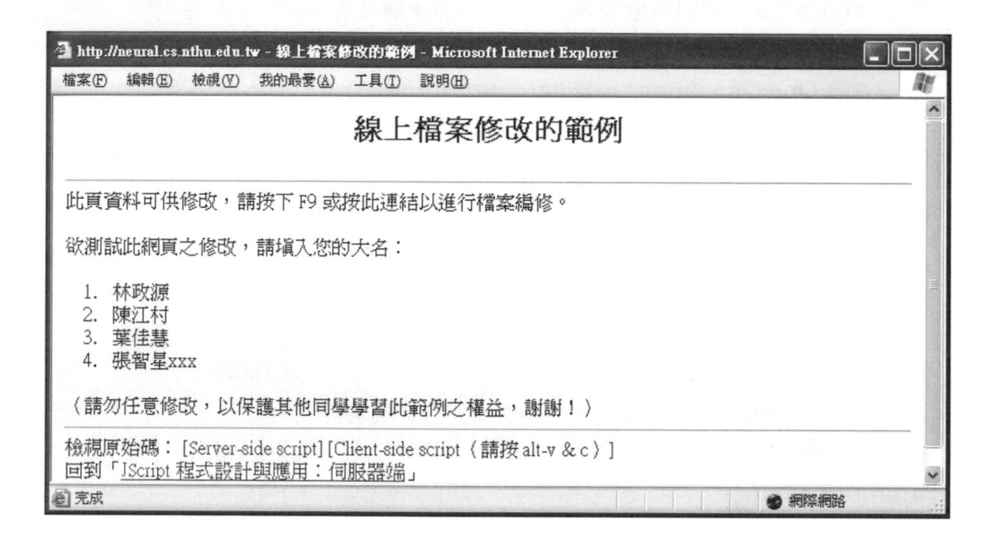

上述範例的原始檔如下：

範例20-16（editfile/example.asp）：

```
…
<script>
function editfile(){
     if (event.keyCode==120)// 按下 F9 即可進行修改！
          document.location="editfile.asp?FileName=<%=Request.Serve
rVariables("PATH_INFO")%>";
```

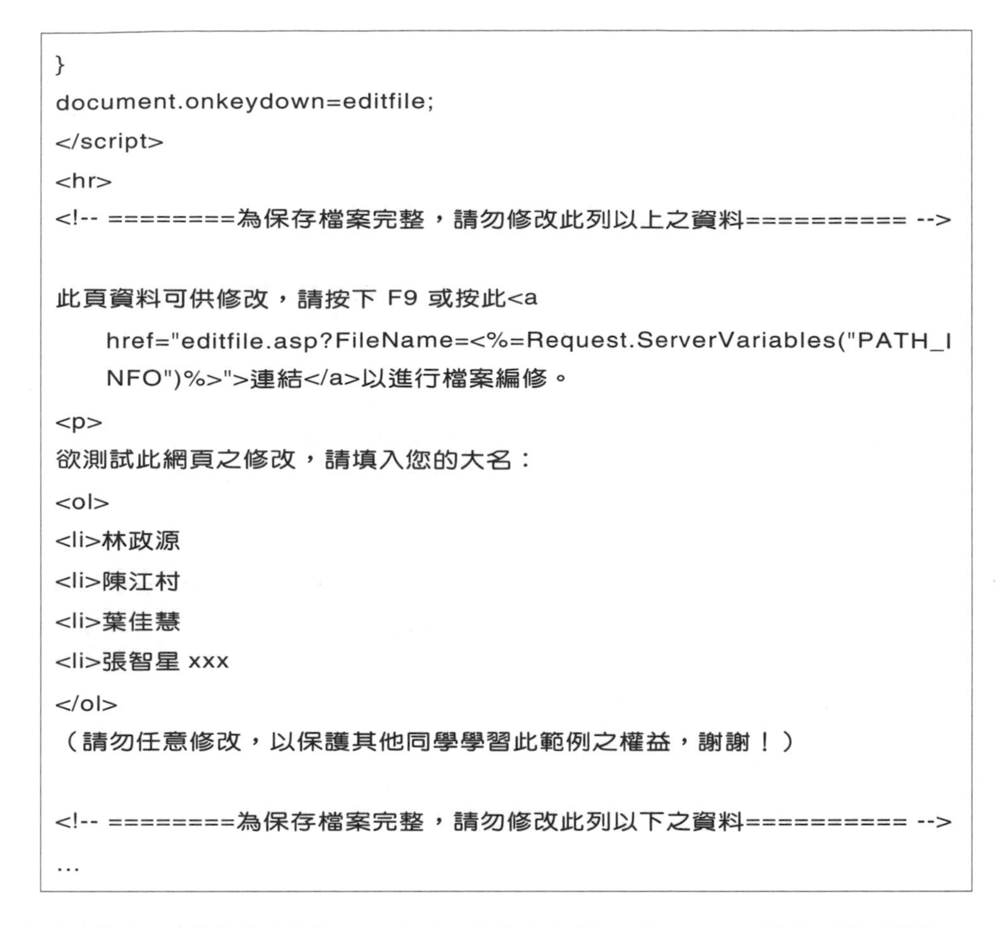

```
}
document.onkeydown=editfile;
</script>
<hr>
<!-- ========為保存檔案完整，請勿修改此列以上之資料========== -->

此頁資料可供修改，請按下 F9 或按此<a
    href="editfile.asp?FileName=<%=Request.ServerVariables("PATH_I
    NFO")%>">連結</a>以進行檔案編修。
<p>
欲測試此網頁之修改，請填入您的大名：
<ol>
<li>林政源
<li>陳江村
<li>葉佳慧
<li>張智星 xxx
</ol>
（請勿任意修改，以保護其他同學學習此範例之權益，謝謝！）

<!-- ========為保存檔案完整，請勿修改此列以下之資料========== -->
...
```

在上述範例中，只要使用者按下 F9，或點選某個特定連結，就可以開啟檔案並進行編輯。欲瞭解此範例，請各位同學直接開啟此範例並測試檔案編輯的功能。

在此範例中，總共牽涉到兩個檔案，分別說明如下：

example.asp

此為可編輯之網頁，可經由 F9 按鍵來進行以網頁為介面的編修。

editfile.asp

本頁之任務為讀入需要編修的檔案，並以 textarea 的方式呈現在瀏覽器中，以方便使用者編修。本網頁亦使用了用戶端的 JavaScript 來定義一些熱鍵，以便使用者能夠輸入定位鍵，並按 F12 來儲存檔案。

本範例可以加入密碼認證功能，以便只允許知道帳號密碼的使用者來進行檔案編輯。

但特別要注意的是：此種經由網頁來編輯遠端檔案的功能，雖然很方便，但是也很有可能造成安全性的漏洞，不可不慎！（你可以嘗試使用 editFile.asp 來編輯其他任意網頁，看看是否有漏洞可循。）

20-5 應用範例三：MATLAB程式碼分享

在我們實驗室進行研究的過程中，每個人都會開發相關的 MATLAB 程式，並彙整成一個個工具箱（Toolbox），以便他人使用。但是在發展的過程中，程式碼常常需要修改，為了方便管理，我們把相關的說明也放在程式碼內，如何能一目瞭然地看到這些說明，是一件很重要的工作。

因此我特別準備了一個個人開發的工具箱的 web 介面，能夠即時地抓出 MATLAB 程式檔案內的重要說明，並列出於網頁。當然，要能使用這個功能，所有程式設計者在撰寫 MATLAB 程式時，相關的說明文字必須符合一些規範，這些規範可見下列範例網頁在最底部的說明（fileAccess/utility/index.asp）：

http://neural.cs.nthu.edu.tw - Utility Toolbox: MATLAB 程式說明 - Microsoft Internet Explorer

檔案(F) 編輯(E) 檢視(V) 我的最愛(A) 工具(T) 說明(H)

Utility Toolbox: MATLAB 程式說明

張智星

●簡要說明

本工具箱提供 MATLAB 常用的公用函數，也歡迎大家貢獻。

●整個目錄壓縮檔：utility.rar

●需要共用的工具箱

無。

●函數列表

檔案名稱	單列說明	函數用法	檔案大小
fileRead.m	fileRead: Read the contents of a file and put it into a cell string	contents = fileRead(fileName)	870
fileWrite.m	fileWrite: Write a cell string to a file	fileWrite(cellStr, fileName)	781
findInc.m	findInc: Find included files in a given C file	out = findInc(fileName)	1051
findRecord.m	findRecord: Find a record according to a field's value	index = findRecord(record, field, fieldValue, exactMatch)	764
getHomePage.m	getHomePage: Get homepage from a given url address	contents = getHomePage (urlAddress)	955
join.m	join: Join a cell string based on a given delimiter	str = join(cellStr, delimiter)	704

網際網路

在上述網頁中，我們使用 JScript 來及時抽取出來每一個 MATLAB 函式的說明，並彙整在網頁上。同時我們也根據每一個檔案格式的不同，來分類成函式檔案（Function Files）和底稿檔案（Script Files），分開顯示。此範例的原始碼較長，由於篇幅有限，不在此列出，有興趣研讀原始碼的讀者，可以直接參考本書的範例光碟。

第二十一章

ASP 其他應用範例

本章重點

本章說明幾個常見的應用，這些應用都使用了 JavaScript/JScript 在用戶端及伺服器的功能，充分發揮其效能。

21-1 元件的應用：網頁抓取與繁簡互換

在 ASP 中，我們可以使用微軟作業系統內建的 WinHttp.WinHttpRequest.5.1 元件來抓取其他網頁資訊，進行處理後，再展示處理後的結果。例如，下列範例使用 WinHttp.WinHttpRequest.5.1 元件來抓取 Google 的首頁（http://www.google.com.tw），然後顯示此網頁的原始碼，如下（getWebPage/showSource01.asp）：

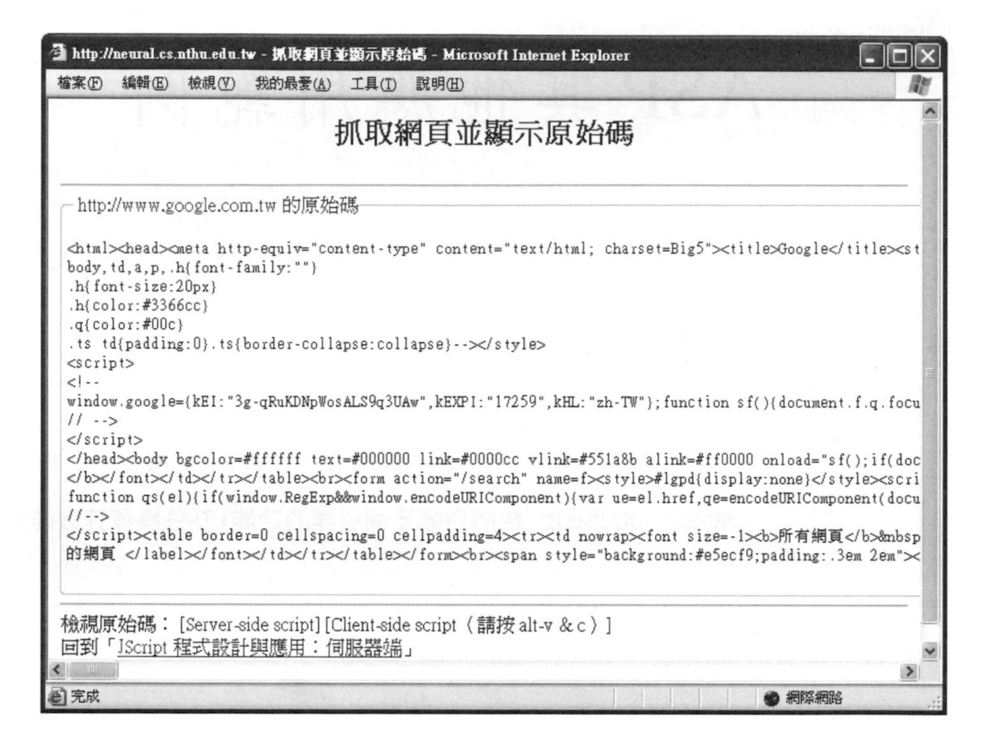

上述範例的原始碼如下：

範例21-1（getWebPage/showSource01.asp）：

```
...
<%
url="http://www.google.com.tw";          // The URL to download
httpReq = new ActiveXObject("WinHttp.WinHttpRequest.5.1");
httpReq.Open("GET", url, false);
```

```
httpReq.Send();                    // Download the file
content = httpReq.ResponseText;
%>

<fieldset>
<legend><a target=_blank href="<%=url%>"><%=url%></a> 的原始碼
    </legend>
<xmp><%=content%></xmp>
</fieldset>
...
```

在上述範例中，由於 Google 的首頁是以 utf-8 編碼，WinHttp.WinHttpRequest.5.1 剛好能夠支援，所以一切沒有問題。但是如果你要抓的網頁是以 big5 編碼，那回傳的內容必須經由編碼過程，才能呈現正確結果，否則就會出現亂碼。在下面這個範例中，我們抓取一個大五碼的網頁，並使用另外一個元件 adodb.stream 來進行編碼（getWebPage/showSource03.asp）：

上述範例的原始碼如下：

範例21-2（getWebPage/showSource03.asp）：

```
...
<%
url="http://neural.cs.nthu.edu.tw/jang/books/html/example/image02.htm"
    ;
// Step 1: 使用 WinHttp.WinHttpRequest 元件來抓取網頁
WinHttpReq = new ActiveXObject("WinHttp.WinHttpRequest.5.1");
WinHttpReq.Open("GET", url, false);
WinHttpReq.Send();                          // Download the file
content = WinHttpReq.ResponseBody;// 抓回 binary 的資料
```

```
// Step 2: 使用 adodb.stream 元件來進行文件編碼
oStream = new ActiveXObject("adodb.stream");
oStream.Type=1;                    // 以二進位方式操作
oStream.Mode=3;                    // 可同時進行讀寫
oStream.Open();                    // 開啟物件
oStream.Write(content);            // 將 content 寫入物件內
oStream.Position=0;                // 從頭開始
oStream.Type=2;                    // 以文字模式操作
oStream.Charset="Big5";            // 設定編碼方式
result= oStream.ReadText();// 將物件內的文字讀出
%>

<fieldset>
<legend><a target=_blank href="<%=url%>"><%=url%></a> 的原始碼
    </legend>
<xmp><%=result%></xmp>
</fieldset>
...
```

在上述範例中，我們使用了 adodb.stream 元件，此元件提供了處理 binary 及 ascii 資料的各種方法，功能很強大。範例原始碼有相關註解，在此不再贅述。若要知道此元件的其他用法，讀者可以在 Google 輸入 adodb.stream，就可以找到相關的網頁說明。

我們也可以抓出網頁後，立刻使用另一個元件 Hokoy.WordKit 來將此網頁內容轉成簡體文字，再呈現於網頁，範例如下（getWebPage/big5toGb01.asp）：

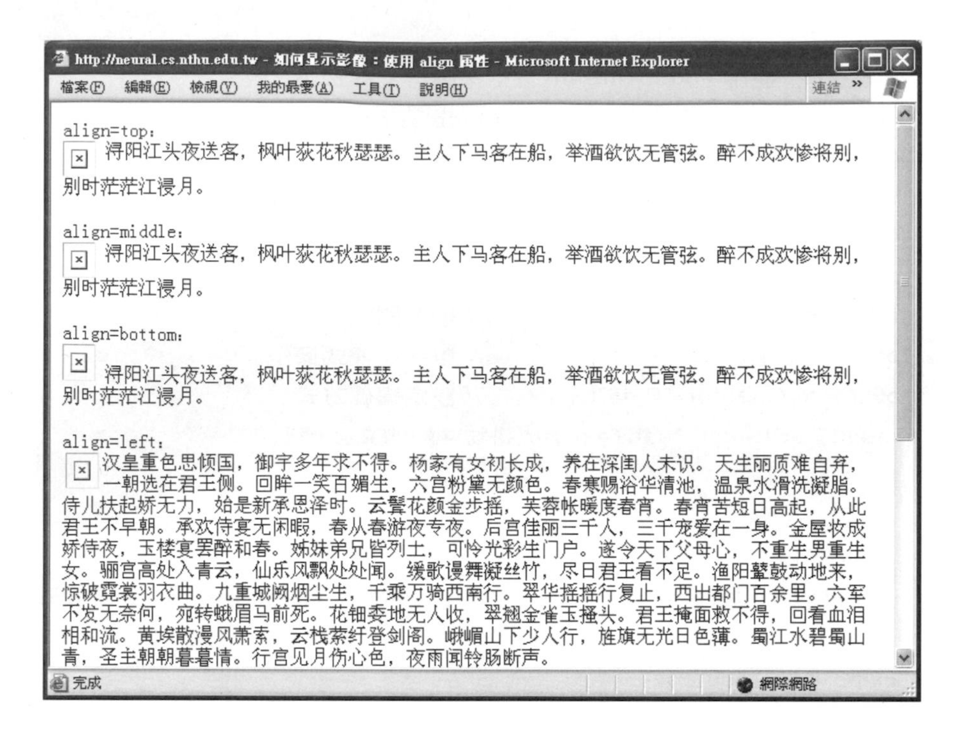

此範例的原始碼如下：

範例21-3（getWebPage/big5toGb01.asp）：

```
<%@language=jscript%>
<%
url="http://neural.cs.nthu.edu.tw/jang/books/html/example/image02.htm"
    ;
// Step 1: 使用 WinHttp.WinHttpRequest 來抓取網頁
WinHttpReq = new ActiveXObject("WinHttp.WinHttpRequest.5.1");
WinHttpReq.Open("GET", url, false);
WinHttpReq.Send();                    // Download the file
content = WinHttpReq.ResponseBody;
// Step 2: 使用 adob.stream 來進行網頁資料編碼
oStream = new ActiveXObject("adodb.stream");
oStream.Type=1;
oStream.Mode=3;
```

```
oStream.Open();
oStream.Write(content);
oStream.Position=0;
oStream.Type=2;
oStream.Charset="Big5"
result= oStream.ReadText();
// Step 3: 使用 Hokoy.WordKit 來轉換成簡體
wordToolObj = new ActiveXObject("Hokoy.WordKit");
gbContent=wordToolObj.Big5toGB(result);
// Step 4: 改變網頁編碼並將資料呈現於網頁
Response.Charset="gb2312";
Response.Write(gbContent);
%>
```

在上述範例的原始碼中，可以看出我們做法如下：

1. 使用 WinHttp.WinHttpRequest.5.1 元件來抓取一個網頁的內容。
2. 使用 adodb.stream 元件來將所抓到的 binary 資料轉為 big5 編碼。
3. 使用 Hokoy.WordKit 元件來將繁體轉成簡體。
4. 使用 Response.Charset 來將網頁編碼改為 "gb2312" 的簡體編碼，並將資料寫入網頁。

但由於我們先將網頁內容轉成簡體後，會在不同的路徑呈現網頁，因此所有相對路徑的連結都會發生錯誤。為解決此問題，我們的程式碼必須能夠判斷相對路徑連結的存在，並將之改成絕對路徑，再呈現於新網頁，我們將這一部份的實作當作本章的習題。

此外，上述範例中的 Hokoy.WordKit 是一個很好用的元件，除了可以將中文繁體轉成剪體外，還可以進行各種中文轉碼。此元件可由「老胡烘焙機」所提供，可由下列網址下載：

http://reg.softking.com.tw/freeware/index.asp?fid1=3&fid2=260&fid3=22195

下載 Hokoy.WordKit.dll 後，請註冊此元件：

1. 將 Hokoy.WordKit.dll 放到 c:\windows\system32 目錄下。
2. 開啟 DOS 視窗，進入 c:\windows\system32 目錄下，在 DOS 視窗輸入「regsvr32 Hokoy.WordKit.dll」，按「確定」後即完成安裝。

此 Hokoy.WordKit 元件功能可以列表如下：

整理：

函式名稱	輸入編碼類別	輸出編碼類別
GBtoBig5	GB	Big5
BIG5toGB	Big5	GB
GBtoUnicode	GB	Unicode
Big5toUnicode	Big5	Unicode
UnicodetoGB	Unicode	GB
UnicodetoBig5	Unicode	Big5
SCtoTC	Unicode 簡體字	Unicode 繁體字
TCtoSC	Unicode 繁體字	Unicode 簡體字

另一個從伺服器端來進行「繁體轉簡體」的解決方案，則可以避開相對路徑的修改，其流程如下：

1. 在需要轉簡體的網頁導入「繁轉簡」的程式碼檔案（如下述的 big5toGb.inc 檔案）。
2. 只要網址帶有「language=gb」的參數，上述程式碼就會將網頁內容轉為簡體。

我們先來看一個範例，假設原始繁體網頁如下（getWebPage/fullUrl01.asp）：

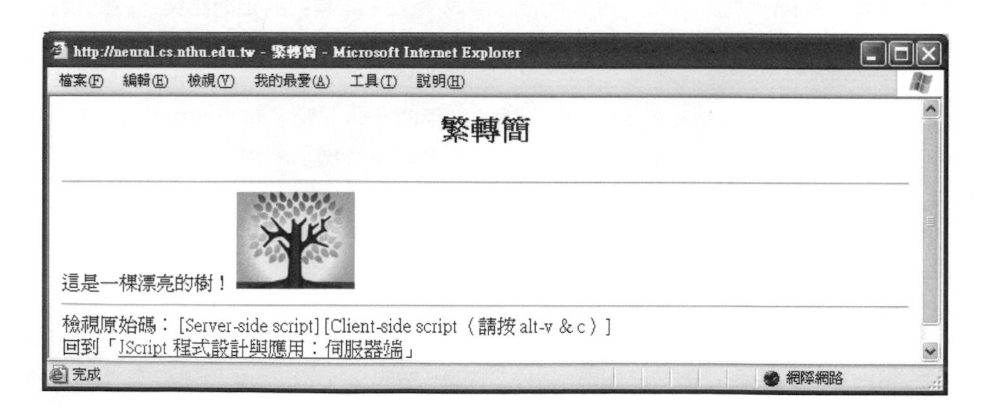

原始碼如下：

範例21-4（getWebPage/fullUrl01.asp）：

```
<%@language=JScript%>
<% title="繁轉簡" %>
<!--#include file="../head.inc"-->
<hr>
這是一棵漂亮的樹！
<img src="sbtree.gif">
<hr>
<!--#include file="../foot.inc"-->
```

若要將其改成簡體網頁，只需導入 big5toGb.inc 並在網址加入 language=gb 的選項，範例如下（getWebPage/fullUrl02.asp）：

此範例的原始碼如下：

範例21-5（getWebPage/fullUrl02.asp）：

```
<%@language=JScript%>
<!--#include file="big5toGb.inc"-->
<% title="繁轉簡" %>
<!--#include file="../head.inc"-->
<hr>
```

```
這是一棵漂亮的樹！
<img src="sbtree.gif">
<hr>
<!--#include file="../foot.inc"-->
```

在上述範例中，我們已經在原網頁加入繁體轉簡體的程式碼 big5toGb.inc，此時只要在原網頁的網址加上「?language=gb」，此時網頁的內容就會被轉成簡體中文。此外，由於並沒有路徑轉換的問題，因此原網頁使用相對路徑來顯示樹的影像，轉換後並沒有受到影響。

在上述範例中，所導入的「繁轉簡」程式碼檔案為 big5toGB.inc，內容如下：

範例21-6（getWebPage/big5toGb.inc）：

```
<%
// 取得此網頁的 http 絕對路徑
function getFullUrl(){
	var domainName=Request.ServerVariables("SERVER_NAME");
	var absPath=Request.ServerVariables("url");
	var queryString=Request.ServerVariables("query_string")+"";
	// 若有需要，加上 queryString
	if (queryString=="")
	 url="http://" + domainName + absPath;
	else
	 url="http://" + domainName + absPath + "?" + queryString;
	return(url);
}
// 若有 language=gb 的選項，則改成簡體
language=Request("language")+"";
//Response.Write("<script>alert('"+language+"')</script>");
if (language=="gb"){
	url=getFullUrl();
	url=url.replace(/language=gb&/g, "");	// 刪除 language=gb&
	url=url.replace(/language=gb/g, "");	// 刪除 language=gb
```

```
    // Step 1: 使用 WinHttp.WinHttpRequest 元件來抓取網頁
    WinHttpReq = new ActiveXObject("WinHttp.WinHttpRequest.5.1");
    WinHttpReq.Open("GET", url, false);
    WinHttpReq.Send();                   // Download the file
    content = WinHttpReq.ResponseBody;
    // Step 2: 使用 adodb.stream 元件來進行文件編碼
    oStream = new ActiveXObject("adodb.stream");
    oStream.Type=1;
    oStream.Mode=3;
    oStream.Open();
    oStream.Write(content);
    oStream.Position=0;
    oStream.Type=2;
    oStream.Charset="Big5"
    result= oStream.ReadText();
    // Step 3: 使用 Hokoy.WordKit 來轉換成簡體
    wordToolObj = new ActiveXObject("Hokoy.WordKit");
    gbContent=wordToolObj.Big5toGB(result);
    // Step 4: 改變網頁編碼並將資料呈現於網頁
    Response.Charset="gb2312";
    Response.Write(gbContent);
    Response.End();
}
%>
```

在上述程式碼中，其工作流程可以說明如下：

1. 若發覺有 language=gb 的選項，則刪除此選項，然後抓取網頁內容。
2. 將網頁內容轉成簡體。

21-2　通用式的應用：分色顯示ASP網頁

在前述的章節中，我們已經說明了如何使用 JavaScript 的通用表示法在用戶端進行字串比對與代換，利用同樣的方式，我們也以在伺服器端使用通用表示法來進行各種應用。本節將以各種檔案的分色顯示，來說明通用表示法的應用。

一般高階的文字編輯器就有「分色顯示」的功能，例如，如果我們使用 Ultraedit 來編輯一個 asp 檔案，所看到的內容如下：

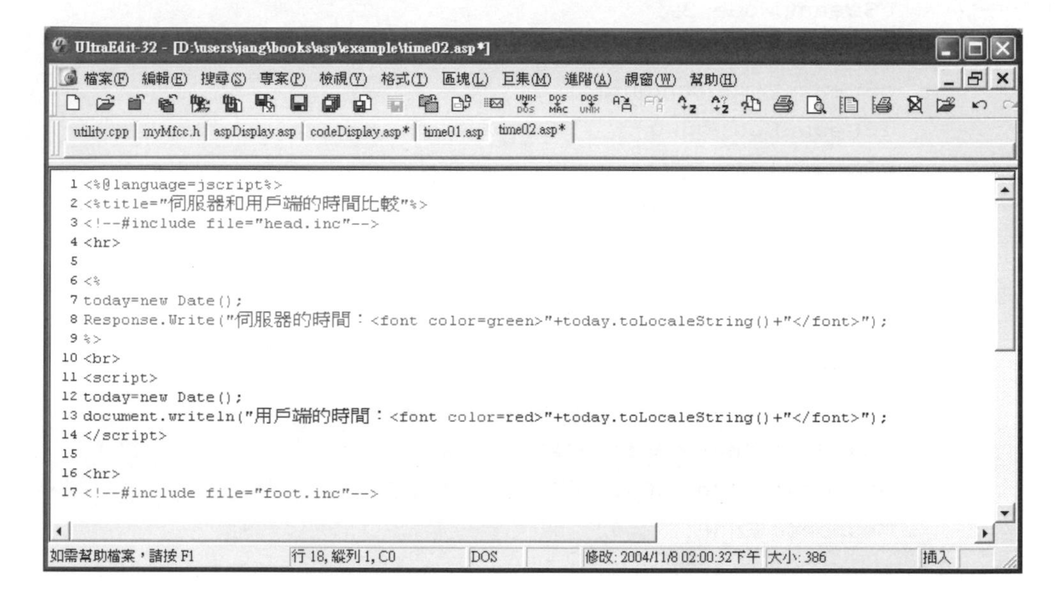

在上述 Ultraedit 的畫面顯示中，我們已經可以看出，Server-side 的程式碼都已經使用淡綠色顯示，而 Client-side 的重要標籤也都已經使用藍色來顯示，其他文字則以黑色顯示。以這種方式來顯示 asp 網頁，能夠讓人一目瞭然，立刻知道程式碼的重點，無論是要編輯或是教學，都會比較容易。

我們可以使用 JScript 的通用表示法來達到類似的功能，下面是一個簡單的入門範例（codeDisplay/aspDisplay.asp）：

上述範例的原始檔如下

 範例21-7（codeDisplay/aspDisplay.asp）：

```
...
<%
function fileRead(fileName){
    var fso = new ActiveXObject("Scripting.FileSystemObject");
    var fid = fso.OpenTextFile(realPath, 1);        // 開啟唯讀檔案
    var fileContents = fid.ReadAll();               // 讀取整個檔案的資料
    fid.Close();
```

```
    return(fileContents);
}

url=Request("url")+"";
if (url=="undefined"){
    Response.write("You need to specify the target URL!!!");
    Response.End();
}
realPath=Server.MapPath(url);                    // 檔案的實體路徑
contents = fileRead(realPath);                   // 讀取檔案內容
// Step1, 讓瀏覽器進行適當排版：
contents=contents.replace(/</g, "&lt;");         // 將「<」代換成「&lt;」，
    以避免瀏覽器進行排版
contents=contents.replace(/>/g, "&gt;");         // 將「>」代換成「&gt;」，
    以避免瀏覽器進行排版
contents=contents.replace(/\n/g, "<br>");        // 將換列代換成<br>
contents=contents.replace(/\t/g,
    "        ");        // 將
    定位鍵代換成八個空格
// Step 2, 將 Server-side JScript 顯示成紅色：
contents=contents.replace(/&lt;%/g, "<font color=red>&lt;%"); // 將
    「&lt;%」代換成「<font color=red>&lt;%」
contents=contents.replace(/%&gt;/g, "%&gt;</font>");          // 將
    「%&gt;」代換成「%&gt;</font>」
// Step 3, 將 Client-side JavaScript 顯示成藍色：
contents=contents.replace(/&lt;script&gt;/gi, "<font
    color=blue>&lt;script&gt;");
contents=contents.replace(/&lt;script language=javascript&gt;/gi, "<font
    color=blue>&lt;script language=javascript&gt;");
contents=contents.replace(/&lt;\/script&gt;/gi, "&lt;\/script&gt;<\/font>");
Response.write(contents);
%>
...
```

從上述原始碼中，我們可以知道，為達成各項功能，通用運算式所進行的代換如下：

1. 讓瀏覽器進行適當排版：
   - 將「<」代換成「<」，以避免瀏覽器進行排版
   - 將「>」代換成「>」，以避免瀏覽器進行排版
   - 將換列代換成「
」
   - 將定位鍵代換成八個空格
2. 將 Server-side JScript 顯示成紅色：
   - 將「<%」代換成「<font color=red><%」，也就是將原先的「<%」代換成「<font color=red><%」
   - 將「%>」代換成「%></font>」，也就是將原先的「%>」代換成「%></font>」
3. 將 Client-side JavaScript 顯示成藍色：
   - 將「<script>」代換成「<font color=blue><script>」，也就是將原先的「<script>」代換成「<font color=blue><script>」
   - 將「<script language=javascript>」代換成「<font color=blue><script language=javascript>」，也就是將原先的「<script language=javascript>」代換成「<font color=blue><script language=javascript>」
   - 將「</script>」代換成「</script></font>」，也就是將原先的「</script>」代換成「</script></font>」

當然，這些只是簡單的代換，如果遇到更複雜的程式碼，就必須加入其他代換功能，以使「分色顯示」的功能更完整。

第三篇

JavaScript 程式設計與應用：用於單機的 WSH 環境

第二十二章

WSH 基本介紹

本章重點

本章介紹 WSH 的背景及特色，以及入門範例，讓讀者對於 WSH 有基本的認識。

22-1 背景與特色

在 Windows 98 之前，微軟的作業系統只有提供 DOS 的批次檔案（Batch Files）來進行簡單的程式設計，以進行重複的工作，例如設定執行命令的搜尋路徑、複製大量檔案等等。但是批次檔的功能相當有限（只有簡單的條件敘述，連迴圈都需要繞好幾個彎才能達成），無法進行複雜的工作，因此當時若要在 Windows 上執行較複雜的工作（例如建立大量帳號和密碼），都只好靠其它的底稿語言（Scripting Languages），例如 Perl 等，但這些外來語言畢竟不是微軟血統出身，因此比較不能長驅直入地完成某些特定工作。

隨著 Web 的風行，VBScript 和 JavaScript 變成了相當普遍的網頁程式語言，微軟有鑑於此，於是發表了 WSH (Window Script Host)，是可以在作業系統進行直接執行的程式語言，可以支援 VBScript 和 JavaScript。由於 VBScript 和 JavaScript 的完備性，使得 WSH 馬上就變成在微軟作業系統上的標準底稿語言。對於不需要介面且重複性高的管理工作，WSH 能發揮強大的功能，你可以直接從 DOS 命令列呼叫 WSH 的程式碼，也可以在檔案總管直接點選來執行。

目前 WSH 可以使用 VBScript 和 JScript，這是預設的兩種語言。但事實上，微軟為 WSH 提供了一個開放的介面，可以讓協力廠商整合他們自己的語言引擎（Language Engines），例如 Perl、Tcl、Pithon、Rexx 等。

WSH 最適合重複性高、不需要介面的工作，例如：

- 備份或拷貝大量檔案。
- 建立大量帳號與密碼。
- 讀取環境變數或取得作業系統的相關資訊。
- 建立桌面的捷徑
- 設定網路印表機
- 設定網路相關資訊。
- 更改 Registry 的資訊。
- 抓取網頁的資訊。
- 與資料庫進行資料的存取。
- 進行大量資料的開啟與列印。

WSH 是跟著 Windows NT 4 Option Pack 一起發行，同時也是 Windows 98 的一部份，但是它並不會自動安裝，我們必須將它以 Windows 附加的元件來安裝。在安裝 Windows

2000時，會一併安裝WSH。如果你不確定你的作業系統是否已經安裝WSH，可以在DOS視窗下輸入「cscript」，如果得到類似下列的回應：

```
Microsoft (R) Windows Script Host Version 5.6
Copyright (C) Microsoft Corporation 1996-2001. All rights reserved.

用法: CScript scriptname.extension [選項...] [引數...]

選項:
 //B         批次模式: 不顯示 Script 錯誤和提示
 //D         啟用主動式偵錯
 //E:engine  使用該引擎來執行 Script
 //H:CScript 改變預設的 Script Host 為 CScript.exe
 //H:WScript 改變預設的 Script Host 為 WScript.exe (預設值)
 //I         互動式模式 (預設值，與 //B 恰相反)
 //Job:xxxx  執行一個 WSF 工作
 //Logo      顯示標誌 (預設值)
 //Nologo    不顯示標誌: 在執行階段不會出現標誌
 //S         為使用者儲存目前的命令行
 //T:nn      逾時值(單位為秒): 容許 Script 執行的最大時限
 //X         在偵錯工具中執行 Script
 //U         利用 Unicode 從主控台上重新引導 I/O
```

就表示你的作業系統已經安裝了WSH，而且版本是5.6。

如果你的DOS視窗無法執行cscript，就表示你的作業系統沒有安裝WSH，你可以從微軟的網頁來下載最新的WSH，網址如下：

http://www.microsoft.com/downloads/details.aspx?familyid=C717D943-7E4B-4622-86EB-95A22B832CAA&displaylang=en

提示：

- 如果上述網址已經失效，請直接到 www.google.com 輸入「wsh download」來進行搜尋，就可找到 WSH 的下載網址。

22-2 簡易範例

我們現用一個簡單的範例來說明 WSH，範例原始檔如下：

範例22-1（hello01.js）：

```
// 如何印出 "Hello World!"
WScript.Echo("Hello world!");
```

你可以使用任意文字編輯器產生此檔案後，然後再用下列三種不同的方式來執行：

1. 在 DOS 視窗下輸入「cscript hello01.js」，就可以在 DOS 視窗印出「Hello world!」。
2. 在 DOS 視窗下輸入「wscript hello01.js」，就會開啟一個小視窗，印出「Hello world!」，如下：

3. 直接在檔案總管點選 hello01.js，也可以執行此 WSH 檔案，並產生上述視窗。

要特別注意的是，通常以 JScript 撰寫的 WSH 檔案，附檔名通常是 js，作業系統也會將以 JScript 為主的 WSH 底稿引擎關聯到此種類型的檔案。

此外，在 WSH 若要印出訊息，所用的函數是 WScript.Echo，這和用戶端以及伺服器端的 JavaScript 所用的列印函數都不同。

提示：

- JavaScript 列印函數的比較：
  - 在用戶端的網頁：document.write()
  - 在伺服器端的 ASP：Response.Write()
  - 在單機上的 WSH：WScript.Echo()

若使用 VBScript 來印出「Hello world!」，程式碼如下：

範例22-2（hello01.vbs）：

```
' 如何印出 "Hello World!"
WScript.Echo("Hello world!")
```

如同前述，你也可以使用三種不同的方法來執行，所得到的結果和 hello01.js 是一樣的。一般而言，通常以 VBScript 撰寫的 WSH 檔案，副檔名通常是 vbs，作業系統也會將以 VBScript 為主的 WSH 底稿引擎關聯到此種類型的檔案。

除了以 js 和 vbs 為副檔名外，WSH 的檔案 也可以使用 wsf（Windows Scripting Files）為副檔名，使用此類副檔名的 WSH 檔案內容是以 XML 來呈現，範例如下：

範例22-3（hello01.wsf）：

```
<job>
<script language="JScript">
    WScript.Echo("Hello world!");
</script>
</job>
```

我們也可以使用前述的三種方法來執行此檔案。使用 wsf 的好處如下：

- 可以同時使用 VBScript 和 JScript 的程式碼。
- 可以包含其它程式檔案。

以下這個範例，同時以 JScript 和 VBScript 來印出訊息：

範例22-4（hello02.wsf）：

```
<job>

<script language="JScript">
    WScript.Echo("「Hello world」 via JScript!");
</script>

```

```
<script language="VBScript">
    WScript.Echo("「Hello world」 via VBScript!")
</script>

</job>
```

22-3 呼叫其他應用程式

若要執行其他應用程式，可以先產生一個 WSH 的 shell 物件，然後再使用 run() 函數來呼叫其他應用程式。

例如，若要播放一個聲音檔案，我們可以呼叫錄音機在背景播放，範例如下：

範例22-5（audioPlay01.js）：

```
audioFile = "Windows XP 啟動.wav";
shell = new ActiveXObject("Wscript.Shell");
command = "sndrec32 /play /close " + audioFile;
shell.Run(command, 0);
```

執行上述範例，就可以聽到 windows 啟動的音效。（請記得要把喇叭打開，才能聽到音效。）在上述範例中，shell.Run(command, 0) 的第二個參數 0，代表不開啟所呼叫應用程式的視窗。如果你忽略此參數（或將此參數設定為 1），就可以看到錄音機的視窗。

» 我們當然也可以呼叫媒體播放器來播放，但是這是「殺雞用牛刀」，因為媒體播放器太肥太慢了！使用錄音機來播放聲音檔案，已經夠快夠好了。

下列這個範例，會開啟 DOS 命令視窗（並列出執行 dir c:\windows 的結果）以及開啟記事本（並載入 c:\autoexec.bat），程式碼如下：

範例22-6（run01.js）：

```
// 如何由 WSH 執行其他應用程式
shell = WScript.CreateObject("WScript.Shell");          // 產生 WSH Shell
shell.Run("cmd /K dir c:\\windows");                    // 開啟 DOS 命令視窗並
    執行 dir c:\windows
shell.Run("wordpad.exe c:\\autoexec.bat");              // 開啟記事本並載入
    c:\autoexec.bat
```

在上述範例中，所開啟的應用程式會保持開啟狀態，而 WSH 會持續執行其後的程式碼。若要等待應用程式被關閉後，才繼續執行其後的 WSH 程式碼，可以在 run() 之後再加上第三個參數，請試試這個範例：

範例22-7（run02.js）：

```
// 如何由 WSH 執行其他應用程式，並等待應用程式結束後才繼續執行 WSH
    程式碼
shell = new ActiveXObject("WScript.Shell");
intReturn = shell.Run("notepad " + WScript.ScriptFullName, 1, true);
shell.Popup("記事本已經被關閉！");
```

在執行上述範例時，WSH 會先開啟記事本，並停留在記事本，直到記事本被關閉後，才會顯示警告視窗。

提示：

- 以 JScript 撰寫 WSH 時，下面兩列程式碼都可以產生 shell 物件：
  - shell = WScript.CreateObject("WScript.Shell");
  - shell = new ActiveXObject("WScript.Shell");

我們也可以使用 Exec() 函數來執行另一個應用程式，下個範例打開小算盤，並顯示相關的資訊：

範例22-8（run02.js）：

```
// 由 WSH 呼叫計算機
WshShell = new ActiveXObject("WScript.Shell");
oExec = WshShell.Exec("calc.exe");
```

```
// 若未開啟，持續等待，直至開啟完畢
while (oExec.Status == 0)
    WScript.Sleep(100);
// 印出相關訊息
WScript.Echo("Status = " + oExec.Status);
WScript.Echo("ProcessID = " + oExec.ProcessID);
WScript.Echo("ExitCode = " + oExec.ExitCode);
```

22-4　取用命令列參數

WSH 的執行是以命令列為主，因此我們必須能夠抓取命令列的參數，才能讓 WSH 更具彈性。

以下這個範例，可以一一印出命令列的參數，假設我們在 DOS 命令視窗輸入：

```
cscript cmdArgument01.js Monday Tuesday Wednesday
```

可得到下列結果：

```
No. of arguments = 3
args(0)=Monday
args(1)=Tuesday
args(2)=Wednesday
```

argumentList.js 的原始碼如下：

範例22-9（cmdArgument01.js）：

```
// 列出所有的輸入參數
args=WScript.Arguments;
if (args.Count()==0) {
    WScript.Echo("Usage: " + WScript.ScriptName + " x y z ...");
    WScript.Quit();
```

```
}
// 列出所有的輸入參數
WScript.Echo("No. of arguments = " + WScript.Arguments.Count());
for (i=0; i<args.length; i++)
    WScript.Echo("args("+i+")="+args(i));
```

其中 args.Count() 和 args.length 都是代表輸入參數的個數。

下面這個範例可以逐次播放音效檔案，範例如下：

範例22-10（audioPlay02.js）：

```
// 播放多個音效檔案
args=WScript.Arguments;
if (args.Count()==0) {
    WScript.Echo("Usage: " + WScript.ScriptName + " file1.wav file2.wav
    file3.wav ...");
    WScript.Quit();
}
shell = new ActiveXObject("Wscript.Shell");
for (i=0; i<args.length; i++){
    command = "sndrec32 /play /close " + args(i);
    shell.Run(command, 0, true);
}
```

若要測試此範例，可以在 DOS 視窗輸入如下：

```
cscript audioPlay02.js chimes.wav notify.wav ding.wav
```

就可以聽到三個音效連續播放的聲音。

提示：

▸▸ 上述三個音效檔案，都已經放在範例目錄之下。若要尋找更多的音效檔案，可以到 c:\windows\media 目錄尋找。

22-5 執行選項

在執行 WSH 時，可以有一些選項來指定執行的方式，這些選項可由 DOS 視窗輸入「cscript //?」來列出，列出結果如下：

```
Microsoft (R) Windows Script Host Version 5.6
Copyright (C) Microsoft Corporation 1996-2001. All rights reserved.

用法: CScript scriptname.extension [選項...] [引數...]

選項:
 //B          批次模式: 不顯示 Script 錯誤和提示
 //D          啟用主動式偵錯
 //E:engine   使用該引擎來執行 Script
 //H:CScript 改變預設的 Script Host 為 CScript.exe
 //H:WScript 改變預設的 Script Host 為 WScript.exe (預設值)
 //I          互動式模式 (預設值，與 //B 恰相反)
 //Job:xxxx   執行一個 WSF 工作
 //Logo       顯示標誌 (預設值)
 //Nologo     不顯示標誌: 在執行階段不會出現標誌
 //S          為使用者儲存目前的命令行
 //T:nn       逾時值(單位為秒): 容許 Script 執行的最大時限
 //X          在偵錯工具中執行 Script
 //U          利用 Unicode 從主控台上重新引導 I/O
```

▸▸ 若在 DOS 視窗輸入「wscript //?」，也會得到類似的選項說明。

例如，當直接在 DOS 視窗輸入「cscript hello01.js」時，得到的輸出如下：

```
Microsoft (R) Windows Script Host Version 5.6
```

```
Copyright (C) Microsoft Corporation 1996-2001. All rights reserved.

Hello world!
```

如果不想顯示「MIcrosoft (R) ...」這些字眼，可以加入「//Nologo」選項，因此我們可以在 DOS 視窗輸入「cscript hello01.js //Nologo」，得到的輸出如下：

```
Hello world!
```

換句話說，微軟的 Logo 就不會再顯示出來了。

我們也可以針對各別的 WSH 檔案來設定這些執行選項，例如，我們可以使用滑鼠右鍵點選 hello01.js，選取「內容」後，再選取「Script」，得到的視窗如下：

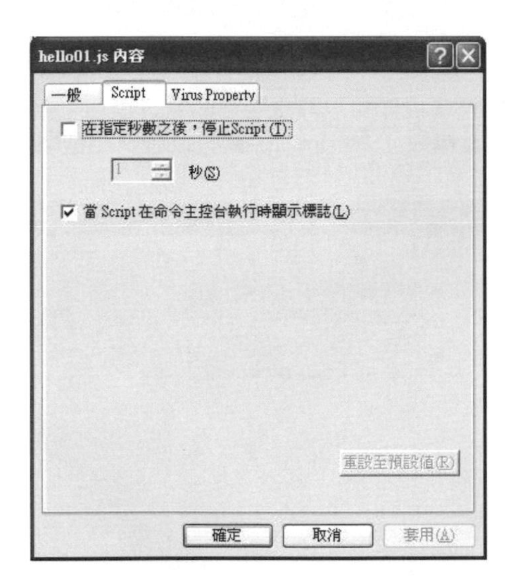

我們可以勾選「在指定秒數之後，停止Script」，並選擇5秒，然後不勾選「當 Script 在命令主控台執行時顯示標誌」，當我們按下確定後，會在同一個目錄下產生一個檔案 hello01.wsh，其內容如下：

範例22-11（hello01.wsh）：

```
[ScriptFile]
Path=D:\users\jang\books\wsh\example\hello01.js
```

```
[Options]
Timeout=5
DisplayLogo=0
```

此檔案記錄 hello01.js 在執行時的選項，換句話說，「Path=...」代表對應的 WSH 檔案的路徑，「Timeout=5」表示執行的最長的時間是 5 秒（若超過此時間，系統會中斷程式碼的執行），「DisplayLogo=0」代表在 DOS 視窗執行時，不顯示微軟的標誌。換句話說，hello01.js 經過了這樣的設定，其效果就完全等效於在 DOS 視窗輸入「cscript hello01.js //T:5 //Nologo」。

提示：

➤ 我們可將「Path=...」改成相對路徑，這樣我們就可以同時搬動 hello01.js 和 hello01.wsh，而不必再更改「Path=...」這一列。

以上的方法是針對每個 WSH 檔案可以設定各別的執行選項，你也可以設定整體的 WSH 選項，你只要在 DOS 視窗輸入「wscript」，就可以設定此選項，所顯示的視窗如下：

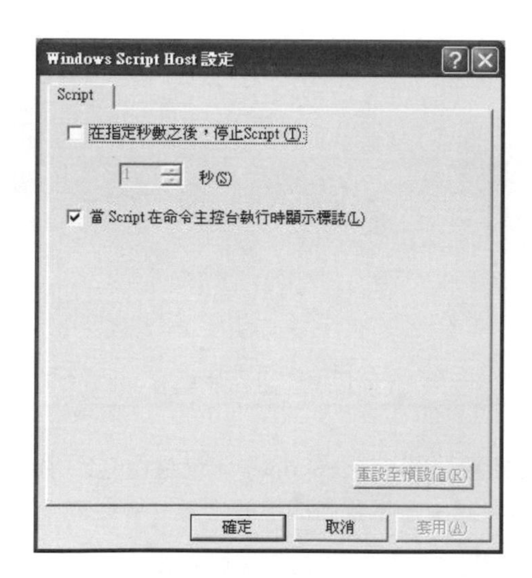

此視窗的設定方式如同上述方式，在此不再贅述。

第二十三章

程式碼的重複使用

本章重點

本章介紹 WSH 的函數，以及函數定義檔的使用。JavaScript 函數定義檔可用於客戶端的網頁、伺服器端的 ASP、本機的 WSH，這可說是 JavaScript 語言的最大優勢。

23-1 函數

若要能建立大型應用程式，程式碼就要模組化（Modularized）以便提高其重複使用度（Reusability）。因此在撰寫 WSH 的程式碼時，我們就應該注意程式碼的重複性，並設法將重複出現的部分寫成函數（或稱函式），以便重複使用。

以 WSH 為例，下列範例可使用函數 sum() 來算出由 1 加到 n 的總和：

範例23-1（sum01.js）：

```
// 使用函數計算由 1 加到 n 的總和

function sum(n) {
      var i, total=0;
      for (i=1; i<=n; i++)
       total = total + i;
      return(total);
}

n = 40;
WScript.Echo("1+2+...+" + n + " = " + sum(n) + "\n");
```

執行後所顯示結果如下：

```
1+2+...+40 = 820
```

在 WSH 中，函數的定義可以放在同一個檔案的任何處，因此我們也可以先呼叫此函數，然後再定義函數，範例如下：

範例23-2（sum02.js）：

```
// 使用函數計算由 1 加到 n 的總和

n = 40;
```

```
WScript.Echo("1+2+...+" + n + " = " + sum(n) + "\n");

function sum(n) {
      var i, total=0;
      for (i=1; i<=n; i++)
       total = total + i;
      return(total);
}
```

執行後所得到的結果是相同的。

相同功能的函數，若用 VBScript 來撰寫，程式範例如下：

範例23-3（sum01.vbs）：

```
' 使用函數計算由 1 加到 n 的總和

function sum(n)
      dim i, total
      total = 0
      for i = 1 to n
       total = total + i
      next
      sum = total
end function

n = 40
WScript.Echo("1+2+...+" & n & " = " & sum(n) & chr(13) & chr(10))
```

執行後所得到的結果是一樣的。

同樣的，在使用 VBScript 於 WSH 時，也可以將函數的定義放到後面，在此不再贅述。

23-2 函數定義檔的使用

我們可以將常用的函式，放在一個函式定義檔內，然後再從其他程式中，加入此檔案，就可以使用此函式定義檔中所定義的函式。WSH 所用的函式檔案，可以具有任何副檔名，但我們通常將此類函式檔案的副檔名設定為 fun（這是我個人的習慣，你也可以選用不同的副檔名），以資區別。

例如，我們可以將計算由1到n的總和的函式，放在 sumFunction.fun，如下：

範例23-4（sumFunction.fun）：

```
// 使用函數計算由 1 加到 n 的總和
function sum(n) {
      var i, total=0;
      for (i=1; i<=n; i++)
       total = total + i;
      return(total);
}
```

若要呼叫此檔案所定義的函式，通常我們必須將主程式的副檔名改為 wsf，並使用下述方式來導入函式定義檔：

```
<script src="sumFunction.fun"></script>
```

例如：

範例23-5（sum03.wsf）：

```
<job>
<script src="sumFunction.fun"></script>
<script>
n = 40;
WScript.Echo("1+2+...+" + n + " = " + sum(n));
</script>
```

```
</job>
```

甚至我們可以由不同的程式語言環境，來呼叫 JavaScript 的函式，如下：

範例23-6（sum04.wsf）：

```
<job>
<script src="sumFunction.fun"></script>

<script language=jscript>
n = 40;
WScript.Echo("1+2+...+" + n + " = " + sum(n) + " (via Jscript)");
</script>

<script language=vbscript>
n = 40
WScript.Echo("1+2+...+" & n & " = " & sum(n) & " (via Vbscript)")
</script>

</job>
```

在上述範例中，我們使用 JScript 和 VBScript 來呼叫同一個（由 JScript 來撰寫的）函數，執行後可得到同樣的結果，顯示如下：

```
1+2+...+40 = 820 (via Jscript)
1+2+...+40 = 820 (via VBScript)
```

事實上，我們可以使用同樣一個函數定義檔於客戶端的 JavaScript（用於網頁）、伺服器端的 JScript（用於 ASP）、本機的 JScript（用於 WSH），達到「一魚三吃」的最高境界，只是在導入函數定義檔時，所用的語法不盡相同。假設我們要導入函數定義檔 file.fun，則在上述三種環境下所用的導入指令列出如下：

- 客戶端的 JavaScript（用於網頁）：

```
<script src="file.fun"></script>
```

相關說明可見本書第 5 章。

- 伺服器端的 JScript（用於 ASP）：

```
<script language=jscript runat=server src="file.fun">
```

相關說明可見本書第 13 章。（請注意：這裡不能省略 language 的標籤！）

- 本機的 JScript（用於 WSH）：

```
<script src=" file.fun"></script>
```

第二十四章

WSH 範例大全

本章重點

要能夠掌握 WSH，最重要的事就是嘗試各種範例。本章提供了各種常用 WSH 的程式範例，讓讀者能夠一覽 WSH 的典型應用。

24-1 桌面處理

我們可以使用 WSH 來對電腦桌面進行簡單的管理。

例如，若要在桌面建立記事本的捷徑，可以使用下列程式碼：

範例24-1（shortcutCreate01.js）：

```
// 在桌面建立記事本的捷徑
// 產生 WSH Shell
WSHShell = WScript.CreateObject("WScript.Shell");
// 使用 SpecialFolders 讀取桌面路徑
DesktopPath = WSHShell.SpecialFolders("Desktop");
// 於桌面上建立捷徑物件(shortcut object)
Shortcut1 = WSHShell.CreateShortcut(DesktopPath + "\\WSH 產生的記事
    本捷徑.lnk");
// 設定捷徑物件(shortcut object)的 properties 並儲存之
Shortcut1.TargetPath = "c:\\windows\\notepad.exe";
Shortcut1.Save();
```

執行上述程式後，你會在你的電腦桌面發現一個新的捷徑，名稱為「WSH 產生的記事本捷徑」。

如果想要將一段由 WSH 產生的文字送到剪貼簿，我們可以先開啟一個瀏覽器，利用瀏覽器 window 物件的方法 setData 來將文字送至剪貼簿，然後再關閉瀏覽器。請見下列範例：

範例24-2（clipboard01.js）：

```
// 將特定文字送至剪貼簿
strCopy = "這是被送至剪貼簿的文字"
objIE = WScript.CreateObject("InternetExplorer.Application");
objIE.visible = false;
objIE.Navigate("about:blank");
```

```
objIE.document.parentWindow.clipboardData.setData("text", strCopy);
objIE.Quit();
```

執行上述範例後，你可以開啟記事本，然後按 Ctrl-v，就可以將剪貼簿中的文字貼到記事本了。

如果你的桌面有太多視窗，想要直接進行視窗的串接（Cascade），可以使用下列程式碼：

範例24-3（winCascade.js）：

```
objShell = new ActiveXObject("Shell.Application");
objShell.CascadeWindows();
```

若要水平並排，可用下列程式碼：

範例24-4（winTileH.js）：

```
objShell = new ActiveXObject("Shell.Application");
objShell.TileHorizontally();
```

若要垂直並排，可用下列程式碼：

範例24-5（winTileV.js）：

```
objShell = new ActiveXObject("Shell.Application");
objShell.TileVertically();
```

試試這些程式碼，你就會發覺 WSH 的便利性！

24-2 檔案處理

我們使用下列這個範例，來說明 WSH 對於檔案的讀寫。首先我們從 file1.txt 及 file2.txt 讀入檔案的內容，再把這兩個檔案的內容寫到 file3.txt，範例如下：

範例24-6（mergeTwoFiles.js）：

```
// 合併兩個檔案
fso = new ActiveXObject("Scripting.FileSystemObject");
file1 = "file1.txt";
file2 = "file2.txt";
file3 = "file3.txt";
// Open files
f1=fso.OpenTextFile(file1, 1 );      // Open for reading
f2=fso.OpenTextFile(file2, 1 );      // Open for reading
f3=fso.OpenTextFile(file3, 2, true );     // Open for writing, create
WScript.Echo("讀取第一個檔案：" + file1);
c1=f1.ReadAll();
WScript.Echo("讀取第二個檔案：" + file2);
c2=f2.ReadAll();
WScript.Echo("寫到第三個檔案：" + file3);
f3.Write(c1);   // Write Data from first file to output
f3.Write(c2);   // Write Data from second file to output
// Close files
f1.Close();
f2.Close();
f3.Close();
```

其中 file1.txt 的內容如下：

範例24-7（file1.txt）：

```
這是 file1.txt 的內容。
```

其中 file2.txt 的內容如下：

範例24-8（file2.txt）：

```
這是 file2.txt 的內容。
```

合併後儲存於 file3.txt 的內容如下：

範例24-9（file3.txt）：

```
這是 file1.txt 的內容。這是 file2.txt 的內容。
```

如果我們常常讀取檔案，可以寫一個函數 fileRead()，將檔案內容送到陣列，便於進行逐列的處理。以下是一個簡單的範例，可以讀入此範例本身，逐列加上列數後再進行輸出：

範例24-10（fileRead01.js）：

```
// 將檔案內容傳送至陣列
WScript.Echo("列出 "+WScript.ScriptName+" 的內容並加上列數：");
WScript.Echo("");
outputArray=fileRead(WScript.ScriptName);
for (i=0; i<outputArray.length; i++)
    WScript.Echo((i+1)+". " + outputArray[i]);

// 函數定義
function fileRead(File){
    var fso=new ActiveXObject("Scripting.FileSystemObject");
    var fid=fso.OpenTextFile(File);
    var contents=fid.ReadAll();
    fid.Close();
    var output=contents.split("\n");
    return(output);
}
```

執行此檔案後，將在 DOS 命令視窗印出此檔案的內容並加入列數，如下：

```
列出 fileRead01.js 的內容並加上列數：

1. // 將檔案內容傳送至陣列
2. WScript.Echo("列出 "+WScript.ScriptName+" 的內容並加上列數：");
```

```
3. WScript.Echo("");
4. outputArray=fileRead(WScript.ScriptName);
5. for (i=0; i< outputArray.length; i++)
6.     WScript.Echo((i+1)+". " + outputArray[i]);
7.
8. // 函數定義
9. function fileRead(File){
10.     var fso=new ActiveXObject("Scripting.FileSystemObject");
11.     var fid=fso.OpenTextFile(File);
12.     var contents=fid.ReadAll();
13.     fid.Close();
14.     var output=contents.split("\n");
15.     return(output);
16. }
```

我們可以使用 WSH 來讀取與檔案相關的性質，例如：

範例24-11（fileProp01.js）：

```
// 列出此 WSH 檔案所具有的屬性

fso = new ActiveXObject( "Scripting.FileSystemObject" );
fileObj = fso.GetFile(WScript.ScriptFullName);
WScript.Echo("WScript.ScriptFullName = " + WScript.ScriptFullName);
prop=[
    "Attributes",
    "Size",
    "DateCreated",
    "DateLastAccessed",
    "DateLastModified",
    "Drive",
    "Name",
    "ParentFolder",
    "ShortName",
    "ShortPath",
```

```
    "Type"]
for (i=0; i<prop.length; i++)
    WScript.Echo("fileObj." + prop[i] + " = " + eval("fileObj."+prop[i]));
```

典型顯示結果如下：

```
WScript.ScriptFullName = D:\users\jang\books\wsh\example\fileProp01.js
fileObj.Attributes = 32
fileObj.Size = 504
fileObj.DateCreated = Tue Apr 11 19:59:05 UTC+0800 2006
fileObj.DateLastAccessed = Mon Dec 18 00:00:00 UTC+0800 2006
fileObj.DateLastModified = Mon Dec 18 14:40:08 UTC+0800 2006
fileObj.Drive = D:
fileObj.Name = fileProp01.js
fileObj.ParentFolder = D:\users\jang\books\wsh\example
fileObj.ShortName = FILEPR~1.JS
fileObj.ShortPath = D:\users\jang\books\wsh\example\FILEPR~1.JS
fileObj.Type = JScript Script File
```

▸▸ 但如何能自動由一個檔案物件抓取所有的性質呢？請各位讀者想一想！

24-3 目錄與磁碟機處理

若要顯示某一個資料夾的大小，可以使用，範例如下：

範例24-12（dirSize01.js）：

```
// 顯示檔案夾的大小
fso = new ActiveXObject("Scripting.FileSystemObject");
dirPath = "c:\\windows\\system32";
objFolder = fso.GetFolder(dirPath);
```

```
WScript.Echo(dirPath + " 目錄的大小是 " + objFolder.Size + " bytes.");
```

執行上述程式後，典型顯示結果如下：

```
c:\windows\system32 目錄的大小是 1116543626 bytes.
```

我們可以使用 WSH 來顯示目前工作目錄，或是改變目前工作目錄，如下：

範例24-13（dir01.js）：

```
// 使用 WSH 來顯示目前工作目錄，及改變目前工作目錄
WshShell=new ActiveXObject("WScript.Shell");
WScript.Echo("目前工作目錄："+WshShell.CurrentDirectory);
WshShell.CurrentDirectory = "c:\\windows\\temp";
WScript.Echo("改變目前工作目錄至："+WshShell.CurrentDirectory);
```

典型顯示結果如下：

```
目前工作目錄：D:\users\jang\books\wsh\example
改變目前工作目錄至：c:\windows\temp
```

下列這個範例，列出 c:\windows\temp 目錄下的所有檔案，如下：

範例24-14（fileList01.js）：

```
// 列出一個特定目錄下的所有檔案
fso = new ActiveXObject("Scripting.FileSystemObject");
dir="c:\\windows\\temp";
fsoFolder = fso.GetFolder(dir);
files = fsoFolder.Files;
fc = new Enumerator(files);
WScript.Echo("Files under \""+dir+"\":");
for (; !fc.atEnd(); fc.moveNext())
    WScript.Echo(fc.item());
```

下列這個範例，列出磁碟機及其相關性質：

範例24-15（driveList01.js）：

```
// 列出所有的磁碟機


fso = new ActiveXObject("Scripting.FileSystemObject");
driveTypes=["未知類型", "抽取式", "硬碟", "網路磁碟機", "光碟", "虛擬磁碟
    "];
drives = new Enumerator(fso.Drives);        // Create Enumerator on
    Drives.
for (; !drives.atEnd(); drives.moveNext()) { // Enumerate drives
    collection.
    x = drives.item();
    WScript.Echo(x.DriveLetter+":")
    WScript.Echo("\tx.DriveType = " + x.DriveType + " (" +
    driveTypes[x.DriveType] + ")");
    WScript.Echo("\tx.ShareName = " + x.ShareName);
    WScript.Echo("\tx.IsReady = " + x.IsReady);
    if (x.IsReady){
     WScript.Echo("     x.VolumeName = " + x.VolumeName);
     WScript.Echo("     x.AvailableSpace = " + x.AvailableSpace + "
    Bytes");
    }
}
```

典型顯示結果如下：

```
C:
     x.DriveType = 2 (硬碟)
     x.ShareName =
     x.IsReady = true
     x.VolumeName =
     x.AvailableSpace = 24901296128 Bytes
```

```
D:
      x.DriveType = 2 (硬碟)
      x.ShareName =
      x.IsReady = true
      x.VolumeName = 新增磁碟區
      x.AvailableSpace = 17471188992 Bytes
E:
      x.DriveType = 4 (光碟)
      x.ShareName =
      x.IsReady = true
      x.VolumeName = hp LaserJet 3800
      x.AvailableSpace = 0 Bytes
...
```

24-4 電腦系統管理

我們可以列出與 SYSTEM 相關的重要環境變數：

範例24-16（envVarSystem 01.js）：

```
// 列出重要的環境變數
wshShell = WScript.CreateObject("WScript.Shell");
wshSysEnv = wshShell.Environment("SYSTEM");
WScript.Echo("重要的環境變數：");
name="windir"; WScript.Echo(name+" = "+wshSysEnv(name));
name="path"; WScript.Echo(name+" = "+wshSysEnv(name));
name="NUMBER_OF_PROCESSORS"; WScript.Echo(name+" =
    "+wshSysEnv(name));
name="OS"; WScript.Echo(name+" = "+wshSysEnv(name));
name="PROCESSOR_ARCHITECTURE"; WScript.Echo(name+" =
    "+wshSysEnv(name));
name="temp"; WScript.Echo(name+" = "+wshSysEnv(name));
```

典型顯示結果如下：

```
重要的環境變數：
windir = %SystemRoot%
path =
%SystemRoot%\system32;%SystemRoot%;%SystemRoot%\System32\Wbem;c:\matlab6p
5\bin\win32;C:\Program Files\Microsoft SQL Server\90\Tools\binn\
NUMBER_OF_PROCESSORS = 1
OS = Windows_NT
PROCESSOR_ARCHITECTURE = x86
temp = %SystemRoot%\TEMP
```

我們可以列出與 SYSTEM 相關的全部環境變數：

範例24-17（envVarSystem02.js）：

```
// 所有的 SYSTEM 環境變數列表
shell = WScript.CreateObject("WScript.Shell");
envObj = shell.Environment("SYSTEM");
WScript.Echo("所有的 SYSTEM 環境變數列表：");
WScript.Echo("No. of env. variables = "+envObj.length);
var Enum=new Enumerator(envObj)
for (Enum.moveFirst(); !Enum.atEnd(); Enum.moveNext())
    WScript.Echo(Enum.item());
```

典型顯示結果如下：

```
所有的 SYSTEM 環境變數列表：
No. of env. variables = 12
ComSpec=%SystemRoot%\system32\cmd.exe
Path=C:\PROGRAM
FILES\THINKPAD\UTILITIES;%SystemRoot%\system32;%SystemRoot%;%SystemRoot%\
System32\Wbem;C:\Program Files\ATI Technologies\ATI Control Panel;C:\Program
Files\PC-Doctor for Windows\services;c:\matlab6p5\bin\win32
```

```
windir=%SystemRoot%
OS=Windows_NT
PROCESSOR_ARCHITECTURE=x86
PROCESSOR_LEVEL=6
PROCESSOR_IDENTIFIER=x86 Family 6 Model 9 Stepping 5, GenuineIntel
PROCESSOR_REVISION=0905
NUMBER_OF_PROCESSORS=1
PATHEXT=.COM;.EXE;.BAT;.CMD;.VBS;.VBE;.JS;.JSE;.WSF;.WSH
TEMP=%SystemRoot%\TEMP
TMP=%SystemRoot%\TEMP
```

我們可以列出與 PROCESS 相關的全部環境變數：

範例24-18（envVarProcess01.js）：

```
// 所有的 PROCESS 環境變數列表
shell = WScript.CreateObject("WScript.Shell");
envObj = shell.Environment("PROCESS");
WScript.Echo("所有的 PROCESS 環境變數列表：");
WScript.Echo("No. of env. variables = "+envObj.length);
var Enum=new Enumerator(envObj)
for (Enum.moveFirst(); !Enum.atEnd(); Enum.moveNext())
     WScript.Echo(Enum.item());
```

典型顯示結果如下：

```
所有的 PROCESS 環境變數列表：
No. of env. variables = 35
=::=::\
=C:=C:\Documents and Settings\user
=D:=D:\users\jang\books\wsh\example
=ExitCode=00000000
ALLUSERSPROFILE=C:\Documents and Settings\All Users
APPDATA=C:\Documents and Settings\user\Application Data
```

```
CLASSPATH=.;.;C:\PROGRA~1\JMF21~1.1E\lib\sound.jar;C:\PROGRA~1\JMF21~1.1E\lib
\jmf.jar;C:\PROGRA~1\JMF21~1.1E\lib;%systemroot%\java\classes;.
...
```

我們可以使用 WSH 來改變與系統相關的設定，例如，我們可以使用 RegRead() 來讀出 Registry 的值，例如：

範例24-19（registry01.js）：

```
// 對 Registry 進行讀取
shell = WScript.CreateObject("WScript.Shell");
// 顯示 CPU 型號
regKey="HKLM\\Hardware\\Description\\System\\CentralProcessor\\0\\Id
    entifier";
WScript.Echo("CPU 型號：" + shell.RegRead(regKey));
// 顯示 Service Pack 版本
regKey = "HKLM\\SOFTWARE\\Microsoft\\Windows
    NT\\CurrentVersion\\CSDVersion";
WScript.Echo("Service Pack 版本：" + shell.RegRead(regKey));
```

在上述範例中，我們可以讀取 CPU 的型號以及安裝在此機器的 Service Pack 的版本，典型顯示結果如下：

```
CPU 型號：x86 Family 6 Model 13 Stepping 8
Service Pack 版本：Service Pack 2
```

我們也以列出電腦名稱、網域名稱、使用者名稱等資訊，如下：

範例24-20（computerName01.js）：

```
// 列印電腦名稱、網域名稱、使用者名稱
wshNetwork=WScript.CreateObject("WScript.Network");
WScript.Echo("電腦名稱：" + wshNetwork.ComputerName);
WScript.Echo("網域名稱：" + wshNetwork.UserDomain);
WScript.Echo("使用者名稱：" + wshNetwork.UserName);
```

典型顯示結果如下：

```
電腦名稱：ROGER-296F8AA10
網域名稱：ROGER-296F8AA10
使用者名稱：roger
```

我們可以顯示此機器的所有使用者，如下：

範例24-21（listUser01.js）：

```
// 列出所有的使用者
wshNetwork=WScript.CreateObject("WScript.Network");
users = GetObject("WinNT://" + wshNetwork.ComputerName);
enumObj = new Enumerator(users);
for(; !enumObj.atEnd(); enumObj.moveNext()){
    user = enumObj.item();
    if(user.Class == "User" )
        WScript.Echo( "User: " + user.Name + ", " + "Full Name: " +
    user.FullName );
}
```

典型顯示結果如下：

```
User: Administrator, Full Name:
User: ASPNET, Full Name: ASP.NET Machine Account
User: Guest, Full Name:
User: HelpAssistant, Full Name: 遠端桌面說明協助帳戶
User: IUSR_ROGER-296F8AA10, Full Name: Internet 的 Guest 帳戶
User: IWAM_ROGER-296F8AA10, Full Name: 啟動 IIS 處理序帳戶
User: roger, Full Name:
User: SUPPORT_388945a0, Full Name: CN=Microsoft
Corporation,L=Redmond,S=Washington,C=US
```

24-5 網頁伺服器的管理

我們也可以使用 WSH 來管理微軟的網頁伺服器。首先，我們可以抓到 IIS 的物件，並且列出相關的性質，原始碼如下：

範例24-22（iisProp01.js）：

```
// 列出 IIS 網頁伺服器的性質
iisObj = GetObject("IIS://LocalHost/W3SVC/1/Root");
prop=[
    "AccessFlags",
    "AccessNoRemoteExecute",
    "AccessNoRemoteRead",
    "AccessNoRemoteWrite",
    "AccessRead",
    "AccessScript",
    "AccessSSL",
    "AccessSSL128",
    "AccessSSLFlags",
    "AccessSSLMapCert",
    "AccessSSLNegotiateCert",
    "AccessSSLRequireCert",
    "AccessWrite",
    "AdminACL",
    "AllowKeepAlive",
    "AllowPathInfoForScriptMappings",
    "AnonymousPasswordSync",
    "AnonymousUserName",
    "AnonymousUserPass",
    "AppAllowClientDebug",
    "AppAllowDebugging"];
prop=prop.sort();   // 排序以利觀看
for (i=0; i<prop.length; i++)
```

```
WScript.Echo("iisObj." + prop[i] + " = " + eval("iisObj."+prop[i]));
```

執行此程式，可以得到下列結果：

```
iisObj.AccessFlags = 513
iisObj.AccessNoRemoteExecute = false
iisObj.AccessNoRemoteRead = false
iisObj.AccessNoRemoteWrite = false
iisObj.AccessRead = true
...
```

以上這些性質，代表 IIS 的各種設定。

在下列範例中，我們可以產生虛擬目錄：

範例24-23（iisVirtualDir01.js）：

```
// 設定 IIS 的虛擬目錄
//首先定義位址物件，「IIS://LocalHost/W3SVC/1/Root」，表示於預設的 Web
    站台的主目錄下建立虛擬目錄。
ServiceObj = GetObject("IIS://LocalHost/W3SVC/1/Root");
//使用「Create("IISWebVirtualDir","虛擬目錄名稱")」方法，以建立虛擬目
    錄。
dirName="winTemp";
WScript.Echo("建立虛擬目錄：" + dirName);
newVirDir = ServiceObj.Create("IISWebVirtualDir", dirName);
//由 Path 屬性設定虛擬目錄的實際物理路徑。
newVirDir.Path = "c:\\windows\\temp";
//由 EnableDirBrowsing 屬性設定虛擬目錄是否允許瀏覽目錄。
newVirDir.EnableDirBrowsing = true;
//由 AccessRead 屬性設定虛擬目錄是否允許讀寫。
newVirDir.AccessRead = true;
newVirDir.AccessWrite = false;
//最後再使用 SetInfo 方法儲存到 Metabase 當中。
```

```
newVirDir.SetInfo();
```

所產生的虛擬目錄是 winTemp，對應到實際硬碟的目錄是 c:\windows\temp。你可以經由「控制台/系統管理工具/Internet Information Services」來開啟 IIS 管理介面，以確認虛擬目錄 winTemp 的存在。

我們也可以使用 WSH 來控制 IIS 網頁伺服器，請見下列範例：

範例24-24（iisControl01.js）：

```
IIsObj = GetObject("IIS://LocalHost/W3SVC/1");
IIsObj.Pause();
WScript.Echo("暫停 IIS 伺服器！");
IIsObj.Continue();
WScript.Echo("繼續 IIS 伺服器！");
IIsObj.Stop();
WScript.Echo("停止 IIS 伺服器！");
IIsObj.Start();
WScript.Echo("啟動 IIS 伺服器！");
```

在上面這個範例中，我們可以對 IIS 進行暫停、繼續、停止、啟動等控制。

24-6 通用表示法的應用

在 WSH 也可以使用通用表示法，此方式可以讓我們很快地在大量文字中間找到我們所要的資訊。下面這個範例，我們找出一個網頁的標題：

範例24-25（regExp 01.js）：

```
// 使用通用表示法抓出一個網頁的標題
// 讀取硬碟中的網頁
localFile="test.htm"
fso = new ActiveXObject("Scripting.FileSystemObject");
```

```
forReading=1, forWriting=2;
fid=fso.OpenTextFile(localFile, forReading);
content=fid.ReadAll();
fid.Close();
//WScript.Echo(content);
// 執行通用運算式
myRegExp = /<title>(.*)<\/title>/i;
title = myRegExp.exec(content);
// 顯示結果
WScript.Echo("網頁標題 = " + title[1]);
WScript.Echo("網頁標題 = " + RegExp.$1);
```

此程式碼會重從 test.htm 找出此網頁的標題，印出結果如下：

```
網頁標題 = 國立清華大學資訊工程學系
網頁標題 = 國立清華大學資訊工程學系
```

在上述範例中，title[1] 和 RegExp.$1 儲存相同的結果。以同樣的方式，我們也可以找出一個以 JScript 為主的 WSH 檔案的第一列註解，如下：

範例24-26（regExp02.js）：

```
// 抓出 WSH 程式碼（JScript）的第一註解列
// 讀取此檔案
localFile=WScript.ScriptFullName;
fso = new ActiveXObject("Scripting.FileSystemObject");
forReading=1, forWriting=2;
fid=fso.OpenTextFile(localFile, forReading);
content=fid.ReadAll();
fid.Close();
//WScript.Echo(content);
// 執行通用運算式
myRegExp = /\s*\/\/\s*(.*)/;
title = myRegExp.exec(content);
// 印出結果
```

```
WScript.Echo("第一註解列 = " + title[1]);
```

印出結果是：

```
第一註解列 = 抓出 WSH 程式碼（JScript）的第一註解列
```

利用相同的方式，我們可以對範例目錄製作一個 index.asp 的檔案，可以即時地將每一個 js 檔案的第一列註解列印出來，形成一頁對 WSH 的所有 JScript 範例的列表和簡單說明，如下（index.asp）：

http://neural.cs.nthu.edu.tw - /jang/books/wsh/example/index.asp - Microsoft Internet Explorer

檔案(F) 編輯(E) 檢視(V) 我的最愛(A) 工具(T) 說明(H)

/jang/books/wsh/example/index.asp

檔案名稱	說明	檔案大小 (Bytes)	最後修改時間
add0lContact.js	Add a contact to an Outlook profile	2526	Thu Jul 26 18:05:46 UTC+0800 2007
addPrinter.js	設定印表機，並設成預設印表機	324	Thu Jul 26 18:18:21 UTC+0800 2007
argumentList.js	列出所有的輸入參數	318	Fri Nov 28 21:21:13 UTC+0800 2003
audioPlay01.js		152	Thu Jul 26 22:02:21 UTC+0800 2007
audioPlay02.js	播放多個音效檔案	339	Thu Jul 26 22:02:25 UTC+0800 2007
audioPlay03.js		212	Thu Jul 26 21:58:50 UTC+0800 2007
bios.js	Query Computer Named XP	1278	Thu Jul 26 21:58:38 UTC+0800 2007
charCodeAt01.js	charCodeAt: 傳回整數，以代表指定位置上之字元的 Unicode 編碼。	1269	Thu Jul 26 18:06:07 UTC+0800 2007

完成　網際網路

上述範例的原始檔如下：

範例24-27（index.asp）：

```
<%@language=JScript%>
<% title=Request.ServerVariables("SCRIPT_NAME") %>

<%
function getFirstComment(fileName){
	var fso = new ActiveXObject("Scripting.FileSystemObject");
	var fid=fso.OpenTextFile(fileName, 1);
	var line=fid.ReadLine();
	fid.Close();

	var pattern = /\s*\/\/\s*(.*)$/;
	var abc = pattern.exec(line);
	if (abc==null)
		return("");
	else
	 return(RegExp.$1);// 或是「return(abc[1]);」亦可
}

// List files in a given directory with a given extension
function fileList(directory, extension){
	fso = new ActiveXObject("Scripting.FileSystemObject");
	fd = fso.GetFolder(Server.MapPath(directory));
	fc = new Enumerator(fd.Files);
	fileNames=new Array();
	var i=0;
	for (; !fc.atEnd(); fc.moveNext()){
	 fileName=fc.item()+"";
	 items=fileName.split(".");
	 ext=items[items.length-1];	// Get file extension
	 if (arguments.length==2)
```

```
            if
    ((ext.toUpperCase()==extension.toUpperCase())||(ext.toLowerCase(
    )==extension.toLowerCase()))
                fileNames[i++]=fileName;
     if (arguments.length==1)
            fileNames[i++]=fileName;
    }
    return(fileNames.sort());
}
%>
<html>
<head>
    <title><%=title%></title>
    <meta HTTP-EQUIV="Content-Type" CONTENT="text/html;
    charset=big5">
    <meta HTTP-EQUIV="Expires" CONTENT="0">
    <style>
     td {font-family: "標楷體", "helvetica,arial", "Tahoma"}
     A:link {text-decoration: none}
     A:hover {text-decoration: underline}
    </style>
</head>

<body background="/jang/graphics/background/yellow.gif">
<font face="標楷體">
<h2 align=center><%=title%></h2>
<hr>

<table border=1 align=center>
<tr>
<th>檔案名稱<th>說明<th>檔案大小（Bytes）<th>最後修改時間
<%
files=fileList(".", "js");
fso = new ActiveXObject("Scripting.FileSystemObject");
```

```
for (i=0; i<files.length; i++){
    f = fso.GetFile(files[i]);
    Response.write("<tr>");
    Response.write("<td><a href=\"" + f.Name + "\">" + f.Name +
    "</a></td>");
    Response.write("<td>" + getFirstComment(files[i]) + " </td>");
    Response.write("<td>" + f.Size + "</td>");
    Response.write("<td>" + f.DateLastModified + "</td>");
}
%>
</table>

<hr>

<script language="JavaScript">
document.write("Last updated on " + document.lastModified + ".")
</script>

<a
    href="/jang/sandbox/asp/lib/editfile.asp?FileName=<%=Request.Ser
    verVariables("PATH_INFO")%>"><img align=right border=0
    src="/jang/graphics/invisible.gif"></a>
</font>
</body>
</html>
```

我們也可以針對一段 HTML 的原始碼，進行連結網址和連結文字的抽取：

範例24-28（linkExtraction 01.js）：

```
// 從一段文字中，抽取連結文字與相關網址

content="<a href=\"url1\">text1</a> and <a href=\"url2\">text2</a> and
    \r\n<a href=\"url3\">text3</a>";
```

```
pattern=/<A(.*?)<\/A>/gi;
found=content.match(pattern);
pattern2=/<\s*A\s+HREF\s*=\s*"?(.*?)"?\s*>(.*?)<\s*\/\s*A\s*>/i;
for (i=0; i<found.length; i++){
    pattern2.exec(found[i]);
    WScript.Echo(found[i]+" ===> URL="+RegExp.$1+",
    TEXT="+RegExp.$2);
}
```

顯示結果如下：

```
<a href="url1">text1</a> ===> URL=url1, TEXT=text1
<a href="url2">text2</a> ===> URL=url2, TEXT=text2
<a href="url3">text3</a> ===> URL=url3, TEXT=text3
```

我們也可以針對一個網頁 test.htm 來抽取連結網址和連結文字：

範例24-29（linkExtraction02.js）：

```
// 從一個檔案中，抽取連結文字與相關網址（功能不完全，可再改進！）

fileName="test.htm";
fso = new ActiveXObject("Scripting.FileSystemObject");
fid=fso.OpenTextFile(fileName, 1);
content=fid.ReadAll();
fid.Close();

pattern=/<A(.*?)<\/A>/gi;
found=content.match(pattern);
pattern2=/<\s*A\s+HREF\s*=\s*"?(.*?)"?\s*>(.*?)<\s*\/\s*A\s*>/i;
for (i=0; i<found.length; i++){
    pattern2.exec(found[i]);
    WScript.Echo(found[i]+" ===> URL="+RegExp.$1+",
    TEXT="+RegExp.$2);
```

```
}
```

顯示結果如下：

```
<a href="2001_need_teacher_c.doc" target="_blank ">(中)</a> ===>
URL=2001_need_teacher_c.doc" target="_blank, TEXT=(中)
<a href="2001_need_teacher_c.doc" target="_blank ">(英)</a> ===>
URL=2001_need_teacher_c.doc" target="_blank, TEXT=(英)
<a href="/intro.html">< img src="/icon/csbuild_8.jpg" lowsrc="/icon/csbuild_7b.jpg"
border=0 alt="清華資訊簡史"></ a> ===> URL=/intro.html, TEXT=< img
src="/icon/csbuild_8.jpg" lowsrc="/ icon/csbuild_7b.jpg" border=0 alt="清華資訊簡史">
<a href ="Grading_report.doc">系所自我評鑑報告</ a> ===> URL=Grading_report.doc,
TEXT=系所自我評鑑報告
<a href ="mailto:www@cs.nthu.edu.tw">意 見 與 指 教</ a> ===>
URL=mailto:www@cs.nthu.edu.tw, TEXT=意 見 與 指 教
<a href ="/webteam">製 作 小 組</ a> ===> URL=/webteam, TEXT=製 作 小 組
<a href ="special.html">< font face="Arials">學 術 卓 越 & 社 區 關 懷</ a> ===>
URL=special.html, TEXT=學 術 卓 越 & 社 區 關 懷
```

提示：

- 在嘗試上述範例時，請記得要將程式碼 linkExtraction02.js 和網頁檔案 test.htm 放在同一個目錄。

24-7　網頁抓取與處理

若要使用 WSH 來直接抓取網頁，可以使用 Visual Basic 6 的元件 InetCtls.Inet，如果你的機器尚未安裝此元件，可以依照下列方式來進行安裝：

1. 從下列網址下載壓縮檔案 msinet.cab：

   http://activex.microsoft.com/controls/vb6/msinet.cab

   （近端備份：...\wsh\download\msinet.cab）

2. 對 msinet.cab 進行解壓縮，得到 MSINET.INF 和 MSINET.OCX，將這兩個檔案放到 c:\windows\system32 目錄下。
3. 開啟 DOS 視窗，進入 c:\windows\system32 目錄，執行「regsvr32 msinet.ocx」，即可完成安裝。

安裝完成後，我們就可以使用 WSH 來直接抓取網頁，請見下列範例：

範例24-30（getWebPage01.js）：

```
// 抓取一個網頁
inet=new ActiveXObject("InetCtls.Inet");          // 取得 Inet Control 物件
inet.Url="http://www.cs.nthu.edu.tw";             // 欲下載之網頁
inet.RequestTimeOut=60;                           // 設定嘗試時間
WScript.Echo("Downloading \""+inet.Url+"\"...");
content = inet.OpenURL();                     // 下載網頁
WScript.Echo(content);                        // 顯示網頁內容
```

使用通用運算式，我們可以在抓取網頁後，顯示此網頁的標題，例如：

範例24-31（getWebPage02.js）：

```
// 抓取一個網頁，並抓出其標題
inet=new ActiveXObject("InetCtls.Inet");          // 取得 Inet Control 物件
inet.Url="http://www.cs.nthu.edu.tw";             // 欲下載之網頁
inet.RequestTimeOut=60;                           // 設定嘗試時間
WScript.Echo("Downloading \""+inet.Url+"\"...");
content = inet.OpenURL();                         // 下載網頁
pattern = /<title>(.*)<\/title>/i;                // 定義通用表示式
title = pattern.exec(content);                // 抓出標題
WScript.Echo("位於「"+inet.Url+"」的網頁標題是「"+RegExp.$1+"」！");
```

我們也可以在抓取一個網頁後，立即將網頁儲存到硬碟中的某個檔案：

範例24-32（getWebPage03.js）：

```
// 抓取一個網頁，並將其內容存入一個檔案
```

```
inet=new ActiveXObject("InetCtls.Inet");          // 取得 Inet Control 物件
inet.Url="http://www.cs.nthu.edu.tw";             // 欲下載之網頁
inet.RequestTimeOut=20;                           // 設定嘗試時間
WScript.Echo("Downloading \""+inet.Url+"\"...");
content = inet.OpenURL();                         // 下載網頁
// 以下將網頁內容寫入本機檔案
fso = new ActiveXObject("Scripting.FileSystemObject");
forReading=1, forWriting=2;
fileName="test.htm";
fid=fso.OpenTextFile(fileName, forWriting, true);
fid.Write(content);
fid.Close();
WScript.Echo("從「"+inet.Url+"」抓到的內容已存入「"+fileName+"」！");
```

我們也可以在抓取網頁後，利用通用表示法來抓出網頁中的連結網址和相關文字（Ancher Texts）：

範例24-33（getWebPage04.js）：

```
// 抓取一個網頁，並抽取出網頁內容的所有連結（功能並不完全，可再改進！）
inet=new ActiveXObject("InetCtls.Inet");          // 取得 Inet Control 物件
inet.Url="http://www.cs.nthu.edu.tw";             // 欲下載之網頁
inet.RequestTimeOut=20;                           // 設定嘗試時間
WScript.Echo("Downloading \""+inet.Url+"\"...");
content = inet.OpenURL();                         // 下載網頁
pattern=/<A(.*?)<\/A>/gi;                         // 定義通用表示式
found=content.match(pattern);                     // 抓出連結
pattern2=/<\s*A\s+HREF\s*=\s*"?(.*?)"?\s*>(.*?)<\s*\/\s*A\s*>/i;     // 另
    一個通用運算式
for (i=0; i<found.length; i++){
    pattern2.exec(found[i]);          // 抓出連結的網址以及連結的文字
    WScript.Echo(found[i]+" ===> URL="+RegExp.$1+",
    TEXT="+RegExp.$2);
}
```

在上述範例中，我們利用 WSH 來抓取清大資訊系的首頁，並使用通用表示法來抓取連結網址及連結文字，典型輸出如下：

```
Downloading "http://www.cs.nthu.edu.tw"...
<a href=="2003NTHU_CS_Chinese.doc" target="_blank">(中)</ a> ===>
URL=2003NTHU_CS_Chinese.doc" target="_blank, TEXT=(中)
<a href=="2003NTHU_CS_English.doc" target="_blank">(英)</ a> ===>
URL=2003NTHU_CS_English.doc" target="_blank, TEXT=(英)
<a href=="/intro.html"><img src="/icon/csbuild_8.jpg" lowsrc="/icon/csbuild_7b.jpg"
border=0 alt="清華資訊簡史"></a> ===> URL=/intro.html, TEXT=<img
src="/icon/csbuild_8.jpg" lowsrc="/icon/csbuild_7b.jpg" border=0 alt="清華資訊簡史">
<a href ="Grading_report.doc">系所自我評鑑報告</a> ===> URL=Grading_report.doc,
TEXT=系所自我評鑑報告
<a href ="mailto:www@cs.nthu.edu.tw">意 見 與 指 教</a> ===>
URL=mailto:www@cs.nthu.edu.tw, TEXT=意 見 與 指 教
<a href ="/webteam">製 作 小 組</a> ===> URL=/webteam, TEXT=製 作 小 組
<a href ="special.html"><font face="Arials">學 術 卓 越 & 社 區 關 懷</a> ===>
URL=special.html, TEXT=<font face="Arials">學 術 卓 越 & 社 區 關 懷
...
```

前面範例所用的 InetCtls.Inet 元件，比較簡單，所以無法偵測網路斷線的情況，另一個 IIS 內建的元件 WinHttp.WinHttpRequest，則可以有較多偵錯功能，以下範例可以抓取 Google 首頁：

範例24-34（getWebPage05.js）：

```
url="http://www.google.com";
try {
    WinHttpReq = new ActiveXObject("WinHttp.WinHttpRequest.5.1");
    WinHttpReq.Open("GET", url, false);
    WinHttpReq.Send();
    result = WinHttpReq.ResponseText;
} catch (objError) {
```

```
    result = objError+"\n";
    result += ("objError.number = "+(objError.number &
    0xFFFF).toString()+"\n");
    result += ("objError.description = "+objError.description);
}
WScript.Echo(result);
```

讀者可以暫停網路，再試看看上述範例，就會印出抓不到網頁的錯誤訊息了。

24-8 與資料庫整合

經由 WSH，我們也可以對資料庫進行新增、修改、刪除等動作，這些動作也都靠 SQL 指令來達成。舉例來說，若要對 test.mdb 進行列表，若用 ASP，可見下列範例（listdb01.asp）：

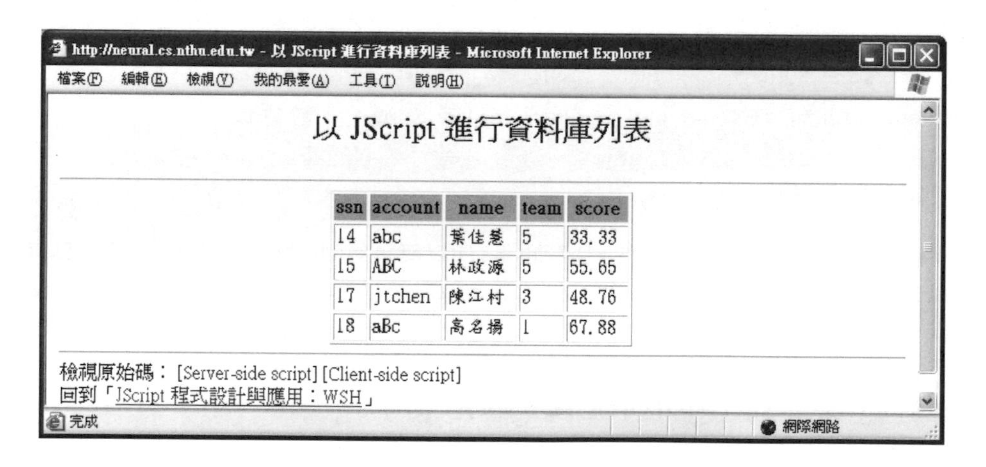

ssn	account	name	team	score
14	abc	葉佳慧	5	33.33
15	ABC	林政源	5	55.65
17	jtchen	陳江村	3	48.76
18	aBc	高名揚	1	67.88

上述範例的原始檔如下：

範例24-35（listdb01.asp）：

```
…
<%
//====== Step 1：建立資料庫連結，然後開啟資料庫
```

```
Conn = Server.CreateObject("ADODB.Connection");
Conn.ConnectionString = "DBQ=" + Server.MapPath("test.mdb") +
    ";Driver={Microsoft Access Driver (*.mdb)};DriverId=25;FIL=MS
    Access;";
Conn.Open();

//====== Step 2：執行 SQL 指令，並將查詢結果儲存於 Recordset 中
SQL = "Select * from testTable"; //從資料表 testTable 取出所有資料
RS = Conn.Execute(SQL);
%>

<table border=1 align=center>
<tr bgcolor="cyan">
<%
//====== Step 3：透過 RecordSet 集合取得欄位的內容
//印出欄位名稱
for (i=0; i<RS.Fields.Count; i++)
    Response.write("<th>"+RS(i).Name+"</th>\n");
%>
</tr>
<%
//印出每一筆資料
while (!RS.EOF) {
    Response.write("<tr>\n");
    for (i=0; i<RS.Fields.Count; i++)
     Response.write("<td>"+RS(i)+" </td>\n");
    RS.MoveNext();
}
%>
</table>

<%
//====== Step 4：關閉 RecordSet 及資料庫連結
RS.Close();
```

```
Conn.Close();
%>
...
```

若改用 WSH 來對資料庫列表，程式碼很接近，如下：

範例24-36（dbList01.js）：

```
// 使用 WSH 列出資料庫的內容

//====== Step 1：建立資料庫連結，然後開啟資料庫
database="test.mdb";
conn = WScript.CreateObject("ADODB.Connection");
conn.ConnectionString = "Provider=Microsoft.Jet.OLEDB.4.0;Data
    Source="+database;
conn.Open();

//====== Step 2：執行 SQL 指令，並將查詢結果儲存於 recordset 中
recordSet = WScript.CreateObject("ADODB.RecordSet");
sql = "SELECT * FROM testTable"; //從資料表 test 取出所有資料
recordSet.Open(sql, conn, 3, 3);

//====== Step 3：透過 recordSet 集合取得欄位的內容
//印出欄位名稱
WScript.Echo("欄位名稱：");
for (i=0; i<recordSet.Fields.Count; i++)
    WScript.StdOut.Write(recordSet(i).Name+"\t");
WScript.Echo("");

//印出每一筆資料
i=1;
WScript.Echo("每一筆資料：");
while (!recordSet.EOF){
    for (j=0; j<recordSet.Fields.Count; j++)
```

```
        WScript.StdOut.Write(recordSet(j)+"\t");
      WScript.StdOut.Write("\n");
      i++;
      recordSet.MoveNext();
}

//====== Step 4：關閉 recordSet 及資料庫連結
recordSet.Close();
conn.Close();
```

執行「cscript dbList01.js」後，在 DOS 命令視窗印出結果如下：

```
欄位名稱：
ssn    account name    team    score
每一筆資料：
14     abc      葉佳慧    5      33.33
15     ABC      林政源    5      55.65
17     jtchen   陳江村    3      48.76
18     aBc      高名揚    1      67.88
```

若要對資料庫進行新增，可見下列範例：

範例24-37（dbInsert01.js）：

```
// 使用 WSH 新增資料庫的內容

//====== Step 1：建立資料庫連結，然後開啟資料庫
database="test.mdb";
Conn = WScript.CreateObject("ADODB.Connection");
Conn.ConnectionString = "Provider=Microsoft.Jet.OLEDB.4.0;Data
    Source="+database;
Conn.Open();

//====== Step 2：建立 SQL 命令並執行之
```

```
SQL="INSERT INTO testTable ([account], [name]) VALUES ('new1',
     'new2')";
Conn.Execute(SQL);

//====== Step 3：關閉 RecordSet 及資料庫連結
Conn.Close();
```

如果你這時候再執行 dbList01.js，就會發覺資料已經多了一筆。

特別要注意的是，SQL 指令的 where 條件式是不分大小寫的，所以如果你的條件式是 name='abc'，這時候抓出來的資料可能包含 'abc'、'ABC'、'aBc' 等資料，若要解決此問題，可以使用 strcomp 函數，請見下列範例：

範例24-38（dbList02.js）：

```
sql="select * from testTable where account='abc'";
WScript.Echo("大小寫不分的比對：sql = "+sql);
WScript.Echo("比對結果：");
sql2screen("test.mdb", sql);
sql="select * from testTable where strcomp(account, 'abc',0)=0";
WScript.Echo("大小寫有別的比對：sql = "+sql);
WScript.Echo("比對結果：");
sql2screen("test.mdb", sql);

// ====== Function definitions
function sql2screen(database, sql){
     conn = WScript.CreateObject("ADODB.Connection");
     conn.ConnectionString = "Provider=Microsoft.Jet.OLEDB.4.0;Data
     Source="+database;
     conn.Open();
     rs = WScript.CreateObject("ADODB.RecordSet");
     rs.Open(sql, conn, 3, 3);

     // 印出欄位名稱
```

```
    for (i=0; i<rs.Fields.Count; i++)
     WScript.StdOut.Write(rs(i).Name+"\t");
    WScript.StdOut.Write("\n");
    // 印出每筆資料
    while (!rs.EOF){
     for (j=0; j<rs.Fields.Count; j++)
           WScript.StdOut.Write(rs(j)+"\t");
     WScript.StdOut.Write("\n");
     rs.MoveNext();
    }
    rs.Close();
    conn.Close();
}
```

印出結果如下：

```
大小寫不分的比對：sql = select * from testTable where account='abc'
比對結果：
ssn    account name    team    score
14      abc     葉佳慧    5       33.33
15      ABC     林政源    5       55.65
18      aBc     高名揚    1       67.88
大小寫有別的比對：sql = select * from testTable where strcomp(account, 'abc',0)=0
比對結果：
ssn    account name    team    score
14      abc     葉佳慧    5       33.33
```

在上述原始碼中，sql2screen() 函數的功能是將 SQL 指令的結果列印在螢幕上。另一個常用的函數是將 SQL 指令的結果記錄在檔案之中，在以下範例中，sql2file() 函數的功能即是如此：

範例24-39（dbList03.js）：

```
WScript.Echo("將 testTable 資料表的內容儲存到 output.txt ...");
sql2file("test.mdb", "select * from testTable", "output.txt");
```

```
// ====== Function definitions
function sql2file(database, sql, file){
	conn = WScript.CreateObject("ADODB.Connection");
	conn.ConnectionString = "Provider=Microsoft.Jet.OLEDB.4.0;Data
	Source="+database;
	conn.Open();
	rs = WScript.CreateObject("ADODB.RecordSet");
	rs.Open(sql, conn, 3, 3);

	fso = WScript.CreateObject("Scripting.FileSystemObject")
	fid = fso.CreateTextFile(file, true);

	// 印出欄位名稱
	for (i=0; i<rs.Fields.Count; i++)
	 fid.Write(rs(i).Name+"\t");
	fid.Write("\r\n");
	// 印出每筆資料
	while (!rs.EOF){
	 for (j=0; j<rs.Fields.Count; j++)
		fid.Write(rs(j)+"\t");
	 fid.Write("\r\n");
	 rs.MoveNext();
	}
	fid.Close();
	rs.Close();
	conn.Close();
}
```

執行以上程式後，檔案 output.txt 的內容如下：

範例24-40（output.txt）：

```
ssn account	name	team	score
```

```
14   abc     葉佳慧   5    33.33
15   ABC     林政源   5    55.65
17 jtchen    陳江村   3    48.76
18   aBc     高名揚   1    67.88
25  new1     new2    0    0
```

24-9 使用wsInetTools.dll

我們也可以經由各種元件來加強 WSH 的功能。例如，我們可以下載 wsInetTools.dll，這是一個使用 C++ 開發的元件，主要有下列三項功能：

- 抓取網頁
- 抓取二進制檔案（例如 mp3、midi 等檔案）
- 寄發電子郵件

有關於 wsInetTools 的相關資訊，可由下列網頁得到：

http://www.winscripter.com/Downloads/default.aspx

由以上網站，你就可以下載相關的 zip 檔案（或由 .../wsh/download/wsInetTools03B.zip 取得近端備份），解開以後，就可以看到 wsInetTools.ll 及相關的範例及說明。相關的說明，可見下載後的 index.htm：

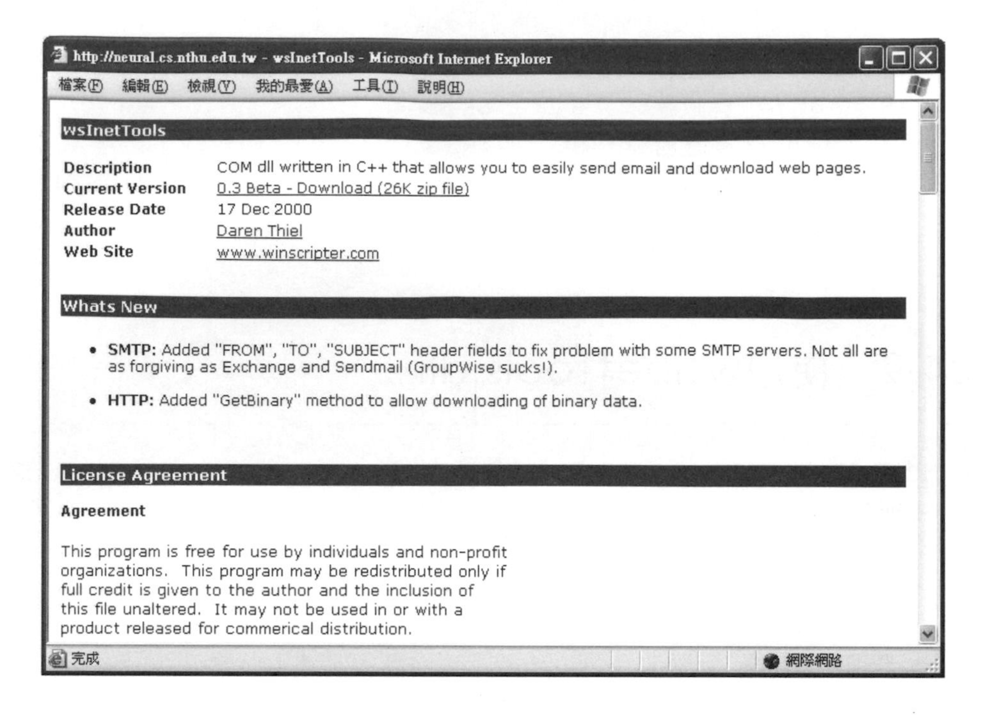

要使用此元件之前，必須先將此元件登錄於系統之中，可以分成兩步驟：

1. 將 wsInetTools.dll 拷貝到 c:\windows\system32\ 之下。
2. 點選「開始/執行」，然後輸入「regsvr32 wsInetTools.dll」，按下「確定」，就完成了元件登錄的動作。

完成上述步驟後，就可以開始使用 wsInetTools.dll。以下使用幾個範例來說明此元件的功能。首先，下列這個範例是可以直接抓取 HTML 網頁：

範例24-41（wsInetTools/getWebPage01.js）：

```
// 使用 wsInetTools.dll 抓取 HTML 檔案。
web  = new ActiveXObject("wsInetTools.HTTP");      // 取得 COM 物件
url = "http://www.cs.nthu.edu.tw";                 // 欲下載之網頁
contents = web.GetWebPage(url);                    // 開始下載網頁
WScript.Echo("下載「"+url+"」成功！檔案內容如下：");
WScript.Echo(contents);                            // 顯示網頁內容
```

若要抓取二進制檔案，例如一個 Midi 格式的檔案，可見下列範例：

範例24-42（wsInetTools/getBinary01.js）：

```
// 抓取 binary 檔案，例如 MIDI 或 MP3 檔案等。
web = new ActiveXObject( "wsInetTools.HTTP" );     // 取得 COM 物件
// 定義遠端及本機檔案
remoteFile="http://neural.cs.nthu.edu.tw/jang/books/JavaScript/example
    /music/tomorrow.mid";                      // 遠端檔案
localFile  = "tomorrow.mid";                   // 本機檔案
web.GetBinary(remoteFile, localFile);          // 開始下載
WScript.Echo("下載「"+remoteFile+"」成功！");
WScript.Echo("存成近端檔案：「"+localFile+"」！");
```

若要寄發郵件，可見下列範例：

範例24-43（wsInetTools/sendMail01.js）：

```
// 使用 wsInetTools.dll 寄送電子郵件。
mail = new ActiveXObject("wsInetTools.SMTP");      // 取得 COM 物件
mail.MailServer = "wayne.cs.nthu.edu.tw";          // 設定郵件伺服器
// 設定郵件各種性質
from    = "test@ cs.nthu.edu.tw";                  // 發信人
to      = "jordan@yahoo.com.tw";                   // 收信人
subject = "Testing wsInetTools";                   // 主題
body    = "This is just a test message.\r\n Please ignore it.\r\n\r\nRoger
    Jang";     // 內文
mail.SendMail(from, to, subject, body);          // 開始寄發郵件
```

利用此元件，我們也可以在 ASP 的程式碼裡面寄送郵件。

24-10 傳送鍵盤事件

我們可以使用 sendKeys() 函數來傳送鍵盤事件，這是一個很強大的功能，任何軟體只要能夠支援使用熱鍵來操作，我們就可以使用 WSH 來達到一模一樣的功能。

在下面這個範例，我們開啟 IE 並執行列印的動作：

範例24-44（sendKeys01.js）：

```
// 開啟 IE 並執行列印
// Step 1: 開啟 IE 並載入 Google 搜尋網頁
URL="http://www.google.com";
objMyIE = WScript.CreateObject("InternetExplorer.Application");
objMyIE.Navigate(URL);
objMyIE.visible = true;
while (objMyIE.Busy)
    WScript.Sleep(100);
// Step 2: 進行列印動作
WshShell=new ActiveXObject("WScript.Shell");
WshShell.SendKeys("%{f}");
WScript.Sleep(1000);
WshShell.SendKeys("p");
WScript.Sleep(1000);
WshShell.SendKeys("{ENTER}");
WScript.Sleep(1000);
WshShell.SendKeys("%{F4}");
```

請注意在上述範例中，

- WshShell.SendKeys("%{f}") 代表執行 Alt-f 按鍵，WshShell.SendKeys("p") 代表執行按鍵 p，而 WshShell.SendKeys("{ENTER}") 代表執行按鍵 Enter，依此類推。
- 我們插進去了好幾列 WScript.Sleep(1000)，就是希望在按鍵後，先等候 1 秒鐘，以便使整過操作過程更加穩定。

以下列出一些特殊按鍵的相關呼叫方式：

整理：

按鍵	呼叫方式
SHIFT	+
CONTROL	^
ALT	%
LEFT ARROW	{LEFT}
RIGHT ARROW	{RIGHT}
UP ARROW	{UP}
DOWN ARROW	{DOWN}
{	{{}
}	{}}
[	{[}
]	{]}
~	{~}
+	{+}
^	{^}
%	{%}

按鍵	呼叫方式
BACKSPACE	{BACKSPACE}, {BS}, or {BKSP}
BREAK	{BREAK}
CAPS LOCK	{CAPSLOCK}
DEL or DELETE	{DELETE} or {DEL}
END	{END}
ENTER	{ENTER} or ~
ESC	{ESC}
HELP	{HELP}
HOME	{HOME}
INS or INSERT	{INSERT} or {INS}
NUM LOCK	{NUMLOCK}
PAGE DOWN	{PGDN}
PAGE UP	{PGUP}
PRINT SCREEN	{PRTSC}
SCROLL LOCK	{SCROLLLOCK}
TAB	{TAB}

按鍵	呼叫方式
F1	{F1}
F2	{F2}
F3	{F3}
F4	{F4}
F5	{F5}
F6	{F6}
F7	{F7}
F8	{F8}
F9	{F9}
F10	{F10}
F11	{F11}
F12	{F12}
F13	{F13}
F14	{F14}
F15	{F15}
F16	{F16}

我們也可以開啟記事本並寫入文字：

範例24-45（sendKeys02.js）：

```
// 使用 SendKeys 去開啟記事本並寫入文字、存檔於 junk.txt
outputFile="junk.txt";
fso = new ActiveXObject( "Scripting.FileSystemObject" );
// 如果檔案 junk.txt 已經存在，先刪除
if (fso.FileExists(outputFile)){
    WScript.Echo("Deleting " + outputFile);
    f = fso.GetFile(outputFile);
    f.Delete();
}
WScript.Sleep(500);
// 將一些文字送到記事本，並存檔
WshShell=new ActiveXObject("WScript.Shell");
WshShell.Run("notepad", 9);
WScript.Sleep(500);     // Give Notepad some time to load
for (i=0; i<100; i++){
    WshShell.SendKeys(i+". Hello World!");
    WshShell.SendKeys("{ENTER}");
}
WshShell.SendKeys("%{F}");
WshShell.SendKeys("s");
WshShell.SendKeys(outputFile);
WshShell.SendKeys("{TAB}{TAB}{ENTER}");
WshShell.SendKeys("%{F4}");
```

上述範例是一個很有趣的範例，讀者一定要親自試看看，才能體會使用 WSH 的「傳送鍵盤事件」可以達到的強大功能！

提示：

» 在上述範例中，我們可以將英文寫入記事本，但是若要將中文送入，就筆者的試驗來說，目前會出現亂碼。一個簡單的解決方案，就是先將中文送剪貼簿，再貼到記事本即可。

若要開啟 IE 並設定預設網頁，可見下列範例：

範例24-46（toUtf8.js）：

```
// 設定 IE 的預設網頁
WshShell=new ActiveXObject("WScript.Shell");
WshShell.Run("iexplore", 9);
WScript.Sleep(5000);          // 等待網頁載入
WshShell.SendKeys("%t");
WshShell.SendKeys("o");
WScript.Sleep(500);
WshShell.SendKeys("http://www.google.com");
WScript.Sleep(500);
for (i=0; i<13; i++)
    WshShell.SendKeys("{TAB}");
WshShell.SendKeys("{ENTER}");
WScript.Sleep(500);
```

在下述範例中，我們利用記事本讀入一個文字檔，將文字檔的編碼方式改成 UTF-8，並另存新檔，如下：

範例24-47（run01.js）：

```
// 用法：cscript toUtf8.js file1 file2 file3 ...
// 功能：將 command line 所給的文字檔利用 notepad 轉成 utf-8 的格式
// 說明：
//    如果輸入檔名是 test.txt，輸出檔名則是 text.txt_utf8
//    注意：如果輸入檔名是相對路徑，則在使用前，必須確認 notepad 的預
      設儲存目錄是正確的目錄
//    （若使用絕對路徑，則沒有上述顧慮。）
//    Roger Jang, 20041125

args=WScript.Arguments;
if (args.Count()==0) {
    WScript.Echo("Usage: " + WScript.ScriptName + " file1 file2 file3 ...");
    WScript.Quit();
}
```

```
fso = new ActiveXObject("Scripting.FileSystemObject");

WshShell=new ActiveXObject("WScript.Shell");
WScript.Echo("Current directory: "+WshShell.CurrentDirectory);

// 列出所有的輸入參數
WScript.Echo("No. of arguments = " + WScript.Arguments.Count());
for (i=0; i<args.length; i++){
    WScript.Echo("args("+i+")="+args(i));
    targetFile=args(i)+"_utf8";
    WScript.Echo("targetFile="+targetFile);
    // Delete the targetFile if it exists
    if (fso.FileExists(targetFile)){
        WScript.Echo("Deleting "+targetFile);
     f = fso.GetFile(targetFile);
     f.Delete();
     WScript.Sleep(500);
    }

    WshShell.Run("notepad "+args(i), 9);
    WScript.Sleep(500);       // Give Notepad some time to load
    WshShell.SendKeys("%{F}");
    WshShell.SendKeys("a");
    WshShell.SendKeys(targetFile);
    WshShell.SendKeys("{TAB}{TAB}{TAB}{TAB}");
    WshShell.SendKeys("{DOWN}{DOWN}{DOWN}{DOWN}");
    WshShell.SendKeys("{TAB}{TAB}{TAB}{TAB}{TAB}{TAB}{TAB}");
    WshShell.SendKeys("s");
    WshShell.SendKeys("%{F4}");
    WScript.Sleep(1000);

    //改檔名：test.txt_utf8.txt ===> test.txt_utf8
    fso.MoveFile(targetFile+".txt", targetFile);
    WScript.Sleep(1000);
```

```
}
```

若要測試下列範例，讀者可以輸入

```
cscript toUtf8.js test.txt
```

此時 WSH 會使用記事本來讀入 test.txt，將其編碼改為 UTF-8，並另存成 test.txt_utf8。若要檢視這兩個檔案的不同，可用網頁瀏覽器來顯示這兩個檔案，並由下拉選單「檢視/編碼」，就可以看出這兩個檔案在編碼上的不同。

提示：

- 利用 UTF-8 的編碼方式，就可以同時顯示各國不同的文字於同一個文字檔案。

其他與傳送鍵盤事件的相關說明，可見微軟的官方網頁：
http://www.microsoft.com/technet/scriptcenter/guide/sas_wsh_hilv.mspx?mfr=true

國家圖書館出版品預行編目資料

JavaScript 程式設計與應用 / 張智星著.—
初版. –– 新竹市 ： 清大出版社， 民 97.01
面： 公分

ISBN 978-986-81812-7-4（平裝）

1. JavaScript（電腦程式語言）

312.932J36 96017642

JavaScript程式設計與應用

作　　者：張智星
發 行 人：陳文村
出 版 者：國立清華大學出版社
社　　長：周懷樸
地　　址：30013 新竹市光復路二段 101 號
電　　話：03-5714337　03-5715131 轉 34552
傳　　眞：03-5744691
網　　址：http://academic.ad.nthu.edu.tw/publish/
電子信箱：thup@my.nthu.edu.tw
行政編輯：龍宇馨
出版日期：民國 97 年 1 月初版
定　　價：平裝本新台幣 550 元
GPN 1009602554